精细化学品化学及应用研究

崔璐娟　雷　洪　何自强　编著

中国水利水电出版社

www.waterpub.com.cn

内 容 提 要

　　本书系统地介绍了精细化工的分类特点、工艺学基础和主要领域系列产品的基本原理、性能特点、应用范围、发展动向，以及某些有代表性的产品的生产工艺和技术开发。全书共分 11 章，主要内容包括：精细化学品及其工业的概述、表面活性剂、食品添加剂、胶黏剂、染料、涂料、农药、药物及其中间体、香料和香精、日用化学品以及精细化工新材料与新技术。本书题材新颖、内容丰富、实用性强，可供从事化学、化工、精细化工的生产、研究人员学习参考使用。

图书在版编目（ＣＩＰ）数据

　　精细化学品化学及应用研究 / 崔璐娟，雷洪，何自
强编著. -- 北京 : 中国水利水电出版社，2015.2（2022.10重印）
　　ISBN 978-7-5170-3002-7

　　Ⅰ．①精… Ⅱ．①崔… ②雷… ③何… Ⅲ．①精细化
工－化工产品－研究 Ⅳ．①TQ072

中国版本图书馆CIP数据核字(2015)第041839号

策划编辑：杨庆川　责任编辑：陈　洁　封面设计：崔　蕾

书　　名	精细化学品化学及应用研究
作　　者	崔璐娟　雷　洪　何自强　编著
出版发行	中国水利水电出版社
	（北京市海淀区玉渊潭南路 1 号 D 座 100038）
	网址：www. waterpub. com. cn
	E-mail：mchannel@263. net（万水）
	sales@ mwr. gov. cn
	电话：(010)68545888(营销中心)、82562819（万水）
经　　售	北京科水图书销售有限公司
	电话：(010)63202643、68545874
	全国各地新华书店和相关出版物销售网点
排　　版	北京厚诚则铭印刷科技有限公司
印　　刷	三河市人民印务有限公司
规　　格	184mm×260mm　16 开本　16.75 印张　407 千字
版　　次	2015年6月第1版　2022年10月第2次印刷
印　　数	3001-4001册
定　　价	60.00 元

　　凡购买我社图书，如有缺页、倒页、脱页的，本社发行部负责调换

前　言

精细化工与工农业、人民生活、国防、高新技术等诸多领域相关,它是现代化学工业的重要组成部分,是当今化学工业中最具有活力的新兴产业之一。目前各国都十分重视精细化工的发展,将其作为调整化工产业结构、提高产品附加值、增强国际竞争力的有效措施。精细化工已然成为衡量一个国家或地区化学工业发达程度、科学技术发展和综合实力的重要标志之一。

近年来,国内外高度重视精细化学品的研制、开发和生产,我国也将精细化工品工业列为化学工业发展的战略重点之一。精细化学产品以其品种多、应用广和易于适应市场多变的特点及技术性、专用性和商品性强的特性,使其在国民经济中占有重要分量。精细化工产品常见的有表面活性剂、合成材料助剂(阻燃剂、增塑剂等)、胶黏剂、涂料、香料香精、化妆品、食品添加剂以及新领域精细化学品,如造纸化学品、皮革化学品、电子化学品、药物中间体化学品等。

本书的主要特点是内容覆盖较广,囊括了常用精细化学品中的绝大部分领域;系统性强,条理清晰,每章都从分类、发展、作用机理、经典产品以及工艺过程等几个方面加以阐述,并对各类产品的发展前沿进行了简要的介绍,以求拓展读者的视野与知识面。

全书共 11 章,各章内容均以文字叙述与图、表展示相结合。第 1 章阐述了精细化学品及其工业特性,简介了可供利用的资源,概括了精细化学品及其工业的内容,以便读者对精细化学品及其工业以及今后发展有一个基本的认识;第 2~10 章系统介绍了表面活性剂、食品添加剂、胶黏剂、染料、涂料、农药、药物及其中间体、香料和香精、日用化学品等重要品种,着重阐述它们的性质、设计、制造及应用的基本原理和方法,并介绍了目前它们的发展概况和方向;第 11 章对精细化工的新材料与新技术进行了探讨。

全书由崔璐娟、雷洪、何自强撰写,具体分工如下:

第 1 章、第 3 章、第 4 章、第 6 章、第 9 章:崔璐娟(西北民族大学);

第 2 章第 1 节~第 4 节、第 5 章、第 7 章、第 8 章:雷洪(西南大学);

第 2 章第 5 节~第 7 节、第 10 章、第 11 章:何自强(武汉生物工程学院)。

本书在撰写过程中,参考了大量相关书籍资料,在此向相关作者表示由衷的感谢。

本书涉及的学科多,范围较广,限于作者经验、水平有限,书中难免有疏漏和不足之处,敬请广大读者批评指正。

作者
2014 年 12 月

目　　录

第1章　精细化学品及其工业

1.1　精细化学品的定义、特点与分类

精细化学品工业是当今化学工业中最具活力的新兴领域之一,世界各国尤其是美国、日本等化学工业发达国家及其著名的跨国化学品工业公司,都十分重视发展精细化学品工业,把精细化学品工业作为调整化工产业结构、提高产品附加值、增强国际竞争力的有效举措,世界精细化学品工业呈现快速发展态势,产业集中度也进一步提高。近些年来,我国也十分重视精细化学品工业的发展,把精细化学品工业、特别是新领域精细化学品作为化学工业发展的战略重点之一,并列入国家计划,从政策和资金上予以重点支持"十二五"期间我国经济将由资源消耗型转为节约型,由高污染型转为清洁型。预计到 2015 年,精细化工产值将达 16000 亿元,精细化工自给率达到 80% 以上,进入世界精细化工大国与强国之列。所以,大力发展精细化学品已成为世界各国化学工业发展趋势,精细化率的高低已经成为衡量一个国家或地区化学工业发达程度和化工科技水平高低的重要标志。目前,精细化学品工业已成为我国化学工业中一个重要的独立分支和新的经济效益增长点。作为从事化学工作的工作者必须对其有一个充分的了解。

1.1.1　精细化学品的定义

精细化学品又称精细化工产品,它是化学工业中用来与通用化工产品或大宗化学品相区分的一个专用术语。到目前,还没有一个公认的比较严格的定义。在我国精细化学品一般指深度加工的,技术密集度高,产量小,附加价值大,一般具有特定应用性能的化学品。例如:医药、染料、香精香料、表面活性剂、涂料、化学助剂等。通用化学品一般是指那些应用广泛,生产中化工技术要求高,产量大的基础化工产品。例如:石油化学工业中的合成树脂、合成橡胶及合成纤维的合成材料;无机化工中的酸、碱、盐等,这就是精细化学品与通用化学品或大宗化学品的区别。研究精细化学品的组成、结构、性质、变化、制备及应用的科学就称为精细化学品化学。

"精细化工"是精细化学品生产工业的简称。近 20 多年来,由于社会生产水平和人们生活水平的提高,化学工业中的产品结构的变化以及开发新技术和新材料的要求,精细化学品越来越受到重视,它们的产值比重在逐年上升,生产精细化学品的工业也逐年增多,研究精细化学品的人也逐年增多,因此生产精细化工似乎有成为化学工业中的一个独立分支、精细化学品化学也有成为化学中一个独立分支的倾向。

"精细化学品"一词在国外沿用已久,但是在国际上一般有两种定义,一种是日本的定义,日本把凡是具有专门功能、研制及应用技术密集度高、配方技术左右着产品性能、附加价值高、收益大、批量小、品种多的化工产品统称为精细化学品。另一种是欧美国家将日本所称的精细

化学品分为精细化学品和专用化学品。专用化学品是采用美国克林(C. H. Kline)分类法来定义的,1974 年克林提出从商品质和量的角度对化工产品在特性上与其他企业有无差别性而分为差别性产品和非差别性产品两类。并结合此种分类,再以"量"为标准,根据生产规模的大小,将化工产品分为通用化学品、拟通用化学品、精细化学品、专用化学品四类。精细化学品是指那些小量生产的非差别性制品,如染料、颜料、医药和农药的原药。专用化学品是指那些小量生产的差别性制品,如医药、农药和香料等,也就是特指那类对产品功能和性能全面要求的化学品。这就是精细化学品和专用化学品的区别。实际上欧美国家常用的专用化学品一词,在其他国家中使用得很少,而日本和我国在化工领域常用精细化学品一词。目前,随着精细化学品和专用化学品的发展,国外对精细化学品和专用化学品也倾向于通用。现已得到较多人公认的定义是:对基本化学工业生产的初级或次级化学品进行深度加工而制取的具有特定功能、特定用途、小批量生产的系列产品,称为精细化学品。

1.1.2 精细化学品的特点

由于精细化学品的含义决定了精细化学品的特点,就目前精细化学品的含义包含的精细化学品的种类、性能、研究、开发、生产及应用综合来看,精细化学品主要有以下几方面的特点。

1. 多品种、小批量

从精细化学品的范畴和分类看出,精细化学品整体涉及面广,可广泛应用于各个行业和领域。但就某种产品来说,一般都是有特定功能的,应用面窄,针对性强。特别是某些专用化学品和特制配方的产品,使得一种类型的产品往往有多种牌号。再加上精细化学品应用领域的不断扩大,商品的不断创新,使得精细化学品具有多品种这一特点。例如,目前表面活性剂的品种有 5000 多种。据《染料索引》第三版统计,不同化学结构的染料品种有 5000 种以上。又如法国的发用化妆品就有 2000 多种牌号。再例如,各种各样的产品在各种生产过程中必须用到各种各样的助剂,我国就将助剂分为 20 大类,每大类又分不同的品种,仅印染助剂中匀染剂就有 30 多种,柔软剂有 40 多种。

精细化学品的小批量是相对生产量大的基础化工产品而言的,它的产品一般针对性强,许多又是针对某一个产品要求而加进去的辅助化学品,如各种工业助剂,不像基础化工原料、大型石油化工等化工产品生产量都很大。但也有一些精细化学品年产总量也较多,在万吨以上,例如表面活性剂。

2. 一般具有特定的功能

精细化学品一般具有特定功能,这一特点是精细化学品的定义所决定的,大量的精细化学品也说明这一点。例如各种工业助剂都具有特定功能,印染中匀染剂就起到匀染的作用;塑料中发泡剂就具有发泡功能,再有引发剂、阻燃剂、造纸助剂、皮革助剂、食品添加剂等都各自具有特定的功能。

3. 生产投资少、产品附加价值高、利润大

前面讲到精细化学品一般产量较少,装置规模就较小,很多有时采用间歇生产方式,其设备通用性强,与连续化生产化工产品大装置相比,具有投资少、见效快的特点,也就是说投资效率高,所谓的投资效率是:

$$投资效率＝(附加价值/固定资产)×100\%$$

另外,在配制新品种、新剂型时,技术难度并不一定很大,但新品种的销售价格却比原品种有很大提高,其利润较高。

附加价值是指在产品的产值中扣除出原材料、税金和设备厂房的折旧费后,剩余部分的价值。这部分价值是指当产品从原料开始经加工至成品的过程中实际增加的价值,它包括利润、工人劳动、动力消耗以及技术开发的费用,所以称为附加价值。附加价值不等于利润。因为若某种产品加工深度大,则工人劳动、动力消耗也大,技术开发的费用也会增加,而利润则受各种因素的影响,例如,是否属垄断技术,市场的需求量如何等。目前精细化工产品的附加价值与销售额的比率在化学工业的各大门类中是最高的。所以说精细化学品具有生产投资少、附加价值高、利润大这一特点。

4. 技术密集度高

精细化学品工业是综合性较强的技术密集型工业。要生产一个优质的精细化学品,除了化学合成以外,还必须考虑如何使其商品化,这就要求多门学科知识的相互配合和综合运用。就合成而言,由于步骤多,工序长,影响收率及质量的因素很多,而每一生产步骤(包括后处理)都涉及生产控制和质量鉴定。因此,要想获得高质量、高收率且性能稳定的产品,就需要掌握先进的技术和科学管理。不仅如此,同类精细化工产品之间的相互竞争也是十分激烈的。为了提高竞争力,必须坚持不懈地开展科学研究,注意采用新技术、新工艺和新设备,及时掌握国内外情报,搞好信息贮存。因此,一个好的精细化学品的研究开发,要从市场调查、产品合成、应用研究、市场开发甚至技术服务等各方面全面考虑和实施。这需要解决一系列课题,渗透着多方面的技术、知识、经验和手段。从另一方面看,精细化学品的技术开发成功率还是很低的,特别是医药和生物用的药物,随着对药效和安全性越来越严格的要求,造成了新品种开发时间长、费用大,其结果必然造成高度的技术垄断。按目前统计,开发一种新药需5～10年,其耗资可达上千万美元。如果按化学工业的各个行业来统计,医药上的研究开发最高,可达年销售额的14%;对一般精细化工来说,研究开发投资占年销售额的6%～7%则是正常现象。精细化工产品的开发成功率也很低,如在印染的专利开发中,成功率通常在0.1%～0.2%。

技术密集还表现为情报密集、信息快。由于精细化工产品是根据具体应用对象设计的,它们的要求经常会发生变化,一旦有新的要求提出,就必须按照新要求重新设计化合物的结构,或对原有的结构进行改进,其结果就会出现新产品。技术密集这一特点还反映在精细化工产品的生产中技术保密性强,专利垄断性强。这几乎是各精细化工公司的共同特点。综合可以得出精细化学品的研究、开发、生产,具有技术密集度高的特点。

5. 商品性强、竞争激烈

精细化学品的品种繁多,用户对商品选择性高,再加上精细化学品生产投资少,效益高,易上马,生产企业争相生产,易造成市场饱和,所以市场竞争激烈。因此,生产企业应抓好应用技术和技术的应用服务是组织生产的两个重要环节。在技术开发的同时,应积极开发应用技术和开展技术服务工作,以增强竞争体制,开阔市场,提高信誉。同时还要注意及时把市场信息反馈到生产计划中去,不断开发新产品,从而提高竞争力,确保产品畅销,增强企业的经济效益。

1.1.3 精细化学品的分类

一般化工产品可分为通用化工产品和精细化工产品两类。通用化工产品又分为无差别产品(如硫酸、烧碱、乙烯、苯等)和有差别产品(如合成树脂、合成橡胶、合成纤维等)。这些通用化工产品用途广泛,生产批量大,产品常以化学名称及分子式表示,且规格是以其中主要物质的含量为基础。精细化工产品则分为精细化学品(如中间体、医药和农药的原料等)和专用化学品(如医药成药、农药配剂、各种助剂、水处理剂等),具有生产批量小、附加值高等特点,产品常以商品名称或牌号表示,规格以其功能为基础。

各国对精细化工行业的划分有所不同,例如在 1981 年日本《精细化工年鉴》中将精细化工行业分为 34 个,即医药、兽药、农药、染料、涂料、有机颜料、油墨、催化剂、试剂、香料、粘合剂、表面活性剂、合成洗涤剂和肥皂、化妆品、感光材料、橡胶助剂、增塑剂、稳定剂、塑料添加剂、石油添加剂、饲料添加剂、食品添加剂、高分子凝聚剂、工业杀菌防霉剂、芳香防臭剂、纸浆及纸化学品、金属表面处理剂、汽车化学品、脂肪酸及其衍生物、稀土金属化合物、电子材料、精密陶瓷、功能树脂、生命体化学品和化学促进生命物质等。

我国则将精细化工行业分为 11 类,即农药、染料、涂料(包括油漆和油墨)及颜料、试剂和高纯物、信息用化学品(包括感光材料、磁性材料等)、食品和饲料添加剂、粘合剂、催化剂和各种助剂、化学药品、日用化学品、功能高分子材料等。在催化剂和各种助剂中,又细分为催化剂、印染助剂、塑料助剂、橡胶助剂、水处理剂、纤维用油剂、有机抽提剂、聚合物添加剂、表面活性剂、炭黑、吸附剂、皮革化学品、电子工业专用化学品、造纸化学品、农药用助剂、油田用化学品、混凝土用添加剂、机械及冶金用助剂、油品添加剂、其他助剂等 20 大类。每一大类中又有若干类,且有很多品种。

精细化工和轻工业的关系尤为密切,很多轻工业产品本身就是精细化工产品,例如香精香料、表面活性剂和合成洗涤剂、化妆品等。而在工业生产的许多领域,则要添加精细化工产品,如食品添加剂、饲料添加剂、造纸化学品、皮革化学品、合成材料(塑料、橡胶和合成纤维)助剂、功能高分子等。

1.2 精细化学品的研究与开发内容

精细化学品研究与开发包括精细化学品分子设计、合成、配方、后处理、作用机理、功能与应用以及新型精细化学品的开发等。

有关介绍精细化工的教材及技术书籍分为两大类,一类是"精细有机化学及工艺学",主要介绍单元反应及工艺;一类是关于"精细化学品"的合成与应用,精细化学品种类繁多,往往侧重不同。本书重点介绍精细化学品中的表面活性剂化学、助剂化学、药物化学、农药化学、染料与颜料、香精和香料、有机光电功能化学品七大类。

表面活性剂是精细化学品中最大的一类,作为表面活性剂的化合物十分多,通常按照分子结构中带电性分为阴离子型、非离子型、阳离子型和两性表面活性剂四大类。表面活性剂由于具有润湿或抗黏、乳化或破乳、起泡或消泡以及增溶、分散、洗涤、防腐、抗静电等一系列物理化学作用及相应的实际应用,成为一类灵活多样、用途广泛的精细化工产品。表面活性剂除了在日常生活中作为洗涤剂,其他应用几乎可以覆盖所有的精细化工领域。表面活性剂重点研究表面活性作用原理、表面活性剂的功能与应用、表面活性剂的品种与合成、新型表面活性剂以及开拓表面活性剂的原料,如利用天然资源或化工副产品作为表面活性剂原料可以大大降低价格,同时保护环境,扩展已有表面活性剂的应用领域,开发新型表面活性剂的应用效果。研究新型、绿色、环保、节能、高活性表面活性剂一直是该领域的热点。

合成材料助剂是指三大合成材料(即塑料、合成橡胶和合成纤维)在生产过程中为提高产品质量和产量或赋予产品某种特有的应用性能所添加的辅助化学品,又称添加剂。合成材料助剂品种繁多,塑料助剂主要有增塑剂、热稳定剂、抗氧剂、光稳定剂、阻燃剂、发泡剂、抗静电剂、防霉剂、着色剂和增白剂(见颜料)、填充剂、偶联剂、润滑剂、脱模剂等。橡胶助剂主要有硫化剂(交联剂)、硫化促进剂、硫化活性剂、防焦剂、防老剂、软化剂、增塑剂、塑解剂和再生活化剂、增黏剂、胶乳专用助剂等,还有着色剂、发泡剂、阻燃剂等助剂可与塑料助剂通用。合成纤维用助剂主要指在纺织品染整加工成织物的过程中所用的助剂,染整助剂常按染整加工的步骤和用途分为印染前处理剂、印染助剂、整理剂三大类。作为精细化学品的合成材料助剂重点研究各类助剂的作用原理、功能与应用、品种与合成、新型助剂的开发等。塑料助剂主要要求"绿色、环保、无毒、高效"。而橡胶助剂主要是开发绿色橡胶助剂,加强产品结构调整,以环保、安全、节能为中心开发清洁工艺技术。纤维助剂研究较多的是聚丙烯(PP)纤维用染色改性剂、阻燃剂、抗静电剂、抗菌剂、稳定剂等。

药物指用于预防、治疗和诊断人的疾病,有目的地调节人体生理功能并规定用法用量和功能的物质。药物的分类方法较多,主要按照药物的来源、药物的用途、药物作用对象、药物的化学组成或结构、药物作用于人体系统的部位、药理作用等分类。作为精细化学品的药物主要研究有机合成的原料药及中间体,实际上是一些用于药品合成工艺过程中的一些化工原料或化工产品。这种化工产品,不需要药品的生产许可证,在普通的化工厂即可生产,只要达到医药的级别,即可用于药品的合成。药物及中间体作为精细化学品重点研究药物作用的理化基础及药物代谢、药物的构效关系、抗菌药物、心血管系统药物、抗精神失常药、抗组胺药、解热镇痛药、抗肿瘤药、药物设计与开发的新途径等。

农药是为保障促进作物的成长,所施用的杀虫、除草等药物的统称。农业上农药主要用于防治病虫以及调节植物生长、除草等。根据防治对象,可分为杀虫剂、杀菌剂、杀螨剂、杀线虫剂、杀鼠剂、除草剂、脱叶剂、植物生长调节剂等。根据原料来源可分为有机农药、无机农药、植物性农药、微生物农药。根据加工剂型可分为粉剂、可湿性粉剂、可溶性粉剂、乳剂、乳油、浓乳剂、乳膏、糊剂、胶体剂、熏烟剂、熏蒸剂、烟雾剂、油剂、颗粒剂、微粒剂等。精细化学品的农药多指有机农药及中间体与代谢物,包括有机氯杀虫剂、有机磷杀虫剂、氨基甲酸酯类杀虫剂、沙蚕毒素类杀虫剂、卫生及建筑害虫防治剂、拟除虫菊酯类杀虫剂、其他杀虫剂、杀螨剂、增效剂、杀鼠剂、杀菌剂、除草剂、植物生长调节剂及农药中间体。农药及中间体作为精细化学品重点,主要研究农药毒理作用机制、农药品种及中间体合成化学及工艺、农药制造新技术与新工艺、农药液体制剂技术、农药固体制剂技术、新型农药研究与开发等。

染料是能使纤维、油漆、塑料、纸张、皮革、光电通信、食品和其他材料着色的物质,分天然和合成两大类。合成染料又称人造染料,主要从煤焦油中分馏出来(或石油加工)经化学加工而成。染料按性质及应用方法可分为直接染料、不溶性偶氮染料、活性染料、还原染料、可溶性还原染料、硫化染料、硫化还原染料、酞菁染料、氧化染料、缩聚染料、分散染料、酸性染料、酸性媒介及酸性含媒染料。颜料是用来着色的粉末状物质,在水、油脂、树脂、有机溶剂等介质中不溶解,但能均匀地在这些介质中分散并能使介质着色,而又具有一定的遮盖力。颜料从化学组成来分,可分为无机颜料和有机颜料两大类,按其来源又可分为天然颜料和合成颜料。以颜料的功能来分,可分为防锈颜料、磁性颜料、发光颜料、珠光颜料、导电颜料等。从应用角度来分类,颜料又可分成涂料用颜料油墨用颜料、塑料用颜料、橡胶用颜料、陶瓷及搪瓷用颜料、医药化妆品用颜料、美术用颜料等等。染料与颜料作为精细化学品重点,主要研究颜色产生原理、染色用染料和颜料、变色染料与颜料、荧光性染料和颜料等。

香料是一种能被嗅觉嗅出香气或被味觉尝出香味的物质,是配制香精的原料,分为天然香料和人造香料。天然香料又可分为动物性天然香料和植物性天然香料,是从天然植物的花、果、叶、茎、根、皮或者动物的分泌物中提取的含香物质。人造香料也可分为单离香料和合成香料,包括全合成香料、半合成香料。用化工原料合成的称全合成香料;用物理或化学方法从精油中分离出较纯的香成分称单离香料;由单离香料或精油中的萜烯化合物经化学反应衍生而得的称半合成香料,开发合成香料主要有三个方面:天然产物的合成、大宗精油原料的化学加工和有机化工原料的利用。合成香料根据化学结构可分为烃、卤代烃、醇、酚、醚、酸、酯、内酯、醛、酮、缩醛(酮)、腈、杂环等。分子结构的微小变化包括取代基的位置不同、几何异构、立体异构等均可导致香气差异。例如,橙花醇和香叶醇是顺反式几何异构体,前者香气更为柔和而清甜;顺反式玫瑰醚是立体异构体,香气以顺式为佳。香精和香料作为精细化学品重点,主要研究香料结构与香气的关系、天然香料及提取方法、合成香料及工艺等。

有机光电功能化学品是指有机分子化合物,在光、电、热等的作用下发生一些特定的物理或化学变化,从而使以这类材料制备的器件具有相应的特殊功能或专门用途的一类化合物。它们一般在紫外、可见或红外光谱区具有吸收光或发射荧光的特性,已在科学研究和高新技术产业中显示出巨大的应用前景。功能性有机材料作为精细化学品重点,主要研究有机光导电材料、有机电致发光材料、有机电致发光的原理、有机光伏材料、有机场效应材料、激光染料、非线性光学有机材料、液晶材料及其他功能性有机化学品(如有机光储能材料、激光染料等)。

1.3 精细化学品的发展阶段及发展前景

科学的发生及发展进程,归根到底是由生产所决定的。物质资料的生产是社会的基础,科学的发展,其中包括精细化学品的发展也是由这一基础所决定的。精细化学品发展到今天大约有一个半世纪了。在这一个半世纪中精细化学品的发展大致经历了三个历史阶段,从它的发展历史我们可以体会到,目前精细化学品的快速发展有其客观的必然性,而且今后精细化学品的发展还将以更快的速度向前发展。

1.3.1 精细化学品的发展阶段

1. 初期阶段

据精细化学品的定义和含义来看,我们认为,精细化学品始于 19 世纪中叶到 20 世纪 30 年代,这一时期化学最显著的特点之一是有机合成化学以惊人的速度发展起来。当时以美国、德国为中心的欧美掀起了炼焦工业。煤焦油展示出了它的魅力,由煤焦油开发出的苯、甲苯、苯酚、苯胺、萘、蒽等芳香族化合物成为重要的基本原料。利用这些基础化工原料合成新的人们需要的化学品就出现了许多精细化学品。如染料,1856 年英国 18 岁的 W. H. Perkins 在试图由粗苯胺氧化制取治疗疟疾的特效药奎宁时,偶然得到了一种紫色物质,可以用于丝绸的染色,制得了第一个合成染料苯胺紫。翌年实现工业生产。后来,1863 年制得了第一个偶氮染料卑斯麦棕。接着出现了酸性偶氮染料。1868 年德国化学家 Greable 以蒽为原料合成茜素,翌年实现了工业化生产,推动了蒽醌化学品的发展。1875 年 Perkin 首次合成了香豆素,1880 年 Baeyer 首次合成靛蓝,1930 年铜酞菁染料产生,以后人们又从染料生产中发现抗生素药物等。这一时期染料化学品得到了迅速发展,许许多多的合成染料和颜料在天然纤维、合成纤维、橡胶、塑料、纸张、皮革、油脂、涂料、医药、饮食品、化妆品、文具用品等各种领域中得到广泛应用。

这一阶段的主要特点是,各种染料、颜料、香料、医药不断涌现,使人们改变了过去依赖自然界动物、植物、矿物获取这些产品的习惯。但这个时期,这些产品的产量还很少,价格昂贵,应用也不普及。

2. 发展完善阶段

20 世纪 30 年代以后,随着石油工业的迅速发展,特别是对石油裂解技术和聚合物生产技术的掌握,化工生产格局发生了根本的变化,大量的物力、人力都用在基础化工工业,特别是石油化工工业,相对说来精细化工不像以前那么引人注目,但利用石油化工产品还能制取许多精细化学品,从 30 年代到 1970 年这段时期,可认为是精细化学品发展完善的第二阶段。

在这一阶段精细化学品仍然得到了持续不断的发展,特别是农药、涂料、表面活性剂、橡胶助剂、塑料助剂等,得到了较快的发展。例如,20 世纪 60 年代是国外化学助剂的大发展的时期。在此期间日本塑料助剂中均增长率为 16%,美国为 10%;日本橡胶助剂生产平均增长率高达 20%。

3. 快速发展阶段

1970 年以来,由于几次石油危机的出现,加之长期基础化工原料生产和发展为其奠定了坚实的基础,特别是日本,石油资源缺乏,只有发展石油化工基础原料的深加工,所以首先是日本,紧接着欧美国家相继制定方针,将本国化学工业发展的格局进行调整,重点发展精细化工产品,而将基础原料化工工业维持现状,有些装置甚至停产。这样做的成果是明显的,精细化学品的巨大经济效益反过来又刺激了这些国家进一步把更多人力、物力投入到精细化学品的生产和产品开发上,使精细化工的发展产生了一个飞跃。

由于起步早,以及资金和技术上的优势,到目前为止,欧、美、日发达国家和地区在精细化学品,特别是在专用化学品市场和技术上基本形成了垄断地位,其精细化率有的达到 70% 以上。有的国家如瑞士,甚至在 93% 以上。由此也可以看出精细化学品在这些国家中的重要地位。

这一时期的精细化工是以发展高技术含量、高附加值精细化学品,特别是专用化学品为特点,精细化学品的产值、产量都达到了前所未有的地步,并且普及到工农业和人们生活的各个方面。

1.3.2 精细化学品的发展趋势

目前,精细化学品是当今世界各国争相发展的化学工业的重点,它也是 21 世纪评价一个国家综合国力的重要标志之一。发达国家都相继将化学工业的发展重点转向精细化学品生产工业,精细化学品生产工业的发展将从战略高度上促进化工产业结构发生重大转变。我国精细化学品起步虽晚,但发展较快,国家也从"六五"到"十一五"把精细化学品生产工业列为国民经济发展的战略重点之一。"十二五"期间我国经济将由资源消耗型转为节约型,将高污染型转为清洁型。预计到 2015 年,精细化工产值将比 2008 年增长一倍,精细化工自给率达到 80% 以上,进入世界精细化工大国与强国之列。综合近十几年来精细化学品的发展,预测今后国内外精细化学品发展趋势有以下几点。

1. 精细化学品的品种继续增加、其发展速度继续领先

随着科学技术的发展,各种新材料、新技术不断出现,新领域的精细化学品将不断涌现。例如在能源方面:核聚变、太阳能、氢能、燃料电池、生物质能、海洋能、地热能、风能等新能源的开发利用中,都有精细化学品的用武之地;食品结构的改变与保健食品的兴起,离不开各种功能的食品添加剂;信息技术的发展要求高技术的精细无机材料和精细陶瓷;医用人工器官;汽车精细化学品;有机氟精细化学品等品种及门类都将逐渐诞生和形成。从发展速度上看,近几十年来,发达国家化学工业发展速度一般在 3%~4%,而精细化学品工业的发展速度则在 6%~7%,并且这种领先的发展速度将会继续。我国精细化学品需求量大,精细化率又远低于发达国家,所以今后精细化品的品种会继续增加,发展速度会高于基础化工的产品。特别是新领域精细化学品未来发展机遇更大,预计"十二五"期间我国新领域精细化学品年增长率在 10%以上。

2. 精细化学品将向着高性能化、专用化、系列化、绿色化发展

加强技术创新,调整和优化精细化工产品结构,重点开发高性能化、专用化、系列化、绿色化产品,已成为当前世界精细化工发展的重要特征,也是今后世界精细化工发展的重点方向,特别是向低毒、无污染的绿色产品的发展。以精细化工发达的日本为例,技术创新对精细化学品的发展起到至关重要的作用。过去十几年中,日本合成染料和传统精细化学品市场缩减了一半,取而代之的是大量开发高功能性、专用化、系列化等高端精细化学品,从而大大提升了精细化工的产业能级和经济效益。这一点是我国目前急需加强和调整的,因为近年来欧美发达国家和地区利用自身的技术优势,以保护环境和提高产品安全等为由,陆续实施了一批新的条例和标准,这些新的条例和标准有的对化工新材料和精细化工影响较大。例如,为了避免电子产品垃圾的环境污染,镉等重金属的化学材料的应用将要被逐步替代,否则这些相应的电子产品将不被允许进入欧美市场。《室内装饰装修材料十种有害物质限量》标准,对人造板及其制品、内墙涂料、溶剂型木器涂料、胶黏剂等建筑材料中的挥发性有机化合物和有毒污染物的含量作出了更严格的规定。新的食品安全法规已开始实施,对食品生产中使用的各类食品添加剂提出了新的要求和规定。这些都要求我们的产品急需升级换代。再加上国外公司大举进入、生产发展面临更加严格的环保要求,作为全球最大的制造基地,全球经济发展最具活力的国家之一,涉及行业广泛的精细化工业必须加强技术创新,调整和优化精细化工产品结构,使其产品向着高性能化、专用化、系列化、绿色化发展。

3. 大力采用高新技术,向着边缘、交叉学科发展

高新技术的采用是当今化学工业激烈竞争的焦点,也是综合国力的重要标志之一。对技术密集的精细化工行业来说,这方面更为突出。从科学技术的发展来看,各国正以生命科学、材料科学、能源科学和空间科学为重点进行开发研究。其中主要的研究课题有:

①新材料,含精细陶瓷,功能高分子材料,金属材料、复合材料等。

②现代生物技术,即生物工程,包含遗传基因重组的应用技术、细胞大量培养利用技术、生物反应器等。

③新功能元件,如三维电路元件、生物化学检测元件等。

④无机精细化学品,如非晶态化合物、合金类物质、高纯化合物等。

⑤功能高分子材料,是指具有物理功能、化学功能、电器功能、生物化学功能、生物功能等的高分子材料,其中包括功能膜材料、导电功能材料、有机电子材料、医用高分子材料、信息转换与信息记录材料等。

这些研究课题许多是边缘和交叉学科,要采用高新技术,靠交叉学科力量来完成。

4. 调整精细化学品生产经营结构,使其趋向优化

随着经济全球化趋势的快速发展,一些跨国公司通过兼并和收买,调整经营结构,进行合理改组,独资或合资建立企业发展精细化工,使国际分工更为深化,技术、产品、市场形成了一个全球性的结构体系,并在科学技术推动下不断升级和优化。在这方面许多跨国公司来我国投资,也推动了我国精细化学品工业的发展。例如,世界著名的精细化学品生产商、德国第3大化品公司德古萨公司看好我国专用化学品市场,1998年以来,该公司已在我国南京、广州、上海、青岛、天津和北京等11个地区建有18家生产厂,2004年实现营业额3亿欧元。为了扩大中国市场,德古萨在上海成立了研发中心,为中国乃至亚洲市场研发专用产品。又如,世界十大涂料公司已全部进入我国,迄今为止独资和合资建涂料厂约16家,生产规模都在(2~5)万吨/年。立邦公司投资41亿日元使廊坊公司和苏州公司的生产能力各扩建为16万吨,上海扩建为14万吨,广州为7万吨,全部项目已竣工投产,立邦公司已占我国19%的市场份额。以生产不含铅、汞等有毒有害成分的涂料著称的ICI公司声称要在我国市场的争夺中超越立邦成为第一。ICI和立邦的产品销售额现占中国市场的30%。近几年来,德国克莱恩正在惠州建设非离子表面活性剂生产装置,芬兰凯美拉公司在南京建设水处理剂生产装置等。

5. 精细化学品销售额快速增长、精细化率不断提高

近几年,全世界精细化学品和专用化学品年均增长率在5%~6%,高于化学工业2~3个百分点。预计今后全球精细化学品市场仍将以6%的年均速度增长。目前,世界精细化学品品种已超过10万种。美国、西欧和日本等化学工业发达国家和地区,其精细化学品工业也最为发达,代表了当今世界精细化学品工业的发展水平。这些国家的精细化率已达到70%。美国精细化学品年销售额约为1250亿美元,居世界首位,欧洲约为1000亿美元,日本约为600亿美元,名列第三。三者合计约占世界总销售额的75%以上。精细化率已是衡量一个国家和地区化学工业技术水平的重要标志。我国精细化率与发达国家的差距还较大,但我国精细化学品近几年发展迅速,年产值都在百分之十几的速度增长,我国又是消费大国。"十二五"期间我国经济将向着由资源消耗型转为节约型,将高污染型转为清洁型发展。这对精细化学品提供很好的发展机会,预计到 2015 年,精细化工产值将达 16000 亿元,比 2008 年增长一倍,精细化工自给率达到 80％以上,进入世界精细化工大国与强国之列。所以,今后我国精细化学品销售额增长速度会更快,精细化率提高幅度将会更大。

1.4　精细化工属性

1.4.1　精细化工生产属性

精细化学品的生产通常包括原料药合成、复配物加工以及商品化开发三个组成部分,它们既可以在一个工厂中完成,也可以在不同的单位生产。精细化学品是为用户解决专门需求而生产的,因而它与通用化学品的生产有四方面的区别。

①产品品种多、批量小、系列化。

②间歇式、小容量和多功能化的生产装置。

③技术密集化程度高。

④劳动密集度高和劳动就业机会多。

精细化工产品生产通常流程较长、工序多,再加上产品多、批量小和产品变化频繁,以及间歇式生产等特点,工厂多为中小型企业,这样必然增加社会劳动就业的机会。我国劳动力充裕,为发展精细化工提供了有利条件。

1.4.2　精细化工经济属性

精细化工具有较高的经济效益,有以下四方面的依据。

1. 投资效率高

精细化工采用小装置,一种装置多种用途,装置投资相对比较小,投资效率高。精细化工的资本密集度仅为石油化学工业平均指数的 0.3～0.5,为化肥工业的 0.2～0.3。

2. 利润率高

通常评定一个企业或一个生产装置的利润率标准是:销售利润率小于 15％的为低利润率,15％～20％的为中等利润率,高于 20％的为高利润率。精细化工企业的利润率处于 15％以上。

3. 附加价值率高(附加价值对产值的百分率)

精细化工的附加价值率保持在 50％左右,远远高于其他化工(35.5％)的平均附加价值率。产品的附加价值通常随其深度加工和精细化而急剧增加。

4. 返本期短

精细化工的投资效率、利润率和附加价值率高,不言而喻,可以大大缩短投资的返本期。

1.4.3　精细化工商业属性

1. 市场从属性

市场从属性是精细化学品最主要的商业属性。精细化学产品发展的推动力是市场,市场是由社会需求决定的。通用化学品面向的市场是全方位的,弹性大;精细化工产品的应用市场很多是单向的,从属于某一个行业,有些产品虽能覆盖几个行业,但弹性仍然很小。精细化工投资决策很大程度上决定于市场。因此,精细化工企业要不断寻求市场需要的新产品和现有产品的新用途,对现有市场和潜在市场规模、价格、价格弹性系数作出切合实际的估计,综合市场情况,对改进生产管理提出建议。

2. 市场竞争导致市场排他性

精细化学品是根据其特定功能和专用性质进行生产、销售的化学品,商品性很强,用户的选择性也大,市场竞争激烈。精细化学品很多是复配加工的产品,配方技术和加工技术具有很高保密性,独占性,排他性。因此,企业要注意培养自己的技术人才,依靠本身的力量去开发。对自己开发的技术和市场应注意保密。

3. 应用技术和技术服务是争夺市场的重要手段

精细化学品在完成商品化后,即投放市场试销,应用技术及其为用户服务关系到能否争取市场,扩大销路,进而扩大生产规模和争取更大利润。因此,应用技术和技术服务极为重要,应抽相当数量、素质好、最有实践经验人员担任销售及技术服务工作。以瑞士为例,精细化工研究、生产销售和技术服务人员的比例为 32∶30∶35,由此可见一斑。

4. 企业和商品信誉是稳定市场的保证

市场信誉决定于产品质量和优良的服务。精细化工企业应该建立起自己的商标,创名牌应该成为全企业所有人员共同努力的目标。

第2章　表面活性剂

2.1　表面活性物质与表面活性剂概述

2.1.1　表面活性剂与表面张力

表面活性剂工业是 20 世纪 30 年代发展起来的一门新型化学工业,素有"工业味精"的美称。目前,国外已有表面活性剂 6000 多个品种,商品牌号达万种以上。表面活性剂工业在我国始于 20 世纪 50 年代末 60 年代初,20 世纪 60 年代开始才有所发展,但发展速度和品种较发达国家相差甚大。

表面活性剂具有润湿、分散、乳化、增溶、起泡、洗涤、匀染、润滑、渗透、抗静电、防腐蚀、杀菌等各种作用和功能,广泛应用于国民经济的各个领域。

物质相与相的分界面称为界面,在各相间存在气－液、气－固、液－液、液－固和固－固五种界面。当组成界面的两相中有一相为气相时,称为表面。严格讲是液体和固体与其饱和蒸气之间的界面气－固、气－液。

由于表面分子所处的状况与内部分子不同,因而表现出很多特殊现象,称为表面现象,例如,荷叶上的水珠、水中的油滴、毛细管的虹吸等。表面现象都与表面张力有关。表面张力是指作用于液体表面单位长度上使表面收缩的力(mN/m)。由于表面张力的作用,使液体表面积永远趋于最小。

表面张力是液体的内在性质,其大小主要取决于液体自身和与其接触的另一相物质的种类。例如水、水银、无机酸等无机物与气体的表面张力大,醇、酮、醛等有机物与气体的表面张力小。气体的种类对表面张力也有影响,水银与水银蒸气的表面张力最大,与水蒸气的表面张力则小得多。实验研究表明,水溶液中溶质浓度对表面张力的影响有 3 种情况:

第一种是水溶液的表面张力随溶质浓度增加而增大,且大致呈线性关系(曲线 1),属于此类物质的有强电解质,如无机盐、酸、碱,以及某些含羟基较多的化合物,如糖类。

第二种是表面张力随溶质浓度的增加而降低,一般浓度小时降低幅度大,浓度大时下降缓慢(曲线 2),如醇、醚、酯、酸等极性有机物的水溶液。

第三种是随浓度的增大,开始表面张力急剧下降,但到一定程度便不再下降(曲线 3),如:在 25℃的水中加入 0.1% 油酸钠,即可将水的表面张力从 $72mN \cdot m^{-1}$ 降低到 $25mN \cdot m^{-1}$ 左右,肥皂中的硬脂酸钠,洗衣粉中的烷基苯磺酸钠等都属于此类物质。

能使溶剂表面张力降低的性质(对此溶剂而言)称为表面活性,表面活性物质是具有表面活性的物质。

第一类物质不具有表面活性,称为非表面活性物质;第二、第三类物质即为表面活性物质,具有表面活性。但第二、三类物质又有所区别:前者在水溶液中分子不发生缔合或缔合程度小;后者则能缔合且形成胶束等缔合体,除具有较高表面活性外,同时还具有润湿、乳化、起泡、洗涤等作用,这一类表面活性物质称为表面活性剂。

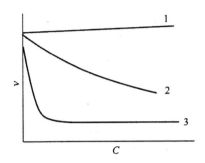

图 2-1　物质在水溶液体相浓度与表面张力的关系

表面活性剂何以能有效降低表面张力呢?分析表面活性剂的结构发现,它们都有双亲性结构,即同时具有亲油疏水的基团和亲水疏油的基团,通常称为亲油基和亲水基,如图 2-2 所示。

图 2-2　表面活性剂两亲性结构示意

溶液中加入表面活性剂后其亲油基会向无水的表面运动,亲水基留在液面之下,这个结果使表面活性剂在表面上的浓度比在溶液内部大,此为正吸附现象。有人也将表面活性剂定义为能产生正吸附现象的物质。表面活性剂这种独特的分子结构正是它降低表面张力具有表面活性的根本原因所在。

2.1.2　表面活性剂分子在表面上的定向排列

表面活性剂溶液随着浓度的增加,分子在溶液表面上将产生定向排列,从而改变溶液的表面张力。如图 2-3 所示。

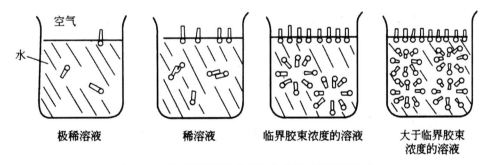

图 2-3　表面活性剂浓度变化和其活动情况的关系

当溶液极稀时,表面活性剂分子在表面的聚集极少,几乎不改变表面张力。稀溶液时,聚集增加,表面张力急剧下降,而溶液内部的表面活性剂分子相互将亲油基靠近。随着浓度的进一步增加,表面聚集的分子越来越密集,表面张力越来越低,直至达到临界胶束浓度。此时,表

— 13 —

面活性剂分子在表面无间隙排列,形成分子膜,将气液两相彻底隔绝,表面张力降至最低;同时,溶液中有胶束形成,即几十几百的表面活性剂分子将亲油基向内靠拢,亲水基向外与水接触,缔合成一个大的分子团。若继续增加浓度,制成大于临界胶束浓度的溶液,将不会改变表面分子膜,故表面张力也不再改变,这便形成了图 2-1 曲线 3 中水平的直线部分;而溶液内胶束的数量和大小会有所增加。

临界胶束浓度是表面活性剂的一个重要参数,它是指表面活性剂分子或离子在溶液中开始形成胶束的最低浓度,简称 cmc。即 cmc 为临界胶束浓度,达到 cmc 后即有胶束形成。胶束中的表面活性剂分子可随时补充表面分子膜中分子的损失,从而使表面活性得以充分发挥。

2.1.3 表面活性剂的分类

表面活性剂按照溶解性分类,有水溶性和油溶性两大类。油溶性表面活性剂种类及应用少,本章不作单独讨论。而水溶性表面活性剂按照其是否离解又可分为离子型和非离子型两大类,前者可在水中离解成离子,后者在水中不能离解。离子型表面活性剂根据其活性部分的离子类型又分为:阴离子、阳离子和两性离子三大类。

1. 阴离子表面活性剂

阴离子表面活性剂的特点是在水溶液中会离解开来,其活性部分为阴离子或称负离子。市场出售的阴离子表面活性剂按照其亲水基不同主要有四大类,包括羧酸盐型、硫酸酯盐型、磺酸盐型和磷酸酯盐型。这四类阴离子表面活性剂仅是目前使用较多的种类。事实上,凡是活性部分能够离解并呈负离子态的表面活性剂都是阴离子表面活性剂。

2. 阳离子表面活性剂

阳离子表面活性剂在水溶液中离解后,其活性部分为阳离子或称正离子。目前应用较多的有胺盐和季铵盐两大类,胺盐类又包括伯胺盐、仲胺盐和叔胺盐。除直链含氮的阳离子表面活性剂外,还有含氮原子环以及硫、砷、磷等形成的鎓盐类化合物均可在水中离解成阳离子,所以都能成为阳离子表面活性剂。

3. 两性离子表面活性剂

两性离子表面活性剂的亲水基是由带有正电荷和负电荷的两部分有机地结合起来而构成的。在水溶液中呈两性状态,会随着介质不同显示不同的活性。主要包括两类,氨基酸型和甜菜碱型。甜菜碱型和氨基酸型两性离子表面活性剂的阳离子部分,分别是季铵盐和胺盐,阴离子部分都是羧酸盐。实际上,前述阴离子表面活性剂的几个品种如硫酸酯盐、磺酸盐等均可成为两性离子表面活性剂亲水基的阴离子部分,从而形成两性离子表面活性剂的新品种。只是生产和应用都很少,本章不作详细介绍。

4. 非离子表面活性剂

非离子表面活性剂在水中不会离解成离子,但同样具有亲油基和亲水基。按照其亲水基结构的不同分为聚乙二醇型和多元醇型。聚乙二醇型也称为聚氧乙烯型或聚环氧乙烷型。它是由环氧乙烷的聚合链来作亲水基的。而多元醇型则是靠多元醇的多个羟基与水的亲和力来实现亲水。不同类型的表面活性剂具有不同的特性和应用场合,有的可以混用,有的不能混用。所以,遇到一种表面活性剂,应当首先分清它是哪一种类型的,应用时也应首先弄清该用哪一种类型的表面活性剂。

2.1.4　表面活性剂的物化性质

1. 表面活性剂亲水—亲油性平衡与性质的关系

不同的表面活性剂带有不同的亲油基和亲水基,其亲水亲油性便不同。这里引入一个亲水—亲油性平衡值(即 HLB 值)的概念,来描述表面活性剂的亲水亲油性。HLB 是表面活性剂亲水—亲油性平衡的定量反映。

表面活性剂的 HLB 值直接影响着它的性质和应用。例如,在乳化和去污方面,按照油或污垢的极性、温度不同而有最佳的表面活性剂 HLB 值。表 2-1 是具有不同 HLB 值范围的表面活性剂所适用的场合。

表 2-1　不同 HLB 值范围的表面活性剂所适用的场合

HLB 值范围	适用的场合	HLB 值范围	适用的场合
3～6	W/O 型乳化剂	13～15	洗涤剂
7～9	润湿剂、渗透剂	15～18	增溶剂
8～15	O/W 型乳化剂		

对离子型表面活性剂,可根据亲油基碳数的增减或亲水基种类的变化来控制 HLB 值;对非离子表面活性剂,则可采取一定亲油基上连接的聚环氧乙烷链长或羟基数的增减,来任意细微的调节 HLB 值。

表面活性剂的 HLB 值可计算得来,也可测定得出。常见表面活性剂的 HLB 值可由有关手册或著作中查得。

2. 胶束与胶束量

表面活性剂溶液形成胶束的大小可用胶束量来描述,胶束量是构成一个胶束的分子量。

$$胶束量＝表面活性剂的分子量×缔合度$$

缔合度为缔合成一个胶束的分子个数,表面活性剂溶液中胶束与表面活性剂分子处于平衡状态,一旦吸附在表面的活性剂分子或离子被消耗掉,胶束中便离解出表面活性剂分子补充上去。因此,胶束起一个表面活性剂贮存库的作用。表面活性剂溶液只有在 cmc 值以上,才能很好的发挥活性。

3. 表面活性剂溶解性与温度的关系

在低温时,表面活性剂一般都很难溶解。如果增加水溶液的浓度,达到饱和态,表面活性剂便会从水中析出。但是,如果加热水溶液,达到某一温度时,其溶解度会突然增大。这个使表面活性剂的溶解度突然增大的温度点,我们称为克拉夫特点,也称为临界溶解温度。这个温度相当于水和固体表面活性剂的熔点。非离子表面活性剂的这个熔点很低,一般温度下看不见。而大多数离子型表面活性剂都有自己的克拉夫特点,故它是离子型表面活性剂的特性常数。

聚乙二醇型非离子表面活性剂与离子型表面活性剂相反,将其溶液加热,达到某一温度时,透明溶液会突然变浑浊、这一温度点称为浊点。这一过程是可逆的,温度达浊点时乳浊液形成,降温时透明溶液又重现。但当保持温度在浊点以上时,静置一定时间乳浊液将分层。

聚乙二醇型表面活性剂之所以存在浊点,是因为其亲水基依靠聚乙二醇链上醚键与水形成氢键而亲水。氢键结合较松散,当温度上升时,分子热运动加剧,达到一定程度,氢键便断裂,溶解的表面活性剂析出,溶液变为乳浊液;而当温度降低至浊点之下时,氢键恢复,溶液便又变透明。

2.2　阴离子表面活性剂

阴离子表面活性剂是在水中离解出具有表面活性的阴离子,是各类表面活性剂中发展最早、产量最大的一类。阴离子表面活性剂一般具有优良的去污能力和良好的起泡性,是市售洗涤剂的主要成分。此外,阴离子表面活性剂还可用作乳化剂、渗透剂、润湿剂等。通常是按亲水基的不同分为四大类:磺酸盐型、羧酸盐型、硫酸酯盐、磷酸酯盐型。阴离子表面活性剂中产量最大、应用最广的是磺酸盐,其次是硫酸酯盐。

2.2.1　磺酸盐型表面活性剂

在磺酸盐类表面活性剂中以烷基芳基磺酸盐,特别是烷基苯磺酸盐 $RC_6H_4SO_3M$(R 为 $C_8 \sim C_{20}$ 的烷基,M 为 Na^+、K^+、NH_4^+、Ca^{2+} 等)最为重要。它去污力强,起泡性和稳泡性较好,在酸性、碱性、硬水及某些氧化物溶液(如次氯酸钠、过氧化物等)中都能稳定存在,而且原料来源丰富,成本较低,容易喷雾干燥成型,可制成颗粒状洗涤剂,亦可制成液体洗涤剂,在家用和工业洗涤中都有广泛的用途。

1. 烷基芳基磺酸盐表面活性剂

(1)烷基苯磺酸盐表面活性剂的合成

其原料主要来自石油,通过烷基苯的磺化制成烷基苯磺酸,再由碱中和而制得。

①磺化。

$$R-ArH + H_2SO_4 \longrightarrow R-ArSO_3H + H_2O$$

$$R-ArH + SO_3 \longrightarrow R-ArSO_3H$$

式中,R—和—ArH 分别表示烷基和芳基。

由于用硫酸磺化是可逆反应,酸液利用率低,磺化效率不高;而 SO_3 磺化是以化学计量与烷基芳烃反应,无废酸生成,利用率高。加之 SO_3 来源丰富,成本较低,所以 SO_3 磺化技术发展很快,尤以意大利 Ballestra 膜式磺化最为先进。

②中和。将上述磺化制得的烷基芳基磺酸用碱中和即可转变为烷基芳基磺酸盐。如用氢氧化钠中和,其主要反应为:

$$R-ArSO_3H + NaOH \longrightarrow R-ArSO_3Na + H_2O$$

除用 NaOH 中和烷基芳基磺酸外,还可以根据不同的用途改用氨(或胺)或 $Ca(OH)_2$、$Ba(OH)_2$ 中和生成相应的烷基芳基磺酸盐。

(2)十二烷基苯磺酸钠的工业合成

　　这类表面活性剂中,重要且应用最为广泛的是十二烷基苯磺酸钠,主要用于合成洗涤剂。十二烷基苯磺酸钠的生产包括两个主要过程,苯的烷基化和烷基苯的磺化。烯烃和氯化烃都可以作为烷基化剂。烷基苯与磺化剂反应生成烷基苯磺酸,再经氢氧化钠中和得烷基苯磺酸钠。反应式如下:

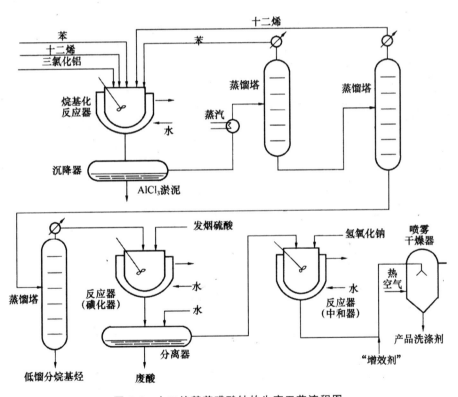

　　十二烷基苯磺酸钠生产工艺流程见图 2-4。

图 2-4　十二烷基苯磺酸钠的生产工艺流程图

2. 烷基磺酸盐

　　烷基磺酸盐通式为 RSO_3M,R 为 $C_8 \sim C_{20}$ 的烷基。烷基的平均碳数为 $C_{15} \sim C_{16}$ 为宜。其中 M 为金属,可为碱金属或碱土金属。作为民用合成洗涤剂的表面活性物,其金属离子均为 Na^+,此类表面活性剂的亲水基直接与烷基链连接。烷基磺酸盐具有较高的润湿、起泡和乳化能力,去污作用也较强。制成合成洗涤剂,其性质与烷基苯磺酸盐洗涤剂性质相似,但它的毒性及对皮肤的刺激性均较低,且生物降解速率高。烷基磺酸盐还常应用于石油、纺织、合成橡胶等领域。烷基磺酸盐表面活性剂的主要生产方法为磺氧化法及磺氯化法。

(1)磺氯化法

虽然是最早实现工业化的方法,但该法具有较大的局限性,并未得到发展。

$$RH \xrightarrow[SO_3,Cl_2]{} RSO_2Cl \xrightarrow[[1]H_2O]{[2]NaOH} RSO_3Na$$

(2)磺氧化法

二氧化硫和氧与烷烃反应制取烷基磺酸盐的反应是在 20 世纪 40 年代发现、在 20 世纪 50 年代发展起来的方法,称为磺氧化法。目前认为是一种有工业价值的方法,所得产品为膏状物。本法不需要氯气、副产物少,可以简化纯化工艺,降低成本。

$$RCH_2CH_3 + SO_2 + 1/2O_2 + H_2O \xrightarrow{h\nu} R\underset{\underset{SO_3H}{|}}{-}C\underset{}{-}CH_3 \xrightarrow{NaOH} R\underset{\underset{SO_3Na}{|}}{-}CH-CH_3$$

另外,以溶解氧、游离基、紫外线或 γ-射线为引发剂,亚硫酸氢钠与 α-烯烃加成制备。其中,代表产品:德国 BASF 的快速浸水剂 Aerosolo T、Amollan Aps、Pelzwashmittel LP 等。

$$RCH=CH_2 \xrightarrow[NaHSO_3]{O_2} RSO_3Na$$

3. α-烯基磺酸盐(AOS)

AOS 与 LAS 的性能相似,但对皮肤的刺激性稍弱,生化降解的速度也稍快。由于它的生成工艺简便,原料成本低廉,因此,AOS 一直有很大的吸引力。AOS 的主要用途是配制液体洗涤剂和化妆品。AOS 所用原料 OL－烯烃可由乙烯聚合及蜡裂解法制备。AOS 合成工艺流程见图 2-5。

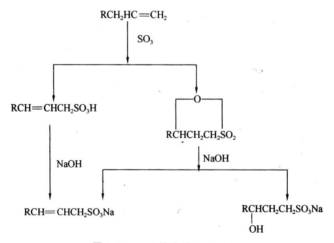

图 2-5　AOS 的合成工艺过程

2.2.2　硫酸酯盐型表面活性剂

脂肪醇硫酸酯盐的化学通式可写为 $ROSO_3M$,M 为碱金属,或 NH_4^+ 或有机胺盐,如二乙醇胺或三乙醇胺盐,R 为 $C_8 \sim C_{18}$ 的烷基,$C_{12} \sim C_{14}$ 醇通常是硫酸化最理想的醇。这类表面活性剂具有良好的发泡力和洗涤性能,在硬水中稳定,其水溶液呈中性或微碱性,它可以作为重垢棉织物洗涤剂,也可以用作轻垢液体洗涤剂,在配制餐具洗涤液、香波、地毯和室内装饰品清洁剂、硬表面清洁剂等洗涤制品时,硫酸酯盐类表面活性剂是必不可少的组分之一。此外,还可以用作牙膏发泡剂、乳化剂、纺织助剂及电镀浴添加剂等。脂肪醇硫酸酯盐是以脂肪醇、脂肪醇醚或脂肪酸单甘油脂经硫酸化反应后碱中和而制得:

$$ROH + SO_3 \longrightarrow ROSO_3H$$
$$ROH + ClSO_3 \longrightarrow ROSO_3H + HCl$$
$$ROSO_3H + NaOH \longrightarrow ROSO_3Na$$
$$ROH + H_2NSO_3H \longrightarrow ROSO_3NH_4$$

1. 十二醇硫酸钠

十二醇硫酸钠,又称月桂醇硫酸钠、十二烷基硫酸钠。化学式是 $C_{12}H_{25}OSO_3Na$,白色或淡黄色粉状,溶于水,为半透明液体,对碱和硬水稳定,具有去污、乳化和优异的发泡力,是一种无毒的硫酸酯盐类阴离子表面活性剂,其生物降解度 $>90\%$。用作乳化剂、灭火剂、发泡剂及纺织助剂,也用作牙膏和膏状、粉状、洗发香波的发泡剂。

十二醇硫酸钠的合成反应分两步进行。第一步为磺化反应,反应原料十二醇与氯磺酸以 $1:1.03$ 摩尔比在 $28℃\sim35℃$ 下进行磺化反应,生成十二醇硫酸酯。第二步为中和反应,十二醇硫酸酯与氢氧化钠作用,生成十二醇硫酸钠。工艺流程见图 2-6。

$$C_{12}H_{25}OH + HSO_3Cl \longrightarrow C_{12}H_{25}OSO_3H + HCl\uparrow$$
$$C_{12}H_{25}OSO_3H + 2NaOH \longrightarrow C_{12}H_{25}OSO_3Na + NaCl + H_2O$$

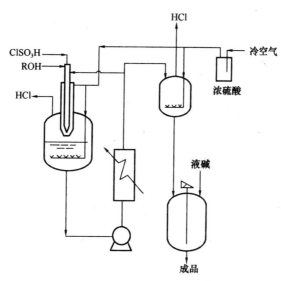

图 2-6　十二醇硫酸钠的工艺流程

2. 脂肪醇聚氧乙烯醚硫酸盐(AES)

脂肪醇聚氧乙烯醚硫酸盐又称脂肪醇硫酸盐。由于分子中加入了乙氧基使其具有很多优点,如抗硬水性强,泡沫适中而稳定,溶解性好。缺点是在酸性和强碱性条件下不稳定,易于水解。

AES 采用 $C_{12}\sim C_{14}$ 的椰油醇为原料,有时也用 $C_{12}\sim C_{16}$ 醇,与 $2\sim4$ 分子环氧乙烷缩合。再进一步进行硫酸化,中和可用氢氧化钠、氨或乙醇胺。

2.2.3 磷酸酯盐型表面活性剂

具有代表性的磷酸酯阴离子表面活性剂为烷基聚氧乙烯醚磷酸酯盐,它的分子通式:

$$RO(CH_2CH_2O)_n-\overset{\overset{O}{\|}}{\underset{OM}{P}}-OM \qquad \overset{RO(CH_2CH_2O)_n}{\underset{RO(CH_2CH_2O)_n}{P}}\overset{O}{\|}-OM$$

式中,R 为 $C_8 \sim C_{18}$ 烷基;M 为 Na、K、二乙醇胺、三乙醇胺;n 一般为 3～5。磷酸酯盐类表面活性剂的合成方法与硫酸盐相似,由高级醇或聚氧乙烯化的高级醇与磷酸化试剂反应,然后用碱中和而得。常用的磷酸化试剂有五氧化二磷、聚磷酸、三氯氧磷、三氯化磷等,其中主要是五氧化二磷和聚磷酸。

(1)五氧化二磷合成法

由于条件温和,工艺简便,收率较高,在工业上最为常用。如五氧化二磷与烷基聚氧乙烯醚(摩尔比为 1：2～4.5)在 30℃～50℃下反应,先生成单酯,继续反应生成双酯,因此在产品中是单酯和双酯盐的混合物。反应式如下:

$$3RO(CH_2CH_2O)_nH + P_2O_5 \longrightarrow RO(CH_2CH_2O)_n-\overset{\overset{O}{\|}}{\underset{OH}{P}}-OH + \overset{RO(CH_2CH_2O)_n}{\underset{RO(CH_2CH_2O)_n}{P}}\overset{O}{\|}-OH$$

(2)三氯化磷与醇反应

制取磷酸双酯的反应过程如下:

$$3ROH + PCl_3 \longrightarrow RO-\overset{\overset{O}{\|}}{\underset{OR}{P}}-H + RCl + 2HCl$$

$$RO-\overset{\overset{O}{\|}}{\underset{OR}{P}}-H + Cl_2 \longrightarrow RO-\overset{\overset{O}{\|}}{\underset{OR}{P}}-Cl + HCl$$

$$RO-\overset{\overset{O}{\|}}{\underset{OR}{P}}-Cl + H_2O \longrightarrow RO-\overset{\overset{O}{\|}}{\underset{OR}{P}}-OH + HCl$$

2.2.4 羧酸盐型表面活性剂

这类表面活性剂是以羧基为亲水基的一类阴离子表面活性剂。依据亲油基与羧基的连接方式,可以再分为两大类:一类是亲油基与羧基直接连接的脂肪酸盐(俗称皂类),其通式为 ROOM。另一类是亲油基通过中间键,例如酰胺键,与羧基相连接,其通式可写作:

皂类表面活性剂可以分为碱金属皂、碱土金属及高价金属皂和有机碱皂,碱金属皂主要作为家用洗涤制品,如脂肪酸钠是香皂和肥皂的主要组分,脂肪酸钾是液化皂的主要组分。金属

$$R-\overset{\overset{\displaystyle O}{\parallel}}{C}-NH-(CH_2)_n-COONa$$

皂和有机碱皂主要作工业表面活性剂。

1. 合成

（1）天然动植油脂为原料

制造皂类表面活性剂的原料是来自天然动植物油脂，油脂与碱皂化反应制得。

$$\begin{matrix} CH_2COOR \\ | \\ CHCOOR \\ | \\ CH_2COOR \end{matrix} +3NaOH \xrightarrow[\text{加热}]{H_2O} \begin{matrix} CH_2OH \\ | \\ CHOH \\ | \\ CH_2OH \end{matrix} +3RCOONa$$

皂化所用的碱可以是氢氧化钠、氢氧化钾。用氢氧化钠皂化油脂得到的肥皂称为钠皂，而用氢氧化钾进行皂化得到的肥皂称为钾皂。

（2）石油为原料

以石油为原料合成脂肪酸，部分地代替了天然油脂。

$$2RCH_3+3O_2 \xrightarrow[\text{cat}]{\Delta} 2RCHOOH+2H_2O$$

（3）多羧酸为原料

多羧酸为原料如 $\begin{matrix} CH_2COONa \\ | \\ C_nH_{2n+1}-CHCOONa \end{matrix}$ $(n=12\sim16)$ 等，在胶片生产中用作润湿剂。

用三乙醇胺与油酸制成的皂为淡黄色浆状物，溶于水，易氧化变质，常用作乳化剂。

（4）松香酸为原料

松香酸与纯碱溶液中和形成的松香皂易溶于水，有较好的抗硬水能力和润湿能力，多用于洗涤用肥皂生产中。

2. 皂类表面活性剂的性质

（1）皂类表面活性剂的水溶性

皂类在水中的溶解度大小与它的化学成分有关。碱金属能溶于水和热酒精中，而不溶于乙醚、汽油、丙酮和类似的有机溶剂，在食盐、氢氧化钠等电解质水溶液中也不溶解。各类皂类在水中的溶解情况大致为：铵皂、钾皂、钠皂，不饱和酸皂比饱和酸皂易溶；低分子皂类较高分子皂类易溶；环烷酸皂及树脂酸皂也易溶于水；而重金属与碱土金属皂则不易溶于水。

（2）皂类表面活性剂降低表面张力的能力

碱金属皂类的表面活性起始于 C_8 的脂肪酸盐，随着脂肪酸盐的碳链增长，降低表面张力的能力逐渐增强，超过 C_{18} 者能力下降；而不饱和酸盐的降低表面活性一般比饱和酸盐的大。同时，降低表面张力的能力受其反离子的影响很大。实验证明，反离子对其降低表面张力的影响，按下列 $Na^+ < K^+ < NH_4^+ < N^+(C_2H_4OH)_3 < N^+(C_2H_4OH)$ 的顺序增强。另外，皂类的临界胶束浓度（CMC）也随着烷链长度的增长而减小。

（3）皂类表面活性剂的发泡性能

一般而言，碱金属皂的泡沫性能较好。就肥皂而言，其碳链短些的，泡沫易于形成，如 $C_{10}\sim C_{12}$ 的脂肪酸皂的泡沫粗大，但不稳定；而碳链较长的脂肪酸皂，形成的泡沫细小而持久，但不易形成；不饱和酸皂如油酸钠起泡性能差，且泡沫不持久；松香酸皂的起泡性能也差，但加入碳酸钠后，起泡性大为增加。

（4）皂类表面活性剂的去污力

肥皂的去污力与肥皂的种类有关。$C_{16}\sim C_{18}$ 的饱和酸皂在 $80\sim 90℃$ 的去污性能最好；不饱和酸皂在 $20℃\sim 50℃$ 时的去污力最好。肥皂在软水中去污力强，水的硬度增大，去污力低。

肥皂在硬水中去污力下降的主要原因，是由于它与硬水中的 Ca^{2+}、Mg^{2+} 反应生成不溶于水且失去洗涤能力的钙、镁皂。此外肥皂适于在碱性、中性环境中使用，不宜在酸性环境中使用。这是因为肥皂在酸性溶液中易使其脂肪酸游离析出，结果使肥皂失去表面活性。

3. 皂类表面活性剂的用途

羧酸盐型表面活性剂早已应用于各个领域，如硬脂酸钠皂、钾皂早已用作洗涤剂、起泡剂、乳化剂以及润湿剂等。脂肪酸的三乙醇胺，常用在非水溶剂中作乳化剂。硬脂酸的钙、钡、镁及铝皂也是很好的金属防锈油添加剂。

在石油工业中，羧酸盐表面活性剂能使油层和水层的界面张力达到 $10^{-3}\sim 10^{-4}\,mN/m$，可以用作提高原油采收率的驱油剂。松香酸钠、环烷酸钠、硬脂酸钠以及油酸钠可用作 Ca^{2+}、Mg^{2+} 含量高的出水油井封堵剂；铝皂可用作泥浆消泡剂和 W/O 乳化剂。妥尔油碱土金属皂也可用于配制 W/O 型乳化泥浆，脂肪酸皂和环烷酸皂也曾用作原油破乳等方面。

2.3 阳离子表面活性剂

2.3.1 季铵盐型阳离子表面活性剂

季铵盐型阳离子表面活性剂是最为重要的阳离子表面活性剂品种，其性质和制法均与胺盐型不同。此类表面活性剂既可溶于酸性溶液，又可溶于碱性溶液，具有一系列优良的性质，而且与其他类型的表面活性剂相容性好，因此使用范围比较广泛。

合成阳离子表面活性剂的主要反应是 N-烷基化反应，其中叔胺与烷基化试剂作用，生成季铵盐的反应也叫做季铵化反应。

1. 烷基季铵盐

烷基季铵盐结构特点是氮原子上连有四个烷基，即铵离子 NH_4^+ 的四个氢原子全部被烷基所取代，通常四个烷基中只有一个或者两个是长链碳氢烷基，其余烷基的碳原子数为一个或两个。根据其特点，烷基季铵盐的合成方法主要有三种，即由高级卤代烷与低级叔胺反应制得、由高级烷基胺和低级卤代烷反应制得和通过甲醛—甲酸法制得。

（1）高级卤代烷与低级叔胺反应

由高级卤代烷与低级叔胺反应合成烷基季铵盐是目前比较常用的方法，该方法的反应通式为：

$$\delta^+ \ \delta^- \ \underset{|}{\overset{R_1}{\underset{R_2}{N}}}-R_3 \longrightarrow R-\underset{|}{\overset{R_1}{\underset{R_2}{\overset{+}{N}}}}-R_3 \cdot X^-$$

在这一反应中,卤代烷的结构对反应的影响主要表现在以下两个方面:

①卤离子的影响。当以低级叔胺为进攻试剂时,此反应为亲核置换反应,卤离子越容易离去,反应越容易进行。因此当烷基相同时,卤代烷的反应活性顺序为:R—Cl<R—Br<R—I。

可见,使用碘代烷与叔胺反应效果最佳,反应速率快,产品收率高。但碘代烷的合成需要碘单质作原料,成本偏高,因此在合成烷基季铵盐时使用较少。多数情况下采用氯代烷与叔胺反应。

②烷基链的影响。卤原子相同时,烷基链越长,卤代烷的反应活性越弱。

此外,叔胺的碱性和空间效应对反应也有影响。叔胺的碱性越强,亲核活性越大,季铵化反应越易于进行。当叔胺上烷基取代基存在较大的空间位阻时,对季铵化反应不利。

常用的烷基季铵盐表面活性剂有十二烷基三甲基溴化铵和十六烷基三甲基溴化铵等。十二烷基三甲基溴化铵,即 1231 阳离子表面活性剂,主要用作杀菌剂和抗静电剂。它是由溴代十二烷与三甲胺按摩尔比 $1:(1.2\sim1.6)$、在水介质中于 $60℃\sim80℃$ 反应制得的。反应中使用过量的三甲胺是为了保证溴代烷反应完全。

$$C_{16}H_{33}Br+(CH_3)_3N \underset{水}{\longrightarrow} C_{16}H_{33}-\overset{+}{N}(CH_3)_3 \cdot Br^-$$

(2)高级烷基胺和低级卤代烷反应

这种方法是由高级脂肪族伯胺与氯甲烷反应先生成叔胺,再进一步经季铵化反应得到季铵盐。例如十二烷基三甲基氯化铵的合成即可采用此种方法。

$$C_{12}H_{25}NH_2 + 2CH_3Cl + 2NaOH \longrightarrow C_{12}H_{25}-N\overset{CH_3}{\underset{CH_3}{\Big\langle}} + 2NaCl + 2H_2O$$

(3)甲醛—甲酸法

甲醛—甲酸法是制备二甲基烷基胺的最古老的方法,这种方法操作简单,成本低廉,因此在工业上得到广泛的应用,占有重要的地位。但是用该法生产的产品质量略低。

甲醛—甲酸法是以椰子油或大豆油等油脂的脂肪酸为原料,与氨反应经脱水制成脂肪腈,再经催化加氢还原制得脂肪族伯胺,这两步反应的方程式为:

$$RCOOH \underset{NH_3}{\longrightarrow} RCOONH_4 \xrightarrow[-H_2O]{360℃} RCONH_2 \xrightarrow[-H_2O]{360℃} RCN$$

$$RCN+2H_2 \xrightarrow{催化加氢} RCH_2NH_2$$

然后以此脂肪族伯胺为原料,先将其溶于甲醇溶液中,在 35℃ 下加入甲酸,升温至 50℃ 后再加入甲醛溶液,最后在 80℃ 回流反应数小时即可得到二甲基烷基胺,产物中叔胺的含量为 $85\%\sim95\%$。

$$RNH_2 + 2HCHO + 2HCOOH \xrightarrow[\triangle]{\text{甲醇溶液}} R-N\begin{matrix} CH_3 \\ | \\ | \\ CH_3 \end{matrix} + 2CO_2 + 2H_2O$$

为了提高反应的收率,应当控制适宜的原料配比。研究表明,提高甲酸的投料量有助于主产物收率的提高。例如,当脂肪胺、甲酸和甲醛的摩尔比为 1：5.2：2.2 时,叔胺的收率可达到 95%。

由甲醛二甲酸法制得的叔胺与氯甲烷反应便可制得烷基季铵盐型阳离子表面活性剂。

$$C_{12}H_{25}-N\begin{matrix} CH_3 \\ | \\ | \\ CH_3 \end{matrix} + CH_3Cl \xrightarrow[\text{加压}]{\text{加热}} H_3C-\overset{CH_3}{\underset{C_{12}H_{25}}{\overset{|}{N^+}}}-CH_3 \cdot Cl^-$$

这种表面活性剂也称为乳胶防黏剂 DT,易溶于水,溶液呈透明状,具有良好的表面活性。

2. 含有苯环的季铵盐

以氯化苄为原料合成含苯环的季铵盐型阳离子表面活性剂的种类较多,这里仅就代表性的品种简要介绍。

（1）洁尔灭

$$C_{12}H_{25}-\overset{CH_3}{\underset{CH_3}{\overset{|}{N^+}}}-CH_2-\bigcirc \cdot Cl^-$$

洁尔灭的化学名称为十二烷基二甲基苄基氯化铵,又叫 1227 阳离子表面活性剂。该表面活性剂易溶于水,呈透明溶液状,质量分数为万分之几的溶液即具有消毒杀菌的能力,对皮肤无刺激、无毒性,对金属不腐蚀,是一种十分重要的消毒杀菌剂。使用时将其配制成 20% 的水溶液应用,主要用于外科手术器械、创伤的消毒杀菌和农村养蚕的杀菌。此外,该产品还具有良好的发泡能力,也可用作聚丙烯腈的缓染剂。

它是由氯化苄与 N,N—二甲基月桂胺在 80℃～90℃下反应 3h 制得的。

$$C_{12}H_{25}-N\begin{matrix} CH_3 \\ | \\ | \\ CH_3 \end{matrix} + \bigcirc-CH_2Cl \xrightarrow[\text{3h}]{80\sim90℃} C_{12}H_{25}-\overset{CH_3}{\underset{CH_3}{\overset{|}{N^+}}}-CH_2-\bigcirc \cdot Cl^-$$

如果将配对的负离子由氯变为溴,则得到的表面活性剂称为新洁灭尔,是性能更加优异的杀菌剂。值得注意的是其合成方法与洁灭尔有所不同。它是由氯化苄先与六亚甲基四胺(乌洛托品)反应,得到中间产物再先后与甲酸和溴代十二烷反应制得,其合成过程如下:

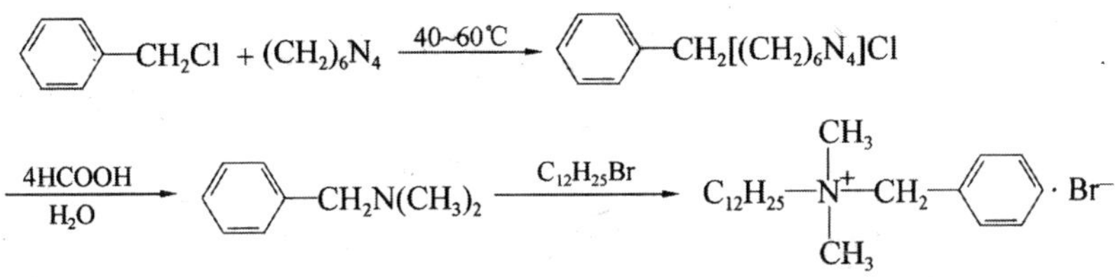

（2）NTN

NTN 即 N,N—二乙基—（3'-甲氧基苯氧乙基）苄基氯化铵，也可命名 N,N—二乙基-（3'-甲氧基苯氧乙基）苯甲胺氯化物，这是一种杀菌剂，其结构式如下：

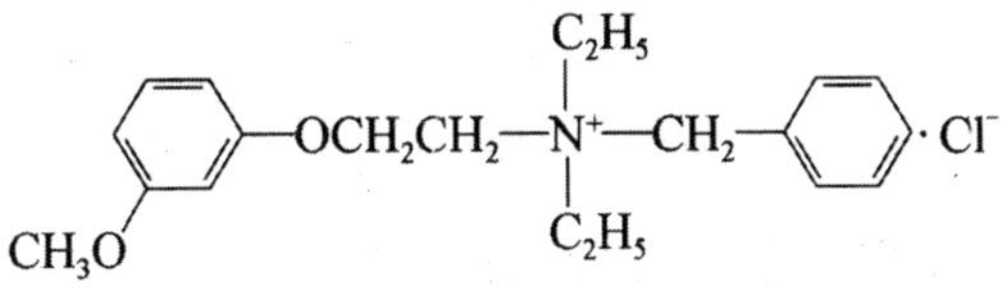

该表面活性剂的疏水部分含有醚基，因此首先应合成含有醚基的叔胺，再与氯化苄反应，具体步骤如下：

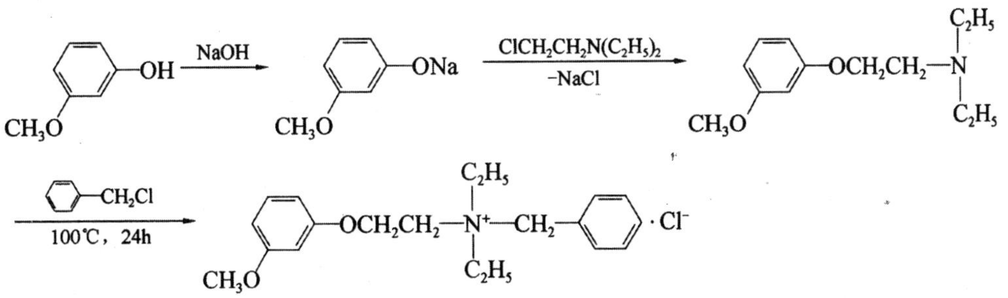

3. 含杂原子的季铵盐

这里所谓的杂原子的季铵盐一般是指疏水性碳氢链中含有 O、N、S 等杂原子的季铵盐，也就是指亲油基中含有酰胺键、醚键、酯键或者硫醚键的表面活性剂。由于亲水基团季铵阳离子与烷基疏水基是通过酰胺、酯或硫醚等基团相连，而不是直接连接在一起，故也有人将这类季铵盐称作间接连接型阳离子表面活性剂。

（1）含氧原子

含氧原子的季铵盐多是指疏水链中带有酰胺基或者醚基的季铵盐。

①含酰胺基的季铵盐　酰胺基的引入一般是通过酰氯与胺反应实现的。在表面活性剂的合成过程中，先制备含有酰胺基的叔胺，最后进行季铵化反应得到目标产品。

例如表面活性剂 Sapamine MS 的合成主要有三步反应。

第一步，油酸与三氯化磷反应制得油酰氯。

$$3C_{17}H_{33}COOH + PCl_3 \xrightarrow{NaOH} C_{17}H_{33}COCl + H_3PO_4$$

第二步，油酰氯与 N,N—二乙基乙二胺缩合制得带有酰胺基的叔胺 N,N—二乙基-2-油酰胺基乙胺。

$$C_{18}H_{37}OH + HCHO + HCl \xrightarrow{5℃ \sim 10℃} C_{18}H_{37}OCH_2Cl$$

$$C_{18}H_{37}OCH_2Cl + N(CH_3)_3 \longrightarrow C_{18}H_{37}OCH_2N^+(CH_3)_3 \cdot Cl^-$$

第三步,N,N—二乙基-2-油酰胺基乙胺与硫酸二甲酯剧烈搅拌反应 1h 左右,分离得到 Sapamine MS。

$$C_{17}H_{33}CONHCH_2CH_2N(C_2H_5)_2 + (CH_3O)_2SO_2 \longrightarrow H_3C-\overset{\overset{\displaystyle C_2H_5}{|}}{\underset{\underset{\displaystyle C_2H_5}{|}}{N^+}}-CH_2CH_2NHCOC_{17}H_{33} \cdot CH_3SO_4^-$$

②含醚基的季铵盐 含有醚基的季铵盐表面活性剂通常具有类似如下化合物的结构:

$$C_{18}H_{37}OCH_2N^+(CH_3)_3 \cdot Cl^-$$

该表面活性剂的合成方法是:在苯溶剂中将十八醇与三聚甲醛和氯化氢充分反应,分离并除去水,减压蒸馏得到十八烷基氯甲基醚。以此化合物为烷基化试剂,同三甲胺进行 N—烷基化反应制得产品。

(2)含氮原子

在亲油基团的长链烷基中含有氮原子的表面活性剂如 N—甲基—N—十烷基氨基乙基三甲基溴化铵,它是由 N—甲基—N—十烷基溴乙胺与三甲胺在苯溶剂中、于密闭条件下 120℃ 反应 12h,经冷却、加水稀释得到的透明状液体产品。

$$C_{10}H_{21}-\overset{\overset{\displaystyle CH_3}{|}}{N}-CH_2CH_2Br + N(CH_3)_3 \xrightarrow{120℃, \ 压力, \ 12h} C_{10}H_{21}-\overset{\overset{\displaystyle CH_3}{|}}{N}-CH_2CH_2N^+(CH_3)_3 \cdot Br^-$$

(3)含硫原子

合成长链烷基中含有硫原子的季铵盐,首先要制备长链烷基甲基硫醚的卤化物,即具有烷化能力的含硫亲油基,并以此为烷基化试剂进行季铵化反应。

长链烷基甲基硫醚的卤化物合成通常采用长链烷基硫醇与甲醛和氯化氢反应的方法。例如,十二烷基氯甲基硫醚的合成反应如下所示:

$$C_{12}H_{25}SH + HCHO \xrightarrow{-H_2O} C_{12}H_{25}SCH_2Cl$$

反应中向十二烷基硫醇与 40%甲醛溶液的混合物中通入氯化氢气体,脱水后即可得到无色液态的产品。将生成的硫醚与三甲胺在苯溶剂中于 70℃～80℃ 加热反应 2h 即到达反应终点,分离、纯化,可以制得无色光亮的板状结晶产品。其反应式为:

$$C_{12}H_{25}SCH_2Cl + N(CH_3)_3 \xrightarrow{70℃～80℃, 2h} C_{12}H_{25}SCH_2N^+(CH_3)_3 \cdot Cl^-$$

4. 椰油酰胺丙基季铵盐的合成

(1)椰油酰胺丙基二甲基胺的合成

在装有搅拌器、分水器和温度计的反应釜中,按摩尔比投入椰子油和 N,N—二甲基丙二胺,并加入一定量的甲苯,升温至 130℃～150℃,在搅拌回流条件下反应 5～8h(至分水器中的水量不再增加)。反应完毕后,减压蒸馏,除去甲苯及过量的 N,N—二甲基丙二胺。然后用正己烷重结晶,干燥后得浅黄色固体状产品。

(2)季铵盐的合成

椰油胺酰胺丙基二甲基胺和季铵化试剂氯甲烷按摩尔比 1∶1.1 投料,在反应釜中加热反应,反应温度控制在 95℃～98℃,时间为 6h。反应完毕后,用无水乙醇反复萃取产品,然后干燥得到淡黄色带黏性的固体产品。

2.3.2 胺盐型阳离子表面活性剂

胺盐型阳离子表面活性剂是脂肪胺与无机酸形成的盐,常用的酸有盐酸、甲酸、乙酸、氢溴酸、硫酸等。例如,十二胺是不溶于水的白色蜡状固体,加热至 60～70℃变成为液态后,在良好的搅拌条件下,加入乙酸中和,即可得到十二胺乙酸盐。

1. 伯胺盐酸盐

这类表面活性剂的合成是用伯胺与无机酸的反应制得。所用的原料是以椰子油、棉籽油、大豆油或牛脂等油脂制成的胺类混合物,主要用作纤维柔软剂和矿物浮选剂等。

2. 仲胺盐

仲胺盐型表面活性剂的产品种类不多,目前市售商品主要是 Priminox 系列,此类产品的结构式为 $C_{12}H_{25}NH(CH_2CH_2O)_nCH_2CH_2OH$,对应的牌号如表 2-2 所示。

表 2-2　Priminox 系列商品牌号

n	0	4	14	24
商品牌号	Priminox43	Priminox10	Priminox20	Priminox32

Priminox 表面活性剂可以分为两种合成方法。一种是由高级卤代烷与乙醇胺的多乙氧基物反应制备,即

$$C_{12}H_{25}Br + NH_2(CH_2CH_2O)_nCH_2CH_2OH \longrightarrow C_{12}H_{25}NH(CH_2CH_2O)_nCH_2CH_2OH$$

另一种是由高级脂肪胺与环氧乙烷反应制备。

$$C_{12}H_{25}NH_2 + (n+1)H_2C\overset{O}{-}CH_2 \longrightarrow C_{12}H_{25}NH(CH_2CH_2O)_nCH_2CH_2OH$$

3. 叔胺盐

叔胺盐型阳离子表面活性剂中最重要的品种是亲油基中含有酯基的 Soromine 系列和含有酰胺基的 Ninol、Sapamine 系列产品。

(1)Soromine 系列

该系列表面活性剂中最重要的品种为 Soromine A,是由 IG 公司开发生产的,其国内商品牌号为乳化剂 FM,具有良好的渗透性和匀染性。其结构式为:

$$C_{17}H_{35}COOCH_2CH_2-N\overset{CH_2CH_2OH}{\underset{CH_2CH_2OH}{}}$$

它是由脂肪酸和三乙醇胺在 160℃～180℃下长时间加热缩合制得而成。

$$C_{17}H_{35}COOH + N(CH_2CH_2OH)_3 \xrightarrow{160～180℃} C_{17}H_{35}COOCH_2CH_2N(CH_2CH_2OH)_2$$

（2）Ninol（尼诺尔）系列

该系列产品结构通式为：

$$
RCON\begin{matrix} CH_2CH_2OH \\ \\ CH_2CH_2OH \end{matrix}
$$

此类产品的长碳链烷基和酰胺键相连，抗水性能较好。日本战后最初生产的柔软剂即采用此化合物。它的合成方法是由脂肪酸与二乙醇胺反应制得，例如：

$$C_{17}H_{35}COOH + NH(CH_2CH_2OH)_2 \xrightarrow[150\sim175℃]{-H_2O} C_{17}H_{35}CON(CH_2CH_2OH)_2$$

（3）Sapamine 系列

这一系列产品由瑞士汽巴—嘉基公司最先投产，其分子中烷基和酰胺基相连，具有一定的稳定性，不易水解。其价格高于 Soromine 系列产品。此类表面活性剂主要用做纤维柔软剂和直接染料的固定剂等。其结构通式为：

$$C_{17}H_{33}CONHCH_2CH_2N(C_2H_5)_2 \cdot HX$$

根据成盐所使用的酸不同，可以得到不同牌号的产品，见表 2-3。

表 2-3　Sapamine 主要产品

HX	CH_3COOH	HCl	$CH_3CHOHCOOH$
商品牌号	Sapamine A	Sapamine CH	Sapamine L

该类表面活性剂由油酸与三氯化磷反应生成油酰氯，再与 N,N—二乙基乙二胺缩合，最后用酸处理制得，其反应式为：

$$3C_{17}H_{33}COOH + PCl_3 \longrightarrow 3C_{17}H_{33}COCl$$

$$C_{17}H_{33}COCl + NHCH_2CH_2N(C_2H_5)_2 \xrightarrow{-HCl} C_{17}H_{33}CONHCH_2CH_2N(C_2H_5)_2 \xrightarrow{酸处理}$$

$$C_{17}H_{33}CONHCH_2CH_2N(C_2H_5)_2 \cdot HX$$

2.3.3　咪唑啉盐

该类表面活性剂的结构通式如下：

$$
\begin{matrix}
& N = & CH_2 \\
R-C & & | \\
& N - & CH_2 \\
& | & \\
& H &
\end{matrix}
$$

其制备方法是将脂肪酸和乙二胺的混合物加热，先在 180℃～190℃ 时脱水生成酰胺，然后再高温（250℃～300℃）加热下脱水成环生成咪唑啉。其反应过程为：

$$RCOOH + \begin{matrix} H_2N-CH_2 \\ | \\ H_2N-CH_2 \end{matrix} \xrightarrow[-H_2O]{180℃\sim190℃} \begin{matrix} O \\ \parallel \\ RC-NH-CH_2 \\ | \\ H_2N-CH_2 \end{matrix} \xrightarrow[-H_2O]{250\sim300℃} R-C\begin{matrix} N \\ \diagup\diagdown CH_2 \\ \diagdown\diagup CH_2 \\ N \\ | \\ H \end{matrix}$$

使用不同的羧酸和胺为原料,可以合成多种咪唑啉盐表面活性剂的产品,而且合成条件也有差别。这些品种的合成反应方程式如下:

$$C_{17}H_{33}COOH + \begin{matrix} H_2N-CH-CH \\ | \quad\quad | \\ H_2N-CH_2 \quad CH_3 \end{matrix}^{CH_3} \xrightarrow[HCl]{290℃\sim300℃} C_{17}H_{33}C\begin{matrix} N \\ \diagup\diagdown CH-CH \\ \diagdown\diagup CH_2 \\ N \\ | \\ H \end{matrix}^{CH_3}_{CH_3} \cdot HCl$$

$$C_{15}H_{31}COOH + \begin{matrix} H_2N-CH-CH_3 \\ | \\ H_2N-CH_2 \end{matrix} \xrightarrow{320℃\sim325℃} C_{15}H_{31}C\begin{matrix} N \\ \diagup\diagdown CH-CH_3 \\ \diagdown\diagup CH_2 \\ N \\ | \\ H \end{matrix} \cdot \frac{1}{2}H_2SO_4$$

$$C_{11}H_{23}COOH + \begin{matrix} H_2N-CH_2 \\ | \\ H_2N-CH\phi \end{matrix} \xrightarrow[HBr]{290℃} C_{11}H_{23}C\begin{matrix} N \\ \diagup\diagdown CH_2 \\ \diagdown\diagup CH\phi \\ N \\ | \\ H \end{matrix} \cdot HBr$$

2.4　非离子表面活性剂

2.4.1　非离子表面活性剂的概述

非离子表面活性剂起始于 20 世纪 30 年代,最早由德国学者 C. Schuller 发现,并首次于 1930 年 11 月申请德国专利。在此之后美国先后开发了烷基酚聚氧乙烯醚、聚醚以及脂肪醇聚氧乙烯醚等产品。在 20 世纪 50～60 年代,又开发了多元醇型非离子表面活性剂。

所谓的非离子表面活性剂是一类在水溶液中不电离出任何形式的离子,亲水基主要由具有一定数量的含氧基团(一般为醚基或羟基)构成亲水性,靠与水形成氢键实现溶解的表面活性剂。其性能比离子型表面活性剂优越,具有如下特点:

①稳定性高,不易受强电解质无机盐类的影响。

②不易受镁离子、钙离子的影响,在硬水中使用性能好。

③不易受酸碱影响。

④与其他类型表面活性剂的相容性好。

⑤在水和有机溶剂中皆有较好的溶解性能。

⑥此类表面活性剂的产品大部分呈液态和浆态,使用方便。

⑦随着温度的升高,很多种类的非离子表面活性剂变得不溶于水,存在"浊点",这也是这类表面活性剂的一个重要特点。

正是由于以上的特点,非离子表面活性剂具有较阴离子表面活性剂更好的发泡性、渗透性、去污性、乳化性、分散性,并且低浓度时有更好的使用效果,被广泛应用于纺织、造纸、食品、塑料、皮革、玻璃、石油、化纤、医药、农药、油漆、染料等工业部门。

2.4.2　非离子表面活性剂的分类

非离子表面活性剂的疏水基多是由含有活泼氢原子的疏水基团,如高碳脂肪醇、脂肪酸、高碳脂肪胺、脂肪酰胺等物质。目前使用量最大的是高碳脂肪醇。亲水基的来源主要有环氧乙烷、聚乙二醇、多元醇、氨基醇等物质。

按其亲水基结构的不同,非离子表面活性剂主要分为聚乙二醇型(或称聚氧乙烯型)和多元醇型两大类,其他还有聚醚型非离子表面活性剂。

①聚乙二醇型。包括高级醇环氧乙烷加成物、烷基酚环氧乙烷加成物、脂肪酸环氧乙烷加成物、高级脂肪酰胺环氧乙烷加成物。

②多元醇型。主要有甘油的脂肪酸酯、季戊四醇的脂肪酸酯、山梨醇及失水山梨醇的脂肪酸酯。

1. 脂肪醇聚氧乙烯醚(AEO)

脂肪醇聚氧乙烯醚的结构通式为 $RO(CH_2CH_2O)_nH$,是最重要的非离子表面活性剂品种之一,商品名为平平加。它具有润湿性好、乳化性好、耐硬水、能用于低温洗涤、易生物降解以及价格低廉等优点。其物理形态随聚氧乙烯聚合度的增加从液态到蜡状固体,但一般情况下以液体形式存在,不易加工成颗粒状。

现以 Peregal(平平加 O)为例介绍脂肪醇聚氧乙烯醚的具体合成方法。月桂醇 184g(1mol)与催化剂 NaOH 1g 加热至 $150℃\sim180℃$,在良好搅拌下通入环氧乙烷,则反应不断进行,其反应式如下。

$$C_{12}H_{25}OH + nH_2C\overset{O}{\diagdown}CH_2 \xrightarrow[150℃\sim180℃]{NaOH} C_{12}H_{25}O(CH_2CH_2O)_nH$$

控制通入环氧乙烷的量,在 $150℃\sim180℃$ 可以得到不同物质的量的加成物。工业上一般采用加压聚合法,以提高反应速率。

脂肪醇聚氧乙烯醚的合成可认为是由如下两反应阶段完成:

$$C_{12}H_{25}OH + H_2C\overset{O}{\diagdown}CH_2 \xrightarrow{NaOH} C_{12}H_{25}OCH_2CH_2OH$$

$$C_{12}H_{25}OCH_2CH_2OH + nH_2C\overset{O}{\diagdown}CH_2 \xrightarrow{NaOH} C_{12}H_{25}O(CH_2CH_2O)_nCH_2CH_2OH$$

这两个阶段具有不同的反应速率。第一阶段反应速率略慢,当形成以分子环氧乙烷加成物($C_{12}H_{25}OCH_2CH_2OH$)后,反应速率迅速增加。

2. 烷基酚聚氧乙烯醚

烷基酚聚氧乙烯醚是非离子表面活性剂早期开发的品种之一,其结构通式为:

$$R-\bigcirc-O(CH_2CH_2)_nH$$

式中,R 为碳氢链烷基,一般为 8~9 碳烷基,很少有十二个碳原子以上的烷基。苯酚也可以用其他酚如萘酚、甲苯酚等代替,但很少用。

例如壬基酚聚氧乙烯醚的合成反应如下:

$$C_9H_{19}-\bigcirc-OH + nH_2C\overset{O}{-}CH_2 \longrightarrow C_9H_{19}-\bigcirc-O(CH_2CH_2)_nH$$

该反应分为两个阶段,第一阶段是壬基酚与等物质的量的环氧乙烷加成,直到壬基酚全部转化为其单一的加成物后,才开始第二阶段即环氧乙烷的聚合反应。反应过程如下:

$$C_9H_{19}-\bigcirc-OH + H_2C\overset{O}{-}CH_2 \longrightarrow C_9H_{19}-\bigcirc-OCH_2CH_2OH$$

$$C_9H_{19}-\bigcirc-OCH_2CH_2OH + mH_2C\overset{O}{-}CH_2 \longrightarrow C_9H_{19}-\bigcirc-OCH_2CH_2O(CH_2CH_2)_mH$$

这类表面活性剂的生产大多采用间歇法,在不锈钢高压釜中进行氧乙基化反应,反应器内装有搅拌和蛇管,釜外带有夹套。

生产过程中,首先将烷基酚和氢氧化钾催化剂加入反应釜内,抽真空并用氮气保护,在无水无氧条件下,用氮气将环氧乙烷加入釜内,维持 $0.15\sim0.3MPa$ 压力和 170℃进行氧乙烯化成反应,直至环氧乙烷加完为止。冷却后用乙酸或柠檬酸中和反应物,再用双氧水漂白或活性炭脱色以改善产品颜色,最终制得烷基酚聚氧乙烯醚产品。

3. 聚乙二醇脂肪酸酯

聚乙二醇脂肪酸酯 $RCOO(CH_2CH_2O)_nH$ 的工业合成方法有两种:脂肪酸与环氧乙烷酯化、脂肪酸与聚乙二醇酯化。

(1)脂肪酸与环氧乙烷反应

脂肪酸与环氧乙烷在碱性条件下发生氧乙基化反应,分两个阶段进行。

第一阶段,是在碱的作用下脂肪酸与 1mol 环氧乙烷反应生成脂肪酸酯。此阶段也可叫做引发阶段,其反应式为:

$$RCOOH + OH^- \longrightarrow RCOO^- + H_2O$$

$$RCOO^- + H_2C\underset{O}{-}CH_2 \longrightarrow RCOOCH_2CH_2O^-$$

$$RCOOCH_2CH_2O^- + RCOOH \longrightarrow RCOOCH_2CH_2OH + RCOO^-$$

第二阶段是聚合阶段,由于醇盐负离子碱性高于羧酸盐离子,因此它可以不断地从脂肪酸

分子中夺取质子,生成羧酸盐离子,直至脂肪酸全部耗尽。反应式为:

$$RCOOCH_2CH_2O^- + (n-1) H_2C\overset{\displaystyle O}{-}CH_2 \longrightarrow RCOO(CH_2CH_2O)_n^-$$

$$RCOO(CH_2CH_2O)_n^- + RCOOH \longrightarrow RCOO(CH_2CH_2O)_nH + RCOO^-$$

两步总反应式为:

$$RCOOH + H_2C\overset{\displaystyle O}{-}CH_2 \longrightarrow RCOOCH_2CH_2OH$$

$$RCOOCH_2CH_2OH + (n-1) H_2C\overset{\displaystyle O}{-}CH_2 \longrightarrow RCOO(CH_2CH_2O)_nH$$

(2)脂肪酸与聚乙二醇反应

由脂肪酸与聚乙二醇直接酯化制备脂肪酸聚乙二醇的反应为:

$$RCOOH + HO(CH_2CH_2O)_nH \longrightarrow RCOO(CH_2CH_2O)_n + H_2O$$

由于聚乙二醇两端均有羟基,因此可以同两分子羧酸反应,即

$$2RCOOH + HO(CH_2CH_2O)_nH \longrightarrow RCOO(CH_2CH_2O)_nOCR + 2H_2O$$

在酸性催化剂下,加入过量的聚乙二醇,可获得单酯。以月桂酸聚乙二醇酯为例,其合成反应式为:

$$C_{11}H_{23}COOH + HO(CH_2CH_2O)_{14}H \xrightarrow{H_2SO_4} C_{11}H_{23}COO(CH_2CH_2O)_{14}H + H_2O$$

月桂酸 200g(1mol)和相对分子质量约为 600 的聚乙二醇 650g(1mol,EO 聚合度约为14),加入催化剂浓硫酸 16g,在搅拌下于 110℃～120℃反应 2～3h,经酯化制得羧酸酯,中和残留的硫酸,再经脱色等处理即可制得产品。

2.5 两性表面活性剂

2.5.1 两性表面活性剂概述

从广义上讲两性表面活性剂是指在分子结构中,同时具有阴离子、阳离子和非离子中的两种或两种以上离子性质的表面活性剂。根据分子中所含的离子类型和种类,可以将两性表面活性剂分为以下四种类型。

①同时具有阴离子和阳离子亲水基团的两性表面活性剂

$$R-\overset{\displaystyle CH_3}{\underset{\displaystyle CH_3}{N^+}}-CH_2COO^-$$

式中,R 为长碳链烷基。

②同时具有阴离子和非离子亲水基团的两性表面活性剂

$$R-O(CH_2CH_2O)_n SO_3^- Na^+ \qquad R-O(CH_2CH_2O)_n CH_2COO^- Na^+$$

③同时具有阳离子和非离子亲水基团的两性表面活性剂

$$\underset{\underset{(CH_2CH_2O)_q H}{|}}{\overset{\overset{CH_3}{|}}{R-N^+}}-(CH_2CH_2O)_p H$$

④同时具有阳离子、阴离子和非离子亲水基团的两性表面活性剂

$$R-O(CH_2CH_2C)_n CH_2-\underset{\underset{OH}{|}}{CH}-CH_2-\overset{+}{\underset{\underset{H_3C}{|}\ \underset{CH_3}{|}}{N}}-CH_2-COO^-$$

通常情况下人们所提到的两性表面活性剂大多是指狭义的两性表面活性剂,主要指分子中同时具有阳离子和阴离子亲水基团的表面活性剂,也就是前面提到的①和④类型的表面活性剂,而其余两种分别归属于阴离子和阳离子表面活性剂。

两性表面活性剂的正电荷绝大数负载在氮原子上,少数是磷或硫原子。负电荷一般负载在酸性基团上,如羧基($-COO^-$)、磺酸基($-SO_3^-$)、硫酸酯基($-OSO_3^-$)、磷酸酯基($-OPO_3H^-$)等。其结构的特殊性决定了两性表面活性剂具有独特的性质和功能。

2.5.2 两性表面活性剂的特性

两性表面活性剂基本不刺激皮肤和眼睛,在相当宽的 pH 值范围内都有良好的表面活性作用,它们与阴离子、阳离子、非离子型表面活性剂都可以兼容。由于以上特性,可用作洗涤剂、乳化剂、润湿剂、发泡剂、柔软剂和抗静电剂。

2.5.3 两性表面活性剂的等电点

两性表面活性剂分子中同时具有阴离子和阳离子亲水基团,也就是说它的分子中同时含有酸性基团和碱性基团。因此两性表面活性剂最突出的特性之一是具有两性化合物所共同具有的等电点性质,这是两性表面活性剂区别于其他类型表面活性剂的重要特征。其正电荷中心显碱性,负电荷中心显酸性,这决定了它在溶液中既能给出质子,又能接受质子。

例如,N-烷基-β-氨基羧酸型两性表面活性剂在酸性和碱性介质中呈现如下的电解平衡:

$$RNHCH_2CH_2COO^- \underset{OH^-}{\overset{H^+}{\rightleftharpoons}} RNHCH_2CH_2COOH \underset{OH^-}{\overset{H^+}{\rightleftharpoons}} R\overset{+}{N}H_2CH_2CH_2COOH$$

pH>4 　　　　　　　　　　 pH≈4 　　　　　　　　　　 pH<4

在 pH 值大于 4 的介质,如氢氧化钠溶液中,该物质以负离子形式存在,呈现阴离子表面活性剂的特征;在 pH 值小于 4 的介质,如盐酸溶液中,则以正离子形式存在,呈现阳离子表面活性剂的特征;而在 pH 值为 4 的介质中,表面活性剂以内盐的形式存在。可见两性表面活性剂的所带电荷随其应用介质或溶液的 pH 值的变化而不同。

N-烷基-β-氨基羧酸型两性表面活性剂的等电点为 4.0 左右,而大部分两性表面活性剂的

等电点在 2~9 之间,两性表面活性剂的等电点可以用酸碱滴定法的方法确定,即用盐酸或氢氧化钠标准溶液滴定,并测定 pH 值的变化曲线,从而确定等电点。

2.5.4 两性表面活性剂的分类与合成

在两性表面活性剂中,已经商品化的品种相对其他类型的表面活性剂而言仍然较少。按照化学结构,两性表面活性剂主要分为甜菜碱型、咪唑啉型、氨基酸型三类。

(1)甜菜碱型

甜菜碱型两性表面活性剂的分子结构如下所示:

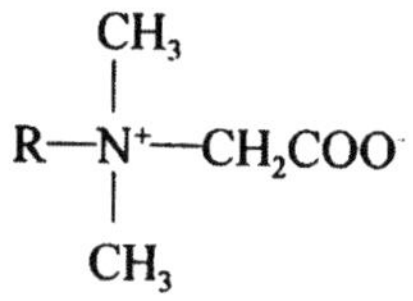

$$R-N^+(CH_3)_2-CH_2COO^-$$

式中,阴离子部分还可以是磺酸基、硫酸酯基等,阳离子还可以是磷或硫等。

(2)咪唑啉型

分子中含有咪唑啉环,如:

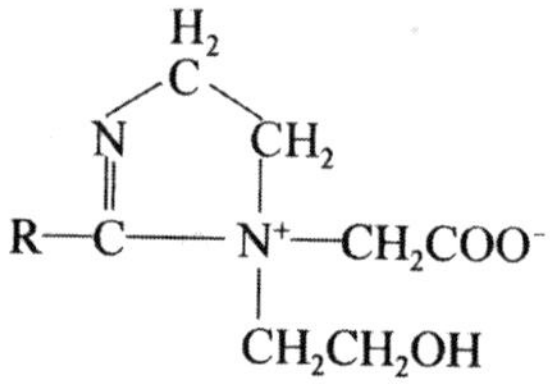

(3)氨基酸型

此类表面活性剂的结构是 β-氨基丙酸型和 α-亚氨基羧酸型,它们的分子式结构如下:

$$R\overset{+}{N}H_2-CH_2CH_2COO^-$$

N-烷基-β-氨基丙酸型

$$\underset{\overset{|}{+NH_2R}}{RCHCOO^-}$$

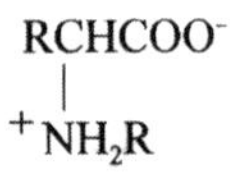

N-烷基-α-亚氨基羧酸

在上述两性表面活性剂分类中,最重要的表面活性剂品种是甜菜碱型和咪唑啉型。

1. 甜菜碱型两性表面活性剂

甜菜碱型两性表面活性剂多用于抗静电剂、纤维加工助剂、干洗剂或香波中的表面活性剂成分。天然甜菜碱主要存在于甜菜中,其化学名称为三甲胺乙(酸)内酯,结构式为:

$$(CH_3)_3\overset{+}{N}CH_2COO^-$$

最典型的结构为 N—烷基二甲基甜菜碱,商品名为 BS—12,其结构通式为:

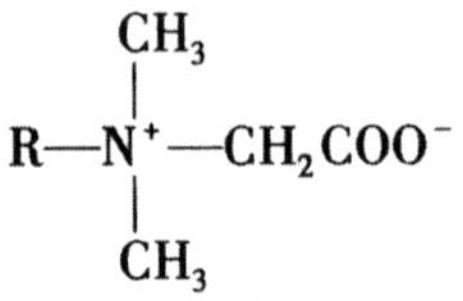

$$R-N^+(CH_3)_2-CH_2COO^-$$

它的合成大多采用氯乙酸钠法制备。即是用氯乙酸钠与叔胺反应制备羧基甜菜碱。在制备过程中先用等摩尔的氢氧化钠溶液将氯乙酸中和至 pH 值为 7,使其转化成为氯乙酸的钠盐,该反应方程式为:

$$ClCH_2COOH + NaOH \longrightarrow ClCH_2COONa + H_2O$$

然后氯乙酸钠与十二烷基二甲胺在 50℃～150℃ 反应 5～10h 即可以制得产品,反应式为:

$$ClCH_2COONa + C_{12}H_{25}-N\begin{smallmatrix}CH_3\\ \\CH_3\end{smallmatrix} \xrightarrow{50℃～150℃} C_{12}H_{25}-\overset{CH_3}{\underset{CH_3}{N^+}}-CH_2COO^- + NaCl$$

反应结束后向反应混合物加入异丙醇,过滤除去反应生成的氯化钠,再蒸馏除去异丙醇后即可得到浓度约为 30% 的产品,该商品呈透明状液体。这种表面活性剂具有良好的润湿性和洗涤性,对钙、镁离子具有良好的螯合能力,可在硬水中使用。

2. 咪唑啉型两性表面活性剂

咪唑啉表面活性剂是开发较晚的品种,其最突出的优点就是具有极好的生物降解性能,能迅速完全地降解,无公害产生;而且对皮肤和眼睛的刺激性极小,发泡性很好,因此较多地用在化妆品助剂'、香波、纺织助剂等方面。此外也应用在石油工业、冶金工业、煤炭工业等作为金属缓蚀剂、清洗剂以及破乳剂等使用。近几年来,国外对咪唑啉型表面活性剂新品种的研制和扩大应用工作进展较快,有关文献报道也较多。据统计,在美国生产的两性表面活性剂中,咪唑啉衍生物占其总量的 60% 以上。

该类表面活性剂的代表品种是 2-烷基—N—羧甲基—N'—羟乙基咪唑啉和 2—烷基—N—羧甲基—N—羟乙基咪唑啉,它们的结构通式为:

2 - 烷基 - N - 羧甲基 - N′ - 羟乙基咪唑啉   2 - 烷基 - N - 羧甲基 - N - 羟乙基咪唑啉

式中,R 是含有 12～18 个碳原子的烷基。

3. 氨基酸型两性表面活性剂

氨基酸型两性表面活性剂的制备方法大致有以下三种:

(1)由高级脂肪胺与丙烯酸甲酯反应,再经水解制得

例如月桂胺与丙烯酸甲酯反应引入羧基,制得 N—十二烷基—β—氨基丙烯酸甲酯,该化合物在沸水浴中加热,并在搅拌下加入氢氧化钠水溶液进行水解生成表面活性剂 N—十二烷基—β—氨基丙烯酸钠。该反应方程式为:

$$C_{12}H_{25}NH_2 + H_2C=CHCOOCH_3 \longrightarrow C_{12}H_{25}NHCH_2CH_2COOCH_3$$
$$C_{12}H_{25}NHCH_2CH_2COOCH_3 + NaOH \longrightarrow C_{12}H_{25}NHCH_2CH_2COONa + CH_3OH$$

这类表面活性剂洗涤能力极强,可用作特殊用途的表面活性剂。

(2)由高级脂肪胺与丙烯腈反应,再经水解制得

使用丙烯腈代替丙烯酸甲酯可以降低成本,使产品价格低廉。例如用这种方法合成 N — 十八烷基—β—氨基丙烯酸钠的反应如下。

$$C_{18}H_{37}NH_2 + H_2C=CHCN \longrightarrow C_{18}H_{37}NHCH_2CH_2CN$$

$$C_{18}H_{37}NHCH_2CH_2CN + NaOH \xrightarrow{H_2O} C_{18}H_{37}NHCH_2CH_2COONa$$

以上两种方法合成的均是烷基胺丙烯酸型两性表面活性剂,若合成氨基与羧基之间只有一个亚甲基的品种时,可采用高级脂肪胺与氯乙酸钠反应的方法。

(3)由高级脂肪胺与氯乙酸钠反应制得

烷基甘氨酸($RNHCH_2COOH$)是最简单的氨基酸型两性表面活性剂,它的氨基与羧基之间相隔一个亚甲基,其制备方法是由脂肪胺与氯乙酸钠直接反应制得。

$$RNH_2 + ClCH_2COONa \longrightarrow RNHCH_2COONa$$

合成过程是先将氯乙酸钠溶于水,然后加入脂肪胺,在 70℃~80℃下加热搅拌反应即可制得 N-烷基甘氨酸钠。

2.6 其他类型表面活性剂

2.6.1 含氟表面活性剂

1. 含氟表面活性剂的特性

普通的表面活性剂,以分子中的碳氢烃基为憎水基,分子中还可以含有氧、氮、硫、氯、溴、碘等元素,也称为碳氢表面活性剂。如果在分子中除了含有以上 8 种元素外,还含有氟、硅、磷、硼等元素的表面活性剂则称为特种表面活性剂。

含氟表面活性剂是普通表面活性剂的碳氢链中氢原子部分或全部被氟原子取代后,具有碳氟链憎水基的表面活性剂,属特种表面活性剂的一类。氟元素是电负性最大的非金属元素,具有高氧化性、高电离能,使得碳氟键键能高,结构比碳氢结构稳定,同时又使氟原子难以被极化,这种低极性使氟碳链疏水作用远超过碳氢链。氟原子的电负性大,直径小,能够将碳碳单键屏蔽起来,使之在强酸、强碱、高温和高辐射等各种环境下均显示出很高的稳定性。含氟表面活性剂具有高表面活性、高耐热稳定性及高化学稳定性这"三高"和含氟烃基既憎水又憎油这"两憎"的特性。此外,它还具有优良的复配性能等。

①高表面活性。含氟表面活性剂是迄今为止所有表面活性剂中表面活性最高的一种,这是含氟表面活性剂最重要的性质。它在浓度很低时就能使溶液的表面张力显著降低。一般含氟表面活性剂的浓度为 0.01%左右时,其水溶液的表面张力可以降低至 15~20mN/mn。

②高耐热稳定性。一般含氟表面活性剂加热到 400℃以上不会分解,这也与 C—F 键十分稳定有关。

③高化学稳定性。含氟表面活性剂中的 C—F 键十分稳定,使它具有很高的抗强酸、强碱、强氧化剂的能力,可以在更多苛刻的环境中使用。

④既憎水又憎油。含氟表面活性剂分子中的含氟烃基,既是憎水基又是憎油基,这使一些固体材料表面有含氟表面活性剂时就不能粘附水性或油性的物质,大大减少了污染。

⑤良好的润湿渗透性和起泡稳泡性。添加含氟表面活性剂的液体润湿力和渗透力大为提高,在各种不同的物质表面上都能很容易润湿铺展。在普通表面活性剂不能起泡的物质中,使用含氟表面活性剂可以形成稳定的泡沫。

⑥优良的复配性能。含氟表面活性剂与碳氢表面活性剂复配后,具有更高的降低表面张力的能力。这可以大大降低含氟表面活性剂的使用成本。而且含氟表面活性剂在水中可以形成含水的稳定液晶,成为不溶于水的活性物质,分散于水中,从而使任何两种不同类型的含氟表面活性剂可以相互复配。

⑦其他优良性能。包括乳化分散性、抗静电性、润滑流平性、脱膜性等。

含氟表面活性剂的这些特性使其具有非常高的附加值、广泛的用途和市场前景,特别是在一些特殊的应用领域,有着其他表面活性剂无法替代的作用。

2. 氟表面活性剂的制备方法

全氟聚氧丙烯链的氟表面活性剂的合成:

$$CF_3CF=\!\!=\!\!CF_2 \xrightarrow{H_2O_2} CF_3CF\underset{O}{-\!\!\!\bigtriangleup\!\!\!-}CF_2 \xrightarrow{KF} C_3F_7O(\underset{\underset{CF_3}{|}}{C}FCF_2O)_n \underset{\underset{CF_3}{|}}{C}FCOF$$

$$\downarrow NH_2(CH_2)_3N(C_2H_5)_2$$

$$C_3F_7O(\underset{\underset{CF_3}{|}}{C}FCF_2O)_n \underset{\underset{CH_3}{|}}{C}FCO\,NH(CH_2)_3\overset{+}{N}(C_2H_5)\,2\cdot I^- \xleftarrow{CH_3 I} C_3F_7O(\underset{\underset{CF_3}{|}}{C}FCF_2O)_n \underset{\underset{CF_3}{|}}{C}FCONH(CH_2)_3N(C_2H_5)_2$$

将全氟聚氧丙烯直接水解、中和,得到全氟羧酸盐阴离子型表面活性剂:

$$C_3F_7O(\underset{\underset{CF_3}{|}}{C}FCF_2O)_n \underset{\underset{CF_3}{|}}{C}FCOF \xrightarrow[NaOH]{H_2O} C_3F_7O(\underset{\underset{CF_3}{|}}{C}FCF_2O)_n CFCOONa$$

全氟磺酸盐表面活性剂的合成路线:

$$CF_2=\!\!=\!\!CF_2 \xrightarrow{SO_2} \underset{O-SO_2}{\overset{CF_2-CF_2}{|\qquad|}} \xrightarrow{F^-} ^-OCF_2CF_2SO_2F \xrightarrow[\quad O \quad]{(n+1)CF_3CF-\!\!\bigtriangleup\!\!-CF_2} FC\!-\!\underset{\underset{CF_3}{|}}{\overset{\overset{O}{||}}{C}}F\!-\!(OCF_2CF)_n^-OC_2F_4SO_2F$$

$$\downarrow Na_2CO_3$$

$$C_2F_5\!-\!(OCF_2CF)_n^-OC_2F_4SO_3Na \xleftarrow{NaOH} C_2F_5\!-\!(OCF_2CF)_n^-OC_2F_4SO_2F \xleftarrow{F_2} F_2C=\!\!=\!\!CF\!-\!(OCF_2CF)_n^-OC_2F_4SO_2F$$

2.6.2　含硅表面活性剂

有机硅表面活性剂主要是以聚二甲基硅氧烷为其疏水主链,在其中间位或端位连接一个或多个有机极性基团而构成的一类表面活性剂。常见的结构类型有:

$$R_3-Si-C_nH_{2n}COOH$$

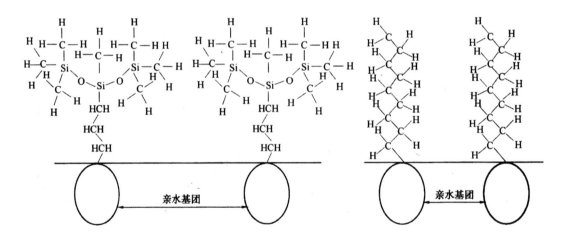

1. 含硅表面活性剂的性能

（1）界面性能

有机硅表面活性剂优异的表面活性源于其分子结构中疏水基团的结构。以三硅氧烷表面活性剂为例，其与普通碳氢表面活性剂的结构差异可用图 2-7 说明。从图中可以看出，决定有机硅表面活性剂活性的是甲基（—CH$_3$），柔软的 Si—O—Si 骨架仅仅起着支撑作用，使得这些甲基呈伞型排布在气液界面上。布满甲基的表面的表面能约 20mN/m，这正是采用硅氧烷表面活性剂所能达到的最低表面张力数值。而碳氢表面活性剂的疏水基团为长链烃基或烃基芳基，主要由亚甲基（CH$_2$）构成，且疏松地排布在气液界面上，因而采用碳氢表面活性剂一般能达到的表面张力为 30mN/m 或者以上。硅氧烷表面活性剂在水溶液和非水溶液中都具有表面活性。二甲基硅氧烷表面活性剂不仅在水溶液中，而且在有机溶剂中，它们的表面张力都可下降到 20～21mN/m，相当于纯二甲基硅氧烷的表面张力。

图 2-7　有机硅表面活性剂和碳氢表面活性剂表面活性特征

（2）超润湿性

三硅氧烷表面活性剂不但能降低油水界面的界面张力；同时，还能在低能疏水表面（如聚苯乙烯表面）润湿扩展，这一能力称为"超润湿性"或"超扩展性"。这种现象被认为是在溶液中存在特殊的表面活性剂聚集体。

（3）与 CO$_2$ 的作用

聚氧乙烯醚三硅氧烷表面活性剂可以使 CO$_2$ 和水形成乳液，通过调节 EO 数，改变表面活性剂的"亲水亲 CO$_2$ 平衡（HCB）"，可以使乳液由 CO$_2$ 包水（W/C）转变为水包 CO$_2$（C/W）。

2. 硅表面活性剂制备

为了解决上述表面活性剂中的 Si—O—Si 易于水解的问题,可将 Si—O—Si 键换成 Si—C 键:

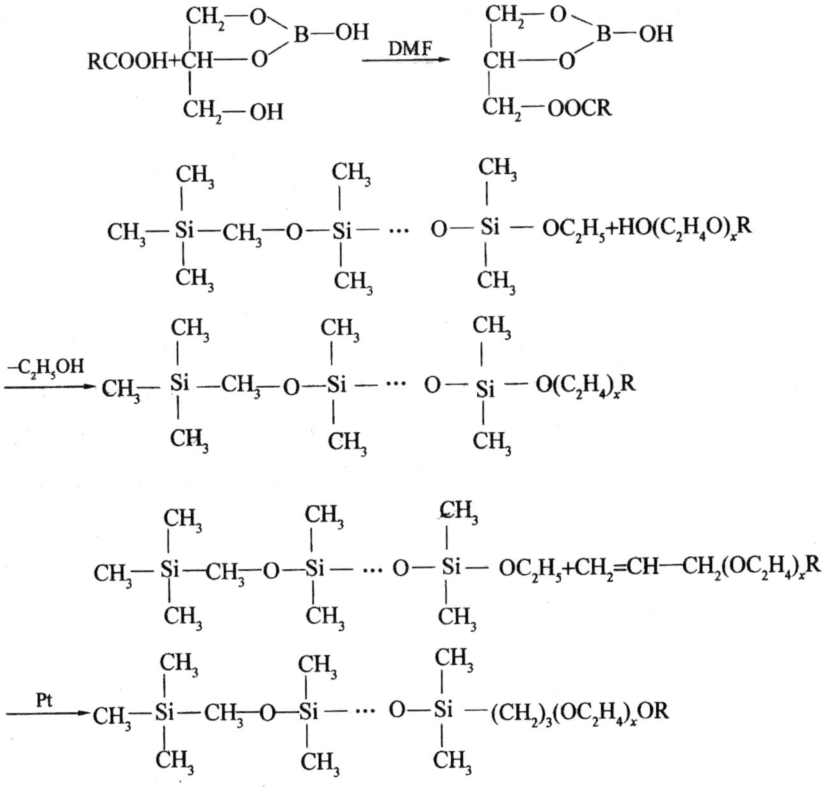

2.6.3　含硼表面活性剂

硼原子是一个缺电子原子,形成化合物时的成键特性可归纳为三点:共价性、缺电子和多面体特性。硼是一个亲氧元素,它能形成许多含有 B—O 键的化合物。其特性如下:

(1)抗摩擦性

硼酸酯表面活性剂抗磨润滑的机理是形成了边界润滑膜。硼酸酯表面活性剂分子经过吸附、裂解、聚合、缩合、沉积以及摩擦渗硼等复杂的过程,在摩擦表面产生吸附膜、摩擦聚合物膜、表面沉积膜与渗透膜,减少了摩擦,从而起到抗磨作用。

(2)防锈性能

有机硼系咪唑啉防锈剂属于吸附膜型防锈剂,它的吸附基的中心原子(N)电子云密度高,可向金属表面提供电子形成配位键,从而吸附在金属表面,形成覆盖的保护膜。

(3)抗静电性

塑料制品中使用的传统非离子抗静电剂是通过不断迁移到表面,分子中的亲水基吸附空气中的水分,在制品表面形成水膜,从而实现抗静电作用。因此,具有很强的湿度依赖性。而有机硼酸酯结构中的半极性的硼螺环结构,由于类似于离子态,自身具有较强的静电衰减能力,故抗静电性能的实现对湿度依赖性大大降低。

(4)阻燃性

硼酸酯表面活性剂还具有一定的阻燃性,可用于防火材料的添加剂。

(5)抗菌性能

硼原子具有杀菌作用,硼酸就是医药中常用的消毒剂。硼酸酯表面活性剂的杀菌作用可使水中微生物繁殖能力下降,提高表面活性剂的应用效率;同时硼酸酯表面活性剂毒性低。

2.6.4 双子表面活性剂

双子表面活性剂分子中有两个疏水基、两个亲水基和一个联接基团将它们关联,使得它们比传统表面活性剂具有更高的表面活言。其分子结构示意如图2-8所示。

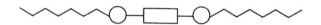

图 2-8 双子 Gemini 表面活性剂结构示意图

○—离子头基;□—联接基团

这种表面活性剂是将两个同一或几乎同一的表面活性剂单体,在亲水头基或靠近亲水头基附近用联接基团通过化学键将两亲成分联系在一起,由此造成两个离子头的紧密连接,致使其碳链间更容易产生强的范德华引力,即加强了表面活性剂的疏水作用,而且离子头基间的排斥倾向受制于化学键力而被大大削弱,这是双子表面活性剂与单链单头传统表面活性剂不同的根本原因。另外,两个离子头基的化学键联接不破坏其亲水性,从而为高表面活性的Gemini 表面活性剂的广泛应用提供了基础。由此可见,通过化学键联接方法提高表面活性与通常用的复配方式或者加助表面活性剂的方法不同,这在概念上也是一个突破。

1. 双子表面活性剂的优良特性

双子(Gemini)表面活性剂与传统表面活性剂在分子结构上的明显区别是联接基团的介入。因此 Gemini 表面活性剂可以看作是几个传统表面活性剂分子的聚合体。在 Gemini 表面活性剂结构中,两个(或多个)亲水基依靠联接基团通过化学键而连接起来,由此造成两个(或多个)表面活性剂单体相当紧密地结合。因而,联接基团的介入及其化学结构、联接位置等因素的变化,将使 Gemini 表面活性剂的结构具备多样化的特点,进而对其溶液的界面等性质产生影响。表 2-4 列出一些典型 Gemini 表面活性剂的 CMC、pC_{20}(将水溶液表面张力降低 20mN/m 所需表面活性剂浓度的负对数)及 γ_{cmc}。为了便于比较,表中同时列出了传统表面活性剂 $C_{12}H_{25}SO_4Na$ 和 $C_{12}H_{25}SO_3Na$ 的表面活性数据。

表 2-4 Gemini 表面活性剂的表面活性数据

类　　型	Y	CMC/(mmol/L)	γ_{cmc}/(mN/m)	pC_{20}/(mmol/L)
A	—OCH₂CH₂O—	0.013	27.0	0.0010
B	—O—	0.033	28.0	0.0080
B	—OCH₂CH₂O—	0.032	30.0	0.0065
B	—O(CH₂CH₂O—)2	0.060	36.0	0.0010

续表

类　　型	Y	CMC/(mmol/L)	γ_{cmc}/(mN/m)	pC_{20}/(mmol/L)
$C_{12}H_{25}SO_4Na$		8.100	39.5	3.1000
$C_{12}H_{25}SO_3Na$		9.800	39.0	4.4000

注:表中,A、B结构式分别为:

从表 2-4 中的数据可以看出,Gemini 表面活性剂 pC_{20} 值比传统表面活性剂降低 2～3 个数量级;CMC 值比传统表面活性剂降低 1～2 个数量级;其 γ_{cmc} 也远低于传统表面活性剂。因此与传统表面活性剂相比,Gemini 表面活性剂具有更高的表面活性。

用短联接基团连结的 Gemini 表面活性剂,在相当低的浓度时其水溶液就有很高的黏度,而相应的传统表面活性剂则是低黏度;Gemini 表面活性剂的聚集数目通常不超过传统表面活性剂的聚集数目(聚集数目是胶束的大小),因此 Gemini 表面活性剂具有更加优良的物理化学性质,如:

①更易吸附在气－液表面,而且有很多种形态,从而有效地降低了水溶液的表面张力。

②Gemini 表面活性剂降低水溶液表面张力的倾向远大于聚集生成胶团的倾向,降低水溶液表面张力的效率是相当突出的。

③因分子中同时有两个亲水基团,所以其 kraft 点低,因此 Gemini 表面活性剂具有良好的低温溶解性能。

④对水溶液表面张力的降低能力和降低效率而言,Gemini 表面活性剂和传统表面活性剂尤其是和非离子表面活性剂的复配能产生更大的协同效应。因此在实际应用中采用与廉价表面活性剂复配可降低成本,提高其应用价值。

⑤具有良好的钙皂分散和润湿性质。

⑥在溶液中,Gemini 表面活性剂具有特殊的聚集结构形态,在很低的浓度下,即可使溶液产生表观黏弹行为,因而具有特殊用途。

2. 双子表面活性剂的应用

(1)制备新材料

Gemini 表面活性剂可以制备纳米材料的模板剂。Van der Voort 等通过控制阳离子 Gemini 表面活性剂的烷基长度以及联接基团的长度,可以制备不同晶相、不同孔径的高质量的纯硅胶。例如,1998 年 Voort 等用双子表面活性剂做模板剂制备出高质量立方相的分子筛 MCM—48 和 MCM—41。利用电中性 Gemini 表面活性剂也可制备对热及热水超稳定的中孔囊泡状氧化硅材料。Kunio 等在 1998 年用紫外线辐射含 Gemini 表面活性剂的 $HAuCl_4$ 溶液,制得纤维状的 Au,而用传统表面活性剂则形成球状或棒状。

（2）增溶

与经典表面活性剂相比，Gemini 表面活性剂胶团增溶油的能力显著增加。例如，2RenQ [1,2－bis(dodecyldimethy lammonio)ethane dibromide]增溶甲苯时，甲苯/2RenQ＝38，而对于 CTAB（十六烷基三甲基溴化铵）体系，甲苯/CTAB 仅为 0.78。聚亚甲基链的季铵盐型 Gemini 表面活性剂（简称 $m-s-m$, 2 Br）对甲苯和正己烷的增溶能力随 m 的增加而增大，并且增溶甲苯的能力比正己烷强。这为从烷烃化合物中分离芳烃提供了新的途径。CTAB、2RenQ 和 3RenQ［methyldodecylbis(2－dimethyldodecylammonio)ethyl ammonium tribromide]对 β—萘酚的增溶能力，则先随表面活性剂浓度增加而增大，达到最大值后降低；随 Gemini 表面活性剂分子结构中十二烷基链的增多，对 β—萘酚的增溶量增加，即 3RenQ 的增溶能力最强。但是，若将 2RenQ 与非离子表面活性剂 $C_{12}E_6$ 混合，混合胶团增溶偶氮苯的能力却比单独 2RenQ 表面活性剂少。另外，在研究联接基团为己二酸或草酸的磺酸型 Gemini 表面活性剂的增溶能力时，发现它们增溶甲苯的能力较低。加入 NaBr，2RenQ 增溶 β—萘酚的绝对量增大。

（3）乳液聚合

带有各种联接基团的阳离子 Gemini 表面活性剂，用于苯乙烯乳液聚合时，所形成的 O/W 微胶乳粒子的大小可由 Gemini 表面活性剂/单体比来控制。当联接基团为柔性的疏水烷基或亲水性低的聚氧乙烯时，粒子大小明显依赖于联接基团的长度；若联接基团为刚性链（芳基），则粒子大小不确定。$12-s-12$, 2 Br$^-$（$s＝2,4,6,8,10$ 和 12），20℃，$s＝10$ 时的乳液微粒最大，半径为 15nm，而 $s＝2$ 时仅为 10nm。胶乳粒子的形成和大小，受微液滴结构、曲率和表面活性剂形状的影响。一些非离子 Gemini 表面活性剂也是油在水中的很好的乳化剂。

（4）抑制金属腐蚀

金属腐蚀造成的经济损失是巨大的，Gemini 表面活性剂在抗腐蚀应用上也有突出的例子。Achouri 等研究了用联接基团将长碳链二甲基叔胺连接起来的一类 Gemini 表面活性剂 $14-s-14$（$s:2,3,4$）系列抑制铁在盐酸中的腐蚀情况，结果表明，它们对在 1mol/L 盐酸中的金属铁有很好的保护作用，并且随着 Gemini 表面活性剂浓度增大防腐效果也增强，在 CMC 浓度附近达到最大值。

（5）化合物的分离

Chen 用 20mmol/L 1,3—双（十二烷基—N,N—二甲基铵）—2—38 丙醇氯化物，通过电动毛细管色谱柱将 17 种麦角碱混合物完全分离开来（在 20℃，pH＝0.3，50mmol/L 磷酸缓冲溶液条件下）。而对应的单链表面活性剂十六烷基三甲基溴化铵就不能将 17 种麦角碱混合物分离开来。这是利用表面活性剂胶团的超强增溶能力。胶团增溶超滤，不仅可除去低分子有机物，还可分离水中的多价金属离子。Gemini 表面活性剂这种超强增溶性和低 CMC 大大降低油—水表面张力，为三次采油提供新助剂。

（6）其他双子表面活性剂

阳离子型和阴离子型 Gemini 表面活性剂普遍具有优良的起泡能力和泡沫稳定性。一些阴离子 Gemini 表面活性剂有良好的钙皂分散力，阳离子 Gemini 表面活性剂还可以作为低相对分子质量的胶凝剂。两性、阴离子和非离子型 Gemini 表面活性剂还可用作清洁剂或洗涤剂、皮革整理剂、药物分散剂，以及用于护肤、护发和化妆品中。

传统表面活性剂已广泛用于化工各个领域,人们称为工业的味精,双子表面活性剂则将无愧是工业味精的新一代精品。由于双子表面活性剂的特殊结构,它不仅具有高表面活性,而且产生新形态聚集体和奇异性质,为多学科交叉创造了条件,将在化学生物学、纳米材料、超分子与合成化学的发展中受到重视。预期在抗 HIV、抗肿瘤、基因转染方面,在环境保护、三次采油和新型功能材料制备等中有较好的应用前景。

2.7 表面活性剂的应用性能与展望

2.7.1 表面活性剂的应用性能

表面活性剂由于其独特的两亲性结构而具有降低表面张力、产生正吸附现象等诸多功能,因而,在应用上可发挥特别的作用。最主要的包括起泡,消泡,乳化,分散,增溶,洗净,润湿,渗透。

1. 增溶作用与增溶剂

某些不溶于或微溶于水的有机物在表面活性剂水溶液中的溶解度显著高于水中的溶解度,这就是表面活性剂的增溶作用。增溶作用是增溶物进入胶团,而不是提高了增溶物在溶剂中的溶解度,因此不是一般意义上的溶解。增溶方式有四种:

(1)非极性分子在胶束内部增溶

被增溶物进入胶束内芯,犹如被增溶物溶于液体烃内。正庚烷、苯、乙苯等简单烃类的增溶属于这种方式,其增溶量随表面活性剂的浓度增高而增大。

(2)在表面活性剂分子间的增溶

被增溶物分子固定于胶束"栅栏"之间,即非极性碳氢链插入胶束内芯,极性端处于表面活性剂分子(或离子)之间,通过氢键或偶极子相互作用联系起来。当极性有机物分子的烃链较长时,极性分子插入胶束内的程度增大,甚至极性基也被拉入胶束内。长链醇、胺、脂肪酸和各种极性染料等极性化合物的增溶属于这种方式增溶。

(3)在胶束表面增溶

被增溶物分子吸附于胶束表面区域,或靠近胶束"栅栏"表面区域。高分子物质、甘油、蔗糖及某些不溶于烃的染料的增溶属于这种方式。当表面活性剂的浓度大于 CMC 时,这种方式的增溶量为一定值。较上两方式的增溶量少。

(4)在聚氧乙烯链间的增溶

具有聚氧乙烯链的非离子表面活性剂,其增溶方式与上述三种有明显不同,被增溶物包藏于胶束外层的聚氧乙烯链内。例如苯、苯酚即属于这种方式增溶,此种方式的增溶量大于前三种。

2. 乳化作用与乳化剂

乳化作用是一种分散现象,被分散的液体(分散相)以小液珠的形式分散于连续的另一个液体(分散介质)中形成乳状液,是热力学不稳定体系。乳化是加入表面活性剂,使两种互不相溶的液体形成乳液,并具有一定稳定性的过程。形成乳状液的两种液体,一种通常称为水,另一种通称"油"。乳化作用除可形成乳状液外,也涉及洗涤作用中将油污以乳化形式去除的过程。乳化类型分为两种,一种是水包油型乳状液,常以 O/W 表示;另一种是油包水乳状液,以 W/O 表示。

3.分散作用与分散剂

分散是指将固体小粒子形式分布于分散介质中形成有相对稳定性体系的全过程。要使固体物质能在液体介质中分散成具有一定相对稳定性的分散体系,需借助于助剂(主要是表面活性剂)的加入以降低分散体系的热力学不稳定性和聚结不稳定性,这些助剂就称为分散剂。

低相对分子质量有机分散剂又可分为阴离子型、阳离子型、非离子型、两性型等表面活性剂。天然产物分散剂包括聚合物和低相对分子质量的物质,如磷脂(如卵磷脂)、脂肪酸(如鱼油)等。无机氧化物在有机液体中的分散体系通常可用合成高分子分散剂制备,但陶瓷粉在有机溶剂中的分散体系却用低相对分子质量的分散剂,如脂肪酸、脂肪酸酰胺、胺和酯等。有时带有扭曲碳链的脂肪酸可作为分散剂,而直链的却无效。例如油酸是分散剂,而硬脂酸不是。

4.起泡和消泡作用与消泡剂

泡沫是由于空气或其他气体从液面下通入,液体发生膨胀,并以液膜将气泡包围而形成。表面活性剂具有起泡作用,其疏水基伸向气泡的内部,亲水基向着液相的吸附膜,形成的泡由于溶液的浮力而上升到溶液的表面,最终逸出液面而形成双分子薄膜。一般阴离子表面活性剂的发泡力最强。

一般认为消泡剂的消泡作用是因为它能使局部区域的表面张力降到十分低的程度,从而使这些区域由于受周围较高表面张力部位的作用,使泡沫液膜迅速变薄直至达到破裂点而发生破裂,同时还能促使溶液从泡沫中流失而缩短泡沫的寿命。

表面活性剂作消泡剂的主要有低级醇消泡剂(甲醇、乙醇、异丙醇、仲丁醇、丁醇);有机极性化合物系消泡剂[戊醇、二异丁基甲醇、磷酸酯(磷酸三丁酯、磷酸三辛酯、磷酸戊辛酯、有机胺盐)、油酸、妥尔油、金属皂、HLB 值较低的表面活性剂(失水山梨醇单月桂酸酯、失水山梨醇三油酸酯、脂肪酸聚氧乙烯酯)、聚丙二醇及其衍生物];矿物油系消泡剂(矿物油与表面活性剂复配物、矿物油与脂肪酸金属盐的表面活性剂复配物);硅酮树脂系消泡剂(硅酮树脂、硅酮树脂与表面活性剂复配物、硅酮树脂与无机粉末配合物);其他[卤化有机物(氯化烃、氟氯化烃、氟化烃);某些金属皂(硬脂酸,棕榈酸的铝、钙、镁皂等)]。

5.洗涤功能与洗涤剂

从固体表面除掉污物统称为洗涤。洗涤去污作用,是表面活性剂降低了表面张力而产生的润湿、渗透、乳化、分散、增溶等多种作用综合的结果。被沾污物放人洗涤剂溶液中,先充分润湿、渗透,溶液进入被沾污物内部,使污垢容易脱落,然后洗涤剂把脱落下来的污垢进行乳化,分散于溶液中,经清水反复漂洗从而达到洗涤效果。

6.分离功能

以嵌段共聚物胶团为例,嵌段共聚物胶团和小分子表面活性剂胶团一样都有增溶作用,然而嵌段共聚物胶团对被增溶物表现出一定的选择性。这个结论是在研究 PPO—PEO—PPO、PS—PVP(聚乙烯吡咯烷酮)嵌段共聚物在水介质中增溶脂肪族和芳香族碳水化合物时发现的。当正己烷和苯在水中同时存在时,共聚物选择性地增溶苯。另有报道,当 PPO—PEO—

PPO 嵌段共聚物中 PPO 对 PEO 的比例增加时,共聚物胶团对苯的增溶力加大。嵌段共聚物这种选择性增溶将为分离科学开启一道大门,这将在生态环境方面有着很好的应用价值。

表面活性剂除上述主要作用外,还因其具有的强吸附性、离子性、吸湿性等特性而衍生出其他一些功能。如柔软平滑、抗静电、匀染、固色、防水、防蚀和杀菌等,在工业上同样有着重要意义。

2.7.2 表面活性剂和合成洗涤剂工业展望

根据中国轻工总会和化工部有关部门制定的发展规划,我国表面活性剂和合成洗涤剂工业将朝着如下方向发展:

1. 重点发展工业表面活性剂

我国工业表面活性剂的应用主要是在原油开采、纺织印染助剂、合纤油剂、农药乳化剂及工业清洗剂方面,而在许多重要的领域如选矿、水处理、能源、交通以及其他精细化工行业的应用仍显不够,应大力提高工业表面活性剂在总产量中的比例。

2. 增加表面活性剂的品种和产量

如应在现有基础上引进先进生产设备和工艺,扩大生产规模,提高产量和质量,并应重点开发如下品种:

①非离子表面活性剂:提高已有的生产醇醚和烷基酚的能力,进行现有品种的改性,开发更多的专用型非离子表面活性剂。另外 EO/PO 嵌段共聚物及其他聚醚型表面活性剂、脂肪酸聚乙二醇酯、脂肪酸烷醇酰胺衍生物、蔗糖酯系列等都将得到发展。

②阳离子表面活性剂:应在已有的脂肪胺生产基础上大力发展各种类型的阳离子表面活性剂,以满足柔软剂、选矿浮选剂、沥青乳化剂、抗静电剂、缓染剂和杀菌剂等的需要。

③两性离子表面活性剂:尚处于研究、开发和推广阶段,应实现向工业化大生产的转变;建设甜菜碱型、咪唑啉型、氨基酸型两性表面活性剂的生产基地,并对其应用进行重点研究。

3. 开发功能性表面活性剂

为满足合成橡胶、合成树脂和涂料生产中乳液聚合所需要的表面活性剂,应结合不同生产工艺,开发相应的品种。各种反应型乳化剂、分解性表面活性剂、强化采油用的表面活性剂以及含硅、含氟、含硼的表面活性剂,都将列为开发的重点。

4. 发展专用型表面活性剂

努力为相关工业的发展提供和开发适销对路的产品,以满足行业需求,减少进口。这些专用型表面活性剂包括:高质量的合纤油剂和高中档纺织印染助剂,尤其是高速、高效、耐高温助剂以及毛、麻、丝和合纤织物系列印染助剂;油田化学品尤其是高效破乳剂,解决原油开采和运输中的阻垢、防蜡、降粘、降凝、分散和乳化等各种助剂以及三次采油方面所需的表面活性剂;乳液聚合的各种专用乳化剂;造纸工业中专用的脱墨剂、消泡剂、分散剂、润湿剂等;建材、交通用的沥青乳化剂;溢油分散剂;选矿浮选剂;多品种农药乳化剂;化肥防结块剂等。

5. 开发新型和多功能的合成洗涤剂

（1）洗涤剂浓缩化

自美国 P&G 公司推出 Tide（海潮牌）洗衣粉开始，各国一直强调洗衣粉的空心球结构，质轻而易于流动，能浮在水面且能迅速溶解。但由于价值观念的更新，浓缩型洗衣粉日益得到重视。高浓度和致密型浓缩洗衣粉的密度一般在 0.55～0.60kg/L，比常规洗衣粉高 1 倍左右，且生产可由冷法代替以往的喷雾法，设备投资减少 20%～30%，能耗降低约 80%，另外加上配方的改进，加入酶制剂等，既提高了洗净力，用量又较常规洗衣粉减少了 1/3～1/2，将会受到大众的欢迎。

（2）洗涤剂液体化及其重垢化

液体洗涤剂符合洗涤快速、省时、省力和多功能的要求，在国外已经日益普及，用量不断增加。近年来美国液体洗涤剂的销售额已经占洗涤剂市场的 40% 以上。另外由于合成纤维织物的增多，洗衣机结构的改变，不同织物和不同污渍处理的要求，重垢型液体洗涤剂的用量呈上升趋势。

（3）洗涤剂的洗涤低温化

为节省能源，洗涤剂应适应低温化的要求。表面活性剂的复配已由二元组分向多元组分变化，配方中高分子表面活性剂和酶制剂的比例将有所增加。

（4）洗涤剂的无磷化和低磷化

为了保护环境，多年来寻找三聚磷酸钠（STPP）代用品的工作一直在进行。主要是价格因素限制了许多性能良好的助洗剂的工业化应用。聚丙烯酸钠、马来酸酐丙烯酸共聚物等和沸石、硅酸钠组成的助洗剂，性能不亚于 STPP，已经受到重视。柠檬酸钠能有效地调节洗涤剂的 pH 值，生物降解性好，用量逐年增加。

（5）洗涤剂的低泡化和加酶化

高泡型洗涤剂已不能适应机械洗衣机的使用要求，同时不易漂洗，会产生大量污染废水，故低泡型洗涤剂的需求日益增多。另外在各种洗涤剂中加入酶制剂会大大提高洗净力。目前主要加入的是各种碱性蛋白酶或淀粉酶。今后各种脂肪酶和植物纤维素酶的利用将对各种浓缩型洗涤剂的效果起到重要作用。

（6）洗涤剂的多功能化

除了洗涤功能外，将对其他功能提出更高的和愈来愈多的要求。这些功能包括漂白、柔软、抗静电、防霉、防蛀等。今后主要发展的是漂白型和柔软型的洗涤剂。有机硅高分子表面活性剂由于其在柔软和改善织物手感方面的特殊作用将倍受青睐。

第3章　食品添加剂

3.1　食品添加剂概述

食品是维持人类生存的基本物质,随着生产水平和人民生活水平的不断提高,人们对食品的要求也不断提高,食品添加剂便是随着食品工业发展而逐步形成和发展起来的。食品添加剂可以起到提高食品质量和营养价值,改善食品感观性质,防止食品腐败变质,延长食品保藏期,便于食品加工和提高原料利用率等作用以及适应某些特殊需要。

由于生活习惯不同,世界各国对食品添加剂的定义也不尽相同,联合国粮农组织(FAO)和世界卫生组织(WHO)联合食品法规委员会对食品添加剂定义为:食品添加剂是有意识地一般以少量添加于食品,以改善食品的外观、风味、组织结构或贮存性质的非营养物质。按照这一定义,以增强食品营养成分为目的的食品强化剂不包括在食品添加剂范围内。

按照《中华人民共和国食品卫生法(试行)》第四十三条和《中华人民共和国食品添加剂卫生管理办法》第二条,以及《中华人民共和国食品营养强化剂卫生管理办法》第二条,我国对食品添加剂和食品强化剂分别定义为:食品添加剂是指为改善食品品质和色、香、味以及为防腐和加工工艺的需要而加入食品中的化学合成或天然物质。食品强化剂是指为增强营养成分而加入食品中的天然或者人工合成的,属于天然营养素范围的食品添加剂。

3.1.1　食品添加剂的分类

食品添加剂按其来源不同可分为天然和化学合成两大类。天然食品添加剂是指以动植物或微生物的代谢产物为原料加工提纯而获得的天然物质;化学合成的食品添加剂是指采用化学手段、通过化学反应合成的食品添加剂。

按照使用目的和用途,食品添加剂可分为:

①为提高和增补食品营养价值的,如营养强化剂。

②为保持食品新鲜度的,如防腐剂、抗氧剂、保鲜剂。

③为改进食品感官质量的,如着色剂、漂白剂、发色剂、增味剂、增稠剂、乳化剂、膨松剂、抗结块剂和品质改良剂。

④为方便加工操作的,如消泡剂、凝固剂、润湿剂、助滤剂、吸附剂、脱模剂。

⑤食用酶制剂。

⑥其他。

3.1.2　对食品添加剂的一般要求

对于食品添加剂的要求,首先应该是对人类无毒无害,其次才是它对食品色、香、味等性质的改善和提高。因此,对食品添加剂的一般要求为:

①食品添加剂应进行充分的毒理学鉴定,保证在允许使用的范围内长期摄入而对人体无害。食品添加剂进入人体后,应能参与人体正常的新陈代谢或能被正常的解毒过程解毒后完全排出体外或因不被消化吸收而完全排出体外,而不在人体内分解或与其他物质反应形成对人体有害的物质。

②对食品的营养物质不应有破坏作用,也不影响食品的质量及风味。

③食品添加剂应有助于食品的生产、加工、制造及贮运过程,具有保持食品营养价值,防止腐败变质,增强感官性能及提高产品质量等作用,并应在较低的使用量下具有显著效果,而不得用于掩盖食品腐败变质等缺陷。

④食品添加剂最好在达到使用效果后除去而不进入人体。

⑤食品添加剂添加于食品后应能被分析鉴定出来。

⑥价格低廉,原料来源丰富,使用方便,易于贮运管理。

3.1.3 食品添加剂的使用标准

理想的食品添加剂应是有益而无害的物质,但有些食品添加剂,特别是化学合成的食品添加剂往往具有一定的毒性。这种毒性不仅由物质本身的结构与性质所决定,而且与浓度、作用时间、接触途径与部位、物质的相互作用与机体机能状态有关。只有达到一定浓度或剂量水平,才显示出毒害作用。因此食品添加剂的使用应在严格控制下进行,即应严格遵守食品添加剂的使用标准,包括允许使用的食品添加剂品种、使用范围、使用目的(工艺效果)和最大使用量。食品添加剂在食品中的最大使用量是使用标准的主要数据,它是依据充分的毒理学评价和食品添加剂使用情况的实际调查而制定的。

毒理学评价除作必要的分析检验外,通常是通过动物毒性试验取得数据,包括急性毒性试验、亚急性毒性试验和慢性毒性试验。在慢性毒性试验中还包括一些特殊试验,如繁殖试验、致癌试验、致畸试验等。

(1)急性毒性试验

是指给予一次较大的剂量后对动物体产生的作用进行判断。可以考查摄入该物质后在短时间内所呈现的毒性,从而判定该物质对动物的致死量(LD)或半数致死量(LD_{50})。半数致死量是指能使一群被试验动物的一半中毒死亡所需的投药剂量,单位为 mg/kg 体重。同一物质对不同动物的 LD_{50} 是不一样的,采取不同的投药方式,LD_{50} 也不相同,食品添加剂主要使用经口服 LD_{50} 数据来粗略地衡量急性毒性高低(见表3-1)。

表 3-1 经口服 LD_{50} 和毒性分级

毒性级别	$LD_{50}/mg \cdot kg^{-1}$大白鼠	毒性级别	$LD_{50}/mg \cdot kg^{-1}$大白鼠
极 毒	<1	低 毒	$500 \sim 5000$
剧 毒	$1 \sim 50$	相对无毒	$5000 \sim 15000$
中 毒	$50 \sim 500$	实际无毒	>15000

一般投药剂量大于 5000mg/kg 而被试验动物无死亡时可认为该品急性毒性极低,即相对无毒;无需再做 LD_{50} 精确测定。

（2）亚急性毒性试验

是进一步检验受试验物质的毒性对机体重要器官和生理功能的影响，并估计发生这些影响的相应剂量，为慢性毒性试验作准备。其内容与慢性毒性试验基本相同，仅试验期长短不同，亚急性毒性试验期一般为 3 个月左右。

（3）慢性毒性试验

是考察少量被测物质长期作用于机体所呈现的毒性，从而确定被试验物质的最大无作用量和中毒阈剂量。

最大无作用量（MNL），亦称最大无效果量、最大耐受量或最大安全量，是指长期摄入仍无任何中毒现象的每日最大摄入剂量，单位是 mg/kg 体重。中毒阈剂量就是最低中毒量，是指能引起机体某种最轻微中毒的最低剂量。

慢性毒性试验对于确定被测物质能否作为食品添加剂具有决定性作用，它是保证长期（终生）摄入食品添加剂而对本代健康无害并对下一代生长无害的重要指标。

慢性毒性反应的基础是积蓄作用，是指某些物质少量多次进入机体，使本来不会引起毒性的少剂量由于蓄积作用而导致中毒的一种现象。

依据毒理学数据（主要是 MNL 值）和食品添加剂使用情况的实际调查可确定某一种或某一组食品添加剂的使用标准，其一般程序为：

①据动物毒性试验确定最大无作用量（MNL）。

②把动物试验数据用于人体时，由于存在个体和种系差别，须定出一个合理的安全系数，即据动物毒性试验数据缩小若干倍用于人体，一般安全系数定为 100 倍。

③人体每日允许摄入量 ADI，由动物最大无作用量（MNL）除以 100（安全系数）获得，单位为 mg/kg 体重。

④将每日允许摄入量 ADI 值，乘以人平均体重求得每人每日允许摄入总量（A）。

⑤根据人群的膳食调查，搞清膳食中含有该添加剂的各种食品的每日摄入量（C），分别计算出每种食品中含有该添加剂的最高允许量（D）。

⑥根据最高允许量（D）制定出该添加剂在每种食品中的最大使用量（E），成为该种添加剂使用标准中的主要内容。在某些情况下，E 和 D 二者相吻合，但为人体安全起见，原则上总是希望食品中的最大使用量（E）略低于最高允许量（D）。

我国政府为了保障人民身体健康，保证食品卫生，制定了一系列有关食品添加剂的卫生法规。有关我国允许使用的食品添加剂品种、使用范围及最大使用量，请参见《中华人民共和国食品添加剂使用卫生标准》，本书各章节中不再分别叙述。

3.2　食用色素

用于食品着色的添加剂称为食用色素。其目的是增加食品色泽以刺激食欲。食用色素按来源分为人工合成色素和天然色素两类。截至 1998 年底，我国批准允许使用的合成色素有：苋菜红、苋菜红铝色淀、胭脂红、胭脂红铝色淀、赤藓红、赤藓红铝色淀、新红、新红铝色淀、柠檬黄、柠檬黄铝色淀、日落黄、日落黄铝色淀、亮蓝、亮蓝铝色淀、靛蓝、靛蓝铝色淀、叶绿素铜钠盐、β-胡萝卜素、诱惑红、酸性红、二氧化钛，共 21 种。这 21 种合成色素在最大使用限量范围内使用,都是安全的。合成色素有着色泽鲜艳、稳定性较好、宜于调色和复配、价格低的优点,因此,是我国食品、饮料的主要着色剂。

3.2.1 食用合成色素

(1)柠檬黄

柠檬黄为橙黄色粉末或颗粒,各国都允许广泛使用,主要用于糕点、饮料、农畜水产品加工、医药及化妆品。其特点是耐热、耐酸、耐光及耐盐性均好,耐氧化性较差,遇碱稍变红,还原时褪色。最大使用量为 0.1 g/kg。化学结构式为:

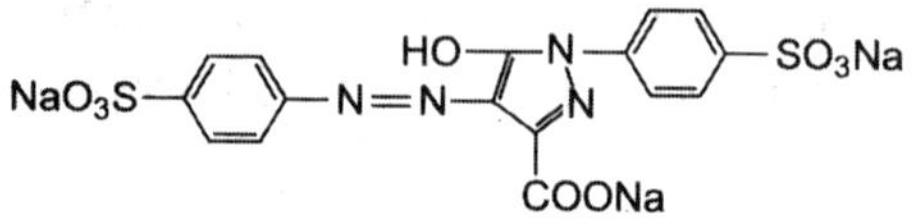

柠檬黄由双羟基酒石酸与苯酚肼对磺酸缩合制得,或者由对氨基苯磺酸经重氮化后与 1-(4′—磺酸基)—3—羧基—5—吡啶酮偶合,经氯化钠盐析后精制而得。

(2)日落黄

日落黄又称晚霞黄,为橙色颗粒,易溶于水呈橙黄色,溶于甘油和乙二醇,但难溶于乙醇和油脂;耐光、耐热性强;在柠檬酸、酒石酸中稳定;遇碱变为褐红色。日落黄为水溶性合成色素,鲜艳的红光黄色,广泛应用于冰淇淋、雪糕、饮料、糖果包衣等的着色。最大使用量为 0.1g/kg。化学结构式为:

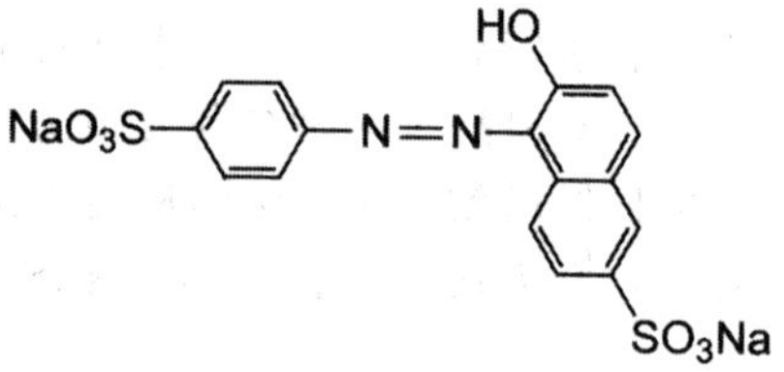

将对氨基苯磺酸重氮化后,在碱性条件下与 2-萘酚-6-磺酸偶合制得,经氯化钠盐析后精制而得。

(3)胭脂红

胭脂红又名丽春红 4R,是红色至深红色粉末,为国内外普遍使用的合成色素。本品耐酸性、耐光性好,但耐热性、耐还原性较差,遇碱变成褐色。本品多用于糕点、饮料、农畜水产品加工。最大使用量为 0.05g/kg。化学结构式为:

胭脂红可由 4—氨基—1—萘磺酸经重氮化,再和 G 酸钠(2—萘酚—6,8—二磺酸钠)反应,经氯化钠盐析后精制而得。

(4)苋菜红

苋菜红无臭,耐光、耐热性强,耐氧化、还原性差,不适用于发酵食品及含有还原性物质的食品。它对柠檬酸、酒石酸稳定;遇碱变为暗红色,遇铜、铁易褪色;易溶于水及甘油,微溶于乙醇。苋菜红多用于饮料、果酱和罐头,最大使用量为0.05g/kg。化学结构式为:

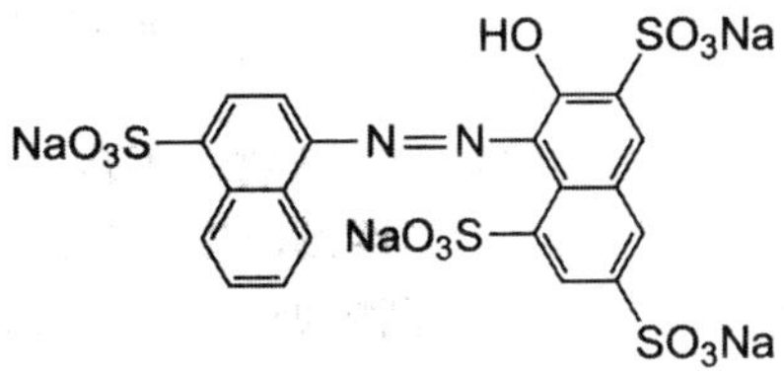

(5)赤藓红

这种合成色素易溶于水,耐热、耐还原性好,耐酸性差,是一种红色食用色素,广泛应用于发酵性食品、焙烤食品、冰淇淋、腌制品等非酸性食品,不用于饮料及硬糖。最大使用量为0.05～0.1g/kg。化学结构式为:

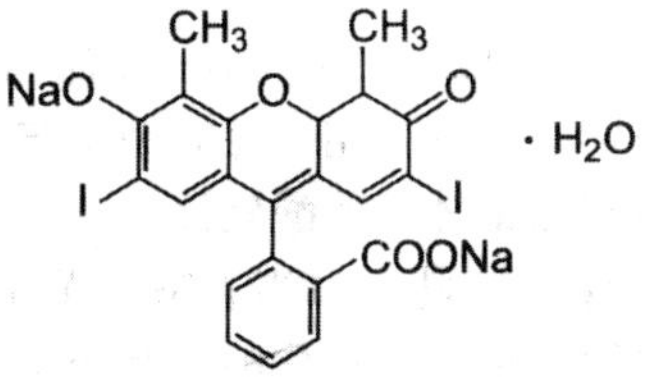

由间苯二酚、邻苯二甲酸酐及无水氯化锌加热熔融而制得粗制荧光素,经精制、碘化后,经氯化钠盐析后精制而得。

3.2.2　食用天然色素

随着科学技术发展和人类对自身健康的重视,人们逐渐认识到许多化学合成色素对人体有害。卫生部发布《苏丹红危险性评估报告》的结论为:对人健康造成危害的可能性很小,偶然摄入含有少量苏丹红的食品,引起的致癌性危险性不大,但如果经常摄入含较高剂量苏丹红的食品就会增加其致癌的危险性。因此,大力研究开发无毒、无害、无副作用及具有疗效和保健功能的天然色素是当今食品添加剂行业的新趋势。

天然色素是自动植物组织中用溶剂萃取而制得的。天然色素虽然色泽稍逊,对光、热、pH等稳定性相对较差,但安全性相对比人工合成色素要高,且来源丰富,有的天然色素还具有维生素活性或某种药理功能,日益受到人们重视,生产、销售量增长很快。其中主要是指植物色素(包括微生物色素),还有少量动物色素和无机物色素,但由于无机物色素都是一些金属或金属的化合物,一般有毒性,所以应用较少。

(1)红花黄色素

来源:菊科植物红花的花瓣。用途:天然食用色素,本品可用于茶、饮料、高级点心、面条、糖果、饼干、罐头和酒类等食品着色,特别适宜含维生素高的饮料。红花黄与合成色素柠檬黄相比,不仅对人体无毒无害,而且有一定的营养和药理作用。它用于食品着色,具有清热、利湿、活血化淤、预防心脏病等保健作用。

（2）栀子黄色素

来源:茜草科植物栀子。用途:天然食用色素,本品可用于面条、糖果、饼干、饮料、酒类等食品着色。

（3）甘蓝红色素

来源:从红甘蓝的叶中提取、精制而成。主要由花青素、黄酮等组成。用途:天然食用色素,用于酸性食品如葡萄酒、饮料、果酱、果冻等食品的着色。

（4）红曲色素

来源:是从红曲霉中提取的色素。主要采用发酵法。常用的菌株有紫红红曲霉、安卡红曲霉、巴克红曲霉等。将菌体散布培养基内,于30℃静置培养3周,液体培养需振荡,菌株在培养基内全面繁殖,呈深红色,经干燥、粉碎、浸提而得;或将米（大米或糯米）制成红曲米,再从红曲米中提取。

红曲红素为红色或暗红色液体,糊状或粉末状物。不溶于水、甘油,溶于乙醇、乙醚、冰醋酸中。色调对 pH 稳定,耐热性强,耐光性强,几乎不受金属离子的影响。用途:适用于酸性食品、饮料、汽酒、冰淇淋、糖果、干酒和红酒等方面的着色,特别是葡萄酒最理想的着色剂。

3.3　营养强化剂

营养强化剂是指为增强营养成分而加入食品中的天然或人工合成的属于天然营养素范围的食品添加剂。一般说来,人体所必需的营养成分在正常食物中有广泛的分布,合理搭配饮食可以获得足够的营养。但食品在加工储运及烹调过程中往往会有一部分营养物质遭到破坏和损失。另外,一些特殊人员,如长期处于特殊工作环境中的人员和老弱病幼人员也需补充某些营养物质。因此,在食物中适当地配入强化剂以提高食品的营养价值是有必要的。添加营养强化剂的食品即为强化食品。营养强化剂主要包括维生素、氨基酸和矿物质。

3.3.1　维生素

维生素是维持人体正常代谢和机能所必需的一类微量营养素。维生素缺乏会导致机体病变。例如缺乏维生素 C,会使毛细血管变脆,渗透性变大,易引起出血、骨质变脆、坏血病等;缺乏维生素 D 会导致佝偻病、骨质软化病、幼儿发育不良和畸形等。

维生素均为低分子有机化合物,种类繁多,化学结构和生理功能各异,因此无法按化学结构或功能进行分类。目前依据溶解性将维生素分为水溶性和脂溶性两类。水溶性维生素包括维生素 B 族和维生素 C 族;脂溶性维生素有维生素 A、维生素 D、维生素 E、维生素 K。维生素强化剂主要是维生素 A、维生素 B_1、维生素 B_2、维生素 B_5、维生素 C 和维生素 D_2、维生素 D_3 制剂。

（1）维生素 A

维生素 A 是所有具有视黄醇生物活性的 $\beta-$紫罗兰酮衍生物的统称,又称抗干眼醇或抗干眼病维生素,有维生素 A_1 和维生素 A_2 两种。主要来源是动物肝脏、鱼肝油、禽蛋等。常用的是维生素 A_1 的制剂。维生素 A_1 即视黄醇,结构式为:

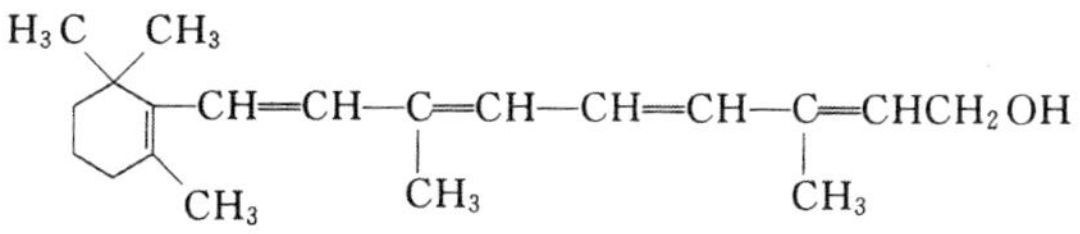

天然维生素 A 可从鳕鱼、鲑鱼、金龟鱼等鱼的肝脏提取肝油,经分子蒸馏法在高真空和110～270℃下蒸馏浓缩,再经色谱分离精制而得。合成品由 β—紫罗兰酮与氯乙酸甲酯加甲醇钠,经缩合、环化、水解、重排、异构化后,再加六碳醇加成,经催化氢化、酯化、溴化和脱溴化氢而成。一般不用纯品作为添加剂而使用维生素 A 油或维生素 AD 鱼肝油。

(2)维生素 B

维生素 B 即硫胺素,又名抗脚气病维生素,结构式为:

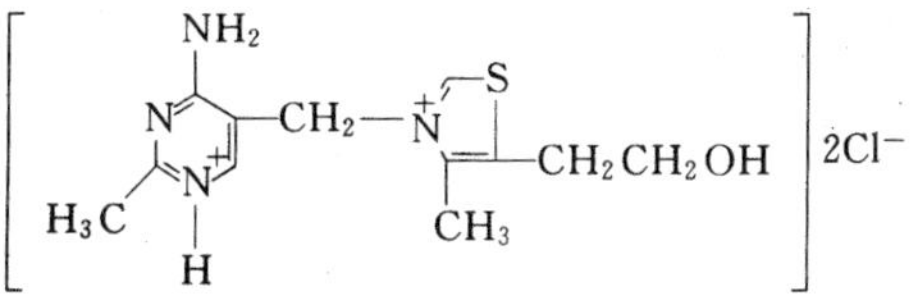

维生素 B_1 广泛分布于食物中,如动物的肝、肾、心及猪肉中,麦谷类的表皮含维生素 B_1 量也较多。缺乏维生素 B_1 除易患脚气病、神经炎外,常感觉肌肉无力,神经痛,有心律不齐、消化不良等症状。因而常用维生素 B_1 强化面包和饼干。

维生素 B_2 即核黄素,结构式为:

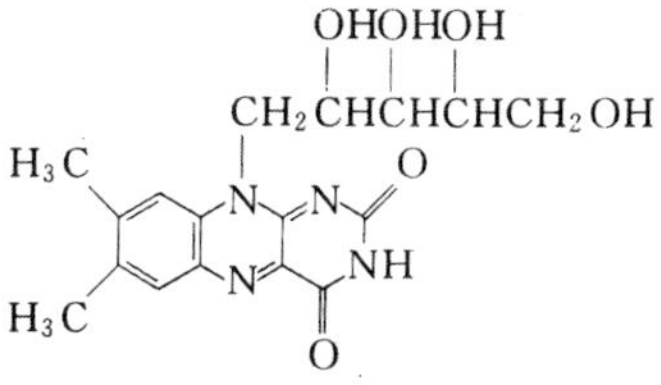

维生素 B_2 存在于小米、大豆、绿叶菜、肉、肝、蛋、乳等多种食物中,在体内参与氧化还原过程,缺乏时会引起口角炎、舌炎、唇炎、脂溢性皮炎等症。将麦等发酵后可直接提取维生素 B_2,工业生产可由 3,4—二甲基苯胺与 D—核糖合成。

(3)维生素 C

维生素 C 除作为营养强化剂外,还常用作抗氧剂。

(4)维生素 D

维生素 D 是所有具有胆钙化醇(维生素 D_3)生物活性的类固醇的统称。能防治佝偻病,具有这种作用的维生素已发现多种,较重要的是维生素 D_2 和维生素 D_3,常用作食品强化剂,添加于乳制品及火腿香肠中。结构式为:

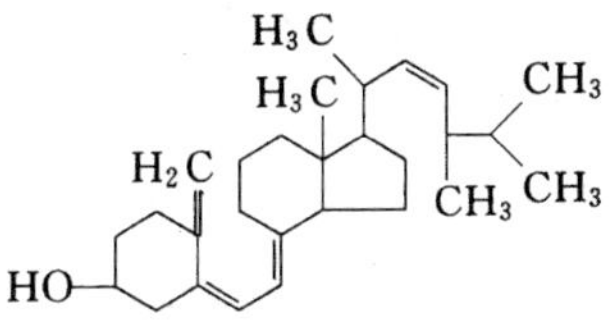

维生素 D_2

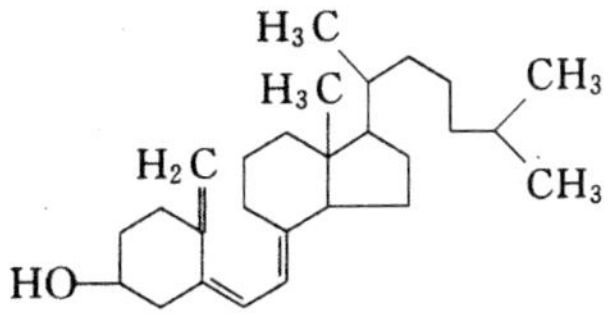

维生素 D_3

3.3.2 氨基酸

氨基酸是合成蛋白质的基本结构单元,蛋白质是生命活动不可缺少的物质。构成人体蛋白质的 20 多种氨基酸中大多数可在人体内合成,只有 8 种氨基酸(表 3-2)在体内无法合成,必须从食物中摄取。若是这些氨基酸的摄入种类或数量不足,就不能有效地合成人体蛋白质,这 8 种氨基酸为:赖氨酸、亮氨酸、异亮氨酸、苯丙氨酸、蛋氨酸、苏氨酸、色氨酸和缬氨酸。由于在儿童期内组氨酸和精氨酸的合成量常不能满足儿童生长发育的需要,因此在儿童食品中还需加入精氨酸和组氨酸。

表 3-2 人体必需氨基酸

氨 基 酸	结 构 式	氨 基 酸	结 构 式
L-盐酸赖氨酸	$HCl \cdot H_2NCH_2CH_2CH_2CH_2\underset{\underset{NH_2}{\vert}}{C}HCOOH$	L-苯丙氨酸	$\bigcirc CH_2\underset{\underset{NH_2}{\vert}}{C}HCOOH$
L-异亮氨酸	$CH_3CH_2\underset{\underset{CH_3}{\vert}}{C}H-\underset{\underset{NH_2}{\vert}}{C}HCOOH$	L-苏氨酸	$CH_3\underset{\underset{OH}{\vert}}{C}H-\underset{\underset{NH_2}{\vert}}{C}HCOOH$
L-亮氨酸	$CH_3\underset{\underset{CH_3}{\vert}}{C}HCH_2\underset{\underset{NH_2}{\vert}}{C}HCOOH$	L-色氨酸	$CH_2\underset{\underset{NH_2}{\vert}}{C}HCOOH$
DL-蛋氨酸	$H_3CSCH_2CH_2\underset{\underset{NH_2}{\vert}}{C}HCOOH$	L-缬氨酸	$(CH_3)_2CH\underset{\underset{NH_2}{\vert}}{C}HCOOH$

另外,人体对必需氨基酸的吸收是按一定比例进行的,如果食物中一种或两种必需氨基酸含量特别低,则会影响其他氨基酸的吸收利用率,即所谓氨基酸平衡问题。因此在食品中补充该食品严重缺乏的某种氨基酸,可以促进其他氨基酸的吸收利用,提高该种食品的蛋白质品质。例如大米和面粉蛋白质品质低于动物蛋白的重要原因之一是赖氨酸含量偏低,通过食品加工过程添补赖氨酸或混合赖氨酸含量较高的其他谷物,可使其成为类似鸡蛋蛋白的一种理想蛋白质。

3.3.3 矿物质

人体内含有 80 多种化学元素,除碳、氢、氧、氮(约占体重 96%)。主要以有机化合物形式存在外,其余统称为矿物质也称无机盐。矿物质对人体细胞的代谢、某些酶的合成、蛋白质和激素的构成及生理作用方式起着重要作用,因此营养价值并不亚于蛋白质、脂肪、淀粉和维生素等。矿物质中含量较多(大于 0.005%)的常量元素有 Ca、Mg、K、Na、P 和 Cl;含量较少的微量元素;目前已确认为人体生理必需的有 13 种:Fe、Zn、Cu、I、Mn、Mo、Co、Se、Cr、Ni、Sn、Si、V。一般食物中矿物质含量能够满足人体需要,但钙、铁、碘、锌较为缺少,需要通过对食品进行强化加以补充,如在食盐中加碘制成的加碘食盐可以补充碘元素,Ca、Fe、Zn 的强化经常采用其有机酸盐或无机酸盐,钙盐有硫酸钙、乳酸钙、葡萄糖酸钙以及活性钙、生物碳酸钙等;铁盐有硫酸亚铁、柠檬酸亚铁、乳酸亚铁和葡萄糖酸亚铁等;锌盐有硫酸锌、乳酸锌、葡萄糖酸锌、氧化锌等。

3.4　防腐剂

食品防腐剂是用于保持食品原有品质和营养价值为目的的食品添加剂,它能抑制微生物的生长繁殖,防止食品腐败变质而延长保质期。

3.4.1　食品防腐剂的作用原理

食品防腐剂的防腐原理,大致有如下 4 种:①能使微生物的蛋白质凝固或变性,从而干扰其生长和繁殖;②防腐剂对微生物细胞壁、细胞膜产生作用。由于能破坏或损伤细胞壁,或能干扰细胞壁合成的机理,致使胞内物质外泄,或影响与膜有关的呼吸链电子传递系统,从而具有抗微生物的作用;③作用于遗传物质或遗传微粒结构,进而影响到遗传物质的复制、转录、蛋白质的翻译等;④作用于微生物体内的酶系,抑制酶的活性,干扰其正常代谢。

3.4.2　食品防腐剂的主要种类

食品防腐剂按作用分为杀菌剂和抑菌剂,二者常因浓度、作用时间和微生物性质等的不同而不易区分。按其来源分为化学合成、微生物代谢和天然提取物三大类。此外还有乳酸链球菌素,是一种由乳链球菌产生、含 34 个氨基酸的肽类抗菌素。目前世界各国所用的食品防腐剂约有 30 多种。食品防腐剂在中国被划定为第 17 类,有 28 个品种。

凡能抑制微生物的生长活动,延长食品腐败变质或生物代谢的化学制品都是化学防腐剂。目前常用的有酸性防腐剂、酯型防腐剂、无机防腐剂等类型。

1. 化学合成防腐剂

(1)苯甲酸及其钠盐

苯甲酸又称为安息香酸,天然存在于蔓越橘、洋李和丁香等植物中。纯品为白色有丝光的鳞片或针状结晶,质轻,无臭或微带安息香气味,相对密度为 1.2659,沸点 249.2℃,熔点 121~123℃,100℃开始升华,在酸性条件下容易随同水蒸气挥发,微溶于水,易溶于乙醇。由于苯甲酸难溶于水,一般在应用中都是用其钠盐,加入食品后,在酸性条件下苯甲酸钠转变成具有抗微生物活性的苯甲酸。苯甲酸作为食品防腐剂被广泛使用,pH＝3 时抑菌作用最强,在 pH＝5.5 以上时,对很多霉菌和酵母菌没有什么效果,抗微生物活性的最适 pH 范围是 2.5~4.0。因此,它最适合使用于像碳酸饮料、果汁、果酒、腌菜和酸泡菜等食品。在 pH＝4.5 时对一般微生物的完全抑制的最小浓度为 0.05%~0.1%。苯甲酸对酵母和细菌很有效,而对霉菌活性稍差。

苯甲酸钠的 LD_{50} 为 2700mg/kg(大白鼠经口)。ADI 为 0~5 mg/kg(以苯甲酸计)。苯甲酸进入机体后,大部分在 9~15h 内与甘氨酸化合成马尿酸,剩余部分与葡萄醛酸结合形成葡萄糖苷酸,并全部从尿中排出。苯甲酸不会在人体内蓄积,由于解毒过程在肝脏中进行,因此苯甲酸对肝功能衰弱的人可能是不适宜的。

苯甲酸　甘氨酸　　　　马尿酸

（2）山梨酸及其钾盐

山梨酸的化学名称为己二烯－[2,4]－酸，又名花楸酸。1859 年从花楸浆果树的果实中首次分离出山梨酸,它的抗微生物活性是在 1939～1949 年被发现的。山梨酸为无色针状结晶体,无嗅或稍带刺激性气味,耐光,耐热,但在空气中长期放置易被氧化变色而降低防腐效果。沸点228℃（分解）,熔点 133℃～135℃,微溶于冷水,而易溶于乙醇和冰醋酸.其钾盐易溶于水。

山梨酸

山梨酸对霉菌、酵母菌及好气性菌均有抑制作用,但对嫌气性芽孢形成菌与嗜酸杆菌几乎无效,其防腐效果随 pH 值升高而降低。山梨酸能与微生物酶系统中巯基结合,从而破坏许多重要酶系,达到抑制微生物增殖及防腐的目的。一般而言,pH 值高至 6.5 时,山梨酸仍然有效,这个 pH 值远高于丙酸和苯甲酸的有效 pH 值范围。然而一些霉菌在山梨酸浓度高达5300mg/kg 时仍然能够生长,并且可将山梨酸降解产生 1,3—戊二烯,使食品带有烃的气味。

山梨酸阈值较大,在使用浓度（最高达重量的 0.3%,即 3000mg/kg）时,对风味几乎无影响。山梨酸是一种不饱和脂肪酸,在机体内正常地参加代谢作用,被氧化生成二氧化碳和水,所以几乎无毒性。FAO/WHO 专家委员会已确定山梨酸的每日允许摄入量（ADI）为 25mg/kg 体重。山梨酸及它的钠、钾和钙盐已被所有的国家允许作为添加剂使用。

（3）丙酸及其盐类

丙酸的抑菌作用较弱,但对霉菌、需氧芽孢杆菌及革兰氏阴性杆菌有效,其抑菌的最小浓度为 0.01%,pH=5.0;为 0.5%,pH=6.5。丙酸防腐剂对酵母菌不起作用,所以主要用于面包和糕点的防霉。

丙酸和丙酸盐具有轻微的干酪风味,能与许多食品的风味相容。丙酸盐易溶于水,钠盐（150g/100mLH$_2$O,100℃）的溶解度大于钙盐（55.8g/100mLH$_2$O,100℃）。

丙酸钙为白色颗粒或粉末,有轻微丙酸气味,对光热稳定。160℃ 以下很少破坏,有吸湿性,易溶于水,20℃时可达 40%。在酸性条件下具有抗菌性,pH 值小于 5.5 时抑制霉菌较强,但比山梨酸弱。在 pH=5.0 时具有最佳抑菌效果。丙酸钠 C$_3$H$_5$O$_2$Na 极易溶于水,易潮解,水溶液呈碱性,常用于西点。

丙酸盐常被用于防止面包和其他烘焙食品中霉菌的生长和干酪产品中霉菌的生长。丙酸在烘焙食品中的使用量为 0.32%（白面包,以面粉计）和 0.38%（全麦产品,以小麦粉计）,在干酪产品中的用量不超过 0.3%,除烘焙食品外,建议将丙酸用于不同类型的蛋糕、馅饼的皮和馅、白脱包装材料的处理、麦芽汁、糖酱、经热烫的苹果汁和豌豆。丙酸盐也可作为抗霉菌剂用于果酱、果冻和蜜饯。在哺乳动物中,丙酸的代谢则与其他脂肪酸类似,按照目前的使用量,尚未发现任何有毒效应。丙酸的大白鼠 LD50 为 5160mg/kg,属于相对无毒。国外一些国家无最大使用量规定,而定为"按正常生产需要"使用。

(4)脱氢乙酸

系统命名是 3—乙酰基—6—甲基—二氢吡喃—2,4—(3H)二酮,无色到白色结晶状粉末,有弱酸味,饱和溶液 pH＝4。极难溶于水(小于 0.1%),为酸性防腐剂,pH＝7～8 时溶解度较大,有吸湿性,热、碱性时易被破坏。对细菌、霉菌、酵母菌均有一定作用,而对中性食品基本无效,pH＝5 时抑制霉菌是苯甲酸的 2 倍,在水中逐渐降解为乙酸。LD_{50} 为 1000。1200mg/kg。常使用在腐乳、什锦酱菜、原汁桔浆等,最大使用量 0.3g/kg(GB 2760－86)。

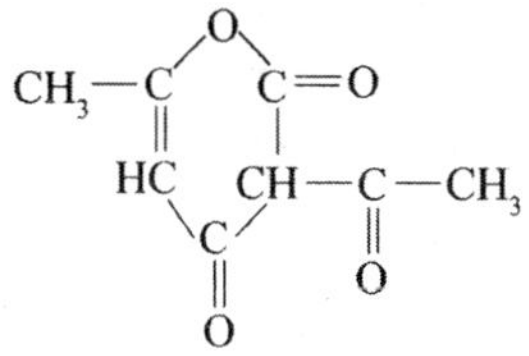

脱氢乙酸

(5)对羟基苯甲酸酯类

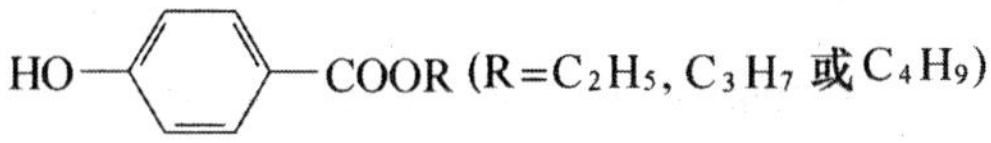

$$HO-\bigcirc-COOR \ (R＝C_2H_5、C_3H_7 \text{ 或 } C_4H_9)$$

羟基苯甲酸酯类

对羟基苯甲酸酯又叫尼泊金酯类,是食品、药品和化妆品中广泛使用的抗微生物剂。我国允许使用的是尼泊金乙酯和丙酯。美国许可使用对羟基苯甲酸的甲酯、丙酯和庚酯。对羟基苯甲酸酯为无色结晶或白色结晶粉末,稍有涩味,难溶于水,可溶于氢氧化钠溶液及乙醇、乙醚、丙酮、冰醋酸、丙二醇等溶剂。

对羟基苯甲酸酯类对霉菌、酵母和细菌有广泛的抗菌作用。其对霉菌、酵母的作用较强,但对细菌特别是对革兰氏阴性杆菌及乳酸菌的作用较弱。对羟基苯甲酸酯在烘焙食品、软饮料、啤酒、橄榄、酸、果酱和果冻以及糖浆中被广泛使用。它们对风味几乎无影响,但能有效地抑制霉菌和酵母(0.05%～0.1%,按质量计)。随着对羟基苯甲酸酯的碳链的增长,其抗微生物活性增加,但水溶性下降,碳链较短的对羟基苯甲酸酯因溶解度较高而被广泛地使用。与其他防腐剂不同,对羟基苯甲酸酯类的抑菌作用不像苯甲酸类和山梨酸类那样受 pH 值的影响。在 pH＝7 或更高时,对羟基苯甲酸酯仍具活性,这显然是因为它们在这些 pH 值时仍能保持未离解状态的缘故。苯酚官能团使分子产生微弱的酸性。即使在杀菌温度,对羟基苯甲酸酯的酯键也是稳定的。对羟基苯甲酸酯具有很多与苯甲酸相同的性质,它们也常常一起使用。

2. 微生物防腐剂

微生物防腐剂以其天然、安全、健康而受到研究者们的青睐,目前各国都对其展开了广泛的研究,我国批准使用的微生物防腐剂有乳链球菌和纳他霉素。

（1）乳链球菌素乳

乳链球菌素乳是蛋白质原料经过发酵生物合成的由 34 个氨基酸组成的小肽,其中碱性氨基酸含量高,因此带正电荷。它对革兰氏阳性菌,如葡萄球菌属、链球菌属、乳酸杆菌属、梭状芽孢杆菌属的细菌,特别是金黄色葡萄球菌、溶血链球菌、肉毒杆菌作用明显,对革兰氏阴性细菌、酵母菌、霉菌的效果不好。但当它与 EDTA、柠檬酸等络合剂共同使用时,对部分革兰氏阴性细菌也有效,与现有的化学防腐剂结合使用可降低化学防腐剂的用量。乳链球菌素食用后易被消化道中的一些蛋白霉所降解,不会在体内蓄积而引起不良反应,也不会改变肠道内的正常菌群。对乳链球菌素的致癌性、血液化学、胃功能、脑功能等研究都证明它对人体无害。

（2）纳他霉素

纳他霉素又名匹马霉素,是由纳他链霉素发酵产生的多烯烃大环内酯化合物,无臭无味,几乎不溶于水、高级醇、醚、酯,微溶于冰醋酸和二甲基亚砜。其作用机理是与麦角甾醇基团结合,阻遏麦角甾醇的生物合成,从而使细胞膜畸变,导致渗漏,使细胞死亡。因此纳他霉素对细胞膜中没有麦角甾醇的细菌、病毒无效,而对酵母、霉菌等真菌有效。与乳链球菌素共同作用时,抗菌谱互补。纳他霉素毒性低,使用安全。

3. 天然提取物防腐剂

植物提取防腐剂:

（1）茶多酚

茶多酚是从茶叶中提取出来的多酚类复合体,约占茶叶干物质重量的 25%,主要成分是儿茶素及其衍生物。茶多酚对枯草杆菌、大肠杆菌、金黄色葡萄球菌、普通变形杆菌、伤寒沙门氏杆菌等有抑制作用。

（2）山苍子油

山苍子油是从山苍子树的鲜果、树皮及叶子中提取的芳香精油,主要成分是柠檬醛。由于具有特殊的柠檬香味会影响食品原有的风味,故不可能广泛用作食品的天然防腐剂,但它特别适合作易受霉菌及黄曲霉素污染的花生、玉米等食品。如花生蛋白饮料以及快餐玉米的防腐剂。

（3）芦荟提取物

芦荟是百合科植物,现已研究清楚的化学成分有 100 多种,其中芦荟酊、芦荟素 A 等具有很强的抑菌作用。

（4）竹叶提取液

研究表明竹叶防腐剂的活性成分主要是有机酸类和酚类化合物,对细菌、霉菌、酵母菌均有强烈的抑制作用,其中对细菌的抑制作用更为显著,可作为广谱抗菌剂。而且它在中性条件下就可抑菌,而山梨酸钾和苯甲酸钠等只能在酸性条件下才能抑菌相比具有明显优势。

（5）香辛料和中草药

许多香辛料和中草药如辣椒、花椒、生姜、大蒜、黑胡椒、丁香、芥末、薄荷、百部、竹荪、百里香、迷迭香、甘草、大黄、黄连、黄芩、连翘、金银花、金钱草等都具有抑菌防腐作用。其抑菌成分有醛、酮、酯、醚、酸、萜类、内酯等,若将这些成分协同起来将得到效果更好的防腐剂。

动物性原料防腐剂:

（1）壳聚糖

壳聚糖(N—乙酰氨基葡萄糖)是由虾、蟹壳制取的甲壳素经浓碱部分或全部脱乙酰后制得的。壳聚糖属天然产物,无毒害、无异味,具有防腐功能。

(2)鱼精蛋白

由成熟的鱼精细胞中提出,除去DNA后的一种碱性蛋白质,具有阻凝血、阻血糖、血压升高的作用,主要有鲑鱼精蛋白和鲱鱼精蛋白。对G^+菌有明显抑制作用,对G^-菌几乎没有作用。适合于pH=6以上的食品,和山梨酸协同可使pH值范围扩大为4~10,高温加热抑菌性下降,但在210℃,90min仍有一定活性,实际用量为0.05%~0.1%。

(3)溶菌酶

溶菌酶又称细胞质酶,广泛存在于哺乳动物的乳汁、体液、家禽的蛋清及部分植物、微生物体内,是一种碱性球蛋白,易溶于水,不溶于乙醚、丙酮。溶菌酶具有溶菌作用,尤其对革兰氏阳性菌如藤黄微球菌或溶壁微球菌、枯草杆菌等杀菌效果很好,但对革兰氏阴性菌效果不好,若与EDTA协同作用可提高防腐效果。研究表明,溶菌酶还能杀死肠道腐败菌,增加抗感染能力,很适合用作婴儿食品、饮料的添加剂。在食品工业上广泛用作清酒、香肠、奶油、糕点的防腐剂。

3.4.3 化学合成防腐剂典型生产工艺实例

1.苯甲酸钠生产工艺实例

(1)技术路线

$$甲苯 \xrightarrow{O_2} 苯甲酸 \xrightarrow{碱中和} 苯甲酸钠$$

(2)生产工艺

工艺流程图如图3-1所示。

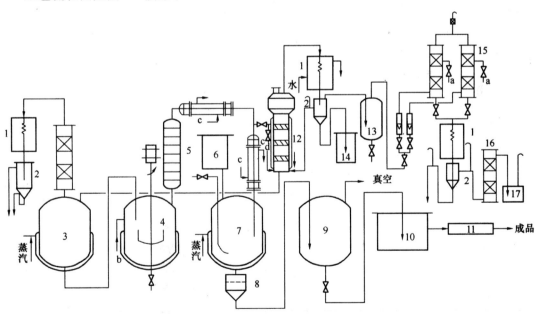

图3-1 苯甲酸钠生产工艺流程图

1—冷凝器;2—分水器;3—脱苯釜;4—蒸馏釜;5—蒸馏塔;6—计量罐;7—中和釜;8—过滤器;9—滤液槽;10—苯甲酸钠储槽;11—液筒干燥剂;12—氧化器;13—缓冲罐;14—水计量槽;15—吸收塔;16—干燥器;17—甲苯储槽;a—蒸汽;b—电加热;c—水;d—压缩空气

①甲苯氧化。将甲苯 2200kg、萘酸钴 2.2kg 用泵送入氧化塔内,通入夹套蒸汽加热到 120℃,使得甲苯沸腾。启动空压机,压缩空气经缓冲罐自塔的底部进入甲苯溶液中发生氧化反应。反应为放热反应,反应温度上升,通过停止加热及切换冷却水,控制温度不能超过 170℃。反应产生的大量甲苯蒸气及水蒸气从塔顶排出,经过冷凝后进入分水器,甲苯由分水器上不返回氧化塔,水从分水器下部分出。分水器上盖有尾气排出管,尾气经排出管至缓冲罐进入活性吸收塔,以吸附其中的甲苯。甲苯在 170℃时氧化时间为 12~16h,甲苯转化率可达 70%以上。

②脱苯。氧化液放入脱苯釜,在 0.08MPa 真空下通夹套蒸汽加热至 100~110℃,用压缩空气鼓泡的办法将未反应的甲苯蒸出,经冷凝后进入分水器回收再用。

③蒸馏。脱苯后的苯甲酸还含有杂质及有机色素,需再进行蒸馏。将料液放入蒸馏釜,加热并控制料液温度为 190℃,苯甲酸便蒸出而进入蒸馏塔,控制塔顶温度为 160℃,流出物经套管冷却进入中和釜,便得到纯净的苯甲酸。

④中和。苯甲酸进入中和釜后,及时加入预先配好的纯碱溶液中和,中和温度控制在 70℃,中和物料以 pH 值 7.5 为终点。为除杂色,加入中和物料千分之三的活性炭脱色,然后通过真空吸滤,即得无色透明的苯甲酸钠溶液(含量 50%)。

⑤干燥。将苯甲酸钠溶液经滚筒干燥或箱式喷雾干燥即成粉状成品。

2. 山梨酸钾生产工艺实例

(1)技术路线

山梨酸及其钾盐的合成技术路线有四种:以巴豆醛(即丁烯醛)和乙烯酮为原料;以巴豆醛和丙二酸为原料;以巴豆醛与丙酮为原料;以山梨醛为原料。

(2)以巴豆醛和丙二酸为原料的生产工艺

生产工艺流程图如图 3-2 所示。反应方程式如下:

$$H_3CHC=CHCHO+CH_2(COOH)_2 \xrightarrow[\text{吡啶}]{90\sim100℃} H_3CHC=CHCH=CHCOOH$$

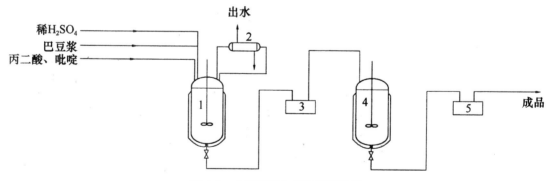

图 3-2 山梨酸钾生产工艺流程图

1—反应釜;2—冷凝器;3,5—离心机;4—结晶釜

在反应罐中依次投入 175kg 巴豆醛、250kg 丙二酸、250kg 吡啶,室温搅拌 1h 后,缓慢加热升温至 90℃,维持 90℃~100℃反应 5h,反应完毕后降至 10℃以下,缓慢加入 10%稀硫酸,控制温度不超过 20℃,至反应物呈弱酸性,pH 值约 4~5,冷冻过夜,过滤、结晶、水洗后得山

梨酸粗品。再用 3～4 倍量 60％乙醇重结晶,得山梨酸约 75kg。用碳酸钾或氢氧化钾中和即得山梨酸钾。

3. 对羟基苯甲酸甲酯生产工艺实例

(1)技术路线

对羟基苯甲酸酯可由酯化法生产,其生产工艺流程图如图 3-3 所示,反应方程式如下:

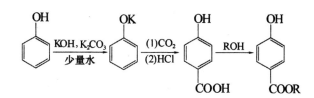

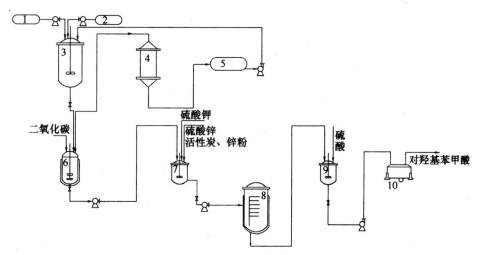

图 3-3　对羟基苯甲酸酯生产工艺流程图
1—苯酚储槽;2—氢氧化钾储槽;3—混合器;4—冷凝器;5—回收苯储槽;
6—高压釜;7—脱色槽;8—压滤器;9—沉淀槽;10—离心机

(2)生产工艺

从储槽来的苯酚在铁制混合器中与氢氧化钾、碳酸钾和少量水混合,加热生成苯酚钾,然后送到高压釜中,在真空下加热至 130℃～140℃,完全除去过剩的苯酚和水分,得到干燥的苯酚钾盐,并通入 CO_2,进入羧基化反应,开始时因反应剧烈,反应热可通过冷却水除去,后期反应减弱,需要外部加热,温度控制在 180℃～210℃,反应 6～8h。反应结束后,除去 CO_2,通入热水溶解得到对羟基苯甲酸钾溶液,溶液经木制脱色槽用活性炭和锌粉脱色,趁热用压滤器过滤后,在木制沉淀槽中用盐酸析出对羟基苯甲酸。析出的浆液经离心分离、洗涤、干燥后即得工业用对羟基苯甲酸。

再将对羟基苯甲酸、乙醇、苯和浓硫酸一次加入到酯化釜内,搅拌并加热,蒸汽通过冷凝器冷凝后进入分水层,上层苯回流入酯化釜内,当馏出液不含水时,即为酯化终点。切换冷凝液流出开关,蒸出参与反应的苯和乙醇,当反应釜内温度升至 100℃后,保持 10min 左右,当无冷凝液流出时趁热将反应液放入装有水并不断快速搅拌的清洗锅内。加入 NaOH,洗去未反应的对羟基苯甲酸。离心过滤后的结晶再回到清洗锅内用清水洗两次,移入脱色锅用乙醇加热溶解后,加入活性炭脱色,趁热进行压滤,滤液进入结晶槽结晶,结晶过液后即得产品。

3.4.4 食品防腐剂的发展趋势

基于大多数化学食品防腐剂在体内有残留、有一定的毒性和特殊气味等原因,我国对于食品防腐剂的安全问题越来越重视,能用于食品防腐剂的化学防腐剂越来越受到限制,这对食品生产、运输、储存已经产生了很大的阻碍,迫切需要研究和开发出高效、无毒的天然食品防腐剂。随着生物技术的不断发展,利用植物、动物或微生物的代谢产物等为原料,经提取、酶法转化或者发酵等技术生产的天然生物型食品防腐剂逐渐受到人们的重视,是今后我国防腐剂市场的主要方向。

现已发现许多天然产品含有防腐成分,国内外研究非常活跃,如发现一些植物精油具有防腐作用,大蒜、洋葱等的辛辣物质具有抗菌性,从一些昆虫中可以提取出具有杀菌能力的抗菌肽。目前的问题是多数抗菌性能还不强,抗菌性不广,有些纯度不够高,有异味和杂色,有些成本还太高。因此,开发高效低成本的天然食品防腐剂也是重要的研究方向。

3.5 抗氧化剂

食品的劣变常常是由于微生物的生长活动、一些酶促反应和化学反应引起的,而在食品的储藏期间所发生的化学反应中以氧化反应最为广泛。特别对于含油较多的食品来说,氧化是导致食品质量变劣的主要因素之一。油脂氧化可影响食品的风味和引起褐变,破坏维生素和蛋白质,甚至还能产生有毒有害物质。食品抗氧化剂是能阻止或推迟食品氧化,提高食品稳定性和延长食品储存期的一类食品添加剂。

3.5.1 食品抗氧化剂的分类

食品抗氧化剂按来源可分为天然和人工合成。按溶解性可分为油溶性和水溶性。油溶性的抗氧化剂主要用来抗脂肪氧化,水溶性抗氧化剂主要用于食品的防氧化、防变色和防变味等。

根据作用机理可将抗氧化剂分成两类,第一类为主抗氧化剂,是一些酚型化合物,又叫酚型抗氧化剂,它们是自由基接受体,可以延迟或抑制自动氧化的引发或停止自动氧化中自由基链的传递。食品中常用的主抗氧化剂是人工合成品,包括丁基羟基茴香醚(BHA)、丁基羟基甲苯(BHT)、没食子酸丙酯(PG)以及叔丁基氢醌(TBHQ)等。有些食品中存在的天然组分也可作为主抗氧化剂,如生育酚是通常使用的天然主抗氧化剂。第二类抗氧化剂又称为次抗氧化剂,这些抗氧化剂通过各种协同作用,减慢氧化速率,也称为协同剂,如柠檬酸、抗坏血酸、酒石酸以及卵磷脂等。

3.5.2 抗氧化剂的主要种类及其合成工艺简介

1. 常用油溶性抗氧化剂

(1)丁基羟基茴香醚

丁基羟基茴香醚,又称特丁基羟基茴香醚,简称为 BHA。它可由对羟基茴香醚和叔丁醇反应制备,反应生成物用水洗涤,然后用 10％NaOH 溶液碱洗涤,再经减压蒸馏,重结晶即得成品。

　　特丁基羟基茴香醚为白色或微黄色蜡样结晶状粉末,具有典型的酚味,当受到高热时,酚味就相当明显了。它通常是 3—BHA 和 2—BHA 两种异构体混合物。熔点为 57℃～65℃,随混合比的不同而有差异,如 3—BHA 占 95％者,熔点为 62℃。

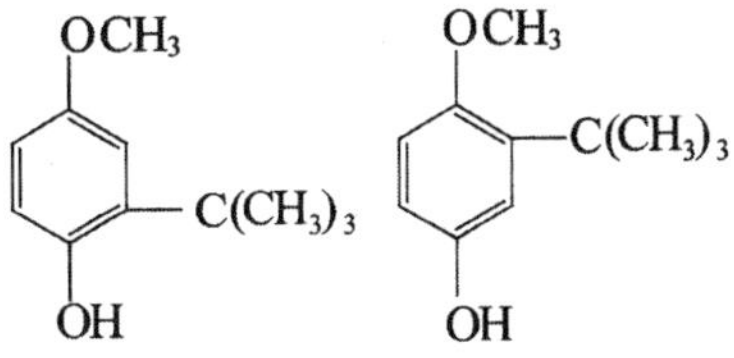

3-BHA　　　　2-BHA
特丁基羟基茴香醚

　　BHA 对热相当稳定,在弱碱性的条件下不容易破坏,这就是它在焙烤食品中仍能有效使用的原因。BHA 与金属离子作用不着色。3—BHA 的抗氧化效果比 2—BHA 强 1.5～2 倍,两者混合后有一定的协同作用,因此,含有高比例的 3—BHA 混合物,其效力几乎与纯 3—BHA 相仿,商品 BHA 中 3—BHA 大于 90％。实验证明 BHA 的抗氧化效果在低于 0.02％时随浓度的增高而增大,而超过 0.02％时,其抗氧化效果反而下降。

　　BHA 是高含油饼干中常用的抗氧化剂之一。BHA 还可延长咸干鱼类的储存期。BHA 除了具有抗氧化作用外,还具有相当强的抗菌作用。最近有报道,用 150mg/kg 的 BHA 可抑制金黄色葡萄球菌,用 280mg/kg 可阻止寄生曲霉孢子的生长,能阻碍黄曲霉毒素的生成,效果大于尼泊金酯。

　　大白鼠口服 LD_{50} 为 2900mg/kg,每日允许摄入量(ADI)暂定为 0～0.5mg/kg。食品添加剂使用卫生标准规定:以油脂量计最大使用量为 0.2g/kg。

　　(2)二丁基羟基甲苯

　　二丁基羟基甲苯,又称 2,6—二叔丁基对甲酚,简称为 BHT。BHT 以对甲酚和异丁醇为原料,用硫酸、磷酸为催化剂,在加压下反应而制得。

　　BHT 为白色结晶或结晶性粉末,无味,无臭,熔点 69.5℃～70.5℃(其纯品为 69.7℃),沸点为 265℃,不溶于水及甘油,能溶于有机溶剂。性质类似 BHA,对热稳定,与金属离子不反应着色;具有升华性,加热时能与水蒸气一起挥发;抗氧化作用较强,耐热性较好,普通烹调温度对其影响不大。用于长期保存的食品与焙烤食品效果较好。价格只有 BHA 的 1/5～1/8,为我国主要使用的合成抗氧化剂品种。

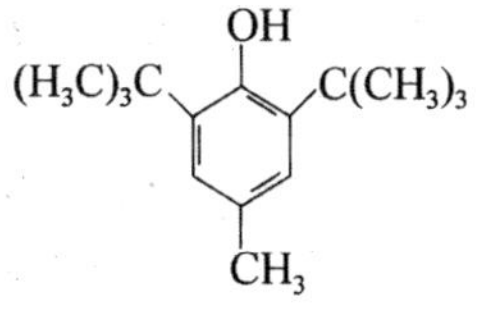

二叔丁基对甲酚

　　大白鼠经口 LD_{50} 为 1.70～1.97g/kg,食品添加剂卫生使用标准规定最大使用量和 BHA 相同,为 0.2g/kg。可用于油脂、油炸食品、干鱼制品、饼干、速煮面、干制品、罐头中。一般多和 BHA 混用并可以柠檬酸等有机酸作为增效剂,如在植物油的抗氧化中使用的配比为: BHT:BHA:柠檬酸=2:2:1。报道称 BHT 具有促进鼠肺癌作用,日本等国不用 BHT。

(3)没食子酸丙酯

没食子酸丙酯又称倍酸丙酯,简称 PG。用没食子酸与正丙醇,以硫酸为催化剂,加热至 120℃,酯化而制得。

纯品为白色至淡褐色的针状结晶,无臭,稍有苦味,易溶于乙醇、丙酮、乙醚,难溶于水、脂肪、氯仿。其水溶液有微苦味,pH 值约为 5.5 左右,对热比较稳定,无水物熔点为 146℃～150℃。易与铜、铁等离子反应显紫色或暗绿色,潮湿和光线均能促进其分解。

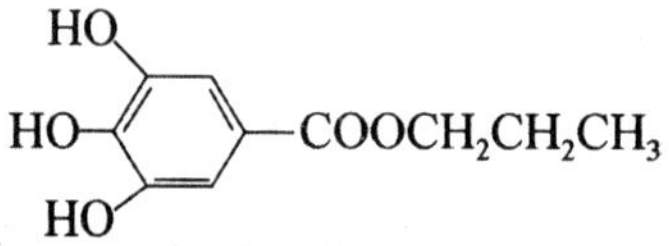

$$HO-, HO-, HO- \quad —COOCH_2CH_2CH_3$$

没食子酸丙酯

没食子酸丙酯对猪油抗氧化作用较 BHA 和 BHT 都强些。没食子酸丙酯加增效剂柠檬酸后使抗氧化作用更强,但不如没食子酸丙酯与 BHA 和 BHT 混合使用时的抗氧化作用强,混合使用时,再添加增效剂柠檬酸则抗氧化作用最好,但在含油面制品中抗氧化效果不如 BHA 和 BHT。

虽然 PG 在防止脂肪氧化上是非常有效的,然而它难溶于脂肪给它的使用带来了麻烦。如果食品体系中存在着水相,那么 PG 将分配至水相,使它的效力下降。此外,如果体系含有水溶性铁盐,那么加入 PG 会产生蓝黑色。因此,食品工业已很少使用 PG 而优先使用 BHA、BHT 和 TBHQ。

(4)生育酚混合浓缩物

生育酚是自然界分布最广的一种抗氧化剂,它是植物油的主抗氧化剂。生育酚有 8 种结构,都是母生育酚甲基取代物。

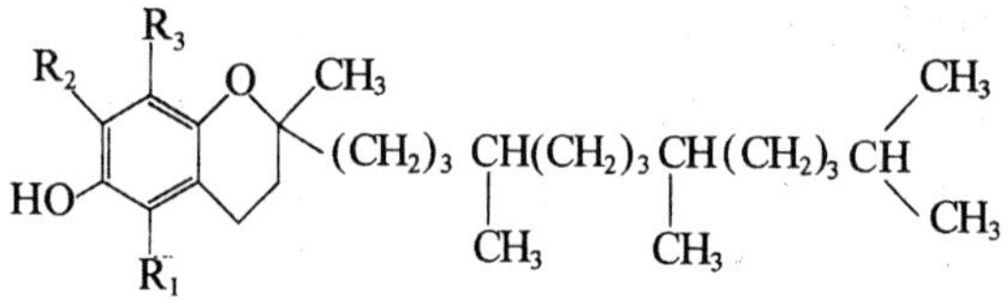

生育酚结构

已知的天然维生素 E 有 α—型(R_1、R_2、R_3＝CH_3)、β—型(R_1、R_3＝CH_3,R_2＝H)、γ—型(R_2、R_3＝CH_3,R_1＝H)、δ—型(R_1、R_2＝H,R_3＝CH_3)等七种同分异构体,作为抗氧化剂使用的是它们的混合浓缩物。生育酚存在于小麦胚芽油、大豆油、米糠油等的不可皂化物中,工业上用冷苯处理再除去沉淀,再加乙醇除去沉淀,然后经真空蒸馏制得。

生育酚混合物为黄至褐色、几乎无臭的透明黏稠液体,相对密度 0.932～0.955,溶于乙醇,不溶于水,可与油脂任意混合。对热稳定。因所用原料油与加工方法不同,成品中生育酚总浓度和组成也不一样。品质较纯的生育酚浓缩物含生育酚的总量可达 80% 以上。以大豆油为原料的产品,其生育酚组成比大致为 α—型 10%～20%,γ—型 40%～60%,δ—型 25%～

40%。不同组分抗氧化强弱的顺序为 α—型、β—型、γ—型、δ—型依次增强,但作为维生素 E 的生理作用则以 α—生育酚为最强。

在一般情况下,生育酚对动物油脂的抗氧化效果比对植物油的效果好。有关猪油的实验表明,生育酚的抗氧化效果几乎与 BHA 相同。

(5)叔丁基对苯二酚

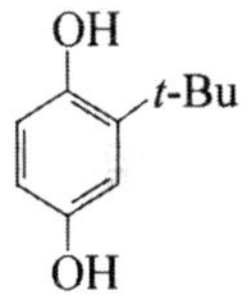

叔丁基对苯二酚

叔丁基对苯二酚简称 TBHQ。

1972 年美国批准使用,1992 年我国批准使用。TBHQ 为白色结晶,较易溶于油,微溶于水,溶于乙醇、乙醚等有机溶剂,热稳定性较好,熔点 126～128℃,抗氧化性强。虽然 BHA 或 BHT 对防止动物脂肪的氧化是有效的,但是对于防止植物油的氧化效果较差。然而,TBHQ 似乎是个例外,在植物油中的抗氧化效果比 BHA、BHT 强 3～6 倍。它在这些高度不饱和油脂的抗氧化上比 PG 有更好的性能,此外在铁离子存在时也不会产生不良颜色。在油炸马铃薯片中使用,能保持良好的持久性。TBHQ 还具有抑菌作用,500mg/kg 可明显抑制黄曲霉毒素的产生。

食品添加剂卫生使用标准 GB2760(0.4.007)增补品种规定:TBHQ 可用于食用油脂、油炸食品、干鱼制品、方便面、速煮米、干果罐头、腌制肉制品中,最大用量为 0.28g/kg。

2. 常用水溶性抗氧化剂

(1)L—抗坏血酸及其钠盐

L—抗坏血酸,又称维生素 C,它可由葡萄糖合成,它的水溶液受热、遇光后易破坏,特别是在碱性及重金属存在时更能促进其破坏,因此,在使用时必须注意避免与金属和空气接触。

抗坏血酸常用作啤酒、无醇饮料、果汁等的抗氧化剂,可以防止褪色、变色、风味变劣和其他由氧化而引起质量问题。这是由于它能与氧结合而作为食品除氧剂,此外还有钝化金属离子的作用。正常剂量的抗坏血酸对人体无毒害作用。

抗坏血酸呈酸性,对于不适于添加酸性物质的食品,可改用抗坏血酸钠盐。例如牛奶等可采用抗坏血酸钠盐。由于成本等原因,一般用 D—异抗坏血酸作为食品的抗氧化剂,在油脂抗氧化中也用抗坏血酸的棕榈酸酯。

抗坏血酸(钠盐)工业化生产方法包括天然提取法、化学合成或半合成法两种。比较现实的是半合成法,它又分为莱氏法和两次发酵法两种。

(2)植酸

植酸大量存在于米糠、麸皮以及很多植物种子皮层中。它是肌醇的六磷酸酯,在植物中与镁、钙或钾形成盐。它主要通过水溶液萃取法、有机溶剂萃取法或植物油提取法,经干燥、粉碎、提取、过滤、浓缩、粗制、精制等步骤而得到,也可以通过超临界萃取法获得。植酸有较强的金属螯合作用,除具有抗氧化作用外,还有调节 pH 值及缓冲作用和除去金属的作用,防止罐头特别是水产罐头产生鸟粪石与变黑等作用。植酸也是一种新型的天然抗氧化剂。

植酸为淡黄色或淡褐色的黏稠液体,易溶于水、乙醇和丙酮,几乎不溶于乙醚、苯、氯仿。对热比较稳定。其毒性用50%植酸水溶液试验,对小白鼠经口服 LD_{50} 为 4.192g/kg。植酸对植物油的抗氧化效果如表3-3所示。

表 3-3　植酸对植物油的抗氧化效果

植物油种类	添加 0.01% 植酸的 POV	对照组的 POV
大豆油	1 3	64
棉籽油	14	40
花生油	0.8	270

注:POV—过氧化值。

3. 天然抗氧化剂

许多研究工作证实氨基酸和蛋白质具有抗氧化活性,然而它们都具有极性,在脂肪中溶解度有限,因此仅显示弱抗氧化活性。许多天然产物具有抗氧化作用,如粉末香辛料和其石油醚、乙醇萃取物的抗氧化能力都很强。从迷迭香得到的粗提取物呈绿色并带有强薄荷味,它的抗氧化活性组分是一种酚酸化合物,白色,无嗅无味,按0.02%的浓度使用时,有明显效果,如在以向日葵油作为热媒,油炸马铃薯片的过程中显示出良好的耐加工性质,这些活性组分也能推迟大豆油的氧化。

茶叶中含有大量酚类物质、儿茶素类(即黄烷醇类)、黄酮、黄酮醇、花色素、酚酸、多酚缩合物,其中儿茶素是主体成分,占茶多酚总量的60%~80%。从茶叶中提取的茶多酚为淡黄色液体或粉剂,略带茶香,有涩味。据报道具有很强的抗氧化和抗菌能力,按脂肪量的0.2%使用于人造奶油、植物油和烘焙食品时,抗氧化的效率相当于0.02%BHT所达到的水平。此外茶多酚还具有多种保健作用(降血脂、降胆固醇、降血压、防血栓、抗癌、抗辐射、延缓衰老等作用)。现已批准为食用抗氧化剂,在很多食品中得到应用。

加热单糖和氨基酸的混合物产生的褐变产物具有相当高的抗氧化活性。最有效的抗氧化剂形成于褐变反应的早期阶段,此时还没有生成典型的褐色色素。各种氨基酸和糖的组合所形成的褐变反应产物显示几乎相同的抗氧化活性。在防止人造奶油氧化时,还原糖和氨基酸的褐变反应产物与生育酚显示协同抗氧化效果。

已发现的天然抗氧化成分还有许多,但要应用于食品工业还有许多技术问题需要解决,如原料的易得性、提取技术改进、产品性能优化、成本的进一步降低等。

3.5.3　食品抗氧化剂的发展趋势

以天然抗氧化剂取代合成抗氧化剂是今后食品工业的发展趋势,开发实用、高效、成本低廉的天然抗氧化剂将是抗氧化剂研究的重点。对于抗氧化活性成分及其效果的研究仍有许多问题,单一活性成分的抗氧化效果往往弱于混合物,且某一成分的抗氧化效果的评价因实验方法的不同差异较大,应重视对抗氧化活性成分之间抗氧化协同作用的研究,注意到天然抗氧化成分在生物体重和食品抗氧化作用的差异。各种抗氧化剂的活性除与它本身的结构性质有关外,还应决定于它实用的底物、温度、溶解分散能力以及协同效应、增效效应等因素。因此生产具有协同作用的几种组分配合的"复合抗氧化剂"将有比较实际的意义。随着对食品安全性的重视及研究的深入,发现许多天然物质也有很强的毒性,因此,在确定使用某种天然抗氧化剂时仍要通过毒理、诱变、致癌等检验。

3.6　其他类型食品添加剂

除上述食品添加剂外,常用的食品添加剂还有保鲜剂、膨松剂、漂白剂、凝固剂、疏松剂、水分保持剂、抗结剂、被膜剂、胶姆糖基础剂、酶制剂等。

营养强化剂是为增加或强化营养成分而加入食品中的天然或人工合成的属于天然营养素范围的食品添加剂。营养强化剂主要包括氨基酸、维生素及一些无机盐类。营养强化剂的使用是为了补充食品中不全的营养成分或食品烹调、加工储存过程中损失的营养成分。在一些特殊地域或针对特殊群体也需要特别加入一些缺乏的营养素。添加的营养强化剂应易于被人体吸收、不会破坏人体营养平衡、安全,当然加入的强化剂应不影响食品的色、香、味等效果,在加工和储存的过程中性能稳定。

保鲜剂一般是用于水果、蔬菜、大米、禽蛋、禽畜肉类等的保鲜。大米保鲜剂多为杀虫剂,必须是对人畜低毒性的。现在也有采用一些可改变正常大气比例,使大米储存环境不利于虫类存活的新型保鲜剂,如活性氧化铁粉。一些具有杀菌抑菌性的物质也是常用的保鲜剂,可吸附乙烯延缓水果过熟、腐烂的吸附剂也有水果保鲜的功效。乙氧基喹(虎皮灵)可用于苹果、梨储存期间虎皮病的防治。十二烷基二甲基溴化铵、戊二醛可对水果表面消毒,利于水果保鲜。肉桂醛、仲丁胺、邻苯基苯酚(仅在水果外部使用)可用于水果的保鲜。

膨松剂是用于焙烤食品中可使食品膨松、酥脆的一类物质。主要有碳酸氢钠、硫酸铝铵、碳酸氢铵、碳酸氢钾、酒石酸钾等,这些物质加入食品中后,在焙烤时会挥发、分解、产生气体,使面胚发起,达到膨松效果。

漂白剂主要有二氧化硫、焦亚硫酸盐、亚硫酸盐、硫黄、过氧化苯甲酰等。

水分保持剂可保持食品的水分,使产品有弹性和松软。主要有磷酸盐和多磷酸盐。

抗结剂是用来防止颗粒或粉状食品聚集结块,保持食品的松散性。多为有强吸水性、吸油性的细微颗粒,如硅铝酸钠、二氧化硅、磷酸三钙等。

胶姆糖基础剂是为胶姆糖增塑、使其耐咀嚼而添加的天然或合成的橡胶类高分子物质,主要有聚乙酸乙烯酯、丁苯橡胶等。

第4章 胶黏剂

4.1 胶黏剂概述

4.1.1 胶黏剂的发展

胶黏剂是一种靠界面作用(化学力或物理力)把各种固体材料牢固地粘接在一起的物质,又叫粘接剂或胶合剂,简称"胶"。

20世纪初,从美国人发明酚醛树脂开始,胶黏剂和粘接技术进入了一个崭新的发展时期。

早年使用的胶黏剂基本上属于天然胶黏剂。20世纪20年代,出现了天然橡胶加工的压敏胶,并制成醇酸树脂胶黏剂。30年代,生产出了以合成高分子材料为主要成分的新型胶黏剂,如脲醛树脂胶、酚醛—缩醛胶等。40年代,瑞士发明了双酚A型环氧树脂,美国出现了有机硅树脂等。50年代,美国试制了第一代厌氧型胶黏剂和氰基丙烯酸酯型瞬干胶。到了60年代,醋酸乙烯型热熔胶、脂环族环氧树脂、聚酰亚胺、聚苯并咪唑、聚二苯醚等新型材料相继问世,使胶黏剂品种的研究达到高峰,粘接理论也得到了迅速发展。世界胶黏剂品种已达到5000多个,产量现已达到1000万吨以上,美国、俄罗斯、日本和德国占总产量的85%,其中天然胶黏剂、一般合成胶黏剂在产量上占90%,特种胶黏剂和密封胶占10%。

中国现有产品牌号1000多种,年生产30多万吨,相比于发达国家而言,无论在产品品种、产量等方面,还是在质量、性能等方面,都有很大差距。因此,如何赶超发达国家,满足国民经济和人民生活的需要,是我们当前的首要任务。

胶黏剂相比于传统的电焊、铆接等传统连接方式,它由于具有一些独特的优点,因而得以广泛应用。

(1)轻质性,比焊、铆、螺栓等连接使物体增重小

胶黏剂的相对密度较小,大多在0.9~2之间,约是金属或无机材料密度的20%~25%,因而可以大大减轻被粘物体连接材的重量。这在航天、航空、导弹上,甚至汽车、航海上,都有减轻自重、节省能源的重要价值。

(2)力学性能优越

相对于螺栓连接、铆接、焊接,胶粘连接是一种非破坏性连接技术,胶粘面积大,粘接界面整体承受负荷而提高负载能力,耐疲劳强度高,延长了使用寿命,对于飞行器等运载工具来说,所获得的经济效益十分明显。应力分布均匀,可避免因螺钉孔、铆钉孔和焊缝周围的应力集中所引起的疲劳龟裂。

(3)工艺便易

焊接、铆接、键连接都需要多道工序,粘接可一次完成,可降低成本,缩短工期。不要求较高的加工精度,对复杂零件可分别加工、胶粘组装,适应各种复杂构件,给中形状表面的胶接。

可在水下粘接,也可在带油表面上粘接。

(4)可赋予被黏物体以特殊的性能

如电容器、印刷线路、电动机、电阻器等的黏合面具有电绝缘性能。

(5)可实现不同种类或不同形状材料之间的连接,尤其是薄片材料

即使是极小、极脆的零件,都能胶接,这是其他连接方法所无法相比的。又如印刷电路板的金属箔与基体连接,除用胶接外,另无其他连接方法。

(6)其他性能方面

连接件重量轻和外形光滑,具有较好的密封性,光滑的表面,可以节省密封部件,不存在电位差导致的电化学腐蚀,增加了结构抗腐蚀性,较好的耐水、耐热、耐化学药品腐蚀的特性,还可防锈、绝缘等,延长使用寿命。

当然,胶黏剂也存在一些缺点:

①耐候性差。在空气、日光、风雨、冷热等气候条件下,会产生老化现象,影响使用寿命,并且导热、导电性能不良。

②与机械物理连接法相比,溶剂型胶黏剂的溶剂易挥发,而且某些胶黏剂易燃、有毒,会对环境和人体产生危害。

③胶接的不均匀扯离和剥离强度低,容易在接头边缘首先破坏。

④胶接质量因受多种因素的影响,不够稳定,而且对于黏接技术尚无良好的无损检验方法。

4.1.2 胶黏剂的组成与分类

1.胶黏剂的组成

一般来说,构成胶黏剂的组成并不是单一的,除了使两被粘接物质结合在一起时起主要作用的黏料之外,为了满足特定的要求,通常都需加入各种配合剂。

(1)基料

基料也称黏料,是使两被粘物结合在一起时起主要作用的物质。是起粘接作用的主要物质,它可以是天然产物,也可以是人工合成的高聚物,可以是有机物,也可以是无机物。作为胶黏剂的基料首先要对被粘物体有良好的润湿性能,以便均匀涂胶,其次应具有优良的综合力学性能,还要有良好的环境性能,保证胶层在各种外界条件下能保持良好的粘接强度。基料一般是固体或黏稠的液体。

常用的基料按其结构可分为树脂型聚合物、橡胶型、无机物三大类。

树脂型聚合物主要有聚乙烯(PE)、聚丙烯(PP)、聚苯乙烯(PS)、聚氯乙烯(PVC)、氯乙烯—偏氯乙烯共聚物、聚丙烯酸酯、聚醋酸乙烯酯、丙烯腈丁二烯苯乙烯(ABS)树脂等。橡胶类一般有氯丁橡胶、丁腈橡胶、乙丙橡胶、丁基橡胶等合成橡胶和天然橡胶。

(2)填料

填料是一种不和主体材料作用,但可改变其性能、降低成本的固体物质。填料通常可起多种作用,如减少线膨胀系数和收缩率,提高导电性,提高胶层形状的稳定性,增加耐热性和机械强度,改变胶液的流动性和调节黏度等。

填料的种类很多。只要不含水和结晶水、中性或弱碱性、不与固化剂或其他组分起不良作

用的有机物、无机物、金属或非金属粉末都可以作为填料。

（3）辅助材料

为了确保胶黏剂粘接性能好，有良好的储存、使用性，一般需在基料中添加一定的辅助材料。胶黏剂的辅助材料主要包括溶剂、增塑剂、偶联剂、固化剂、促进剂、防老剂、阻聚剂、填料、引发剂、增稠剂、稳定剂、络合剂、乳化剂、防霉剂、阻燃剂、分散剂等。

①溶剂。由于胶黏剂的基料一般是固体或黏稠的液体，故不易施工，再加入溶剂后便可提高胶黏剂的润湿能力、提高胶液的流平性，方便施工，提高粘接强度。溶剂的极性应与基料的极性相适应，遵守溶解度参数相近原则，溶剂和基料的溶解度的差值不能大于1.5。溶剂的挥发性还要适当，不能太快或太慢。当然还要考虑溶剂的毒性、成本。主要有脂肪烃、环烷烃、芳香烃、卤代烃、醇类、醚类、酮类、酯类、酰胺类、砜类等。

②增塑剂。增塑剂主要是减弱分子间力，使胶黏剂的刚性下降，提高胶黏剂的韧性和耐寒性，极性也要和基料接近，增塑剂通常是高沸点的液体，一般不与高聚物发生反应。常用的增塑剂有邻苯二甲酸酯、磷酸酯和己二酸酯等。

③增韧剂。增韧剂能改进胶黏剂的脆性，提高胶层的抗冲击强度和伸长率，改善胶黏剂的抗剪强度、剥离强度、低温性能和柔韧性等。一般，增韧剂是一种单官能团或多官能团的化合物，能与胶料反应成为固化体系的一部分结构。

④偶联剂。偶联剂也称增黏剂，为分子两端含有性质不同基团的化合物，两端基团可分别与胶黏剂分子和被粘物反应，起"架桥"作用以提高黏结强度，这样提高难粘或不粘的两个表面黏合能力，增加胶层与胶接表面抗脱落和抗剥离，提高接头的耐环境性能。

常用的偶联剂有硅烷偶联剂、钛酸酯偶联剂等，其中硅烷偶联剂使用最多。在实际应用中具体施工时，使用偶联剂的方式有两种：一种将偶联剂配成1％～2％的乙醇液，喷涂在被粘物的表面，待乙醇自然挥发或擦干后即可涂胶；另一种是直接将1％～5％的偶联剂加到基体中去。

⑤固化剂及促进剂。固化剂是胶黏剂中最主要的配合材料，它直接或者通过催化剂与主体聚合物反应，固化结果是把固化剂分子引进树脂中，使分子间距离、形态、热稳定性、化学稳定性等都发生明显的变化，使树脂由热塑型转变为网状结构。促进剂是一种主要的配合剂，它可加速胶黏剂中主体聚合物与固化剂的反应，缩短固化时间、降低固化温度。

⑥稀释剂。稀释剂用于降低胶黏剂的黏度，增加流动性和渗透性。分非活性和活性稀释剂。非活性稀释剂一般为有机溶剂，如丙酮、环己酮、甲苯、二甲苯、正丁醇等。活性稀释剂是能参加固化反应的稀释剂，分子端基带有活性基团，如环氧丙烷苯基醚等。

⑦防老剂和引发剂。防老剂能够使得胶黏剂的使用寿命延长，提高其耐久性，避免胶层过快老化。引发剂是在一定条件下能分解产生自由基的物质，主要有过氧化二苯甲酰、过氧化环己酮、过氧化异丙苯等。

⑧阻聚剂和稳定剂。阻聚剂和稳定剂主要是阻止和延缓胶黏剂中的基料在储存过程中自行交联，提高胶黏剂的储存稳定性。常用的有对苯二酚。

⑨其他辅助材料。根据需要胶黏剂可能还需加入增稠剂、络合剂、乳化剂、防霉剂、阻燃剂等其他辅助性材料。不同的胶黏剂所要求加入的辅助材料不同，有些助剂可少加或不加，应视具体情况而定。

2. 胶黏剂分类

胶黏剂品种繁多,目前还没有统一的分类方法,为了便于研究和应用,可以大致总结中以下几个方面分类。

(1)根据基料分类

以无机化合物为基料的称无机胶黏剂,以聚合物为基料的称有机胶黏剂,有机胶黏剂又分为天然胶黏剂与合成胶黏剂两大类。具体可参见表 4-1 所示。

表 4-1 根据基料分类胶黏剂

无机胶黏剂	磷酸盐类		磷酸—氧化铜等
	硅酸盐类		水玻璃、硅酸盐水泥等
	硫酸盐类		石膏等
	硼酸盐类		熔接玻璃等
	陶瓷类		氧化铝、氧化锆等
	低熔点金属类		锡、铅等
有机胶黏剂	天然胶黏剂	动物胶	皮胶、骨胶、虫胶、酪素胶、血蛋白胶、鱼胶等
		植物胶	淀粉、糊精、松香、阿拉伯树胶、天然树脂胶、天然橡胶等
		矿物胶	矿物蜡、沥青等
	合成胶黏剂	合成树脂型 热塑性	纤维素酯、烯类聚合物、聚酯、聚醚、聚酰胺、聚丙烯酸酯、α-氰基丙烯酸酯、聚乙烯醇缩醛、乙烯—醋酸乙烯共聚物等
		合成树脂型 热固性	环氧树脂、酚醛树脂、脲醛树脂、呋喃树脂、环氧酸树脂、不饱和聚酯、聚酰亚胺、聚苯并咪唑、三聚氰胺—甲醛树脂、酚醛—聚乙烯醇缩醛、酚醛—聚酰胺、酚醛—环氧树脂、环氧—聚酰胺、有机硅树脂等
		合成橡胶型	氯丁橡胶、丁苯橡胶、丁基橡胶、丁腈橡胶、异戊橡胶、聚硫橡胶、聚氨酯橡胶、氯磺化聚乙烯弹性体、硅橡胶等
		复合型	酚醛—丁腈胶、酚醛—氯丁胶、酚醛—聚氨酯胶、环氧—丁腈胶、环氧—聚硫胶等

(2)根据用途分类

胶黏剂按用途分,可分为结构胶、非结构胶以及专门用于木材、金属、塑料、纤维、橡胶、建筑、玻璃、汽车车辆、电气和电子工业、生物体和医疗等部门的特种胶黏剂。

①非结构胶黏剂是适用于非受力结构件胶接。

②特种胶黏剂是供某些特殊场合应用的胶黏剂,用以提供独特的用途。

③结构胶黏剂是用于受力结构件胶接,并能长期承受较大动、静负荷的胶黏剂。

此外,近年来,又出现了无污染胶黏剂等胶黏剂新品种。

(3)根据物理形态分类

根据胶黏剂外观上的差异,人们常将胶黏剂分为以下五种类型。

①溶液型。合成树脂或橡胶在适当的溶剂中配成有一定黏度的溶液,目前大部分胶黏剂

是这一形式。

②乳液型。合成树脂或橡胶分散于水中,形成水溶液或乳液。这类胶黏剂由于不存在污染问题,所以发展较快。

③膏状或糊状型。这是将合成树脂或橡胶配成易挥发的高黏度的胶黏剂。主要用于密封和嵌缝等方面。

④膜状型。将胶黏剂涂布于各种基材(纸、布等)上,呈薄膜状胶带,或直接将合成树脂或橡胶制成薄膜使用。

⑤固体型。一般是将热塑性合成树脂或橡胶制成粒状、块状或带状形式,加热时熔融可以涂布,冷却后固化,也称热熔胶。这类胶黏剂的应用范围广泛,常用在道路标志、奶瓶封口或衣领衬里等。

(4)根据应用方法分类

如表 4-2 所示是根据应用方法的不同来分类胶黏剂。

表 4-2　根据应用方法分类胶黏剂

	溶剂挥发型	胶水、硝酸纤维素等
室温固化型	潮气固化型	聚氰基丙烯酸酯等
	厌氧型	丙烯酸聚醚等
	加固化剂型	环氧树脂等
热固性		聚氨酯等
热熔性		聚酯、聚酰胺等
	接触压胶泥型	氯丁橡胶等
压敏型	自粘(冷粘)型	橡胶胶乳类等
	缓粘(热粘)型、	加热起粘接的胶黏带等
	永粘型	玻璃纸胶黏带等
再湿型	水基型	涂布糊精等
	溶剂型	涂布酚醛等

4.1.3　胶黏剂的应用

我国合成胶黏剂生产企业比较分散,有2000多家,并有数百家专门生产通用品种如聚醋酸乙烯胶黏剂、聚丙烯酸树脂胶黏剂等。目前,胶黏剂已经广泛地应用于各行各业,例如,木材加工、汽车制造、制鞋与皮革、医用及航空航天等领域。

1. 木材加工

木材加工行业是胶黏剂市场的消费大户,每年耗胶300多万吨,用于中密度纤维板、石膏板、胶合板和刨花板等。国内木材胶黏剂的使用主要是人造板制造和木制品生产两大领域,目前我国木材胶黏剂主要以"三醛"胶——脲醛树脂(UF)胶、酚醛树脂(PF)胶和三聚氰胺—甲醛树脂(MF)胶为主。

近年来由于人们对室内环境要求的提高,木材胶黏剂品种应加速更新换代,向水性化、固体化、无溶剂化、低毒化方向发展。其中,聚醋酸乙烯酯乳液主要是改进抗冻性和低温成膜性能,提高耐水性,醛胶主要向低甲醛、高耐水方向发展。酚醛树脂胶主要向快速固化和降低成本方向发展。

2. 建筑用胶

建筑用胶黏剂主要用于建筑工程装饰、密封或结构之间的黏接,例如,门、窗及装配式房屋预制件的连接处。随着高层建筑、室内装饰的发展,建筑用胶黏剂用量急剧增加。高档密封胶黏剂为有机硅及聚氨酯胶黏剂,中档的为氯丁橡胶类胶黏剂、聚丙烯酸等。在我国的建筑用胶黏剂市场上,有机硅胶黏剂、聚氨酯密封胶黏剂应是今后发展的方向,目前其占据建筑密封胶黏剂的销售量为 30％ 左右。

3. 制鞋工业

我国是世界产鞋大国,国内鞋总产量在 25 亿～30 亿双左右,如按每双用胶 40g,耗胶约需 100～120kt。目前,含有大量苯、甲苯、二甲苯等苯系溶剂的氯丁胶黏剂占据我国制鞋业所需胶黏剂的大部分市场,聚氨酯胶和热熔胶因为价格贵,只有少数独资、合资企业使用。进入 21 世纪,我国的制鞋业已成为重要的出口加工行业,高档产品主要外销欧美,因而,顺应欧美市场要求,开发"绿色"环保鞋用胶,在我国发展空间巨大。

4. 包装用胶

包装用胶黏剂主要是用于制作压敏胶带与压敏标签,对纸、塑料、金属等包装材料表面进行黏合。纸的包装材料用胶黏剂为聚醋酸乙烯乳液。塑料与金属包装材料用胶黏剂为聚丙烯酸乳液、VAE 乳液、聚氨酯胶黏剂及氰基丙烯酸酯胶黏剂。

5. 汽车产业

汽车胶黏剂密封胶是汽车生产所需的一类重要辅助材料,这类材料的应用在汽车产品的结构增强、紧固防松、密封防锈、减振降噪、隔热消音和内外装饰以及简化制造工艺等方面起着特殊的作用。通常可将汽车胶黏剂分为四种,即车体用、车内装饰用、挡风玻璃用以及车体底盘用胶黏剂。

随着汽车向轻量化、高速节能、安全舒适、低成本、长寿命和无公害方向发展,目前国内车用胶黏剂产品已经从比较落后、品种单一、需大量进口高品质、高性能胶黏剂,向着高性能、多品种、系列化和专业化方向发展,无论是品种还是技术含量均已接近世界先进水平。

6. 电子工业

电子用胶黏剂的消耗量较少,目前每年不到 1 万吨,大部分用于集成电路及电子产品,现主要用环氧树脂、不饱和聚酯树脂、有机硅胶黏剂。用于 $5\mu m$ 厚电子元件的封端胶黏剂可以自己供给,但 $3\mu m$ 厚电子元件用胶黏剂需从国外进口。

7. 医业用胶

胶黏剂在医学临床中也有十分重要的作用。在外科手术中,切口胶黏剂代替缝线可用于某些器官和组织的局部粘合和修补,其优点是方便、快捷,不用拆线,伤口愈合后瘢痕很小。骨水泥可用于骨科手术中骨骼、关节的结合与定位,牙科用胶黏剂在齿科手术中可用于牙齿的修补。在计划生育领域中,医用胶黏剂更有其他方法无可比拟的优越性,用胶黏剂粘堵输精管或输卵管,既简便、无痛苦,又无副作用,必要时还可以很方便地重新疏通。

8. 航空航天领域

航空航天领域中诸多用到胶黏剂之处,例如,飞机制造业,为减轻飞机自身的重量,大量使用铝合金。铝合金具有轻质、高强度的特点,但不能焊接,在关键部件上也不能铆接和螺接,于是胶接应运而生。目前我国的结构胶黏剂特别是耐高温结构胶黏剂的研制也取得了质的飞跃,已基本满足我国航空、航天和高新技术发展的要求。在卫星或其他在轨飞行器中,要求所采用的胶黏剂具有耐高低温交变和挥发分小等特点,通常多采用改性的环氧酚醛型结构胶。在运载火箭中,燃料箱的密封要求所用的胶黏剂在 $-253℃$ 时具有良好的强度和韧性,常用聚氨酯(PU)类或改性 EP 类低温胶黏剂。

4.2　粘接的基本原理

粘接是一个非常复杂的物理、化学过程。粘接作用发生在需要连接的相互接触的界面间,所以首先胶黏剂必须能充分润湿被粘表面,同时胶黏剂和被粘物体之间要有足够的黏合力。有关粘接的理论说法各异,一般认为主要是以下几种理论。

(1)机械理论

机械理论是最早提出的粘接理论,这种理论认为对于多孔材质的被粘物体,在粘接过程中,胶黏剂渗透到被粘物体的表面的空隙中,经过固化,产生机械键合。一般有钉键作用、勾键作用、根键作用和榫键作用。

在粘接过程中,由于胶黏剂渗透到被粘物的直筒形孔隙中,固化后形成很多聚合物钉子,使胶黏剂与被粘物之间产生很大摩擦力而增加彼此之间的黏合力,这种现象称"钉键"。

在被粘物表面孔隙中,有许多是呈勾状的,当渗入其中的胶黏剂固化后,形成许多聚合物勾称为"勾键"。

胶黏剂与被粘物孔隙就像树根一样牢固的结合力,称为"根键"。

胶黏剂渗入被粘物孔隙形成许多具有发散锥形聚合物榫面,将被粘物牢牢紧固,称为"榫键"。

机械理论认为粘接是简单的机械嵌定,它无法解释致密被粘物如玻璃、金属等的粘接。

(2)吸附理论

吸附理论认为粘接是与吸附现象类似的表面过程。吸附理论认为胶黏剂分子充分地润湿被粘物表面,并且与之良好接触,分子间的距离小于 50nm 时,两种分子之间发生相互吸引作用,并最终趋于平衡,这种界面间的相互作用力主要是范德华力,这种分子间力不但有物理吸附,也有时存在化学吸附,正是这种吸附力产生了胶接。

表面张力小的物质易于润湿表面能高的物质表面,所以为了使被粘物表面易被润湿,一般涂胶前要很好地清洗处理被粘物表面,除去表面张力小的油污等污垢,并用物理或化学的方法处理被粘物表面,提高其表面能。另一方面,可向胶黏剂中加入可降低表面张力的物质如表面活性剂等,提高胶黏剂的润湿性,可以提高粘接的效果。

吸附理论是被广泛接受的一种粘接理论,但对有些粘接现象也无法做出合适的解释,如非极性聚合物之间的粘接。

(3)扩散理论

扩散理论又称为分子渗透理论。该理论认为,聚合物之间的粘接是由扩散作用形成的,即两聚合物端头或链节相互扩散,从而导致界面的消失和过渡区的产生。胶黏剂和被粘物两者的溶解度参数越接近,粘接温度越高,时间越长,其扩散作用也越强,由扩散作用导致的粘接力也越高。聚合物之间的粘接最适合用这种理论解释,但不能解释聚合物与金属之间的粘接。

(4)静电(双电层)理论

该理论认为胶黏剂与被粘材料接触时,在界面两侧会形成双电层,从而产生静电引力而产生粘接。聚合物与金属胶接时,适用该理论。

此外还有化学键理论,认为胶黏剂分子与被粘物表面通过化学反应形成化学键合而产生较高强度的粘接。当胶黏剂分子存在电子对,而被粘物分子又可提供空轨道,这时就认为粘接是通过配位键力结合,用环氧树脂胶粘接金属时适用这种配位键理论。

通常粘接的过程中,不会是只有某单一粘接作用,大多是两种甚至多种粘接作用的共同作用结果。

4.3　胶黏剂的原料及配方设计原则

4.3.1　胶黏剂的原料

胶黏剂通常由几种材料配置而成,这些材料按其作用不同,一般分为主体材料和辅助材料两大类。主体材料是在胶黏剂中起粘接作用并赋予胶层一定力学强度的物质,如各种树脂、橡胶、淀粉、蛋白质、磷酸盐、硅酸盐等。辅助材料是胶黏剂中用以改善主体材料性能或为便于施工而加入的物质。常用的有固化剂、增塑剂与增韧剂、稀释剂和溶剂、偶联剂、填料等。

1.胶黏剂的主体材料

在胶黏剂的配方中,主体材料是使两被粘物体结合在一起时起主要作用的成分。胶黏剂的性能如何,主要与主体材料有关。主体材料也称基料,基料应是具有流动性的液态化合物或能在溶剂、热、压力的作用下具有流动性的化合物。用作基料的物质有天然高分子物质、无机化合物、合成高分子化合物。

合成胶黏剂的主体材料大多数为有机高聚物,可以分为热塑性树脂、热固性树脂和合成橡胶三大类,一般来说,热塑性树脂为线性分子,遇热软化或熔融,冷却后又固化,这一过程可以反复转变,对其性能影响不大,溶解性能也较好,具有弹性。热固性树脂是具有三向交联结构的聚合物,它具有耐性好、耐水、耐介质蠕变低等优点。而合成橡胶则内聚强度较低,耐热性不高,但具有优良的弹性,适于柔软或膨胀系数相差悬殊的材料。

用作基料的无机化合物主要是作为无机胶黏剂的主体材料,主要有硅酸盐、磷酸盐、硫酸盐、硼酸盐、氧化物等,它们性脆,但有耐高温、不燃烧等特点,最高甚至可耐 3000℃高温,这是任何有机基料的胶黏剂都无法比拟的。

2. 常用的辅助材料

（1）固化剂

胶黏剂必须在流动状态涂布并浸润被粘物表面，然后通过适当的方式使其成为固体，这个过程称为固化。固化可以是物理过程或化学过程。胶黏剂中直接参与化学反应，使原来是热塑性的线型聚合物变为坚韧和坚硬的网状或体型结构的成分称为固化剂。固化剂使多官能团的单体三向交联，使胶黏剂固化。对某些胶黏剂（如环氧树脂胶）来说，固化剂是必不可少的组分。在固化过程中，往往还加入能加快固化反应的促进剂，常用的固化剂有胺类、有机酸酐和分子筛等。

（2）增塑剂与增韧剂

树脂固化后往往性脆，加入增塑剂和增韧剂后，可以提高冲击韧性，改善胶黏剂的流动性、耐寒性、耐震动性等，也可提高胶层的抗冲击强度和伸长率，降低其开裂程度，但由于它们的加入，会使胶黏剂的抗剪切强度和耐热性等有所降低。

增塑剂（非活性增韧剂）一般为高沸点液体，有良好的混溶性，不参与胶黏剂的固化反应，如邻苯二甲酸酯、磷酸三苯酯等。增韧剂（活性增韧剂）是一种单官能团或多官能团的化合物，能与基料起反应并进入固化产物最终形成的大分子键结构中。它们大都是黏稠液体，常用的有聚硫橡胶、不饱和聚酯树脂，丁腈橡胶、低分子聚酰胺树脂等，它们可提高固化产物的韧性，也可作为环氧树脂的固化剂。

（3）稀释剂和溶剂

加入稀释剂的主要目的是降低黏度以便于涂布施工，同时能延长胶黏剂的使用寿命，稀释剂可以分为非活性稀释剂（又称溶剂，如甲苯、丙酮、丁醇等）和活性稀释剂两类，后者能参与固化反应，因而克服了因溶剂挥发不彻底而使粘接强度下降的缺点，活性稀释剂多用于环氧树脂胶黏剂中，如501（环氧丙烷丁醚）、600（二缩水甘油醚）等，加入此种稀释剂，固化剂的用量应增大。非活性稀释剂多用于橡胶、聚酯、酚醛、环氧等类型的胶黏剂中。一般情况下粘接强度随稀释剂用量的增加而下降。

能溶解其他物质的成分称为溶剂。溶剂在橡胶型胶黏剂中用得较多，在其他类型的胶黏剂中用得较少。它与非活性稀释剂的作用相同，主要的作用是降低胶黏剂的黏度，便于施工。

（4）偶联剂

在粘接过程中，为了使在胶黏剂和被粘物之间形成一层牢固的界面层，使原来直接不粘或难粘的材料之间通过这一界面层使其黏结力提高，这一界面层的成分称为偶联剂。偶联剂为分子两端含有性质不同的基团化合物，两端基团可以分别与胶黏剂分子和被粘物结合，起"架桥"作用以提高粘接强度，这样可提高难粘或不粘的两个表面的黏合能力，例如用胶黏剂（有机物）粘接金属、陶瓷、玻璃等材料（无机物）时，偶联剂的作用是使其分子一端的活性基团（如烷氧基、卤素等）与被粘无机物表面形成化学键，而分子另一端活性基团（如氨基等）与胶黏剂分子（如环氧树脂的环氧基）形成化学键，这样就大大增加了它们之间的黏合力。

（5）填料

填料是一种并不和主体材料作用，但可以改变性能、降低成本的固体物质。填料可以起很多作用，例如起增稠作用，降低收缩应力和热应力，提高胶黏剂的力学性能、介电性能（主要是电击穿强度）等。填料的种类很多，常用的主要是无机物，如金属、金属氧化物、矿物的粉末都可以用作填料。要根据具体要求进行选择，并要考虑到填料的粒度、形状和添加量等因素。

4.3.2　胶黏剂的配方设计原则

胶黏剂一般是由基料、固化剂、稀释剂、增塑剂、填料、偶联剂、引发剂、促进剂、增稠剂、防老剂、阻聚剂、稳定剂、络合剂、乳化剂等多种成分构成的混合物。

1. 基料

黏结接头的性能主要受基料性能的影响，而基料的流变性、极性、结晶性、分子量及其分布又影响着物理机械性能。基料要根据固化条件及使用要求来选择，如使用的强度要求、使用的温度要求，以及能提供的固化条件等。

2. 固化剂

固化剂又称为硬化剂或熟化剂，有些场合又称为交联剂或硫化剂。选用的固化剂应满足下列要求：

①固化剂最好是液体，并且无毒、无味、无色。

②固化剂与被固化物的反应应该平稳、放热少，以减少胶层的内应力。

③在高温场合使用时，固化剂应选分子中反应基团较多的固化剂。

④需要提高胶层的韧性时，应选用分子链较长的固化剂。

3. 溶剂

加入合适的溶剂可降低胶黏剂的黏度，便于施工，并增加胶黏剂的润湿能力、流平性和分子活动能力，从而提高黏结力。溶剂的选择要遵循以下几条原则。

①应选择与胶黏剂基料极性相同或相近的物质，使两者有良好的相容性，如橡胶类胶黏剂可用环烷烃、芳香烃、卤代烃；PVC 类胶黏剂可用醚类、酮类；酚醛树脂胶黏剂可用醇类、酮类、酯类等。

②选择溶剂时考虑挥发速率，溶剂挥发过快会使胶膜表面温度降低而凝结水汽，蒸发过慢需要延长晾置时间，影响施工进度。

③不宜选择毒性大的溶剂，以免对施工者、使用者造成身体伤害。

④应选择环境污染小、价格低廉、易得的溶剂。

4. 增塑剂

加入增塑剂除了可增加体系的韧性外，还可"屏散"体系中高分子化合物的极性基团，降低分子间的相互作用。选择增塑剂时要考虑它的极性、持久性、分子量和状态。加入量适宜时，可提高剪切强度和不均匀扯离强度，但若加入量过多，反而有害。

5. 填料

要根据需求选择合适的填料，如根据使用场合的需要，选择降低线膨胀系数、增加弹性模数、减少固化收缩率等的填料，选择填料时要注意避免相应的副作用，如黏度增加不利于涂布施工；丧失了透明度；容易造成气孔缺陷，降低了耐冲击性能与抗拉强度等。

6. 偶联剂

偶联剂主要有有机铬偶联剂、有机硅偶联剂和钛酸酯偶联剂。胶黏剂中常选用有机硅偶联剂,其通式为 $RSiX_3$,其中 R 为有机基团,如—C_6H_5、—$CH=CH_2$、—$CH_2CH_2CH_2NH_2$ 等,能与树脂结合;X 为可以水解的基团,如—OCH_3、—OC_2H_5、—Cl 等。

4.4 常用的胶黏剂

4.4.1 合成树脂胶黏剂

1.热塑性树脂胶黏剂

热塑性树脂胶黏剂常为一种液态胶黏剂,通过溶剂挥发、熔体冷却,有时也通过聚合反应,使之变成热塑性固体而达到粘接的目的。其机械性能、耐热性和耐化学性均比较差,但其使用方便,有较好的柔韧性,在加热时热塑性树脂胶黏剂会熔化、溶解和软化,在压力下会蠕变。由于此特点,它们一般均用于一些要求粘接强度不太高、粘接后应用条件也不十分苛刻的对象。表 4-3 列出了常用热塑性树脂胶黏剂的特性及用途。

表 4-3　常用热塑性树脂胶黏剂

胶　黏　剂	特　　性	用　　途
聚醋酸乙烯酯	无色、快速粘接,初期黏度高,但不耐碱和热,有蠕变性	木料、纸制品、书籍、无纺布、发泡聚乙烯
乙烯-醋酸乙烯酯树脂	快速粘接,蠕变性低,用途广,但低温下不能快速粘接	簿册贴边、包装封口、聚氯乙烯板
聚乙烯醇	价廉、干燥好、挠性好	纸制品、布料、纤维板
聚乙烯醇缩醛	无色、透明、有弹性、耐久,但剥离强度低	金属、安全玻璃
丙烯酸树脂	无色、挠性好、耐久,但略有臭味、耐热性低	金属、无纺布、聚氯乙烯板
聚氯乙烯	快速粘接,但溶剂有着火危险	硬质聚氯乙烯板和管
聚酰胺	剥离强度高,但不耐热和水	金属、蜂窝结构
α-氰基丙烯酸酯	室温快速粘接、用途广,但不耐久、粘接面积不宜大	机电部件
厌氧性丙烯酸双酯	隔绝空气下快速粘接、耐水、耐油,但剥离强度低	螺栓紧固、密封

根据固化机理,又可进一步将热塑性树脂胶黏剂分为:靠溶剂挥发而固化的溶剂型胶黏剂;靠分散介质挥发而凝聚固化的乳液型胶黏剂;靠熔体冷却而固化的热熔型胶黏剂;靠化学反应而快速固化的反应型胶黏剂。

衡量热塑性树脂胶黏剂特性的标志是玻璃化温度(T_g)。以 T_g 高于室温的树脂作为胶黏剂,其粘接力小,柔软性较差;而以 T_g 低于室温的树脂作为胶黏剂,粘接力高,粘接层柔软,成膜性能好。

2. 热固性树脂胶黏剂

热固性树脂胶黏剂是通过加入固化剂和加热时,液态树脂经聚合反应交联成网状结构,形成不溶、不熔的固体而达到粘接目的的合成树脂胶黏剂,其黏附性较好。热固性树脂胶具有较好的机械强度、耐热性和耐化学性;但耐冲击和弯曲性差些。它是产量最大、应用最广的一类合成胶黏剂,主要包括酚醛树脂、三聚氰胺—甲醛树脂、脲醛树脂、环氧树脂等。表 4-4 列出了常用热固性树脂胶黏剂的特性及用途。

表 4-4 常用热固性树脂胶黏剂

胶黏剂	特 性	用 途
酚醛树脂	耐热、室外耐久;但有色、有脆性,固化时需高温加热	胶合板、层压板、砂纸、砂布
间苯二酚-甲醛树脂	室温固化、室外耐久;但有色、价格高	层压材料
脲醛树脂	价格低廉;但易污染、易老化	胶合板、木材
三聚氰胺-甲醛树脂	无色、耐水、加热粘接快速,但贮存期短	胶合板、织物、纸制品
环氧树脂	室温固化、收缩率低;但剥离强度较低	金属、塑料、橡胶、水泥、木材
不饱和聚酯	室温固化、收缩率低;但接触空气难固化	水泥结构件、玻璃钢
聚氨酯	室温固化、耐低温;但受湿气影响大	金属、塑料、橡胶
芳杂环聚合物	耐 $250℃\sim500℃$;但固化工艺苛刻	高温金属结构

从表中可知,热固性树脂胶黏剂分常温固化和加热固化两种。两者固化均需较长时间,但加热可使固化时间缩短。在多数情况下用作胶黏剂组成的是预聚物和低分子量化合物,故粘接部分需要压紧。

上述胶黏剂中,以环氧树脂最具代表性。但凡含有环氧基团 $\left[-\overset{\displaystyle O}{\overset{\diagup\diagdown}{C---C}}-\right]$ 的树脂都总

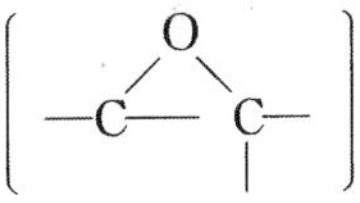

称为环氧树脂。环氧树脂由于具有羟基(—OH—)、醚基(—O—)和环氧基 $\left[\overset{}{\underset{O}{CH---CH}}\right]$

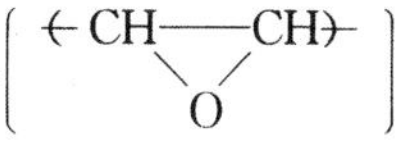

等,因此,它拥有很多优良的特性。

最简单的环氧树脂通常是用双酚 A—甘油醚代表。

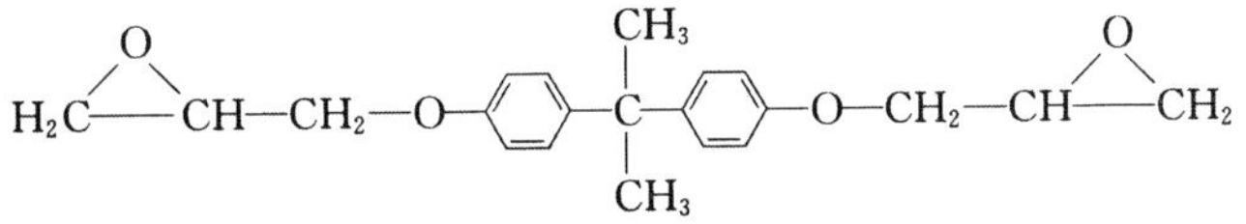

工业上应用最广的即为上式代表的液体环氧树脂。一般双酚 A 型环氧树脂的通式为:

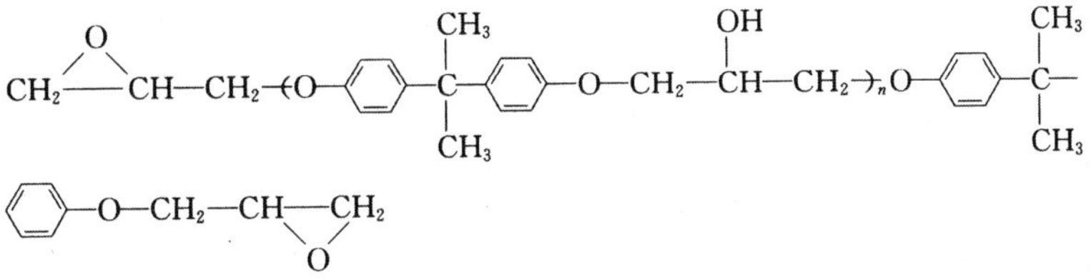

4.4.2 合成橡胶胶黏剂

橡胶黏合剂主要用途是橡胶制品的胶接以及橡胶与金属、木材、玻璃或其他材料的胶接。合成橡胶胶黏剂是一类以氯丁、丁腈、丁苯、丁基、聚硫等合成橡胶为主体材料配制成的非结构胶黏剂，是高分子胶黏剂的一个重要分支。它具有许多重要的特性，为其他高分子胶黏剂所不及。

随着合成橡胶种类和配合技术的迅速发展，橡胶黏合剂品种不断增加，质量不断提高，应用越来越广泛。目前世界上橡胶总消耗量的 5% 以上用于黏合剂。

合成橡胶特性可概述如下。

①由于橡胶具有较高强度，较高内聚力，为胶接接头提供了必要的强度和韧性。

②由于橡胶具有优良的成膜性，因此，胶黏剂的工艺性能良好。

③有良好的黏附性。胶接时只需要较低的压力或接触的压力。一般均可在常温固化。

④由于主体材料本身富有高弹性和柔韧性，因此，能赋予接头优良的挠曲性、抗震性和较低的蠕变性。适用于动态下的粘接和不同膨胀系数材料之间的黏合。

根据剂型又可将合成橡胶胶黏剂分为溶剂型、胶乳型和无溶剂型。其中，溶剂型胶黏剂工艺性能好，黏合力强，胶液稳定，但溶剂易燃、有毒。胶乳型胶黏剂不燃、无毒，但工艺性能和粘接性能均不如溶剂型胶黏剂。无溶剂型胶黏剂是以液体橡胶为主要原料制成的胶黏剂，本身就是一种黏稠的液体，经化学反应可固化成弹性体，主要用于密封胶。

溶剂型合成橡胶胶黏剂按基体大致划分为非硫化型和硫化型。非硫化型，主要是把生胶与防老、补强剂等混炼后溶于有机溶剂中制得，具有低成本，使用便易等优点，但其耐热和耐化学介质性能较差。而硫化型，则是将生胶与硫化剂、促进剂、补强剂、增黏剂等配合剂混炼后，再溶于有机溶剂而得，可进一步划分硫化型合成橡胶胶黏剂为室温硫化型和加热硫化型两种。室温硫化型合成橡胶胶黏剂制造工艺简便，不需要加热设备，节省能量，发展迅速。

根据橡胶基体的组成，合成橡胶胶黏剂又可以分为氯丁橡胶、丁腈橡胶、丁苯橡胶、聚硫橡胶和硅橡胶。表 4-5 所示为常见的合成橡胶胶黏剂的品种、特点和应用范围。

表 4-5　常见的合成橡胶胶黏剂的性能及用途

胶黏剂种类	性能					用途
	黏附性	弹性	内聚强度	耐热性	耐溶剂性	
氯丁橡胶	良	中	优	良	中	金属—橡胶、塑料、织物、皮革粘接
丁腈橡胶	中	中	中	优	良	金属—织物
丁苯橡胶	中	中	中	中	差	橡胶制品粘接
丁基橡胶和聚异丁烯橡胶	差	中	中	中	差	橡胶制品粘接
羧基橡胶	良	中	中	中	良	金属—非金属粘接
聚硫橡胶	良	差	差	差	优	耐油密封
硅橡胶	差	差	差	优	中	耐热密封
氯磺化聚乙烯弹性体	中	差	中	良	良	耐酸碱密封

其中,合成橡胶胶黏剂中产量最大、应用最广的是氯丁橡胶胶黏剂,它是直接在乳液聚合产物中加入各种配合剂而制成的乳液型胶黏剂。耐油的丁腈橡胶胶黏剂,耐溶剂的聚硫橡胶胶黏剂,黏附性较好的羧基橡胶胶黏剂,耐酸碱的氯磺化聚乙烯橡胶胶黏剂,粘接难粘材料的聚异丁烯橡胶胶黏剂以及以热塑性丁苯嵌段橡胶为基料的热熔胶料剂等都有较广的应用。

1. 氯丁橡胶黏合剂

氯丁橡胶黏合剂属于非结构黏合剂,其用量约占合成橡胶黏合剂总量70%以上,具有很好的内聚力、中等极性和结晶性,因而它具有其他橡胶黏合剂所没有的良好特性。

氯丁胶黏合剂主要特点有:

①具有突出的挠曲性。

②黏合强度高,应用范围广,使用方便。

③能耐燃、耐氧、耐水、耐油、耐化学药品等,耐老化性能较好,且无毒或低毒。

氯丁橡胶黏合剂广泛应用于建筑、鞋业、电子、汽车、造船等方面。在使用氯丁橡胶黏合剂时要求场地清洁,被黏物干燥,无油污,相对湿度小于80%,涂布温度15℃～35℃。

2. 丁腈橡胶黏合剂

丁腈橡胶黏合剂是一种非结构型橡胶黏合剂。具有很高的极性和耐油性,且具有适宜的耐热、耐磨、耐老化性,但耐寒性能差,对亲水的物质黏合性很强,胶黏物有较高的机械强度。但由于丁腈黏合剂的黏性较差,胶黏膜结晶速度慢。硫化时间长,故限制了其应用。

为了获得较高的胶接强度和较好弹性,通常将丁腈橡胶与其他树脂混合。丁腈橡胶黏合剂的品种很多。丁腈橡胶黏合剂的主要成分是丁二烯和丙烯腈经乳液聚合制得的丁腈胶乳或丁腈橡胶。100份丁腈橡胶和50～100份酚醛树脂配制而成的丁腈橡胶黏合剂具有褐色、有溶剂臭味,耐碱、油,耐溶剂性较好,适用于皮革、木材、布、金属等的黏合。酚醛树脂的配比在两倍以上时,即可用作金属结构型黏合剂,而丁腈乳胶黏合剂通常以丁腈胶乳为基料,以硫磺、氧化镁为配合剂,酪素为增黏剂制成。

$$n\,CH_2{=}CH{-}CN \ + \ m\,CH_2{=}CH{-}CH{=}CH_2 \longrightarrow \underset{m}{(CH_2{-}CH{=}CH{-}CH_2)}\underset{n}{(CH_2{-}\overset{\displaystyle CN}{\underset{|}{CH}})}$$

3. 其他橡胶胶黏剂

除上述氯丁橡胶胶黏剂和丁腈橡胶胶黏剂外,还有许多品种,它们各有特性和用途。

(1)丁苯橡胶胶黏剂

丁苯胶黏剂是由丁苯橡胶和各种烃类溶剂所组成。其极性小,黏性差,通常采用与丁腈橡胶相似的硫黄硫化体系。常用的溶剂有苯、甲苯、环己烷等。为了提高黏附性能,往往加入松香、古马隆树脂和多异氰酸酯等增黏剂。在丁苯胶液中加入三苯基甲烷三异氰酸酯后,胶接强度可增加3～5倍,但却大大缩短了胶液的使用寿命。

丁苯胶黏剂是将丁苯胶与配合剂、混炼,再溶于溶剂中制得的。丁苯橡胶胶黏剂可以用于橡胶、金属、织物、木材、纸张等材料的胶接。

聚硫橡胶是一种类似橡胶的多硫乙烯基树脂。它由二氯乙烷与四硫化钠起缩合反应制得,其反应如下:

$$nClCH_2CH_2Cl + nNa_2S_4 \longrightarrow \left(CH_2CH_2S_4 \right)_n + 2nNaCl$$

该类类似橡胶的聚合物工业上称聚硫橡胶。聚硫橡胶胶黏剂具有独特的耐油、耐溶剂、耐水和气密性能,以及较好的黏附性能。在液体聚硫橡胶中配入某些合成树脂和其他合成橡胶、多异氰酸酯以及松香等增黏剂即可制得。用于织物与非金属、金属与金属、玻璃与玻璃之间胶接,也可用来制造聚硫腻子带和压敏胶黏剂。

（2）硅橡胶胶黏剂

硅橡胶胶黏剂是以线型聚硅氧烷为基体的胶黏剂。线型聚硅氧烷的分子主链由硅、氧原子交替组成,这种类似于硅酸盐结构的聚合物兼有无机物和有机物两者的特性。以硅橡胶为主体材料配制而成的胶黏剂与一般橡胶胶黏剂一样,胶层柔软,有弹性,还有突出的耐高温(可耐200℃以上)、耐低温性能,优异的防潮性能和电气性能。其分子结构为：

$$\begin{matrix} & R & \\ & | & \\ \left(Si\!\!-\!\!O \right)_{\overline{n}} \\ & | & \\ & R & \end{matrix}$$

硅橡胶胶黏剂主要由硅橡胶、补强剂、交联剂、固化催化剂等组成,具有很高的耐热性和耐寒性,能在$-65℃\sim250℃$温度范围内保持优良的柔韧性和弹性,且有优良的防老性、优异的防潮性和电气性能,但是其胶接强度不高及在高温下的耐化学介质性较差。按其固化过程中需要温度的情况,分为高温固化和室温固化两类。高温固化型由于加工设备复杂,胶接强度低,其应用受到很大限制。

4. 聚硫橡胶胶黏剂

聚硫橡胶是一种类似橡胶的多硫乙烯基树脂,它是由二氯乙烷与硫化钠或二氯化物与多硫化钠缩聚制得,反应如下：

$$nNa_2S_4 + nClCH_2CH_2Cl \longrightarrow \left(CH_2\!\!-\!\!CH_2S_4 \right)_{\overline{n}} + 2nNaCl$$

聚硫橡胶胶黏剂具有优良的耐油、耐溶剂、耐氧、耐臭氧、耐光和耐候性,以及较好的气密性能和黏附性能。用于金属与金属、织物与非金属、玻璃与玻璃等之间的胶接。

此外,还有其他橡胶胶黏剂,如丁基橡胶、氯磺化聚乙烯胶、羧基胶黏剂等。

4.5　无机胶黏剂

无机胶黏剂即由无机物组成的胶黏剂。从化学组分来看,其主要包括硅酸盐、磷酸盐、硫酸盐、硼酸盐等。从固化机理来看,可分为气干型、水固型、热熔型及反应型。

无机胶黏剂既包括石膏等较为古老的粘接材料,也包括一些较新的品种。无机胶黏剂的耐热性、阻燃性、耐久性、耐油性等比有机胶黏剂要好得多,可成功地用于火箭、导弹及燃烧器耐热部件的粘接,也可广泛地用于各种金属、玻璃、陶瓷等材料的粘接。

20世纪60年代初期,我国研制的磷酸—氧化铜无机胶首先在刀具粘接上得到应用。随后逐步应用于其他机器零部件的粘接。事实证明我国的无机粘接技术在世界上也是处于领先地位的。今后的研究工作着重解决无机胶脆性大、乙组分易结晶的问题,同时仍应加大推广应用的力度。

4.5.1　热熔型

这类胶黏剂是指黏料本身受热到一定程度后即开始熔融,然后熔融的黏料润湿被粘材质,经冷却后重新固化达到粘接目的的一类胶黏剂。其主要特点是除具有一定的粘接强度外、具有较好的密封效果。其中应用较普遍的为焊锡、银焊料等低熔点金属。而以 $PbOBeO_3$ 为主体,按比例适当加 Al_2O_3、ZnO、SiO_2 等制成的各类低熔点玻璃及再经适当热处理后形成的具有微细的陶瓷状结构的玻璃陶瓷作为这类胶黏剂的一个分支也正日益广泛地应用于金属、玻璃和陶瓷的粘接、真空密封等领域上。例如,一种玻璃胶黏剂以 $PbO-B_2O_3$ 为主体,适当加入 ZnO、Al_2O_3 粉末,使用时用水调成糊状,即可在 $500℃\sim600℃$ 进行粘接,以用于显像管的真空密封。

4.5.2　空气干燥型

这类胶黏剂是指胶黏剂中的水分或溶剂在空气中自然挥发,从而固化形成粘接的一类胶黏剂。最具有代表性的当属俗称水玻璃的碱金属硅酸盐类胶黏剂,可表示为 $M_2O \cdot nSiO_2 \cdot mH_2O$。式中 M 代表钾、钠、锂等金属离子,也可为季铵和叔胺;n 称为模数,此值与性质有密切的关系。以硅酸钠为例。当 $n=3.0$ 时,粘接温度最高;$n=5.0$ 时,耐水性最好。以耐水性为考察对象,$Li>K>Na$。这类胶黏剂因具有制造过程简单、使用方便、安全无毒、价格低廉等优点而广泛用于纸制品、包装材料、建筑材料、金属、陶瓷、玻璃、石材等领域,以及有耐热、防火要求的材质的粘接。其中最常见的为硅酸钠,即水玻璃,如 $n=3.2\sim3.4$,$40\sim42°Bé$(波美度)的水玻璃对木材、纸张有良好的粘接效果。

下面是一种金属与陶瓷粘接的胶黏剂的配方及工艺。

玻璃粉　　50　　　硅酸钠　　适量
氧化铁　　50

将玻璃粉、氧化铁过 320 目筛,称量后,用硅酸钠调成糊状,即可使用。

粘接条件为:室温固化 3h,然后在 $40℃\sim60℃$ 下固化 3h,$80℃\sim100℃$ 下固化 3h,$120℃\sim150℃$ 下固化 2h。

此类胶黏剂还可作为土壤胶黏剂,应用于水坝建造、公路修建、边坡加固、移沙固定、地下工程及军事等方面。

4.5.3　水固型

这类胶黏剂是指遇水后即发生化学反应并固化凝结的一类胶黏剂,也称为水硬型胶黏剂。此类胶黏剂主要包括石膏、各类水泥等。目前,广泛应用于建筑行业上的石膏、水泥已自成体系。

以水泥为胶黏剂,也可粘接木材原料,生产水泥刨花板、水泥木丝板、水泥纤维板。水泥刨花板的生产过程包括:原料制备、搅拌、铺装、板坯加压、养护、干燥、齐边等基本工序。水泥、木材原料与水的比例为 60:20:20。混合好的原料在 2.4MPa 的压力下,于 $2\sim3min$ 内将其厚度压至初始值的 1/3,并保持压力,且在 $70℃\sim80℃$ 下干燥 $6\sim8h$,以便使水泥固化。在砂光和出厂前,需存放 $12\sim18d$,以进一步使其固化。在压制过程中,可加入 CO_2 以促进水泥的凝固,从而大大缩短保压时间,提高生产效率。水泥刨花板的厚度在 8～40mm 之间。水泥刨花板具有防火、防虫、防腐、耐候、无有害气体释放、尺寸稳定性好等一系列优点。

与水泥刨花板的生产类似,可制备石膏刨花板以及其他植物纤维板材。

4.5.4　化学反应型

这类胶黏剂是指由胶料与水以外的物质发生化学反应固化形成粘接作用的一类胶黏剂。该类胶黏剂属无机胶黏剂中品种最多、成分最复杂的一类,主要包括硅酸盐类、磷酸盐类、胶体二氧化硅、胶体氧化铝、硅酸烷酯、齿科胶泥、碱性盐类、密陀僧胶泥等,其中有一些的粘接机理至今仍处在研究、探讨阶段。该类胶黏剂的固化温度可以是室温也可以是 300℃ 以下的中低温,固化时间随固化温度的高低而有所不同,从几小时到几十小时不等。这类胶黏剂的显著特点是粘接强度高、操作性能好、可耐 800℃ 以上的高温等。

下面以氧比铜—磷酸盐胶黏剂为例说明其制造及使用情况。

(1)氧化铜粉制备

将氧化铜粉在 900℃ 左右灼烧一定时间后冷却,研磨成 200 目以上的铜粉,备用。

(2)磷酸盐的制备

取一定量的 $Al(OH)_3$,热熔于磷酸中,得到外观为白色透明的黏性液体,即酸性磷酸铝溶液。

(3)胶黏剂的制备

按 1∶5 取制备好的酸性磷酸铝和氧化铜粉末,调制均匀,即可涂胶,待胶液略干时可二次涂胶,然后在施压黏合。

(4)固化条件

室温放置一定时间后缓慢地加热到 100℃,并保持 1h 即可。

此类胶黏剂的另一配方及工艺实例为:向 100mL 磷酸中加入 5～10g 氢氧化铝,搅拌均匀,并加热 260℃ 后冷却即为黏料。可溶性铜盐与碱反应而得氧化铜经 920℃ 左右的高温处理,过 200 目筛。粘接时将浓缩磷酸与氧化铜调和在一起,涂在被粘物上,固化后即达到粘接的目的。被粘物件可承受 1000℃ 以上的高温,如连接方式为套接或槽接时,剪切强度一般可达 70～80MPa 或更高。

以 Al_2O_3-P_2O_5-H_2O 为胶黏剂,制备方法同上。以 MgO 为硬化剂,还可作为铸造型砂用胶黏剂。

反应型无机胶黏剂现已广泛用于工具和机械设备的制造和维修、兵器生产、仪表元件、钻探等各类金属粘接中。如在机械加工业上各种刀具与刀体、小砂轮与砂轮轴、油石与研磨棒的粘接;布氏硬度计压头上金刚石的粘接以及整流器元件、高压电磁管的密封等诸多方面上均取得了相当满意的应用效果。

4.6　胶黏剂的发展

胶黏剂是我国精细化工领域中的一个重要组成部分。在科学技术发展突飞猛进的今天,合成胶黏剂已成为世界各国发展的重点。作为一种新型的粘接材料,合成胶黏剂已广泛地应用于国民经济各个行业中,特别是航天、航空、机械、电子、交通、建筑、装潢、纺织、医药、水电工程等各行各业都离不开它。毫不夸张地说,没有不能粘接的材料。

4.6.1　全球黏合剂生产的现状及黏合剂应用市场构成

1998 年世界黏合剂销售量已超过 1200 万吨,其中美国占 40%,欧洲 35%,日本 10%,其他国家地区 15%,销售量以 3.2% 的年均速度增长。1998 年世界黏合剂销售额约为 320 亿美元,年均增长率为 4.5% 左右。

工业用黏合剂的世界应用市场构成:纸包装及其有关领域为 35%,建筑业为 24%,木材加工业为 22%,汽车等运输业为 10%,其他行业为 9%。目前,黏合剂产品类型以水溶性为主,约占 50%;热熔性占 18%;溶剂型占 13%;反应型 10%;其他 9%。

世界黏合剂销售最大的十大厂商是:Henkel,National Starch,H. B. Fuller,Loctite,Total,Borlen,Konishi,Morton,Teroson,Ceca。上述厂商销售额占世界总销售额的 42% 左右。德国、美国、英国、丹麦、日本等国是胶黏剂工业最发达的国家,尤其是德国,长期以来,称雄国际胶黏市场,号称世界黏胶王国。

目前,国内胶黏剂生产发展的总体水平已接近 20 世纪 90 年代初发展中国家中期水平。1994 年合成胶黏剂产量只有 96 万吨,品牌达 2800 多个。目前的合成黏合剂产量约为 150 万吨/年,产值 50 亿元左右人民币。黏合剂的品种达到了 3500 余种。在一些主要黏合剂品种上,国外有的,国内基本上都有,性能也相差无几,但在价格和应用方面差别较大。

据不完全统计,我国已有黏合剂生产厂家 1500 余家,年生产能力达 368 万吨左右,其中合成黏合剂占 43%,约 158 万吨。但上水平的厂家不过百家。从建筑黏合剂的品种上看,国内目前大约有 100 多个品种,但用量最大的建筑黏合剂品种只有三类:聚乙烯醇类、聚醋酸乙烯乳液类、聚丙烯酸酯乳液类。有专家提出值得大力发展聚丙烯酸酯黏合剂,一方面可提高我国非结构胶的水平,一方面可逐步发展结构胶。聚丙烯酸酯黏合剂具有许多优良性能,原材料来源也比较丰富。当然,这类黏合剂也有一些缺点,不过可通过一定的方法来改进。如用有机硅聚合物进行改性,以提高其耐热性、耐寒性、憎水性、电绝缘性和耐候性。

4.6.2　胶黏剂的发展动向

合成黏合剂是一类新型连接材料。目前,在环保法、安全法等法规和成本的限制下,将以低能耗、无公害、低成本、高性能为目标发展。

1. 生产动向

(1)无溶剂黏合剂发展迅速

当前无溶剂黏合剂是各国发展的重点。无溶剂胶包括水基胶、热熔胶、100% 固含量胶、反应性的工程结构胶等,其中以水基胶的生产量最大。目前溶剂型胶正逐步向无溶剂型的方向发展,到 20 世纪末溶剂型胶已大部分被无溶剂型胶所代替。但由于溶剂型黏合剂具有快干性及某些特殊用途,因此,溶剂型黏合剂也会向低毒溶剂和提高胶液固含量的方向发展。

(2)压敏胶带的发展

由于压敏胶带使用工艺简便,应用范围广泛,发展异常迅速。除了常用的医用橡皮膏、电器绝缘胶带、玻璃纸胶带和包覆胶带等外,现也开发了包装胶带、压敏标签带、双面胶带和乳液压敏胶、高强度反应型压敏胶、热熔型压敏胶等。压敏胶带的产量在美国、日本和西欧年增长速度均在10％以上。

(3)功能胶黏剂的开发

随着宇航、电子、光学仪器、医疗事业的发展,对黏合剂提出了各种功能性的要求。如要求耐超高温的陶瓷黏合剂;电子、半导体部件要求的导电瞬间粘接的黏合剂;大型集成电路要求散热性良好的导热黏合剂;光学领域要求折射率与玻璃的折射率相近、透明度好、膨胀系数小和有较高机械强度和适宜的韧性黏合剂;医疗手术要求瞬间黏合伤口的黏合剂和医用压敏胶带等。

2. 市场动向

在我国,木材加工业仍是黏合剂的较大消费市场,但其发展速度不快。近年来发展速度较快的是包装和纸制品用黏合剂。建筑业也是消费黏合剂较大的一个行业,日本、美国和西欧由于应用开发广泛,建筑用胶的发展较快。由于各国重视节能,建筑密封胶用量也较突出,已由高性能的有机硅、聚硫、聚氨酯等密封胶取代了低性能的油灰腻子。另外,近年来家用黏合剂需求量增多。据统计,个人用黏合剂零售额已占黏合剂总额的5％,预计今后还会增长。

3. 研究动向

不断开发研制具有特色的新品种已成为黏合剂研究的永恒的主题。水乳型黏合剂和热熔型黏合剂是当前有发展前途的品种。为了改善它们的性能以适应不同的使用要求,通常可采用共聚、共混和交联的方法进行改性。通过共聚既可降低大分子链端间的规整性和结晶度,还可以引进各种极性或非极性侧链和双键的链节,从而改善共聚物的机械性能和耐老化性能;共混方法工艺简便,容易获得性优、价廉的产品;交联可提高聚合物的使用温度、耐老化性和抗蠕变性。又如,丙烯酸酯黏合剂有脆性大、强度差等缺点,用 ABS 或丁腈橡胶等弹性体进行改性,成功开发出了第二代丙烯酸酯结构黏合剂。在此基础上利用氨基甲酸酯改性环氧树脂,研制成第二代环氧黏合剂,提高了韧性和强度。另外,研究开发节能、快速固化、无公害的紫外线或电子束固化黏合剂也是一个热点课题。

综上所述,我国黏合剂工业正逐步趋于成熟,对黏合剂产品的要求也由数量转向质量,各类型的黏合剂普遍追求低公害、节能、工艺性、高性能、低成本,以提高制品高产值,不断推动黏合剂制造水平的进步。

第5章 染料

5.1 染料概述

我国是世界上最早应用染料的国家。公元前 2600 年,中国就有染料应用的记载。公元前 11 世纪的商朝,中国染料和染丝技术就已相当成熟。人类最早使用的染色物质来自于自然界的植物和矿物。我们的祖先是从蓼蓝植物的茎和叶中提取蓝靛,再在碱液中用发酵法使之还原成可溶于碱液的靛白,再由空气氧化成靛蓝。直到 19 世纪末,各种含靛蓝的植物仍是获取靛蓝的唯一来源。

随着纺织印染工业的发展,从植物中提取色泽单一的几种染料已不能满足人们对染料日益增长的需要,迫切需要发展合成染料工业。炼焦工业的发展又为发展合成染料提供了丰富的原料,如苯、萘、蒽醌等。1856 年英国青年 Perkin 发现了第一个合成染料"苯胺紫",1858~1861 年 Verguin 和 Lanth 发现了品红与甲基紫,从而奠定了合成染料的基础。

合成染料的发展已有一百多年的历史,有近 3000 多个品种,工业化生产的也有几百个产品。其中西欧是世界染料的主要生产地,总产量占世界染料的 40%,主要生产国是德国、英国、瑞士、法国、意大利、比利时、荷兰等。世界染料生产的著名企业有德国 BASE 公司、Bayer 公司等。

我国的染料品种目前有 80 多种,生产能力已居世界前列。随着合成新技术的迅速发展,染料新产品也层出不穷。目前染料工业已发展成为一个独立的精细化工行业。

5.1.1 染料的概念

染料是能使其他物质获得鲜明、均匀、坚牢色泽的有色有机化合物。染料一般是可溶性的(溶于水或有机溶剂),或能转变为可溶性溶液,或有些不溶性的染料可通过改变染色工艺或经过处理成为分散状态而使纤维物质染色。主要用于各种纺织纤维的染色,也可用于皮革、纸张、高分子材料、油墨或食物的上色,使它们具有一种暂时的或耐久的色泽。

具有实用价值的染料需满足的条件是:能染着指定物质,颜色鲜艳,与被染物结合牢固,使用方便,成本低廉,无毒。

染料的应用途径如下所示。

(1)染色

染料由外部进到被染物内部而使被染物获得颜色,如各种纤维、织物、皮革等的染色。

(2)着色

在物体形成最后固体形态之前,将染料分散于组成物之中,成型后即得有色物体,如塑料、橡胶及合成纤维的原浆着色。

（3）涂色

借助涂料作用，使染料附于物体表面而使物体表面着色，如涂料、印花油漆等。

5.1.2 染料的分类和命名

染料的种类按用途来分可分为蛋白纤维用染料、纤维素纤维用染料、合成纤维用染料；若按性能结构来分，可分为活性染料、分散染料、阴离子染料、偶氮染料、蒽醌染料、靛族染料、硫化染料、酸性染料和其他水溶性染料。

染料均是分子结构较复杂的有机化合物，有些品种的结构至今尚未确定，用化学名称来命名染料名称长，应用不便，且从化学名称中看不出该染料是否适用，所以染料有专门的命名法。我国对染料是从应用出发命名，名称由冠称、色称和词尾三部分组成。

（1）冠称

有 31 种，表示染色方法和性能。

（2）色称

表示染料在被染物上染色的色泽，色泽的形容词采用"嫩"、"艳"、"深"三字。我国染料商品采用 30 个色称。

（3）词尾

以拉丁字母或符号表示染料的色光、形态及特殊性能和用途。例如，活性艳红 X-3B 染料："活性"即为冠称，"艳红"即为色称，X-3B 是词尾；X 表示高浓度，3B 为较 2 B 稍深的蓝色。表明该染料为带蓝光的高浓度艳红染料。国内染料命名用词详见表 5-1。

表 5-1　国内染料命名用词

1	冠称	直接，直接耐晒，直接铜蓝，直接重氮，酸性，弱酸性，酸性络合，酸性媒介，中性，阳离子，活性，还原，可溶性还原，分散，硫化，色基，色酚，色蓝，可溶性硫化，快色素，氧化，缩聚，混纺等		
2	色称	嫩黄，黄，金黄，深黄，橙，大红，红，桃红，玫红，品红，红紫，枣红，紫，翠蓝，湖蓝，艳蓝，深蓝，绿，艳绿，黄棕，红棕，棕，深棕，橄榄绿，草绿，灰，黑等		
3	性质与用途	色光	B—带蓝光或青光；G—带黄光或绿光；R—带红光	
		色光品质	F—表示色光纯；D—表示深色或稍暗；T—表示深	
			C—耐氯，棉用	
			I—士林还原染料的坚牢度	
			K—冷染（国产活性染料中 K 表示热染）	
			L—耐光牢度或均染性好	
			M—混合物	
			N—新型或标准	
			P—适用于印花	
			X—高浓度（国产活性染料 X 表示冷染）	

国外染料冠称基本上相同，色称和词尾有些不同，也常因厂商不同而异。

(4)染料索引

染料索引(Colour Index,CI)是英国染色家协会(SDC)和美国纺织化学家协会(AATCC)汇编了国际染料、颜料品种合编出版的索引。在染料索引中染料命名着眼于应用。1921 年出第一版,1971 年出的第三版共分五卷,增订本两卷。前三卷按染料的应用特性分类。例如碱性绿 4,指明这是一个绿色碱性染料,大致适用于聚丙烯腈纤维、纸张,可能还适用于羊皮,还提供了应用方法的技术数据、牢度数据等。第四卷按染料的化学结构分类,并提供了制备方法的要点,染料的化学结构用一个 5 位数字来表示,但并不是十分精确的,例如,CI 结构数在 11000~19999 的染料为单偶氮化合物;在 73000~73999 的染料为靛族化合物。第 5 卷主要是各种牌号染料名称对照,制造厂商的缩写,牢度试验以及专利,普通名词和商业名词索引等。所以碱性绿 4 的全称是"CI 碱性绿 4,42000,孔雀绿",数字指明了它是三苯甲烷染料,孔雀绿是通俗的或商品的名称。

CI 按应用和结构类别对每个染料给予两个编号。借助 TCI,可方便地查阅染料的结构、色泽、性能、来源和染色牢度等参考内容。

5.1.3 颜色与染料染色

1.光与颜色

物质的颜色是由于物体对白光各个成分进行选择性的吸收及反射的结果,无光就没有颜色。白光是红、橙、黄、绿、青、蓝、紫等各种色光按一定比例混合而成的混合光,当白光照到物体上时,物体要吸收一部分光,反射一部分光。被吸收的光以热的形式弥散到周围环境,反射的光就是人们观察到的颜色。当物体选择性地反射一定波长的可见光,人们就可看到物体呈现红、黄、蓝等彩色(表 5-2);而当白光全部被物体反射则为白色;如全部透过物体则为无色;若全部被吸收,则该物体显黑色;如果仅部分按比例被吸收,显出灰色。在色度学中,白色、灰色、黑色称为消色,也称为中性色。中性色的物体对各种波长可见光的反射无选择性。

表 5-2 反射光波长与颜色的关系

波长/nm	780~627	627~589	589~550	550~480	480~450	450~380
观察到的颜色	红	橙	黄	绿	蓝	紫

物体呈现的颜色为该物体吸收光谱的补色。所谓补色,即指若两种颜色的光相混为白光,则这两种颜色互为补色。图 5-1 是一个理想的颜色环示意图,顶角相对的两个扇形,代表两种互补的颜色光,它们以等量混合形成白光。绿色没有与之互补的单色光,根据它在环中的位置,绿色的补色介于紫、红之间,是紫与红相加的复合光,在环中以一个开口的"扇形"表示。

若在颜色环上选取三种颜色,每种颜色的补色均位于另两种颜色中间,将它们以不同比例混合,就能产生位于颜色环内部的各种颜色,则这三种颜色称为三原色。而红、绿、蓝三色就是最佳的三原色。

颜色的三种视觉特征为:色调(色相),明度(亮度),纯度(饱和度)。

色调是颜色最基本的性质,表示色与色之间的区别,是人眼对颜色的直接感觉,如红色、黄色、绿色、蓝色等。单色光的色调取决于其波长,混合光的色调取决于各种波长的光的相对量。

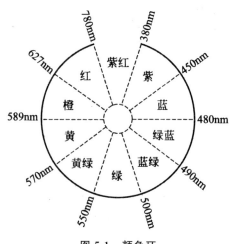

图 5-1 颜色环

物体表面的色调取决于其反射光中各波长光的组成和它们的能量。色调以光谱色或光的波长表示。

明度是人眼睛对物体颜色明亮程度的感觉,即对物体反射光强度的感觉,用以描述颜色的鲜艳度或灰暗度。明度与光源的亮度有关,光源愈亮,颜色的明度也愈高。明度可以用物体表面对光的反射率来表示。

纯度,亦称饱和度,指颜色的纯洁性。纯度取决于物体表面对光的反射选择性程度。若物体对某一很窄波段的光有很高的反射率,而对其余光的反射率很低,表明该物体对光的反射选择性很高,颜色的纯度高。单色的可见光纯度最高,而中性色(白、灰、黑)的纯度最低。纯度可用颜色中彩色成分和消色成分的比例来表示。

2.染料的发色基团

日常生活中可见到的有色物质种类繁多,然而有色的化学品并不多见,许多化学品都是无色的。有色物质是在光谱的可见光区域有吸收的物质,它们的波长在 380nm(紫)和 750nm(红)之间。由于物质的颜色是它所吸收的颜色的补色,所以吸收蓝光的染料具有黄色,而吸收黄色的染料有蓝色,不吸收可见光谱的物质是白色,而吸收可见光谱全部波长的物质是黑色。这就是普通染料及颜料产生颜色的原理。

有机染料的颜色与染料分子结构中的发色基团有关,含发色基团的分子称为发色体。发色基团有:

$$C=C \quad C=O \quad -NO_2 \quad -N=O \quad -N=N- \quad \bigcirc$$

偶氮基和亚硝基大都具有颜色,其他基团则在某些情况下有颜色。除了发色基团外,染料分子还含有其他基团,这些基团能改变邻近的发色基团的颜色和吸收强度,但是它本身不能给予颜色,羟基、氨基或卤基能加强吸收,并使吸收波长移向长波区,这些基团被称为助色基团。

除发色基团和助色基团外,染料分子还可能含有其他基团以满足染料的各种特殊要求。如含有磺酸盐基—SO_3Na 能使染料具有水溶性,而长碳链烷基则降低水溶性。

3. 染料染色

染料染色为染料稀溶液的最高吸收波长的补色,是染料的基本染色。吸收程度由吸光度(ε 或摩尔消光系数)来表示。它决定颜色的浓淡。而颜色的深浅,取决于染料的最大吸收波长(λ_{max}),见图 5-2。

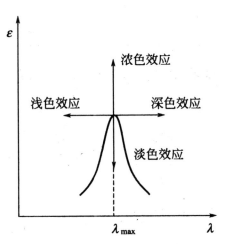

图 5-2　颜色效应与吸收光谱的关系

染料结构不同,其 λ_{max} 不同。如果移向长波一端称为红移,颜色变深,又称深色效应或蓝移;若 λ_{max} 移向短波,称为紫移,颜色变浅,称浅色效应。若染料对某一波长的吸收强度增加为浓色效应,反之为淡色效应。

5.2　重氮化与偶合反应

偶氮染料是品种、数量最多,用途最广泛的一类染料,占合成染料品种的 50% 以上。在偶氮染料的生产中,重氮化与偶合反应是两个基本反应和主要工序。

5.2.1　重氮化反应

芳香族伯胺与亚硝酸作用生成重氮盐的反应称为重氮化反应。可用下式表示:

$$ArNH_2 + NaNO_2 + 2HX \longrightarrow ArN_2X + 2H_2O + NaX$$

式中所使用的酸 HX 代表无机酸,常用盐酸和硫酸。

1. 重氮化反应机理

游离芳胺的氮原子首先与亚硝酰氯发生亚硝化反应,然后在酸液中迅速转化为重氮盐。

$$NaNO_2 + HCl \longrightarrow HNO_2 + NaCl$$
$$HNO_2 + HCl \longrightarrow NOCl + H_2O$$

$$Ar-NH_2 \xrightarrow[慢]{NOCl} Ar-NH-NO \xrightarrow{快} Ar-N=N-NO \xrightarrow[快]{H_3O} Ar-\overset{\oplus}{N}\equiv N$$

2. 重氮化合物的性质

重氮盐的结构可用下面共振式表示:

$$[Ar \overset{\oplus}{\overset{\cdots}{N}} \equiv \overset{\cdots}{N}]Cl^- \Longleftrightarrow [Ar \overset{\cdots}{\overset{\cdots}{N}} = \overset{\oplus}{\overset{\cdots}{N}}]Cl^-$$

大多数重氮盐可溶于水,并能在水溶液中电离,受光和热会分解,干燥时受热或震动会剧烈分解导致爆炸,但在酸性水溶液中较稳定。重氮盐在碱性溶液中,会变成无偶合能力的反式重氮盐。

$$[Ar-N \equiv \overset{\cdots}{N}]^{\oplus} + OH^- \underset{k_{-1}}{\overset{k_1}{\Longleftrightarrow}} Ar-\overset{\cdots}{N} = \overset{\cdots}{N}-OH$$

$$Ar-\overset{\cdots}{N} = \overset{\cdots}{N}-OH + OH^- \underset{k_{-2}}{\overset{k_2}{\Longleftrightarrow}} Ar-\overset{\cdots}{N} = \overset{\cdots}{N}-O^- + H_2O$$

由于 $k_2 \gg k_1$,所以中间产物重氮酸可认为几乎不存在,而转变为重氮酸盐。

顺式　　　　　反式

3. 影响重氮化反应的因素

(1)无机酸用量

由反应方程式可知,1mol 芳伯胺重氮化时无机酸的理论用量为 2mol,但实际使用时大大过量,一般高达 3～4mol(有时甚至 6mol)。若酸量不足,生成的重氮盐和未反应的芳胺偶合,生成重氮氨基化合物,称为自偶合反应:

$$ArN_2Cl + ArNH_2 \longrightarrow Ar-N=N-NHAr + HCl$$

这个反应是不可逆反应,它会使重氮盐质量变坏,产率降低。

如采取将芳胺的盐酸盐悬浮液滴加入亚硝酸钠和盐酸的混合液中,可较好地避免自偶合反应。

(2)亚硝酸用量

反应过程中要始终保持亚硝酸过量,否则会引起自偶合反应。反应完毕后,过剩的亚硝酸可采用加入尿素或氨基磺酸消除,反应式为:

$$NH_2CONH_2 + 2HNO_2 \longrightarrow CO_2 \uparrow + 2N_2 \uparrow + 3H_2O$$

$$NH_2SO_3H + HNO_2 \longrightarrow H_2SO_4 + N_2 \uparrow + H_2O$$

(3)反应温度

反应温度对重氮化产率影响较大。一般在低温 0～5℃下进行,因为重氮盐在低温下较稳定。但对某些较稳定的重氮盐,可适当提高温度,加快反应速率,如对氨基苯磺酸,可在 10～15℃下进行。

(4)芳胺的碱性

碱性较强的一元胺与二元胺(环上有供电子基团)如苯胺、甲苯胺、二甲苯胺、甲氧基苯胺、甲萘胺等,与无机酸生成的铵盐较难水解,重氮化时用酸量不宜过多,否则游离胺浓度减小而影响反应。重氮化时一般用稀酸,然后在冷却下加入亚硝酸钠溶液(称为顺加法,顺重氮化法)。碱性较弱的芳胺(环上有吸电子基团)如硝基苯胺、多氯苯胺,生成的铵盐极易水解成游离芳胺,重氮化比碱性强的芳胺快,必须用较浓的酸,而且采用强重氮化试剂才能进行重氮化。

具体方法是,首先将干的亚硝酸钠溶于浓硫酸中使生成亚硝酰硫酸,然后分批加入硝基苯胺反应。

5.2.2　偶合反应

重氮盐和酚类、芳胺作用生成偶氮化合物的反应称为偶合反应。而酚类、芳胺化合物称为偶合组分。

1. 偶合反应机理

偶合反应是亲电取代反应。重氮盐正离子向偶合组分上电子云密度较高的碳原子进攻,形成中间产物,然后迅速失去氢质子,生成偶氮化合物。以苯酚和苯胺为例,反应为:

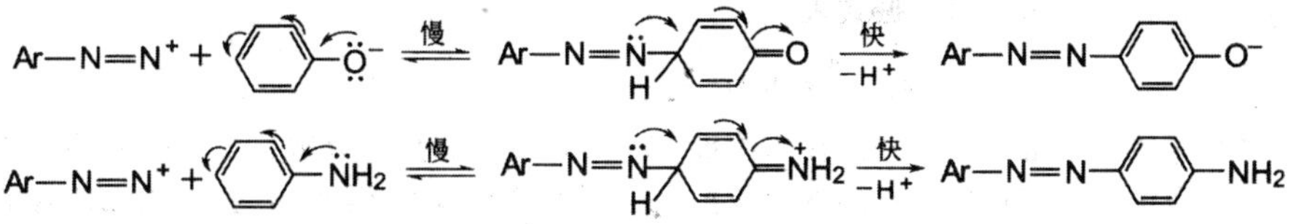

加入有机碱如吡啶、三乙胺等催化剂能加速反应。

可以预见,偶氮基进入酚类或芳胺类苯环上羟基或氨基的邻、对位。一般情况是先进入对位,当对位已有取代基时进入邻位。例如:

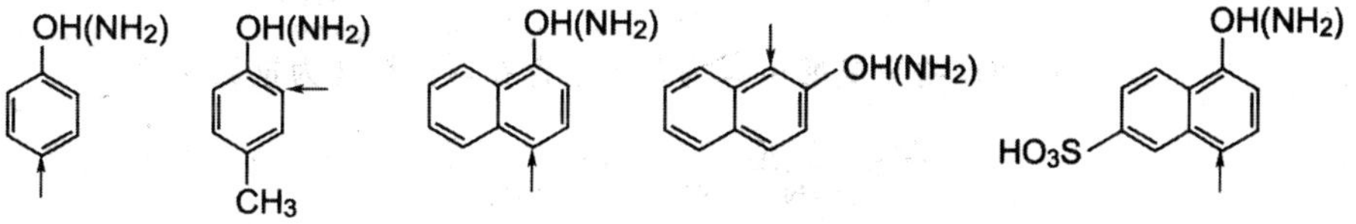

萘酚或 1-萘胺上若有磺酸基在 3 位、4 位或 5 位,偶氮基进入邻位。如:

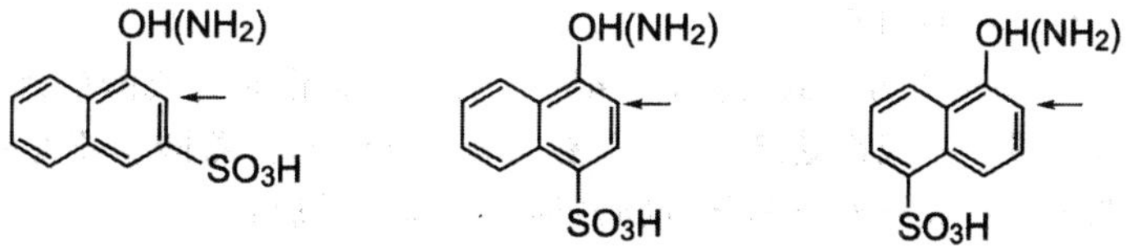

2. 影响偶合反应的因素

(1)重氮组分与偶合组分的性质

重氮组分上吸电子基团的存在,加强了重氮盐的亲电性;偶合组分芳环上给电子基团的存在,增强了芳核的电子密度,均对反应有利。反之,重氮组分有给电子基团,或偶合组分芳环上有吸电子基团,均对反应不利。

(2)介质的 pH 值

酚类的偶合一般在弱碱性介质中进行。因为最初随介质碱性增大,有利于偶合组分的活泼形式酚负离子的生成。pH 值为 9 左右时,偶合速度达最大值。但 pH 值再增大,由于重氮盐在碱性介质中转变为不活泼的反式重氮酸盐而失去偶合能力,从而使反应速率变慢。

(3)反应温度

偶合反应应在较低的温度下进行,因为反应温度高易使重氮盐分解。

5.3 常用染料的种类

5.3.1 直接染料

直接染料用于棉、麻等纤维素的直接染色。在染纤维素纤维时,不需媒染剂的帮助即能上染,故称为直接染料。

直接染料的色谱齐全,生产方法简单,使用方便,价格低廉,但水洗牢度、皂洗牢度都低,耐晒牢度也较差。凡是耐晒牢度在 5 级以上的直接染料,称为直接耐晒染料。

自从 1884 年保蒂格(Bottiger)用合成的方法获得第一个直接染料——刚果红(Congored)以来,化学合成直接染料的方法及其染色理论不断发展。早期的直接染料在化学结构上多为联苯胺类偶氮染料,尤以双偶氮类的结构为主,如刚果红即为对称联苯胺双偶氮染料,其结构式为:

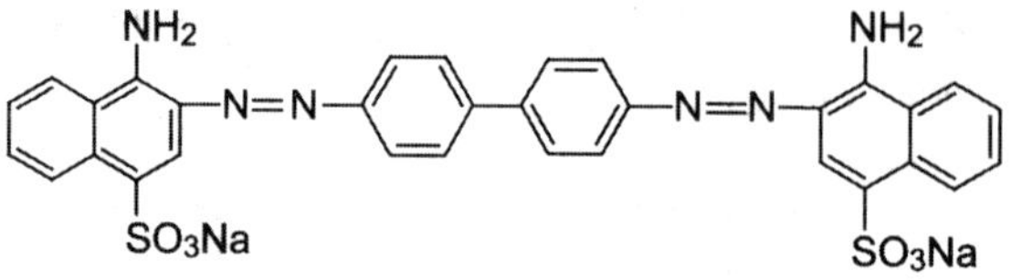

这一时期主要是通过改变不同种类的偶合组分(各种氨基萘酚磺酸)来得到不同颜色品种的直接染料。现在摆脱了联苯胺这一单一形式,出现了酰替苯胺、二苯乙烯、二芳基脲、三聚氰胺这些新的重氮组分的偶氮类直接染料以及二噁嗪和酞菁系的非偶氮类结构的杂环类直接染料。到 20 世纪 60~70 年代,医学界发现联苯胺对人体有严重的致癌作用,各国相继禁止联苯胺的生产。为了提高纺织品的染色牢度,发展新型直接染料,主要有两大类。

第一类,在染料分子中引入金属原子,形成螯合结构,提高分子抗弯能力,含有相当活泼的氢原子的亲核基团。如瑞士山德(Sandoz)公司研究并生产了一套新型直接染料 Indosol SF 型染料,中文名称是直接坚牢素染料,含有铜(Cu)络合结构及一些特殊的配位基团与多官能团螯合结构阳离子型固色剂组成一个染色体系。我国现生产国产同类品种,即直接交联染料。

第二类,在染料分子中引入具有强氢键形成能力的隔离基——三聚氰酰基。日本的化药公司推出了 Kayacelon C 型的新型直接染料。我国开发并生产了一套 D 型直接混纺染料。

直接染料的结构具有线型、共平面性、较长共轭系统的特点。在直接染料分子结构中,经常都有磺酸基;分子结构排列呈线状平面;分子都比较大;共轭双键系统比较长;含有能和纤维生成氢键的基团如氨基、羟基等。大部分都是双偶氮或三偶氮染料。

几种直接染料的合成如下。

(1)二芳基脲型直接染料

这类染料色谱多为黄、橙、红等浅色;最深是紫色。生产方法有两种:一种是中间体光气化,制成染料;另一种是制成染料后光气化。光气化反应都是在碱性溶液中进行的。

中间体光气化中,很重要的一个品种是把 J-酸光气化制成猩红酸。用猩红酸作偶合组分,可与同一重氮化合物偶合得到对称的染料。如直接橙 S(C. I. Direct Orange 26)按如下方式合成:

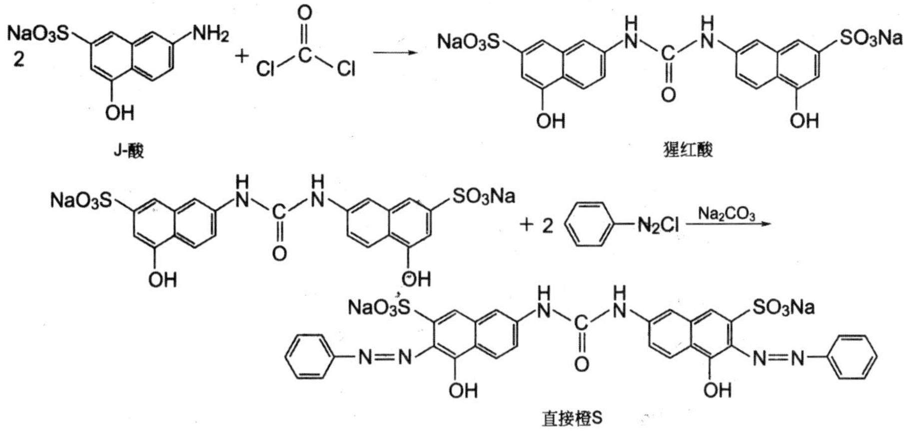

猩红酸

直接橙S

（2）双偶氮和多偶氮型直接染料

这是一类多偶氮结构的直接耐晒染料，也是取代禁用染料的优良品种。多为紫、棕、蓝、黑等色。二次双偶氮、二次多偶氮型染料的最后一个偶合组分是 J—酸、γ—酸或其衍生物时，对纤维素纤维有良好的直接性。

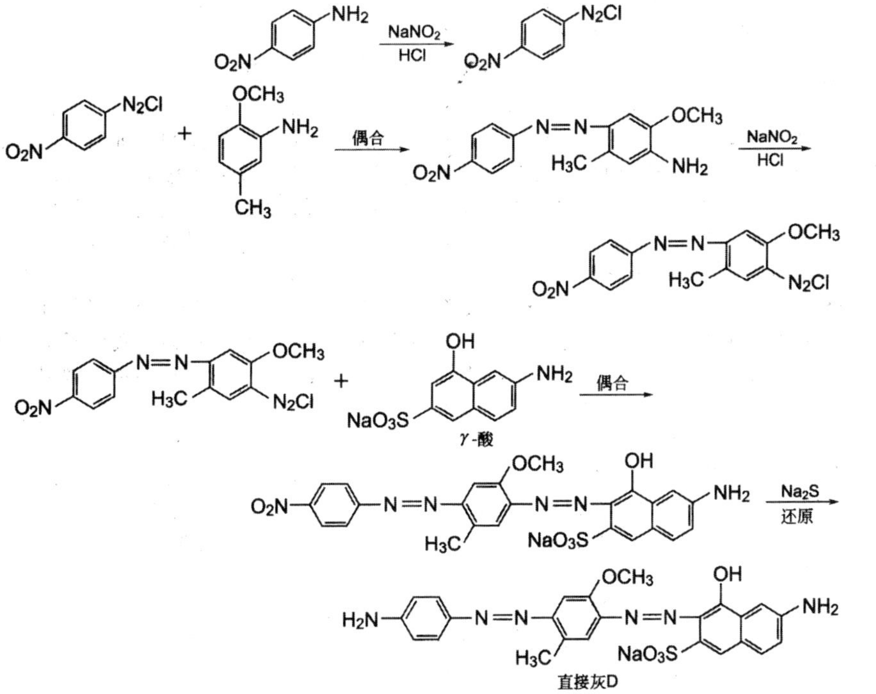

直接灰D

在德国政府和欧共体公布的禁用染料中，直接染料占 65% 左右，其中受影响最大的是联苯胺、3,3'—二甲基联苯胺和 3,3'—二甲氧基联苯胺，它们都是二氨基化合物。因此，国内外开发绿色直接染料的一个重点，就是如何用新型二氨基化合物生产直接染料。目前，用于生产的二氨基化合物有 4,4'—二氨基苯甲酰苯胺、4,4'—二氨基—N—苯磺酰苯胺、4,4'—二氨基二苯胺、二氨基二苯乙烯二磺酸以及 4,4'—二氨基二苯脲等。如以 4,4'—二氨基苯甲酰苯胺为二氨基化合物开发成功的环保型直接染料直接墨绿 N—B，直接枣红 N—GB，它们的结构如下：

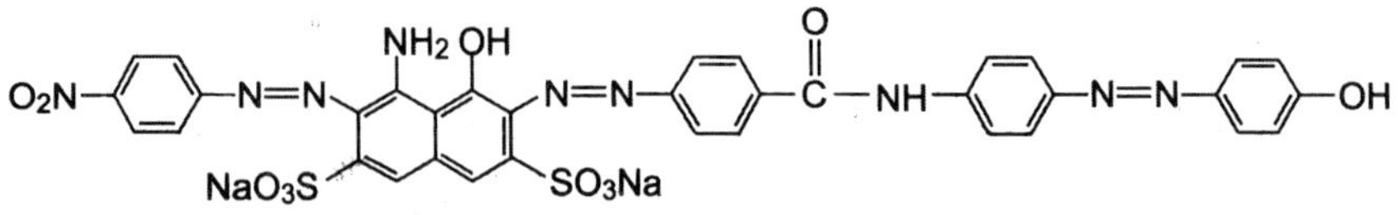

直接墨绿N-B

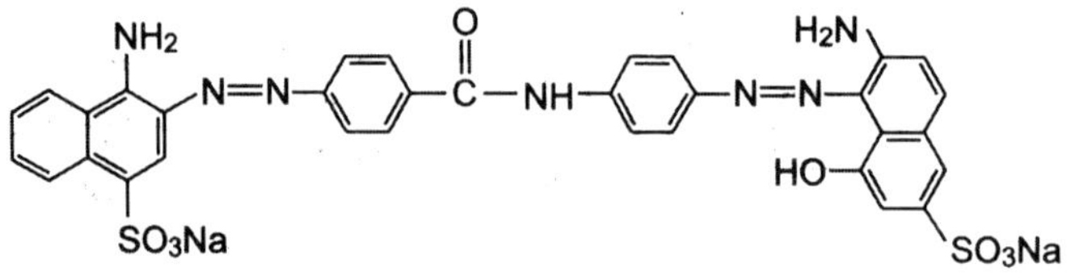

直接枣红 N—GB

（3）二苯乙烯型直接染料

这类染料的分子结构中具有 $\cdot$ 结构，分子呈线型，与偶氮基形成一个大的共轭体系。如用 4,4′—二氨基二苯乙烯—2,2′—二磺酸（简称 DSD 酸）制得环保型染料直接亮黄，反应过程如下：

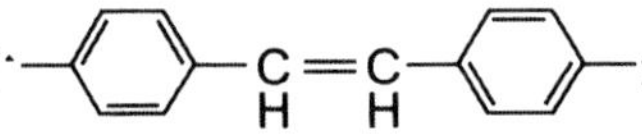

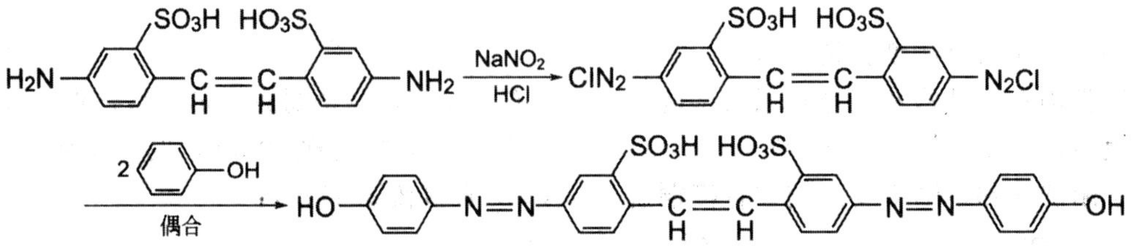

直接亮黄

（4）三聚氰酰型直接染料

这种结构的环保型直接耐晒染料是通过三聚氰氯把两只单偶氮或多偶氮染料连接起来，然后将三嗪环上的第三个氯原子用芳胺或脂肪胺进行取代。它们不仅染色性能优良、光牢度好，而且提高了耐热性能，是一种很有前途的环保型染料。如直接耐晒绿 BLL，直接混纺黄 D-RL：

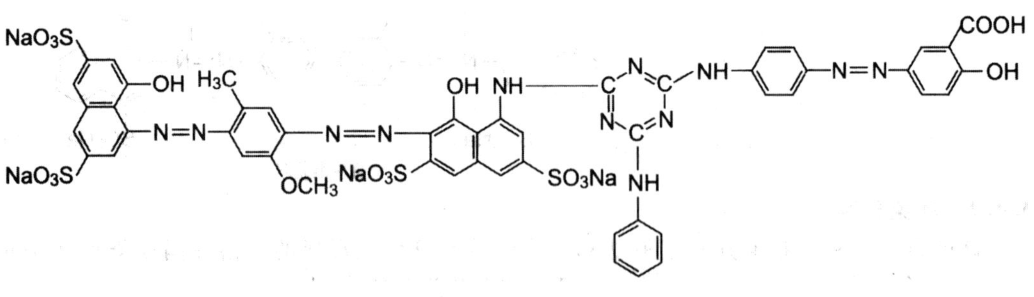

直接耐晒绿 BLL

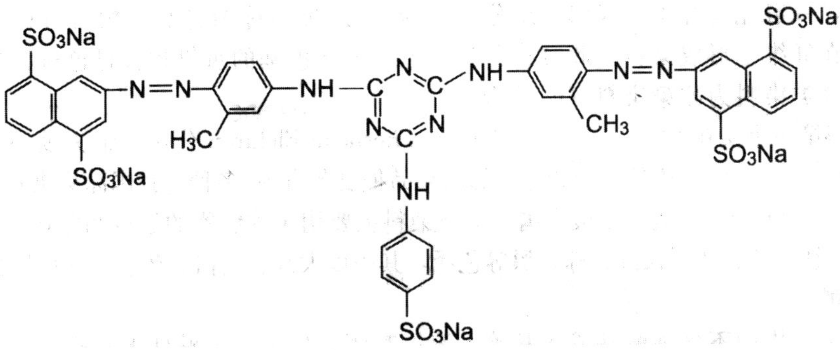

直接混纺黄 **D-RL**

（5）杂环类直接染料

分子结构中含有苯并噻唑、二噁嗪等杂环。如直接耐晒黄 RS（C. I. Direct Yellow 28）：

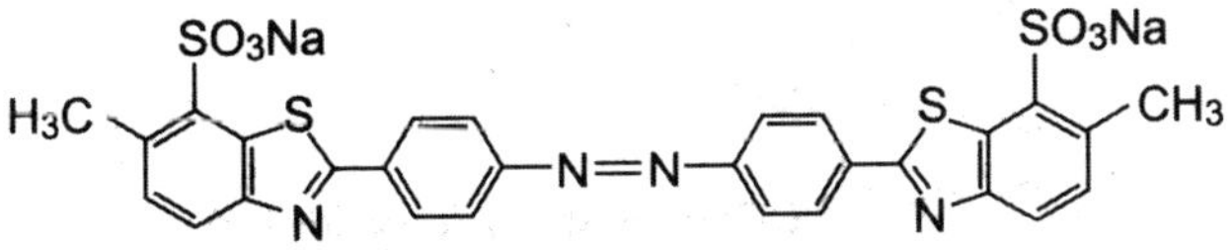

直接耐晒黄 **RS**

直接耐晒艳蓝（C. I. Direct Blue 106）：

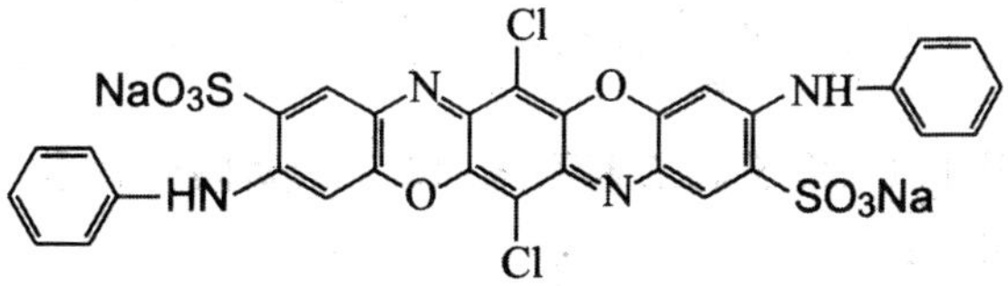

直接耐晒艳蓝

（6）金属络合物型直接染料

这类染料的结构特征是在偶氮基两侧的邻位有配位基，与金属离子形成络合物。直接染料染色后，以 $1\%\sim2\%$ 的 $CuSO_4$ 及 $0.3\%\sim1\%$ 乙酸在 80℃处理 30min，发生铜络合反应，提高了耐洗性和耐晒牢度。例如直接铜蓝 IR（C. I. 直接蓝 824140）：

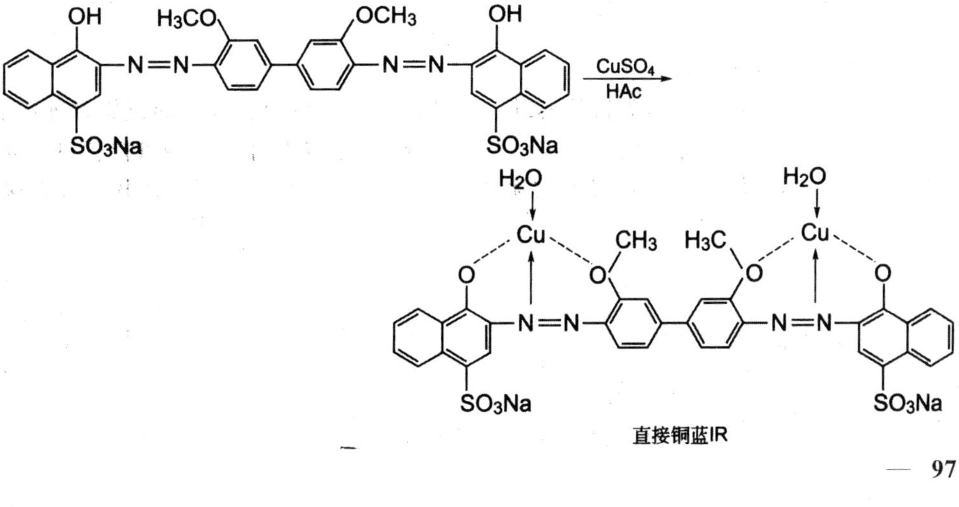

直接铜蓝IR

5.3.2 冰染染料

冰染染料是由重氮组分的重氮盐和偶合组分在纤维上形成的不溶性偶氮染料。偶合组分称为色酚;重氮组分称为色基。

染色时,一般先使纤维吸收偶合组分(色酚),此过程称为打底;然后与重氮组分(色基)偶合,在纤维上形成染料,此过程称为显色。由于色基的重氮化及显色过程均需加冰冷却,所以称这类染料为冰染染料。

这类染料第一个实用性商品是 1912 年德国 Criesheim-Elekfron 公司的纳夫妥 As(Naphthol As)。到目前为止,不同结构的色酚和色基的商品品种已各有 50 多种。我国冰染染料的产量目前几乎占世界总产量的 1/3,为产量最大国。这类染料主要用于棉织物的染色和印花,可以得到浓艳的黄、橙、红、蓝、紫、酱红、棕、黑等色泽,其中以大红、紫酱、蓝色等浓色见长。

1. 色酚

色酚分子结构中不含磺酸基或羧基等水溶性基团,但可溶于碱性水介质中。目前色酚种类主要有三类:

(1)色酚 AS 系列

这是一类 2-羟基萘-3-甲酰苯(萘)胺类化合物,是一类重要的偶合剂,品种较多,该类色酚与不同芳胺重氮盐偶合,所得的不溶性偶氮染料以红、紫、蓝色为主。这类色酚的结构通式为:

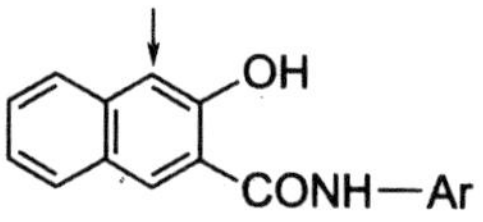

(↓表示偶合的位置)

芳胺上的取代基为 CH_3、OCH_3、Cl、NO_2 等,改变芳烃或芳环上的取代基,可以得到一系列不同结构的色酚。常见的品种如下:

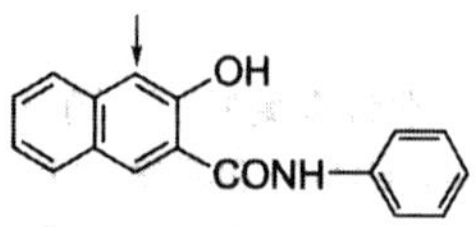

AS

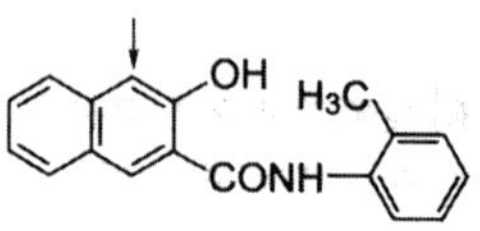

AS-D

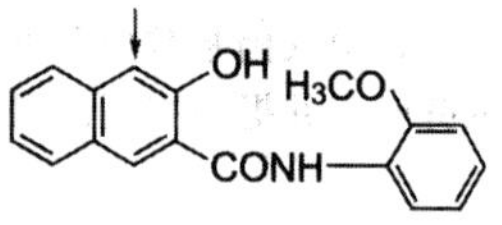

AS-OL

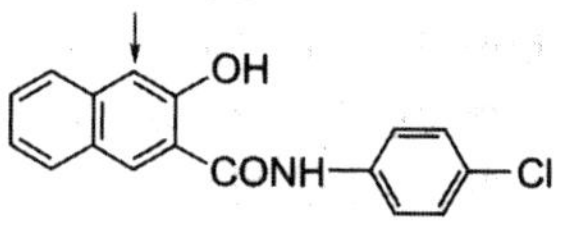

AS-E

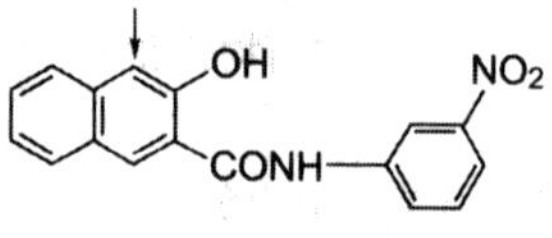

AS-BS

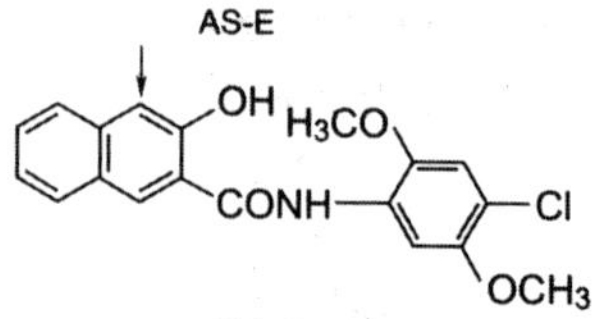

AS-BG

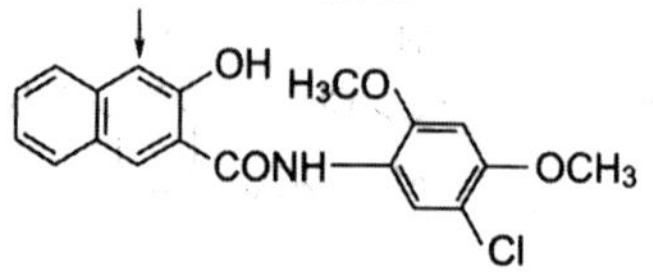

AS-ITR

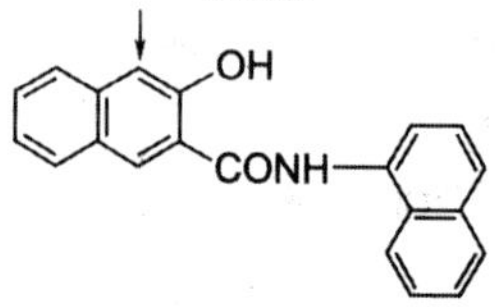

AS-BO

(2)色酚 AS—G 系列

这是一类具有酰基乙酰芳胺结构(即 β—酮基酰胺类)的色酚,与任何的重氮组分偶合都得到色光不同的黄色染料,正好弥补 AS 类色酚无黄色的不足。

该类色酚的主要结构如下:

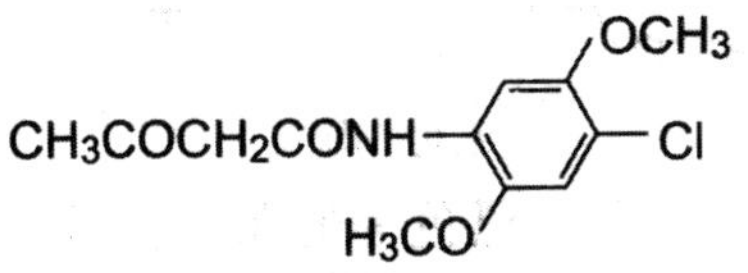

AS-TRG

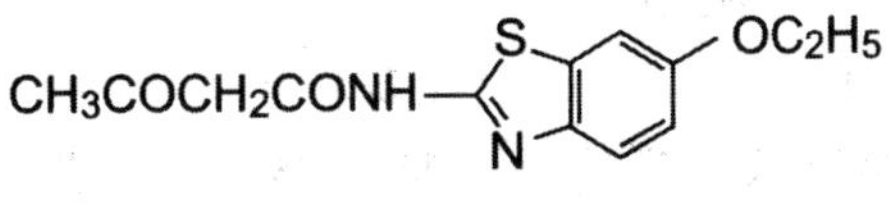

AS-L4G

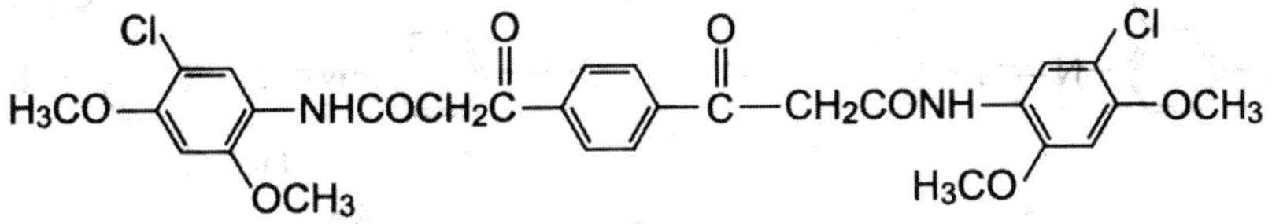

AS-LG

(3)其他类色酚

这类色酚包括含二苯并呋喃杂环的 2—羟基—3—甲酰芳胺色酚,含咔唑杂环结构的羟基甲酰芳胺色酚,2—羟基蒽—3—甲酰邻甲苯胺色酚(色酚 AS—GR),具有酞菁结构的色酚(AS—FGGR)。主要生成绿、棕、黑色的色酚。例如:

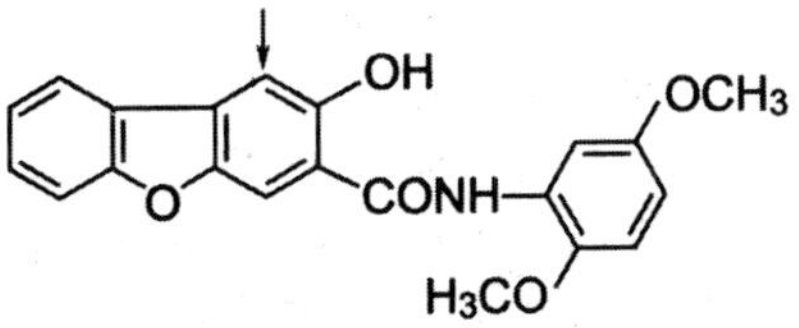

AS-BT

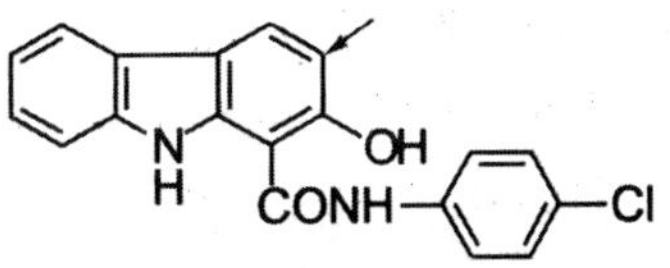

AS-LB

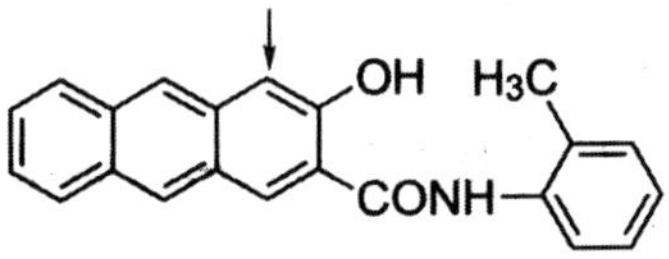

AS-GR

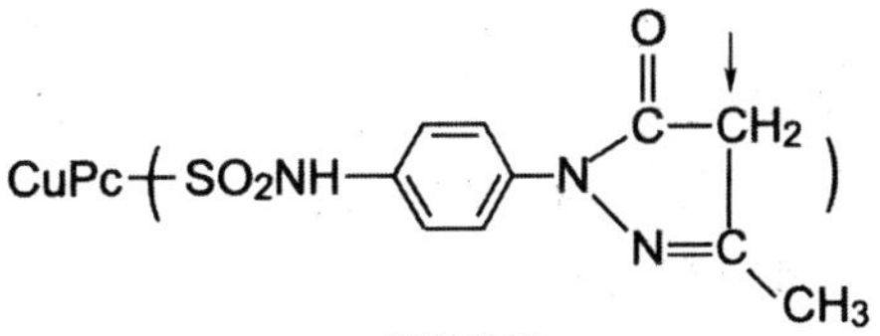

酞菁结构

2. 色基

色基是不含有磺酸基等水溶性基团的芳胺类,常带有氯原子、硝基、氰基、三氟甲基、芳胺基、甲砜基($—SO_2CH_3$)、乙砜基($—SO_2CH_2CH_3$)和磺酰胺基($—SO_2NH_2$)等取代基。

色基分子结构中引入氯原子或氰基使其色光鲜艳,引入硝基常使颜色发暗。在氨基的间位引入吸电子基,邻位引入给电子基,都可使颜色鲜明,并提高牢度。引入三氟甲基、乙砜基、磺酰二乙胺基等,可提高耐日晒牢度。

按照化学结构,色基大致分为以下三类:

(1)苯胺衍生物

这类色基主要是黄、橙、红色基。其结构式和主要品种如下:

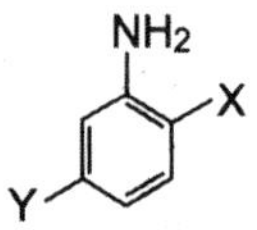

其中 X 多为正性基，Y 为负性基

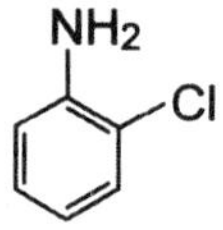

| 色基黄GC | 色基橙GC | 金橙GR | 大红GG | 大红G | 红色基RL |

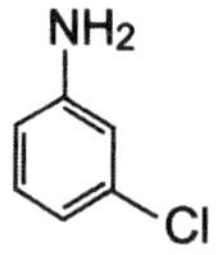

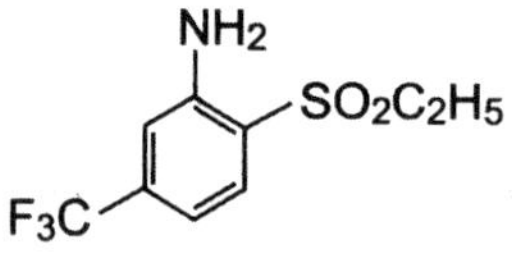

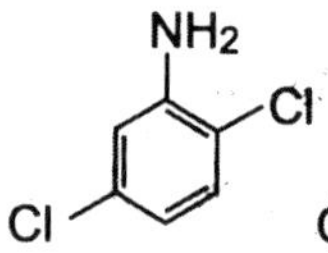

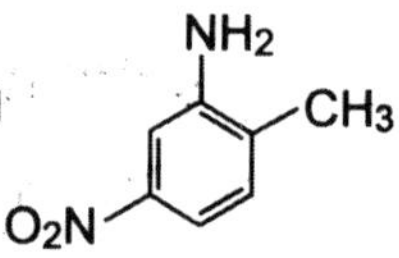

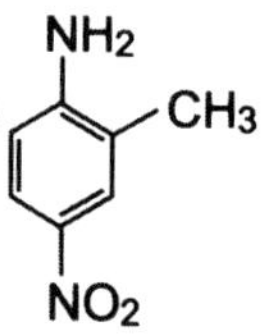

（2）对苯二胺—N—取代衍生物

这类色基与色酚 AS 偶合可得到紫色、蓝色等。例如：

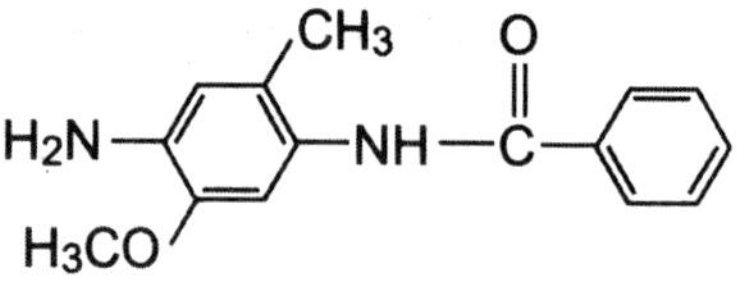

紫色基B 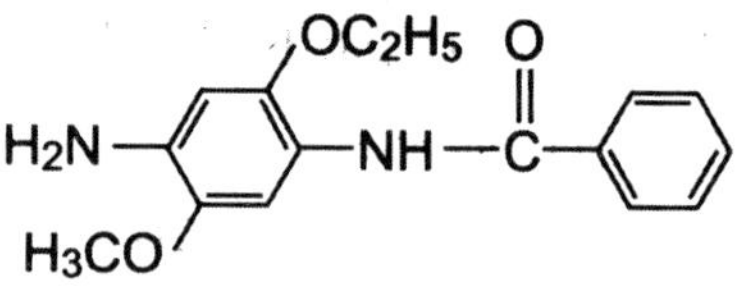　　　　　　　　蓝色基BB

（3）氨基偶氮苯衍生物

这是一类生成紫酱色、棕色、黑色等的深色色基。例如：

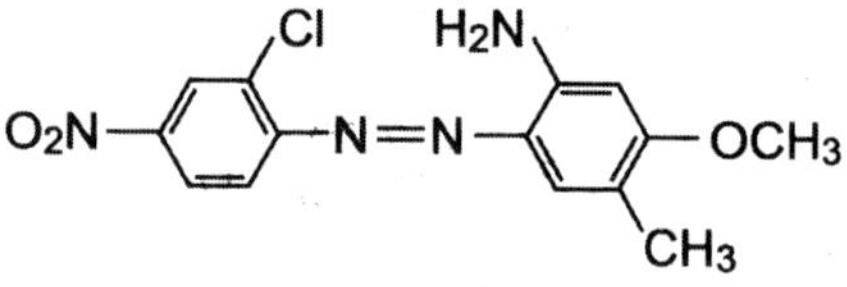

棕V 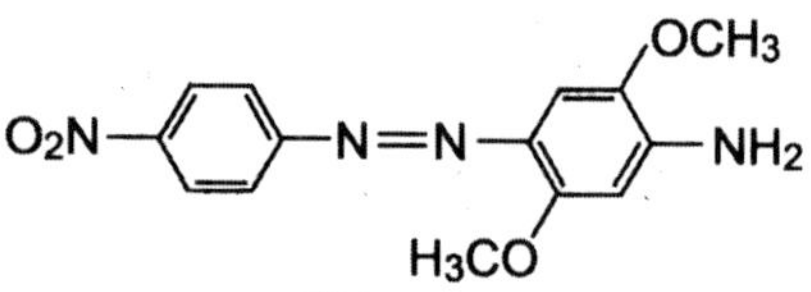　　　　　　　　黑K

5.3.3　活性染料

活性染料又称反应性染料，它是一种在化学结构上带有活性基团的水溶性染料。在染色过程中，活性染料与纤维分子上的羟基或蛋白质纤维中的氨基等发生化学反应而形成共价键结合。

活性染料自 1956 年问世以来，其发展一直处于领先地位，至今已有 50 多个化学结构不同的活性染料（指活性基团），品种已超过 900 种，销售总量已达 9 万吨/年以上，它在纺织纤维上的耗用已占染料总产量的 11% 以上。这类染料有如下独特优点：

①染料与纤维的结合是一种化学的共价键结合，染色牢度尤其是湿牢度很高。

②色泽鲜艳度、光亮度特别好，有的超过还原染料。

③生产成本比较低，价格比还原染料、溶靛素染料便宜。

④色谱很齐全，一般不需要其他类染料配套应用。

此类染料广泛用于棉、麻、黏胶、丝绸、羊毛等纤维及混纺织物的染色和印花。

1. 活性染料分子结构

活性染料分子结构的特点在于既包括一般染料的结构,如偶氮、蒽醌、酞菁及其他类型作为活性染料的母体,又含有能够与纤维发生反应的反应性基团。活性基往往通过某些连接基与母体染料连接,活性基本身又常常包括活泼原子和取代部分。活性基影响活性染料与纤维素纤维形成共价键的反应能力,以及染料的耐氧化性、耐酸碱性和耐热性的能力;染料母体对活性染料的色泽鲜艳度、溶解性、上染率、固着率、匀染性和染色牢度起着决定性的作用;连接基则把活性基和染料母体结合成一个整体,起到平衡两个组成部分,并使其产生优异性能的作用。

活性染料的结构可用下列通式表示:

$$W—D—B—R$$

式中,W 为水溶性基团,如磺酸基等;D 为染料母体(发色体);B 为母体染料与活性基的连接基(桥基);R 为活性基。

以下举例说明:

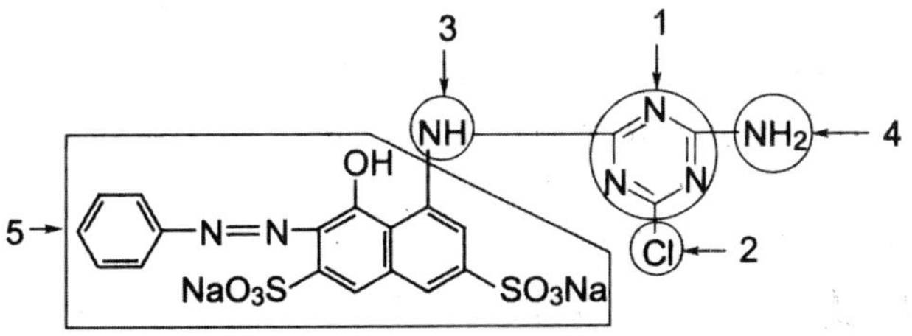

其中,1 为活性基的基本部分;2 为活性原子(可变部分);3 为活性基与母体染料的连接基;4 为活性基的取代部分;5 为母体染料。

染色时,活性基上的活性原子被纤维素羟基取代而生成"染料—纤维"化合物。

2. 活性染料活性基团

活性染料最主要的有三种活性基:均三嗪基;嘧啶基;乙烯砜基。此外还有从这些活性基团衍生的以及新开发的结构。

(1)均三嗪活性基

这是最早出现的活性基,由于具有较强的适应性和反应活性,所以在活性染料中占主要地位。

二氯均三嗪的结构如下:

二氯均三嗪

二氯均三嗪的反应活性高,但易水解,适合于低温(25℃～45℃)染色。

一氯均三嗪的结构如下:

简写为

一氯均三嗪

一氯均三嗪的反应活性降低,不易水解,固色率有所提高,适合于高温(90℃以上)染色和印花。

(2)嘧啶活性基

嘧啶型活性染料的结构如下:

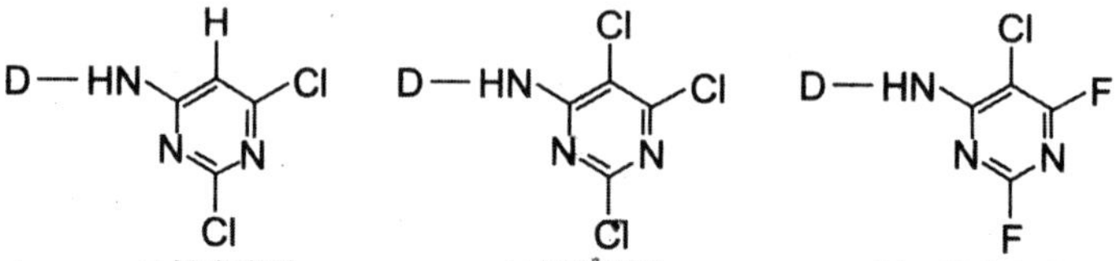

二氯嘧啶型　　　　三氯嘧啶型　　　　二氟一氯嘧啶型

这类活性基由于是二嗪结构,核上碳原子的正电性较弱,故而反应性比均三嗪结构的低,但稳定性较高,不易水解,因此适合于高温染色。

(3)乙烯砜活性基

这类染料含有 β—乙烯砜硫酸酯基,它在微碱性介质中(pH＝8)转化成乙烯砜基而具有高反应性,与纤维素纤维形成稳定的共价结合。

(4)复合活性基

含有两个相同的活性基团(一般是一氯均三嗪活性基团)或者含两个不同的活性基团(主要由一氯均三嗪活性基和 β—乙烯砜硫酸酯基组成)。从生态环境保护要求、应用性能、牢度性能和经济性等分析较集中在双活性基染料上。一氯(氟)均三嗪和乙烯砜的异种双活性基染料是近年来发展最快、品种最多的一类活性染料。Ciba 精化公司开发了一氟均三嗪与乙烯砜的双活性基染料,因为一氟均三嗪与纤维的反应速率比一氯均三嗪大 4.6 倍,它与乙烯砜基的反应性更加匹配,因此固色率也高。如:

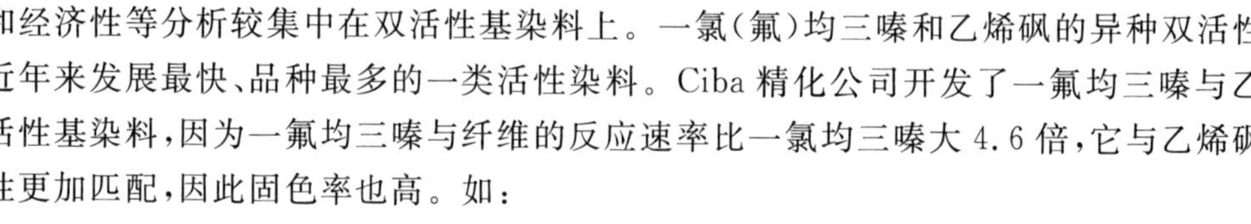

(5)膦酸基活性基

结构通式为:

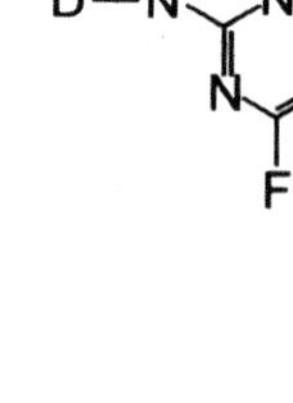

这类活性基可以在弱酸性(pH＝5～6.5)条件下,用氰胺或双氰胺作催化剂,经 210℃～

220℃的焙烘脱水,转变为膦酸酐,然后与纤维素纤维中的羟基发生加成反应而固色。

5.4 有机颜料

有机颜料的耐光、耐热、耐溶剂性虽比不上无机颜料,但它具有着色力强、色谱丰富、色彩鲜艳、耐酸碱性好、密度小等优点,尤其是现代高级颜料品种在各项性能上大大提高,应用范围日益扩大。

有机颜料的分类也有多种方法,可按其色谱不同分为黄色、红色、蓝色、绿色颜料等;按发色团的不同分为偶氮染料、酞菁染料等;按用途分为油墨用颜料、涂料用颜料、塑料用颜料等。

这里我们来介绍两类重要的颜料——偶氮颜料和酞菁颜料。

5.4.1 偶氮颜料

偶氮颜料是指化学结构中含有偶氮基(—N＝N—)的有机颜料,它在有机颜料中品种最多,产量最大。偶氮颜料的色谱分布较广,有黄、橙、蓝等颜色。其着色鲜艳,着色力强,密度小,耐光性好,价格便宜,但牢度稍差。按化学结构可分为:不溶性偶氮颜料;偶氮染料色淀;缩合型偶氮颜料。

1. 不溶性偶氮颜料

包括单偶氮颜料和双偶氮颜料。按化学结构可分为乙酰基乙酰芳胺系、芳基吡唑啉酮系、β—萘酚系、2—羟基—3—萘甲酰芳胺系、苯并咪唑酮系。

(1)乙酰基乙酰芳胺系

乙酰基乙酰芳胺系单偶氮颜料和双偶氮颜料主要是黄色颜料,是有机颜料的主要品种,例如耐晒黄 10G、联苯胺黄 G,它们的化学结构式如下:

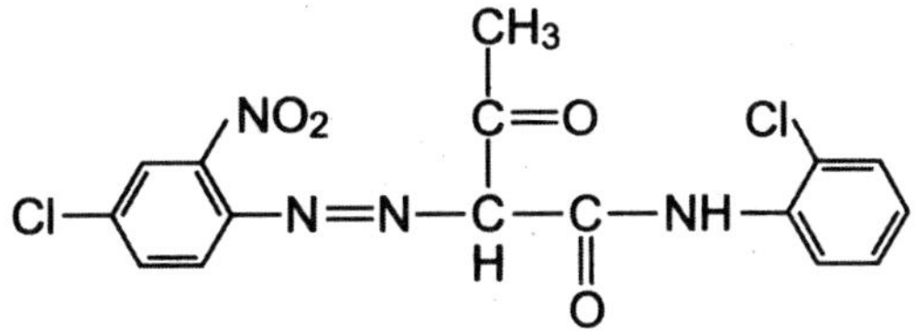

耐晒酸 10G

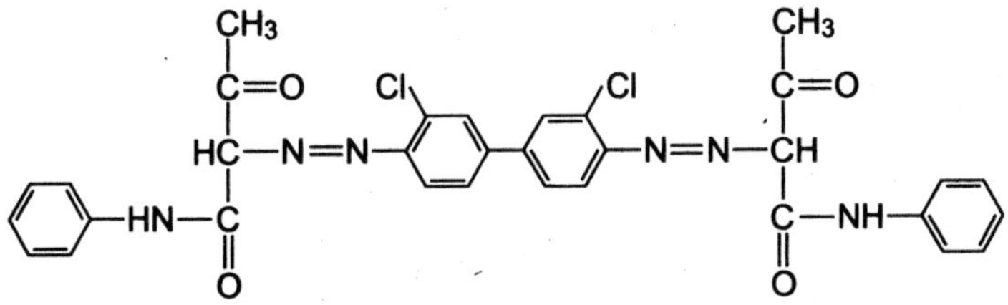

联苯胺黄 G

耐晒黄 10G 主要用于油漆、涂料印花浆,也用于油墨和塑料制品的着色,但不适合于橡胶制品的着色。联苯胺黄 G 大量用于印刷油墨,是三色板印刷中三原色之一,由于耐硫化和耐迁移性良好,所以也用于橡胶的着色和涂料印花中。

（2）芳基吡唑啉酮系

芳基吡唑啉酮系单偶氮颜料主要是黄色颜料，双偶氮颜料色谱有橙色和红色。例如颜料黄10，永固橘黄G，其化学结构式如下：

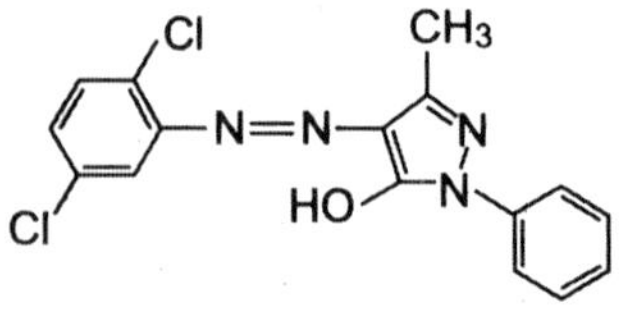

颜料黄 10

主要用于油墨和涂料中。

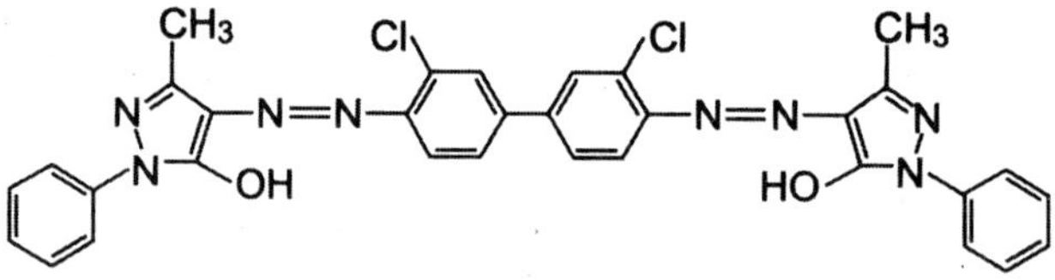

永固橘黄 G

（3）β—萘酚系

β—萘酚系单偶氮颜料色谱由红色至紫色，例如甲苯胺红是本系中主要产品，大量用于油性漆和乳化漆中，但因耐溶剂性能欠佳，使用受限制。其化学结构式如下：

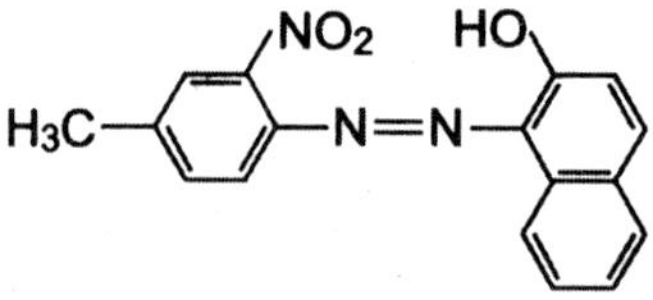

甲苯胺红

（4）2—羟基—3—萘甲酰芳胺系

2—羟基—3—萘甲酰芳胺系单偶氮颜料色谱有橙、红、棕、紫、蓝等，但以红色最重要。它们牢度好，且特别耐碱。例如永固红 F4R，其化学结构式如下：

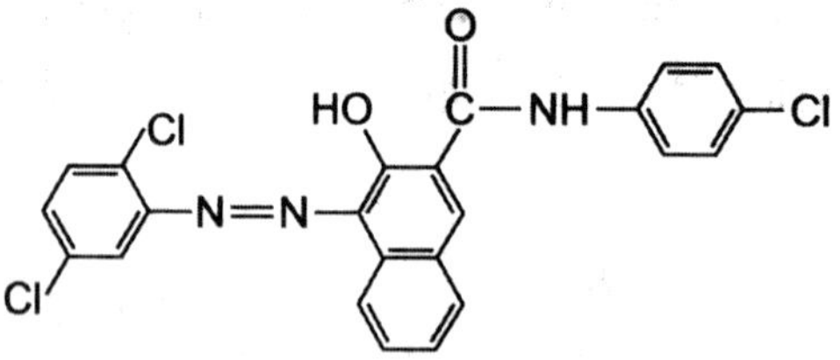

永固红 F4R

其耐晒牢度5级，主要用于制造油墨，又可用于纸张、漆布、化妆品、油彩、铅笔、粉笔等文教用品的着色，还用于人造革、橡胶、塑料制品的着色和涂料中。

（5）苯并咪唑酮系

苯并咪唑酮系单偶氮颜料色谱有黄、橙、红等品种。例如永固橙 HSL 和永固棕 HSR，它们的化学结构式如下：

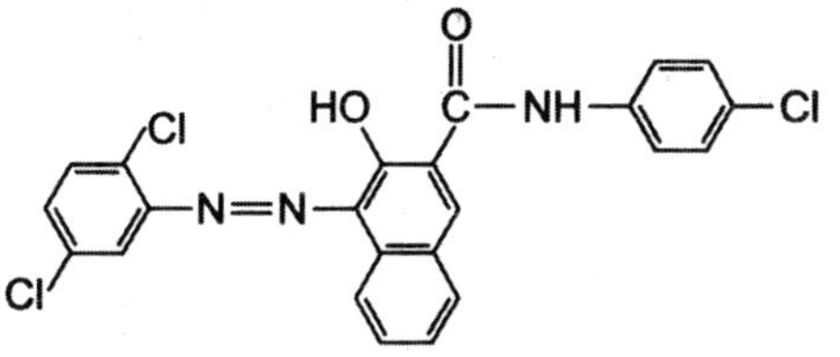

永固橙 HSL

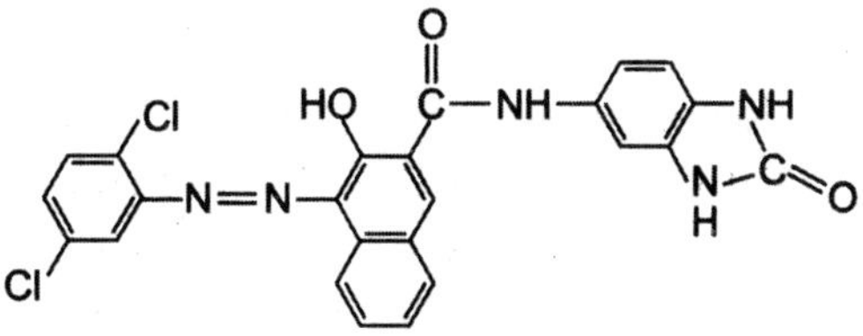

永固棕 HSR

由于引入了两个酰胺基,且具有环状结构,从而增加了分子的极性和分子间的作用力,影响到分子的聚集状态,降低了颜料在有机溶剂中的溶解度,增加了耐迁移性能,且使分子稳定性、耐热性、耐光性都有明显改进。该类有机颜料适用于硬(软)聚氯乙烯、聚乙烯、聚丙烯、聚苯乙烯、有机玻璃、醋酸纤维等塑料的着色。

2. 偶氮染料色淀

将可溶于水的含磺酸或羧酸基团的偶氮染料转化成不溶于水的钡、钙、锶的盐,就成为偶氮颜料。但不是所有的偶氮染料都可转化为颜料,只有少数特定结构的染料转化为不溶于水的盐类后,并且有颜料特性时,才成为有价值的颜料商品。

偶氮染料色淀性质除了与化学结构有关外,还与转化为色淀的条件如色淀化金属、pH值、表面处理有关。这些条件不同,颜料的色调、晶型、粒度、形状都会发生变化,各项牢度也有所不同。

偶氮染料色淀按化学结构可分为乙酰基乙酰芳胺系、β—萘酚系、2—羟基—3—萘甲酸系、2—羟基—3—萘甲酰芳胺系和萘酚磺酸系五类。下面是一些这类颜料的化学结构式:

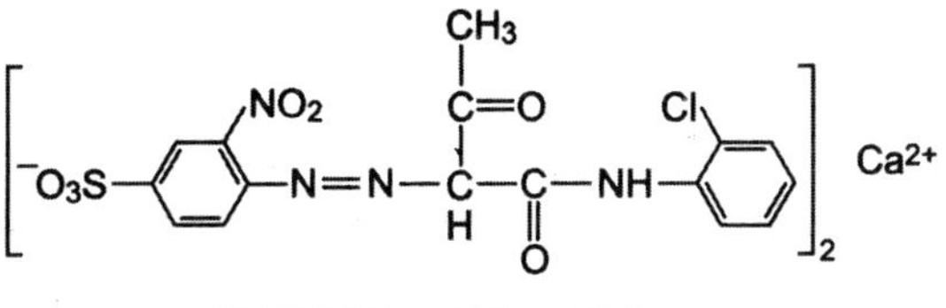

颜料黄168(Lionol Yellow K-5G)

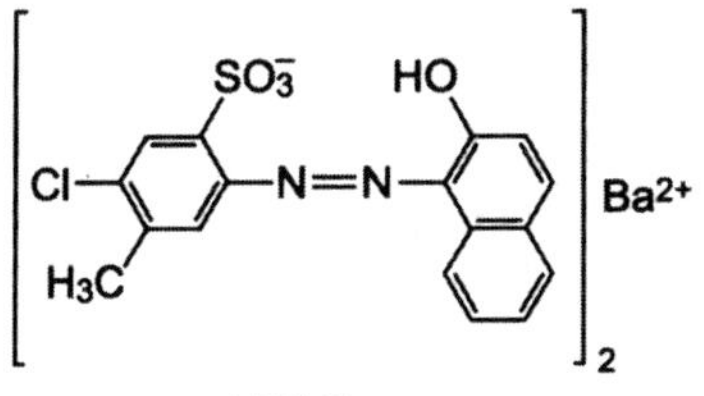

金刚红C

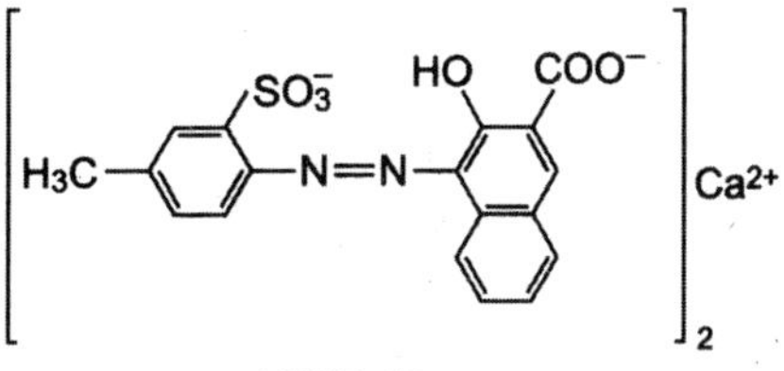

亮胭脂红6B

3. 缩合型偶氮颜料

一般偶氮颜料在使用时,有渗色和不耐高温的缺点。为了提高耐晒、耐热、耐溶剂等性能,可通过芳香二胺将两个分子缩合成一个大分子的缩合型偶氮颜料,俗称固美脱颜料。这类颜料的各项牢度均有所增加。适用于塑料、橡胶、氨基醇酸烘漆和丙纶纤维的原液着色。

缩合型偶氮颜料按化学结构可分为 β —羟基萘甲酰胺类和乙酰基乙酰芳胺类两大类。例如固美脱红 BR 和固美脱红 3G,它们的化学结构式如下:

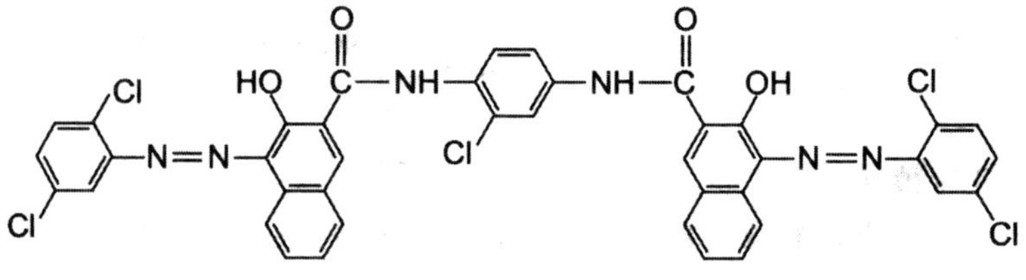

固美脱红 BR

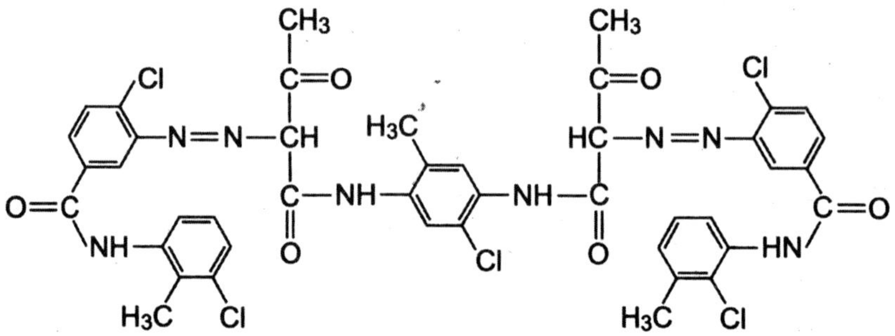

固美脱红 3G

5.4.2 酞菁颜料

酞菁是一大类高级有机颜料。1907 年人们就发现了酞菁,1927 年 Diesbach 和 Von der-weid 以邻二溴苯、氰化亚铜和吡啶加热反应得到蓝色的铜酞菁。酞菁颜料的色谱从蓝色到绿色,是有机颜料中蓝、绿色的主要品种。具有极强的着色力和优异的耐候性、耐热性、耐溶剂性、耐酸碱性,且色泽鲜艳,极易扩散和加工研磨,是一种性能优良的高级有机颜料。

酞菁颜料广泛用于印刷油墨、涂料、绘画水彩、涂料印花浆以及橡胶、塑料制品的着色。

酞菁是含有四个吡咯,而且具有四氮杂卟吩结构的化合物,结构式为:

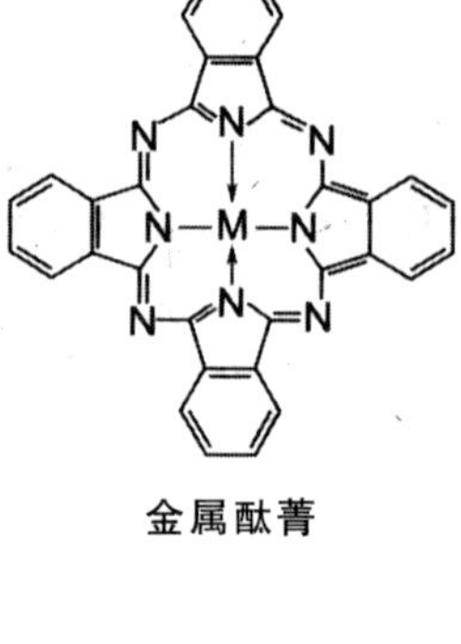

金属酞菁

酞菁的主体结构是四氮杂卟吩,其发色团共轭体系为 18 个 π 电子的环状轮烯。它在结构上也可以说是由四个吲哚啉结合而成的一个多环平面型分子,金属酞菁中的金属原子位于对称中心。

最常见的金属酞菁是铜酞菁、钴酞菁、镍酞菁,其中铜酞菁最为重要。酞菁蓝、酞菁绿为常用品种。酞菁蓝主要成分是细结晶的铜酞菁。酞菁绿是多卤代铜酞菁,如 C.I.颜料绿 7(C.I. 74260)就是有 14 个氯代的铜酞菁。

酞菁的传统工业制法有邻苯二腈法和苯酐—尿素法两种。苯酐—尿素法是在钼酸铵存在下,在硝基苯或三氯苯中,由邻苯二甲酸酐与尿素和铜盐反应。反应的过程可能为:

$$NH_2CONH_2 \longrightarrow HN{=}C{=}O + NH_3$$

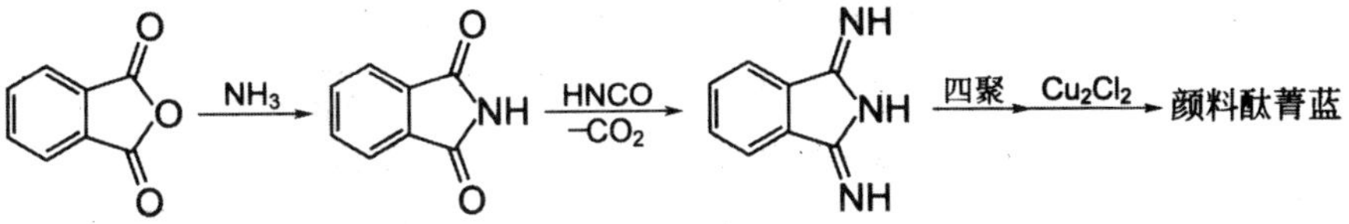

5.4.3　有机颜料的颜料化

有机颜料粒子的大小、晶型、表面状态、聚集方式等,对颜料的使用性能有相当大的影响。粗制颜料在这些方面常难以达到要求,故其使用性能往往不佳,不宜直接付诸应用。经过一系列化学、物理及机械处理,采取适当的工艺方法改变粒子的晶型、大小、聚集态和表面状态,使其具备所需要的应用性能,这个过程称为颜料化加工(俗称颜料化)。

有机颜料的颜料化方法主要有以下几种。

(1)酸处理法

常用的酸是硫酸,有时也可用磷酸、焦磷酸等。酸处理法又分为酸溶法、酸胀法,主要用于酞菁颜料。

酸溶法:将粗酞菁蓝溶解于浓硫酸(>95%)中,使其生成硫酸盐,然后用水稀释,煮沸,这时硫酸盐分解析出铜酞菁的微细晶体。

酸胀法:将粗酞菁蓝溶解于低浓度的硫酸中(70%~76%),粗酞菁蓝不溶解,只能生成细结晶的铜酞菁硫酸悬浮液,然后用水稀释,使酞菁蓝析出。

(2)溶剂处理法

基本原理是使颜料在溶剂中溶解,再结晶。将粉状或膏状的半成品颜料加入到有机溶剂中,在一定温度下搅拌,使颜料粒子增大,晶型稳定。此法常用于偶氮颜料。所用溶剂一般为极性有机溶剂。常用的有机溶剂为 DB/W、DMSO、吡啶、喹啉、—N—甲基吡咯烷酮、甲苯、二甲苯、氯苯、二氯苯等。溶剂的选择和颜料化条件要根据不同的颜料在实践中进行优选。

(3)盐磨法

又称机械研磨法,是用机械外力,将颜料与无机盐一起研磨,使晶型发生改变,无机盐作为助磨剂。常用的无机盐有氯化钠、无水硫酸钠、无水氯化钙。研磨时也可以加少量有机溶剂(如二甲苯、DMF)。例如,将粗酞菁蓝用盐磨法,酞菁与无水氯化钙之比为 2∶3,于 60℃~80℃下用立式搅拌球磨机研磨,可得到粒度很细的 α 型铜酞菁蓝。如果加入有机溶剂(甲苯或二甲苯）则得到 β 型铜酞菁蓝。

（4）表面处理法

颜料的表面处理，就是在颜料一次粒子生成后，用表面活性剂将粒子包围起来，把易凝集的活性点钝化，这样就可以有效地防止颜料粒子的凝集，改变界面状况，调节粒子表面的亲油、亲水特性，增加粒子的易润湿性，改善耐晒、耐候性能。

最重要的添加剂有松香皂及松香衍生物、脂肪胺、酰胺。

颜料化包含着十分丰富的理论和实践内容，同一化学结构的颜料，如果颜料化加工方法不同，其使用性能可能会出现相当大的差异。

第6章 涂料

6.1 涂料概述

涂料是一种利用特定的施工方法涂覆在物体表面上,固化后形成连续性涂膜的材料,通过它可以对被涂物体进行保护、装饰和其他特殊的作用。

将植物油与天然树脂熬炼,即用天然树脂改性干性植物油,漆膜的性能就可以得到提高。多年来,"油漆"一词已经成为涂料的代名词。涂料和油漆实际上没有什么区别,可以理解为同一种东西的两种称呼。在中国,我们习惯把水性涂料称为涂料,油性树脂涂料称为油漆。

涂料的发展走过了天然树脂、人造树脂、合成树脂的发展阶段,其使用范围也从原始的装饰目的扩大到材料的保护和功能材料的领域。随着酚醛树脂、醇酸树脂的出现,涂料进入了合成树脂的时期,油漆的质量水平达到新的高度,并逐步发展成为十几大类涂料。到了近代,工业化给全球带来严峻的环境问题。涂料的制造和施工,特别是施工现场有机溶剂的排放以及有毒颜料的使用造成严重的环境污染。同时,有机溶剂的大量挥发也造成了资源的浪费,使用低和无污染涂料是全球共同的呼声,应运而生的是含溶剂较少的和不含溶剂的高固分涂料、水性涂料、以活性溶剂代替挥发性溶剂的无溶剂涂料、辐射固化涂料和粉末涂料。现代涂料正逐步成为一类多功能性的工程材料。

6.1.1 涂料的作用

涂料是涂覆在被涂物体表面,通过形成涂膜而起作用,涂料主要有保护作用、装饰作用、色彩标志等作用。

1. 保护作用

物体暴露在大气中,受到水分、气体、微生物、紫外线等的作用逐渐发生腐蚀,例如金属锈蚀、木材腐烂、水泥风化、塑料老化等,从而逐渐丧失其原有性能,且使用寿命降低。在物体表面涂上涂料后,涂料在物体表面形成干燥固化的薄膜,从而隔离水分、空气中的氧等腐蚀性介质,这样可有效防止或避免腐蚀的发生,有效延长了物体的使用寿命。例如,金属材料在海洋、大气和各种工业气体中的腐蚀极为严重,一座钢铁结构的桥梁,不用涂料加以保护,只能有几年的寿命,若使用合适的涂料保护并维修得当,寿命可达百年以上。工业生产中使用的各种管道、储罐、塔、釜等各种设备也要通过使用各种涂料加以保护。当涂料本身老化失效时,我们还可以刮除旧涂层,涂上新涂层以达到长期保护的目的。此外,物体表面形成的涂层还可以增加物体的表面硬度,提高其耐磨性。

2. 装饰作用

在涂料中加入各种颜料,可使涂膜具有不同的颜色,使物体表面色彩鲜亮光泽,还可以修饰和平整物体表面的粗糙和缺陷,改善外观质量,提高商品价值。

火车、汽车等交通工具,房屋建筑,家具,日用品,玩具等因为使用了不同色彩的涂料装饰,才让我们周围的世界如此色彩缤纷、绚丽多彩。

3. 标志作用

可以利用不同色彩来表示警告、危险、安全、前进、停止等信号。各种危险品、化工管道、机械设备等涂上不同颜色涂料后,容易进行识别、便于准确操作;公路划线、铁道标志等也需要不同色彩的涂料以保证安全行车;在各种容器、机械设备及办公设备外表涂上各种色彩的涂料可以调节人的心理情绪。有些涂料对外界条件还具有明显的响应性质,如温致变色和光致变色等,更可起到警示的作用。

4. 特殊作用

某些涂料还具有特殊功能,如导电涂料能赋予非导体材料以表面导电性和抗静电性;阻燃涂料能提高木材的耐火性;防污涂料能防止海洋生物在船体表面的附着;示温涂料能根据物体温度的变化呈现不同的色彩;隐身涂料能减少飞机对雷达波的反射;阻尼涂料能吸收声波或机械振动等交变波引起的振动或噪声,用于舰船可吸收声呐波,提高舰船的战斗力,用于机械减振可大幅度延长机械的寿命,用于礼堂、影院可减少噪声等。

6.1.2 涂料的组成

涂料主要是由成膜物质、颜料、填料、溶剂和助剂等按一定配比制成的。

1. 成膜物质

成膜物质是涂料的基础成分,又称基料、漆料,是能黏着于物体表面并形成涂膜的一类物质。成膜物质一般包括:油脂、天然树脂、合成树脂。

天然树脂及其加工产品,主要有:松香及其衍生物,如石灰松香、松香甘油酯、顺丁烯二酸松香甘油酯;纤维素衍生物,如硝酸纤维素、醋酸纤维素、醋丁纤维素、乙基纤维素、苄基纤维素等;氯化天然橡胶;虫胶;天然沥青等。

合成树脂常用酚醛树脂、沥青、醇酸树脂、氨基树脂、纤维素、过氯乙烯树脂、烯类树脂、丙烯酸类树脂、聚酯树脂、环氧树脂、聚氨酯树脂、元素有机化合物、橡胶等。

成膜物质主要分为两大类,一类是指在成膜过程中组成结构发生了变化,即成膜物质形成与原来组成结构完全不相同的涂膜,称为转化型成膜物质,这类成膜物质在热、氧或其他物质作用下能够聚合成与原来组成不同的不溶不熔的网状高聚物。另一类是在成膜过程中组成结构没发生变化,即成膜物质与涂膜的组成结构相同,这类成膜物质称为非转化型成膜物质,它们具有热塑性、受热软化、冷却后又变硬等特点。

2. 溶剂

溶剂是挥发成分,主要包括有机溶剂和水。溶剂通常用来使基料溶解或分散成为黏稠的液体,以便涂料的施工。在涂料的施工过程中和施工完毕后,这些有机溶剂和水挥发,使基料干燥成膜。溶剂的选用除考虑其对基料的相容性或分散性外,还需要注意其挥发性、毒性、价格等。一个涂料品种既可以使用单一溶剂,也可以使用混合溶剂。常将基料和挥发成分的混合物称为漆料。

3. 颜料

颜料能赋予涂料以颜色和遮盖力,提高涂层的机械性能和耐久性;有的能使涂层具有防锈、防污、磁性、导电等功能。颜料的颗粒大小约为 $0.2\sim100\mu m$,其形状可以是球状、鳞片状和棒状。一般通常用的颜料是 $0.2\sim10\mu m$ 的微细粉末,不溶于溶剂、水和油类。

颜料按成分分类可分为无机颜料和有机颜料,按性能可以分为着色颜料、体质颜料和功能性颜料。着色颜料应用广泛,品种也非常多,但它不能单独成膜。体质颜料也称为填料,其加入的目的并不在于着色和遮盖力,一般是用来提高着色颜料的着色效果和降低成本,常用硫酸钡、硫酸钙、碳酸钙、二氧化硅、滑石粉、高岭土、硅灰石、云母粉等。功能性颜料如防锈颜料、消光颜料、防污颜料、电磁波衰减颜料等、发展很快,占有越来越重要的地位。

常用的无机颜料有钛白、锌白、锌钡白、硫化锌、铁系颜料、铬系绿色颜料、镉系颜料、炭黑、群青以及铝粉、锌粉、铜粉等金属颜料;常用的有机颜料按结构分类有偶氮颜料、酞菁颜料、喹吖啶酮颜料、还原颜料等。

涂料的性能受颜料的形状、颗粒大小及其分布、休积分数、在涂料中分散的效果等性能的影响。

4. 助剂

助剂在涂料配方中占据的份额比较小,但起着十分重要的作用。各种助剂对涂料的储存、施工、所形成膜层的性能都有着重要的作用。以下为几种常见的助剂。

(1)流平剂

流平剂的是用来改善涂层的平整性,包括防缩孔、防橘皮及流挂等现象。不同类型的涂料和同一类型的涂料因成膜物质不同,其流平机理不一样,使用的流平剂的化学结构也不一样。另外,并不是所有涂料都需要另外添加流平剂的。

好的流平剂通常具有这些功能:

①降低涂料与底材之间的表面张力,使涂料对底材具有良好的润湿性。

②调整溶剂挥发速度,降低黏度,改善涂料的流动性,延长流平时间。

③在涂膜表面形成极薄的单分子层,以提供均匀的表面张力。

溶剂型涂料成膜机理是靠溶剂的挥发,溶剂的沸点越高,其挥发速度越慢,流平时间就会延长,可通过选择合适沸点的溶剂来调整其挥发速度、延长流平时间来控制涂膜的平整度和致密性,这时高沸点的溶剂就是流平剂。如芳烃、酮类、酯类,一般是高沸点溶剂的混合物。

水溶性涂料的成膜机理与溶剂性涂料一样,是靠水或醇的挥发成膜,因此溶剂的挥发速度可通过高沸点的醇的使用或加水性增稠剂两种方法来控制,从而达到流平的目的。水分散涂料主要以乳胶涂料为主,因乳液成膜机制是乳胶粒子的堆积,增稠剂也起到了漆膜的流平作用。

粉末涂料是在静电喷涂后烘烤成膜的,其流平性主要决定于成膜物质对基材的润湿性,因而其流平剂的加入主要是提高成膜物质对基材的润湿性。粉末涂料常用的流平剂是高级丙烯酸酯与低级丙烯酸酯的共聚物及其他们的嵌段共聚物,或环氧化豆油和氢化松香醇。

(2)流变剂

流变性与流平性是两个相对独立的性质。涂料体系比较理想的情况是在施工时的高剪切速率下有较低的黏度,以利于涂料流平易于施工;在施工后的低剪切速率下应有较高黏度,防止颜料沉降和涂膜流挂。因此需要添加流变助剂,调整涂膜厚度,提高颜料的再分散性,改善刷痕和流平性。

（3）催干剂

催干剂又称干燥剂,是能加速漆膜氧化、聚合交联、干燥的有机金属皂化合物。与固化剂不同,催干剂不参与成膜。催干剂主要用作油性漆中的桐油或亚麻油等成膜物质,其分子结构中含有不饱和双键,遇空气中的氧,开始氧化,双键打开形成自由基,然后与其他双键进行交联固化,干燥和固化是同时进行的。油性漆使用如环烷酸锰、钴、铅、锌类催干剂,可以加快氧打开双键的速度,使固化速度加快,干燥时间缩短。

（4）消光剂与增光剂

由于被涂物的使用目的和环境不同,对涂膜的光泽也有不同的要求。轿车、飞机、轮船的外壳表面希望光泽度高,以显示豪华高贵的气派;而医院、学校则要求室内光线柔和,以突出安静、优雅的气氛;军事设施装备出于隐蔽的目的而要求半光或无光外层。因此,消光和增光成了控制装饰涂料表面光泽的重要手段。

消光剂用于使涂膜表面产生一定的粗糙度,降低其表面光泽,一般在选择消光剂时要尽量使消光剂与成膜物质二者的折光指数相近。常用的消光剂有:金属皂、改性油、蜡、硅藻土、合成二氧化硅等。

与消光剂相反,增光剂用于降低涂膜的表面粗糙度,提高光泽。一般来说,能够提高流平性的物质可作为增光剂。另外,能够改善颜料的润湿分散性的助剂也可以提高涂膜的光泽度。

（5）颜料分散剂

颜料分散剂也称润湿分散剂,常用的颜料分散剂主要为无机类、表面活性剂类和高分子类,效果较好的是高分子类。无机类主要有聚磷酸钠、硅酸盐。表面活性剂类包括阳离子型、非离子型和阴离子型表面活性剂,最常用的阴离子表面活性剂有烷基硫酸钠、油酸钠,阳离子表面活性剂有烷基季铵盐等,主要用于非水分散的涂料中。非离子表面活性剂有脂肪醇聚氧乙烯醚、烷基酚聚氧乙烯醚等,主要用于水溶性涂料,用来降低表面张力、提高颜料的润湿性。两性表面活性剂主要有大豆卵磷脂,很早就在溶剂型涂料中应用。高分子类包括天然高分子,主要用于溶剂型涂料;合成高分子,有聚羧酸盐、聚丙烯酸盐、聚甲基丙烯酸盐、顺丁烯二酸酐—异丁烯共聚物、聚乙烯吡咯烷酮、聚醚衍生物等。

（6）表面活性剂

水性涂料中通常使用合适的表面活性剂来提高颜料的分散效果,有时表面活性剂还可增加不同组分的相容性。在水性涂料中常用的表面活性剂主要为烷基酚聚氧乙烯醚类非离子表面活性剂。

（7）偶联剂

偶联剂分子中有两种或两种以上的活性官能团,可以把两种不同类型化学结构及亲和力相差较大的材料在界面上连接起来,起到稳定的连接作用,从而使颜料填料与成膜物质紧密结合,提高涂膜的附着力等物理机械性能。常用的偶联剂有有机硅和有机钛酸酯两类。

（8）增稠剂

涂料中加入增稠剂后，黏度会显著增加，形成触变型流体或分散体，从而达到防止涂料在储存过程中已分散颗粒的聚集、沉淀，防止涂装时的流挂现象发生。增稠剂在溶剂型涂料中称为触变剂，在水性涂料中则称为增稠剂。制备乳胶涂料，增稠剂的加入可控制水的挥发速度，延长成膜时间，从而达到涂膜流平的功能。

（9）固化剂

固化剂亦称交联剂或架桥剂，其作用是使线形树脂发生交联反应，从而提高漆膜的耐热性、耐水性、耐溶剂性、耐打磨性等。如环氧树脂涂料需有机胺类固化剂才能形成稳定的涂膜。

除此之外，在涂料中根据需要还需加入的助剂有增塑剂、稳定剂、防腐剂、防霉剂、防潮剂、防冻剂、消泡剂等。

综上所述，涂料的组成可归纳如表6-1所示。

表6-1 涂料的组成

组成		原料
主要成膜物质	油料	动物油：鲨鱼肝油、带鱼油、牛油等
		植物油：桐油、豆油、蓖麻油等
	树脂	天然树脂：虫胶、松香、天然沥青等
		合成树脂：酚醛、醇酸、氨基、丙烯酸、环氧、聚氨酯、有机硅等
次要成膜物质	颜料	无机颜料：钛白、氧化锌、铬黄、铁蓝、铬绿、氧化铁红、炭黑等颜料
		有机颜料：甲苯胺红、酞菁蓝、耐晒黄等防锈颜料：红丹、锌铬黄、偏硼酸钡等
	体质颜料	滑石粉、碳酸钙、硫酸钡等
辅助成膜物质	助剂	增塑剂、催干剂、固化剂、稳定剂、防霉剂、防污剂、乳化剂、润湿剂、防结皮剂、引发剂等
挥发物质	稀释剂	石油溶剂、苯、甲苯、二甲苯、氯苯、松节油、环戊二烯、乙酸丁酯、乙酸乙酯、丙酮、环己酮、丁醇、乙醇等

6.1.3 涂料的分类与命名

1.涂料的分类

涂料通常由不挥发和挥发两部分组成，在物体表面涂覆后，其挥发组分逐渐挥发逸去，留下不挥发组分干后成膜。不挥发组分又称为成膜物质，成膜物质又分为主要、次要、辅助成膜物质三类。主要成膜物质可以单独成膜，也可以与黏结颜料等次要成膜物质共同成膜，它是涂料组成的基础，简称为基料。

涂料的品种非常多，有些组分通常可以省略。如各种罩光清漆就是没有颜料和体质颜料的透明体；腻子则是加入大量体质颜料的稠厚浆状体；色漆是加入适量的颜料和体质颜料的不透明体；由低黏度的液体树脂作基料，不加入挥发稀释剂的称为无溶剂涂料；基料呈粉状而又不加入溶剂的称为粉末涂料；一般用有机溶剂作稀释剂的称溶剂型涂料；而水作稀释剂的则称为水性涂料。

涂料的分类有多种方法,按成膜物质分类结果如表6-2所示。

表6-2 涂料的分类

序号	代号	成膜物质类别	主要成膜物质
1	Y	油性漆类	天然动植物油、清油、合成油
2	T	天然树脂漆类	松香及其衍生物、虫胶、乳酪素、动物胶、大漆及其衍生物
3	F	酚醛树脂漆类	改性酚醛树脂、纯酚醛树脂、二甲苯树脂
4	L	沥青漆类	天然沥青、石油沥青、煤焦沥青、硬质酸沥青
5	C	醇酸树脂漆类	甘油醇酸树脂、季戊四醇醇酸树脂、其他改性醇酸树脂
6	A	氨基树脂漆类	脲醛树脂、三聚氰胺甲醛树脂
7	Q	硝基漆类	硝基纤维素、改性硝基纤维素
8	M	纤维素漆类	乙基纤维、苄基纤维、羟甲基纤维、醋酸纤维、醋酸丁酯纤维等
9	G	过氯乙烯漆类	过氯乙烯树脂、改性过氯乙烯树脂
10	X	乙烯漆类	氯乙烯共聚、聚醋酸乙烯及其共聚物、聚乙烯醇缩醛、含氟树脂等
11	B	丙烯酸漆类	丙烯酸酯、丙烯酸共聚物及其改性树脂
12	Z	聚酯漆类	饱和聚酯、不饱和聚酯树脂
13	H	环氧树脂漆类	环氧树脂、改性环氧树脂
14	S	聚氨酯漆类	聚氨基甲酸酯
15	W	元素有机漆类	有机硅、有机钛、有机铝等元素有机聚合物
16	J	橡胶漆类	天然橡胶及其衍生物、合成橡胶及其衍生物
17	E	其他漆类	如无机高分子材料、聚酰亚胺树脂等
18		辅助材料	稀释剂、防潮剂、催干剂、脱漆剂、固化剂

2. 涂料的命名

涂料的型号分三个部分。第一部分是成膜物质,用汉语拼音字母表示;第二部分是基本名称,用两位数字表示;第三部分是序号,以表示同类品种间的组成、配比或用途的不同,这样组成的一个型号就只表示一个涂料品种,则不会有重复。例如,C04—2,C代表成膜物质是醇酸树脂,04代表磁漆,2为序号。

辅助材料型号分为两个部分。第一部分是种类,第二部分是序号。例如G—2,G为催干剂,2为序号。

基本名称编号在原则上采用00~99两位数字来表示。00~13代表基础品种;14~19代表美术漆;20~29代表轻工漆;30~39代表绝缘漆;40~49代表船舶漆;50~59代表防腐蚀漆等。涂料的基本名称编号见表6-3所示。

表 6-3　涂料的基本名称编号

代号	代表名称	代号	代表名称	代号	代表名称
00	清油	22	木器漆	53	防锈漆
01	清漆	23	罐头漆	54	耐油漆
02	厚漆	30	（浸渍）绝缘漆	55	耐水漆
03	调和漆	31	（覆盖）绝缘漆	60	防火漆
04	磁漆	32	绝缘（磁、烘）漆	61	耐热漆
05	粉末涂料	33	黏合绝缘漆	62	变色漆
06	底漆	34	漆包线漆	63	涂布漆
07	腻子	35	硅钢片漆	64	可剥漆
09	大漆	36	电容器漆	66	感光涂料
11	电泳漆	37	电阻漆、电位漆	67	隔热涂料
12	乳胶漆	38	半导体漆	80	地板漆
13	其他水溶性漆	40	防污漆、防蛆漆	81	渔网漆
14	透明漆	41	水线漆	82	锅炉漆
15	斑纹漆	42	甲板漆、甲板防滑漆	83	烟囱漆
16	锤纹漆	43	船壳漆	84	黑板漆
17	皱纹漆	44	船底漆	85	调色漆
18	裂纹漆	50	耐酸漆	86	标志漆、路线漆
19	晶纹漆	51	耐碱漆	98	胶漆
20	铅笔漆	52	防腐漆	99	其他

6.2　重要的树脂涂料及树脂的改性

6.2.1　醇酸树脂涂料

醇酸树脂的发明是涂料工业发展的一个新突破,它的应用使涂料工业摆脱了以干性油和天然树脂混合炼制涂料的传统工艺,加之其原料简单、生产工艺简便、性能优良等特点,因而得到了飞速的发展。

醇酸树脂是由多元醇(如甘油)、多元酸和其他单元酸通过酯化作用缩聚而得。可制成清漆、磁漆、底漆、腻子等,还可以与硝化棉、过氯乙烯树脂、氨基树脂、氯化树脂、氯化橡胶、环氧树脂等合用,来改进和提高其他各类涂料产品的性能。目前国内外醇酸树脂的产量仍占全部涂料用合成树脂的首位。

1. 基本结构

醇酸树脂是以多元醇(如甘油)和多元酸酐(如苯酐)形成的聚合物为主链,醇中剩余的羟基与脂肪酸作用形成聚酯的侧链,其构成比例随油度而变化。组成(Ⅰ)为甘油:苯酐:脂肪酸=1:1:1(分子比),油度为60.5%的醇酸树脂的理想结构;甘油:苯酐:脂肪酸=3:3:1的短油醇酸(油度31.2%)的理想结构为(Ⅱ),示意如下:

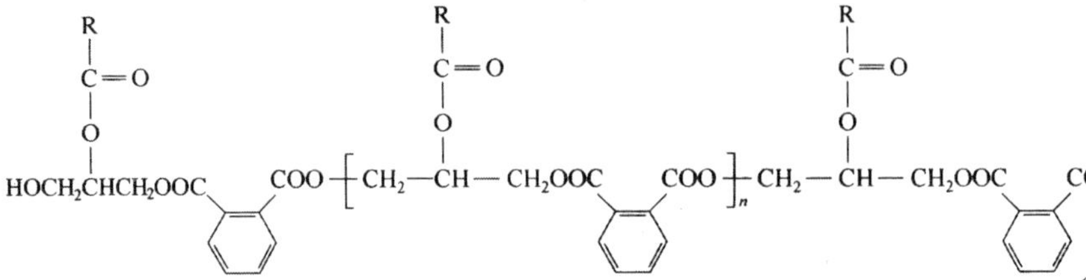

由(Ⅰ)、(Ⅱ)结构式可见,醇酸树脂分子中存在酯基、羧基、羟基和脂肪酸中的不饱和键,这是醇酸树脂化学改性和气干固化的结构依据。

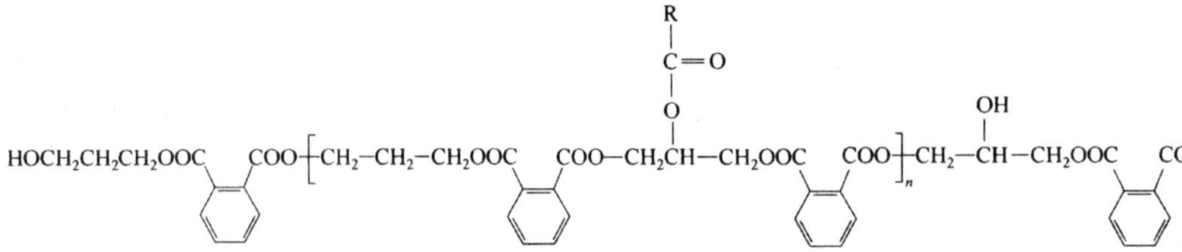

醇酸树脂分子中含有的酯基(有效偶极矩 $\mu=0.70$),以及端羟基和端羧基,对醇酸主链来讲是强极性的。但侧链的脂肪酸基主要由C—C,C=C键构成,偶极矩 $\mu=0$,因而有效偶极矩 $\mu=0$,故主要侧链是非极性的,导致整个醇酸树脂分子是极性主链和非极性侧链。在某种意义上讲,是由溶剂亲和力完全不同的两部分构成。在非极性溶剂(如脂肪烃类)中,作为分散内相的醇酸树脂大分子极性主链与非极性溶剂相隔离,而非极性侧链——脂肪酸基在非极性溶剂中任意舒展(相似相溶原理),故中、长油度醇酸树脂能很好地溶于脂肪烃溶剂中。醇酸树脂在极性溶剂(如酯类)中的情况则相反,醇酸主链能很好地在极性溶剂中舒展,使普通中、短油度的醇酸树脂能较好地溶于一般极性溶剂中。

2. 醇酸树脂的分类

(1)按照油度的大小分类

按照油度的大小醇酸树脂可分为:短油度、中油度、长油度、极长油度醇酸树脂(表6-4)。

油度的概念:醇酸树脂组分中油所占的百分含量称为油度(OL),计算公式为

$$OL(\%)=\frac{油的用量}{数值理论产量}\times100=\frac{油的用量}{多元醇+多元酸+油量+酯化反应水}$$

表 6-4 醇酸树脂的油度、苯酐含量、特性及用途

醇酸树脂	油度/%	苯酐/%	特性	用途
短	20~45	>35	非氧化型,溶解于芳香烃中,涂膜硬而脆	作内用烘烤涂料体系的改性树脂
中	45~60	30~34	氧化型(气干)或烘烤固化,溶解在芳香烃类混合溶剂中,涂膜较柔韧	作内用和外用涂料体系的改性树脂,也可用于快干涂料体系
长	61~70	20~30	化型溶解在脂肪烃类混合溶剂中,涂膜较柔韧	外用气干涂料体系
极长	71以上	<20		

（2）按改性油的性能分类

①干性油醇酸树脂,由不饱和脂肪酸或碘值125~135或更高的干性油、半干性油为主改性制成的醇酸树脂,可以直接涂成薄层。主要用于各种自干性和低温烘干的醇酸清漆和瓷器产品。可用来涂装大型汽车、玩具、机械部件等。

②不干性油醇酸树脂,它是一种碘值低于100的脂肪酸改性制成的树脂。因其不能在空气中聚合成膜,故只能与其他材料混合使用,如与氨基树脂合用,可制成很硬而坚韧的漆膜,具有良好的保光性、保色性,并有一定的抗潮和抗中等强度酸、碱溶液的能力。用于电冰箱、汽车、仪器仪表设备等方面,对金属表面有较好的装饰性和保护作用。

3. 醇酸树脂的原料

（1）植物油及脂肪酸（一元酸）

醇酸树脂是植物油或植物油中脂肪酸改性的聚酯树脂,根据脂肪酸的不饱和程度,植物油可分为干性油,碘值>140,如桐油、梓油、脱水蓖麻油、亚麻仁油、苏籽油、大麻油等;半干性油,碘值约为125~140,如豆油、葵花籽油等;不干性油,碘值<125,如棉籽油、蓖麻油、椰子油等。脂肪酸或油的选择取决于醇酸树脂的最终用途。当作增塑剂以改性其他树脂(如硝基纤维素)时,通常选用完全饱和的或只含一个双键的脂肪酸或其油;当用作漆膜基料用以配制涂料时,通常选用干性或半干性脂肪酸或其油。

不饱和程度愈高,干率愈快,树脂的颜色则与此相反。不饱和程度愈低则颜色愈浅。例如:豆油改性醇酸树脂具有好的干率和保色性,因而标准醇酸树脂常利用豆油改性;亚麻油改性的醇酸树脂具有更快的干率,但保色性略显不足;脱水蓖麻油改性的醇酸树脂则常用作保色性良好的烘干漆;桐油改性的醇酸树脂保色性差,且漆膜易起皱,因而它们常与其他油一起混用,以提高干率和漆膜硬度;蓖麻油和椰子油改性的醇酸树脂常具有良好的保色性,用作其他树脂的增塑剂;而红花油、核桃油含有60%~70%的亚油酸,其改性的醇酸树脂具有极好的干性和保色性。

改性醇酸树脂时常用一些脂肪酸来取代油,如:短链饱和的脂肪酸、月桂酸、2—乙基己酸、异辛酸、异癸酸等,使树脂具有极好的增塑性;松香为松香酸和左旋海松酸的混合物,赋予醇酸树脂更好的硬度、干率、光泽和防水性;芳香酸中的苯甲酸、对正丁基苯甲酸部分取代脂肪酸改性的醇酸树脂具有更快的干率、更好的保色性、更高的硬度和户外保光泽性。

（2）多元醇

甘油和季戊四醇是合成醇酸树脂中最常用的多元醇,通常二元酸/季戊四醇的摩尔比略小于二元酸/甘油的摩尔比。季戊四醇还含有二聚和三聚体,具有很高的活性,常用以合成含60％以上脂肪酸的长油醇酸树脂,具有黏度大、固化量高、干燥快、硬度高、光泽性和防水性好等优点。季戊四醇与乙二醇或丙二醇混用常用以降低成本,并用以合成含30％～50％脂肪酸的中油和短油的醇酸树脂,其他可用来合成醇酸树脂的多元醇还有三甲醇乙烷、三甲醇丙烷、新戊二醇、二甘醇等。

（3）二元酸

在合成醇酸树脂中,最常用的二元酸为邻苯二甲酸(常用邻苯二甲酸酐)和间苯二甲酸。间苯二甲酸由于不会进行分子间的环化,可以制得高分子量、高黏度的醇酸树脂。与以邻苯二甲酸酐合成的醇酸树脂相比,具有染色快、柔韧性好、耐热和耐酸性好的特点。但间苯二甲酸熔点高,需要很长时间和高温才能溶解在反应混合物中,因而容易导致二聚化反应及其与多元醇发生的副反应。

此外,二元脂肪酸,如己二酸、壬二酸、癸二酸及二聚脂肪酸赋予醇酸树脂柔韧性和增塑性;氯化二元酸,如四氯邻苯二甲酸酐可提供醇酸树脂阻燃性;少量的马来酸酐和富马酸酐可改善树脂的保色性、加工时间和防水性等。

4. 醇酸树脂的制备

（1）脂肪酸法

脂肪酸法是将多元醇、二元酸(酐)、脂肪酸全部同时加到反应釜中,搅拌升温至220℃～260℃进行酯化反应,直到所需的聚合度,将树脂溶解成溶液,过滤净化。

但这种一步酯化法没有考虑到多元醇的不同位置的羟基、脂肪酸的羧基、苯二甲酸酐的酐基、苯二甲酸酐形成的半酯羧基之间的反应活性不同以及不同酯结构之间酯交换非常慢的特点。Kraft 提出了一个改进方法,通常称为"高聚物脂肪酸法",即先将全部多元醇、苯二甲酸酐与一部分脂肪酸反应至低酸值,制成高分子量主链;然后加入剩余量的脂肪酸再反应成酸性树脂,这部分脂肪酸成为侧链。

该法得到的醇酸树脂黏度高、颜色浅、干燥快、耐碱性和耐化学药品性更好。该方法的最大优点是:

①配方可塑性大,任何多元醇或多元酸的混合物均可使用。

②针对所需醇酸树脂的性能不同,可以选用不同脂肪酸,例如可使用高不饱和度脂肪酸(除去饱和度脂肪酸)以提高漆膜的干率。

③使用纯亚油酸,而不使用亚麻酸以减少变黄性等。

该法的缺点为:

①脂肪酸是由甘油酯分解得到的,不直接使用油而使用脂肪酸增加了成本和工序。

②需使用耐腐蚀设备。

③脂肪酸熔点较高,贮存罐必须有加热保温设备以维持脂肪酸的液体状态。

（2）醇解法

将油、多元醇和二元酸(酐)一起加热酯化时,由于多元醇和二元酸(酐)优先酯化生成聚酯,聚酯不溶于油,因而形成非均相体系,并且在低反应程度即产生凝胶化,而油并没有什么反应。通常采用单甘油酯法来克服不相溶的问题。方法是在催化剂存在下,先将油(甘油三酸酯)和多元醇(如甘油)在 225℃～250℃ 下醇解,发生脂肪酸的再分配:

$$
\begin{array}{l}
\text{CH}_2\text{OOCR}' \\
|\\
\text{CHOOCR}'' \\
|\\
\text{CH}_2\text{OOCR}'''
\end{array}
\;+\;
\begin{array}{l}
\text{CH}_2\text{OH} \\
|\\
\text{CHOH} \\
|\\
\text{CH}_2\text{OH}
\end{array}
\;\rightleftharpoons\;
\begin{array}{l}
\text{CH}_2\text{OH} \\
|\\
\text{CHOOCR}'' \\
|\\
\text{CH}_2\text{OOCR}'''
\end{array}
\;+\;
\begin{array}{l}
\text{CH}_2\text{OOCR}' \\
|\\
\text{CHOH} \\
|\\
\text{CH}_2\text{OH}
\end{array}
$$

醇解工序是醇酸树脂制造过程中非常重要的步骤,它影响着醇酸树脂的分子结构与分子量分布。醇解反应与酯交换反应类似,在均相之中形成一个平衡状态的混合物,包括甘油一酸酯、甘油二酸酯、未醇解的甘油三酸酯和游离的甘油。一般是在惰性气体氛围下,不断搅拌油并升温至 230℃～250℃,然后加入催化剂和多元醇,并维持温度在 230～250℃。醇解程度可以通过检测反应混合物在无水甲醇中的溶解性来判断。当 1 份体积的反应混合物在 2～3 份体积无水甲醇中得到透明的溶液时,加入二元酸(酐),并在 210℃～260℃ 下进行聚酯化反应。油、多元醇和催化剂三者之比为 1∶(0.2～0.4)∶(0.0002～0.0004)(质量比)。

常用的醇解催化剂有氧化钙(氢氧化钙、环烷酸钙)、氧化铅(环烷酸铅)、氧化锂(或环烷酸锂)。催化剂能加快达到醇解平衡的时间,但不能改变醇解程度。影响醇解程度的因素见表 6-5。

表 6-5　影响醇解程度的因素

影响因素	影　响　结　果
反应温度	在催化剂存在下,反应温度在 200～250℃ 之间,升高温度,反应加快,醇解速度增加,但树脂色深
反应时间	反应时间增加,甘油一酸酯含量增加,达到平衡后保持一段时间,然后甘油一酸酯含量缓慢下降
惰性气体	无惰性气氛时,树脂色深,且因氧化作用使油的极性下降,使多元醇与油的混溶性降低,醇解时间延长
油中杂质	油未精制时,所含蛋白质、磷脂、游离酸影响催化作用,也影响醇解程度
油的不饱和度	油的不饱和度增加,醇解速度增快,程度加深。如棉籽油(碘值 102)107min,甘油一酸酯达 55%;亚麻油(碘值 107)46min,甘油一酸酯达 59.9%

甘油一酸酯在醇解平衡体系中的含量标志着醇解反应的程度。含量高,不仅醇酸树脂透明性好,而且分子量分布窄。涂膜耐水性好、硬度高。至少含 25% 左右的甘油一酸酯才可以得到透明均一的醇酸树脂溶液。与脂肪酸法相比,醇解法使酯化反应在较高酸值下降低;并在

稍高的酸值时增稠和凝胶:空气干燥较慢,树脂可以忍受更多的脂肪族稀释剂。

（3）酸解法

酯化反应不相溶问题也可以通过酸解法来解决:

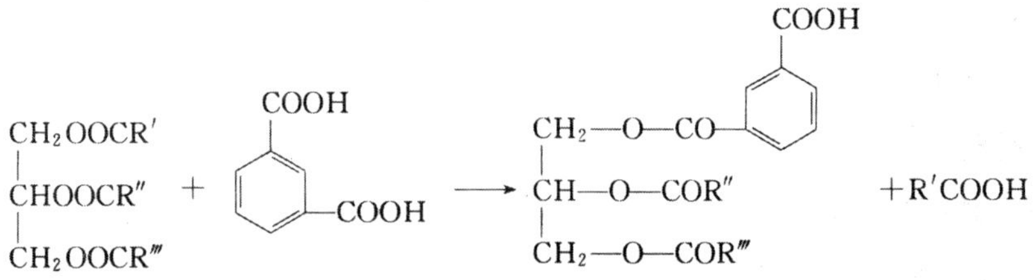

这种方法尤其适合二元酸为间苯二甲酸或对苯二甲酸的情况,原因是这两种二元酸熔点高,难以溶解在反应混合物中。

（4）脂肪酸—油法

该法是将脂肪酸、植物油、多元醇和二元酸混合物一同加入反应釜,并搅拌升温至210℃～280℃,保持酯化达到规定要求。脂肪酸与油的用量比应以达到均相反应混合体系为宜。该法成本较低,可以得到高黏度醇酸树脂。

上述四种制备方法中脂肪酸法和醇解法最常用。

5. 醇酸树脂涂料配方举例

表 6-6 为桥梁用的灰色长油度醇酸树脂面漆。

表 6-6　醇酸树脂桥梁面漆

组分	投料比(质量)/%	组分	投料比(质量)/%
醇酸树脂	76.0	环烷酸铅(12%)	1.80
铁红	3.10	环烷酸锌(3%)	1.50
黄丹	0.10	松节油	2.27
环烷酸锰(3%)	0.20	炭黑(通用)	0.80
硅油(1%)	0.20	中铬黄	1.00
钛白粉(金红石型)	10.80	环烷酸钴(3%)	0.13
铁蓝	1.10	环烷酸钙(2%)	1.00

6.2.2　环氧树脂涂料

环氧树脂是指分子中含有两个以上环氧基团的一类聚合物的总称。它是环氧氯丙烷与双酚 A 或多元醇的缩聚产物。由于环氧基的化学活性,可用多种含有活泼氢的化合物使其开环,固化交联生成网状结构,因此它是一种热固性树脂。双酚 A 型环氧树脂不仅产量最大,品种最全,而且新的改性品种仍在不断增加,质量正在不断提高。

环氧树脂涂料就是以环氧树脂、环氧酯树脂和环氧醇酸树脂为基料的涂料,它们可以是烘干型、气干型或光固化型。环氧树脂是合成树脂涂料的四大支柱之一。

1.环氧树脂的结构与特性

（1）结构特点

环氧树脂是含有环氧基团的高分子化合物。产量最大的环氧树脂是由环氧氯丙烷和双酚A[2,2—二(4—羟基苯基)丙烷]合成得到的。

环氧树脂分子中有相当活泼的官能团—环氧基，三元环的两个碳和一个氧原子在同一个平面上，使环氧基有共振性；∠COC大于∠OCC，故倾斜性大，反应性相当活泼。氧的电负性比碳大，导致静态极化作用，使氧原子周围电子云密度增加。这样，环氧基上形成两个可反应的活性中心即电子云密度较高的氧原子和电子云密度较低的碳原子。亲电试剂向氧原子进攻，亲核试剂向碳原子进攻，结果引起碳—氧键断裂。根据以上的性质，环氧基与胺、酚类、羧基、羟基、无机酸反应，使环氧树脂涂料固化交联；环氧基与羟甲基、有机硅、有机钛、脂肪酸反应，对树脂的固化进行改性。

（2）环氧树脂的特性

环氧树脂涂料种类很多，性能各有特点，概括其优点如下。

①黏结力强。因为环氧树脂中含有羟基和醚键等极性基团，使得树脂与相邻界面分了作用力强，有的还能形成化学键，因此它的黏结力强。

②耐化学品好。固化好的环氧树脂含有稳定的苯环、醚键，因此一般都有较好的耐酸、碱及有机溶剂性能。

③收缩力小。环氧树脂与固化剂反应无副产物产生，因此收缩力小。

④电绝缘性好　固化好的环氧树脂电绝缘性极佳。

⑤稳定性好　环氧树脂未加固化剂，不会受热固化，不会变质，稳定性好。

环氧树脂具有很多优点，但是它也存在不足之处：户外耐候性差，易粉化，失光；环氧树脂结构中含有羟基，制造处理不当时，漆膜耐水性不好；环氧树脂有的是双组分的，在制造和使用时都不方便。

2.环氧树脂涂料的类型

（1）按照原料组成分类

环氧树脂是含有环氧基团结构的高分子化合物，主要是由环氧氯丙烷和双酚A合成的。主要分为三大类。

①双酚A型环氧树脂：是由双酚A和环氧氯丙烷合成的。

②非双酚A型环氧树脂：是由其他多元醇、多元酚或多元胺和环氧氯丙烷合成的。

③脂肪族环氧树脂：是由过氧乙酸环氧化脂环烯烃制得的。

（2）按照固化类型分类

见表6-7。

表 6-7　按照固化类型分类的环氧树脂涂料

固化类型	涂料举例	干燥方式
胺固化型涂料	多元胺—胺固化环氧树脂涂料 聚酰胺—胺固化环氧树脂涂料 胺加成物胺—胺固化环氧树脂涂料 胺—胺固化环氧树脂涂料	常温干
合成树脂固化型涂料	环氧—酚醛树脂涂料 环氧—氨基树脂涂料 环氧—多异氰酸酯类 环氧—氨基—醇酸树脂涂料	烘干或常温干
酸固化型涂料	环氧酯漆 环氧酯与其他合成树脂并用漆 水溶性环氧酯漆	常温干或烘干
其他类型漆	无溶剂环氧树脂涂料 粉末环氧树脂涂料 线形环氧树脂涂料	常温干或烘干

3. 环氧树脂的固化

常用固化剂胺、酸酐、多元酸、多硫化合物、咪唑等来固化，发生交联反应。

环氧乙烷与伯胺、仲胺、叔胺的反应如下：

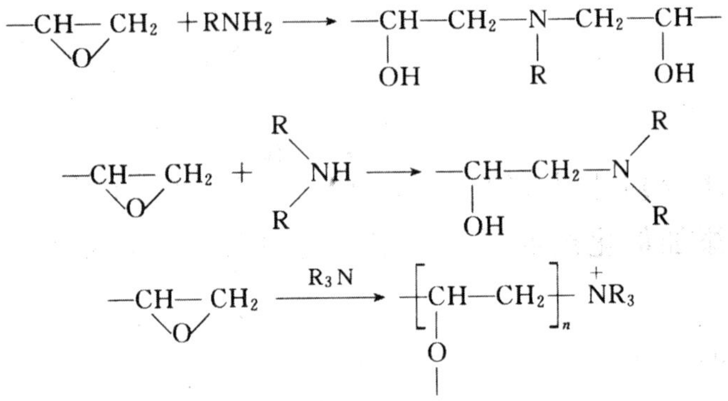

叔胺盐通常比胺本身更可取，因为它们允许加入较多的催化剂而不致影响活化期。间苯二胺也可用作固化剂，但在室温下不易引起固化，反应速率较慢，所生成的交联树脂的玻璃化温度（T_g）较高。在胺、多胺或胺加成物存在下，环氧树脂可在室温下发生交联，被称为冷固化剂，两种组分必须分开包装，在使用前混合。

4. 环氧树脂涂料的应用及配方举例

环氧树脂在石油化工、食品加工、钢铁、机械、交通运输、电子和船舶工业中有着广泛的应用，其构成的涂料主要有：防腐蚀涂料、舰船涂料、电器绝缘涂料、食品罐头内壁涂料、水性涂料、地下设施防护涂料和特种涂料等。其中,环氧聚氨酯仿瓷涂料配方见表6-8。

表6-8　环氧聚氨酯仿瓷涂料配方

甲组分组成	投料比(质量)/%	乙组分组成	投料比(质量)/%
三羟甲基丙烷	25~28		
邻苯二甲酸酐	23~25		
顺丁烯二酸酐	0.2~0.3	二异氰酸酯	40~42
环氧树脂	15~20	三羟甲基丙烷	8~10
混合溶剂	40~50	混合溶剂	48~52
金红石型钛白粉	25~30	(经脱水处理)	
助剂	2~4		

6.2.3　聚氨酯涂料

聚氨酯是分子结构中含有氨基甲酸酯重复链节的高分子化合物,是由异氰酸酯和含有活性氢的化合物反应制得的。以聚氨酯树脂为主要成膜物的涂料称为聚氨酯涂料。但是聚氨酯涂料中并不一定要含有聚氨酯树脂,凡是用异氰酸酯或其反应产物为原料的涂料都统称为聚氨酯涂料。

1. 聚氨酯涂料的成膜机理

聚氨酯涂料主要依靠异氰酸酯官能团—NCO同活泼氢反应固化成膜。

(1)异氰酸酯同水反应

异氰酸酯与水反应生成的胺再与异氰酸酯反应:

$$R-N=C=O + H_2O \longrightarrow R-\overset{\overset{H}{|}}{N}-\overset{\overset{O}{\|}}{C}-O-H \longrightarrow RNH_2 + CO_2$$

潮气固化型聚氨酯就是通过以上两步反应固化成膜的,因为生成了脲键,漆膜表现出较好的硬度和光泽度。

但是在双组分涂料中,含羟基部分如果含有水分,则在成膜过程中,水同异氰酸酯反应生成的CO_2会使漆膜产生小泡,因此,含羟基部分必须除水。

(2)异氰酸酯同羟基反应

$$R-N=C=O + R'OH \longrightarrow R-\overset{\overset{H}{|}}{N}-\overset{\overset{O}{\|}}{C}-O-R'$$

羟基同异氰酸酯基团反应生成氨基甲酸酯(—NH—C—O—)键固化成膜。由于固化速度稍慢,有时需酌情添加催化剂催干。常用催化剂有二丁基二月桂酸锡、三乙烯二胺、三乙胺等。

（3）异氰酸酯同胺的反应

$$R—N\!=\!C\!=\!O + R'NH_2 \longrightarrow R—\overset{\displaystyle H}{\underset{\displaystyle |}{N}}—\overset{\displaystyle O}{\underset{\displaystyle \|}{C}}—NHR'$$

2. 聚氨酯的性能

聚氨酯是由多异氰酸酯与多元醇（包括含羟基的多聚物）反应生成的。聚氨酯涂料形成的漆膜中含有酰氨基、酯基等，分子间很容易形成氢键，因此具有多种优异的性能。

①物理力学性能好，涂膜坚硬、柔韧、光亮、丰满、耐磨、附着力强。

②耐腐蚀性能优异，涂膜耐油、耐酸、耐化学药品和工业废气。

③电气性能好，易做漆包线漆和其他电绝缘漆。

④施工适应范围广，可室温固化或加热固化、节省能源。

⑤能和多种树脂混溶，可在广泛的范围内调整配方，配制成多品种、多性能的涂料产品以满足各种通用的和特殊的使用要求。

3. 聚氨酯涂料的分类及应用

聚氨酯涂料按其结构与组成可分为氨酯油涂料、湿固化涂料、封闭型涂料、—NCO/—OH双组分涂料、催化固化型双组分涂料5大类，现分别介绍如下。

（1）氨酯油涂料

氨酯油涂料是先将干性油与多元醇进行酯交换，再以甲苯二异氰酸酯代替苯酐与醇解产物反应。在其分子中不含活性异氰酸酯基，主要靠干性油中的不饱和双键在钴、铅、锰等金属催干剂的作用下氧化聚合成膜。

氨酯油涂料的光泽、干率、丰满度、硬度、耐磨、耐水、耐油和耐化学腐蚀性能均比醇酸树脂涂料好，这主要是因为氨酯键之间可形成氢键，所以成膜快而硬，而醇酸树脂的酯键之间不能形成氢键，分子之间的内聚力较低。但这类涂料的涂膜户外耐候性不佳，易泛黄。与湿固化涂料和双组分涂料相比，氨酯油涂料的贮存稳定性好、无毒、有利于制造色漆，施工方便，价格也较低。一般用于室内木器家具、地板、水泥表面的涂装及船舶等防腐蚀涂装。

（2）混固化涂料

这类涂料是—NCO端基的预聚物。在环境温度下通常和空气中的水反应生成胺，胺再进一步与另一个—NCO基因反应生成脲键而固化成膜。为保证这类预聚物能顺利固化，常采用分子量较高的蓖麻油醇解物的预聚物，或含—OH端基的聚酯与过量的二异氰酸酯反应，如MDI或TDI；如需要保色性好，可用脂肪族异氰酸酯。—NCO基含量一般为10%～15%。

因为这类涂料是靠空气中的湿气固化成膜的，所以固化速度取决于相对湿度和温度。空气湿度越高，固化时间越短。在环境温度下，只要相对湿度大于30%，就可以达到所需的固化速度。

湿固化聚氨酯涂膜中含有大量的脲键和脲基甲酸酯键，这种脲键可以形成大量分子间的氢键。最近的研究还发现，分子间存在三维氢键结构，即1个羰基上的氧原子可以同时和2个氮原子上的氢原子形成氢键，如下式所示：

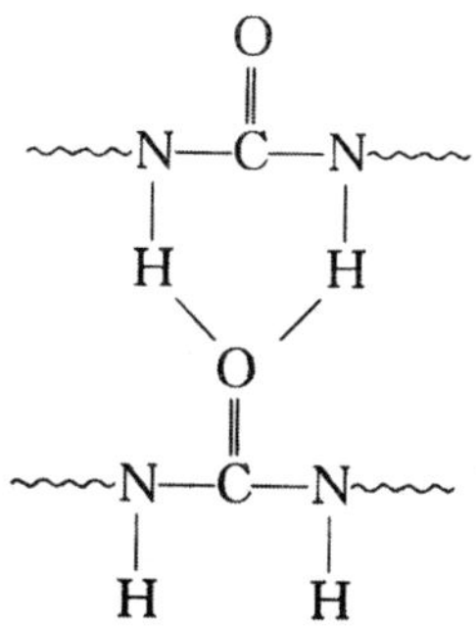

这种三维氢键结构的形成使得聚氨酯涂膜的分子链可分为硬段和软段,硬段由形成三维氢键结构的脲键所组成,软段是由聚酯或聚醚多元醇组成,因此涂膜的耐磨性、耐化学腐蚀性、耐特种润滑油性、防原子辐射、附着力、耐水性和柔韧性都很好,可以用来作地板涂料和金属及混凝土表面的防腐蚀涂装,是地下工程和洞穴中最常用的高性能防腐蚀涂料的品种之一。湿固化聚氨酯涂料为单组分,因此使用方便,可避免双组分聚氨酯涂料使用前配制的麻烦和计量误差及余漆隔夜胶化报废的弊端。缺点是溶剂、颜填料或其他组分必须高度无水。

(3)封闭型涂料

根据异氰酸酯与大多数含活泼氢化合物反应是可逆反应的特点,采用单官能活泼氢化合物作封闭剂,与异氰酸酯基团形成加成物,即将活性—NCO基封闭住。这种封闭型多异氰酸酯与含羟基的树脂可组成单组分罐装涂料。这种单罐装涂料常温下稳定,但受热时单官能活泼氢化合物被释放出来,而解封的异氰酸酯基与多羟基树脂反应固化成膜。

最常用的催化剂有苯酚、酮肟、醇、己内酰胺和丙二酸酯等;有机锡化合物、DABCO、辛酸锌等可用来作催化剂。

苯酚或取代苯酚封闭的异氰酸酯的热稳定性比酸封闭的异氰酸酯的差,而芳香族异氰酸酯比脂肪族异氰酸酯活泼,因此,苯酚封闭的芳香族异氰酸酯相对较活泼,典型的苯酚封闭异氰酸酯/含羟基树脂涂料的固化条件为160℃下30min。

苯酚封闭型聚氨酯涂料主要用作漆包线涂料,具有如下特点:电绝缘性能好、介电性能优良;耐热、耐寒、耐潮;吸水性低,在高温条件下电气性能很少降低;耐油、耐溶剂、耐药品性能良好;弹性好、附着力强、涂膜不易剥落,易于进行自锡焊。其配方举例见表6-9。

表6-9　封闭型聚氨酯涂料

组分	投料比(质量)/%	组分	投料比(质量)/%
苯酚封闭的 TDI 加成物	32.45	混合甲酚	20.4
对苯二甲酸聚酯(含羟基12 %)	15.45	醋酸溶纤剂	17.4
辛酸亚锡	0.1	甲苯	11.8
聚酰胺树脂	2.4		

(4)—NCO/—OH 双组分涂料

在聚氨酯涂料中,—NCO/—OH 双组分涂料品种最多,产量最大,用途最广。一组分为含—NCO 的异氰酸酯和无水溶剂组分,简称 A 组分或甲组分;另一组分为含—OH 的化合物或树脂、颜填料、溶剂、催化剂和其他添加剂,称为 B 组分或乙组分。有时催化剂可作为第三组分单独包装,使用前将 A/B 组分按比例混合,利用—NCO 与—OH 反应生成聚氨酯涂膜。

A 组分必须具有低气压、溶解性好、黏度适中的特点,并有足够的贮存稳定性、与羟基组分或其他树脂有很好的混容性、游离二异氰酸酯单体含量应尽可能低。这样,常用的异氰酸酯主要为 TDI、HDI、MDI 等的预聚物、加成物或缩聚物。

在双组分聚氨酯树脂中,一个重要的参数是—NCO/—OH。在环境固化温度下,二者比例为 1.1∶1 的漆膜比 1∶1 比例漆膜性能更好,可能原因是部分—NCO 基团与溶剂、颜填料或空气中的水反应生成脲键。若 A 组分太少,不足以和 B 组分反应,则涂膜发软、发黏、耐水性差、不耐化学腐蚀。但 A 组分过多,过剩的—NCO 将吸收空气中的潮气而生成脲键,进而形成缩二脲键、甲酸酯键等,使涂膜交联密度过大、涂膜脆而不耐冲击。在飞机用装饰涂料中,—NCO/—OH 比例通常高达 2∶1。

值得注意的是,环氧树脂上的环氧基和羟基都参与了和—NCO 基的反应,在前一种情况下一个环氧基相当于两个羟基的作用,计算配方时应予注意。

催化剂的作用在于降低—NCO 和—OH 反应活化能,加速交联反应的进行,对涂膜的交联密度亦有影响。常用催化剂有叔胺类、环烷酸盐类和金属盐等 3 大类。各类异氰酸酯组分和羟基组分本身的反应活性相差甚大,因此催化剂的品种和用量也各异。总之,催化剂的品种及用量必须视 A,B 组分及使用要求的不同、通过实验确定。

固化环境的温度对涂膜的性能有很大的影响。室温固化时形成的键主要是氨基甲酸酯键;固化温度超过 70℃时,将有大量脲基甲酸酯键生成,因此涂膜性能各异。实验发现,一般在＞70℃低温固化时,涂膜的耐水性、耐腐蚀性等均有提高。

颜填料常与 B 组分混合研磨成色浆备用。但是碱性大的颜料如铁蓝、氧化锌等不宜选用,否则因碱性催化作用使涂料的使用期缩短,难于施工。此外,颜填料的选择还应视使用环境(如室内或室外、干寒或湿热地带等)和腐蚀介质的不同而异。如要求耐水的聚氨酯磁漆,不能选用水溶性较大的锌黄和锶黄等颜料。

(5)催化固化型双组分涂料

这类聚氨酯涂料的制法与湿固化聚氨酯涂料基本类似,即同样利用过量的二异氰酸酯与含羟基树脂(如聚酯、聚醚、环氧、羟基丙烯酸树脂等)反应来制备含—NCO 端基的预聚物。但这类预聚物靠与空气中的湿气反应,固化速度很慢,施工前必须加催化剂以促进其固化成膜。

常用催化剂是胺类催化剂,如甲基二乙醇胺、三异丙醇胺,用量为基料总量的 0.05%～4%,实际上都在 0.1% 左右调整,或采用有机金属化合物作催化剂,如环烷酸钴、环烷酸钙、环烷酸铅,用量占基料的 0.05%～0.07%(以金属含量计)。

这类聚氨酯涂料用于配制清漆,用于木器、地板表面和混凝土表面的涂装以及金属表面的罩光。表 6-10 比较了几种聚氨酯涂料的性能。

表 6-10 聚氨酯涂料性能

性 能	单 组 分			双组分	透明漆
	氨基甲酸酯油	湿气	封闭		
耐磨性	尚可～好	优良	好～优良	优良	尚可
硬度	中	中～硬	中～硬	中	软～中
柔韧性	尚可～好	好～优良	好	好～优良	优良

6.2.4 丙烯酸树脂涂料

丙烯酸树脂是丙烯酸、甲基丙烯酸及其衍生物聚合物的总称。丙烯酸树脂涂料就是以(甲基)丙烯酸酯、苯乙烯为主体,同其他丙烯酸酯共聚所得丙烯酸树脂制得的热塑性或热固性树脂涂料,或丙烯酸辐射涂料。

丙烯酸树脂涂料因具有色浅,耐候、耐光、耐热、耐腐蚀性好,保色保光性强,漆膜丰满等特点,广泛用于航空航天、家用电器、仪器设备、道路桥梁、交通工具、纺织和食品等方面。其分类见表 6-11。

丙烯酸树脂的基本反应是在光、热或引发剂作用下,丙烯酸单体进行的自由基聚合。聚合历程分为链引发、链增长和链终止三个基本过程,同时伴有链转移。

表 6-11 丙烯酸树脂涂料分类

溶剂	干燥方式	类型	应用举例
溶剂型	烘干	自交联型 通过氨基树脂交联 通过环氧树脂交联 通过异氰酸酯交联(亦可常温干燥)	汽车、家用电器、钢家具 铝制品 彩色镀锌板
	常温干燥	硝化棉(NC)改性 醋丁纤维(CAB)改性 醇酸树脂改性	汽车修理 车辆 工业机械设备
水性型	常温干燥	乳液型	建筑材料、混凝土、木材、石板
	烘干	乳液型	金属防腐蚀涂料
		水溶性型	机械零件、汽车和铝制品
无溶剂型		粉末涂料	用电沉降涂料

(1)链引发

常用的引发剂如 BPO(过氧化苯甲酰)、AIPN(偶氮二异丁腈)等,受热产生自由基,产生的自由基引发单体。用 R·表示引发剂形成的自由基,M 代表丙烯酸单体,R·M 代表单体自由基:

$$R· + M \longrightarrow R·M$$

(2)链增长

链增长是活性单体自由基与单体分子继续作用,形成大分子活性链的过程。

$$R \cdot + M + M_n \longrightarrow RM_{(n+1)} \cdot$$

链增长速度极快,这一步反应是因为链增长的活化能低和放热反应所致。

(3)链转移

在增长过程中,正在增长的活性链从单体、溶剂、引发剂或另一个大分子上夺取一个电子,将自己的自由基转移到另一个分子上,从而使第一个大分子停止了链增长,但得到活性的分子仍继续反应,这一过程称为链转移。根据转移的对象不同,分以下几种:

①向链转移剂转移。

$$R \sim CH_2 \sim CHX + RSH \longrightarrow R \sim CH_2 \sim CH_2X + RS \cdot$$
$$RS \cdot + CH_2 = CHX \longrightarrow RS - CH_2 - CHX$$

转移的结果,使大分子链停止增长,而自由基转移到调节剂上,调节剂自由基引发新的单体或聚合物链,使聚合物分子量比较平均。常用的链调节剂有:四氯化碳、正十二硫醇、乙基硫醇等。

②向溶剂转移。增长着的大分子链向溶剂转移自由基,活性大分子停止了增长,而溶剂变成了自由基去引发单体或聚合物。溶剂的链转移作用导致聚合物分子量偏低,单体转化率低,因此,选择合适的溶剂是非常重要的。

③向聚合物转移。活性大分子从别的已终止反应的大分子上夺取原子中止反应,造成一个新的活性中心继续发生反应。

④链终止。反应中的活性分子链相互结合形成稳定的大分子的过程为链终止。链终止又称为偶合终止,即自由基相互作用:

$$R(CH_2CHX)_m^{\cdot} + R(CH_2CHX)_n^{\cdot}$$
$$\nearrow R(CH_2CHX)_{m+n}R(偶合终止)$$
$$\searrow R(CH_2CHX)_{m-1}CH = CHX + R(CH_2CHX)_{n-1}CH_2CH_2X$$
$$(歧化终止)$$

丙烯酸树脂涂料的配方举例见表 6-12。

表 6-12　丙烯酸树脂涂料的配方举例

组　　分	投料比(质量)/%	组　　分	投料比(质量)/%
甲基丙烯酸甲酯	14.0	甲苯	3 5.0
苯乙烯	10.0	醋酸乙酯	24.0
丙烯酸丁酯	13.6	过氧化苯甲酰	1.0
丙烯酸	2.4		

6.2.5　重要树脂的改性

醇酸树脂类品种因原料易得、制造工艺简便且综合性能好,而在涂料用树脂中的占有量一直名列前茅。但醇酸树脂由于含有大量的酯基,因而耐水、耐碱和耐化学药品性逊于大多数树脂品种。因为醇酸树脂分子中含有羟基、羧基、苯环、酯基以及双键等活性基团,所以其改性方式很多,这里仅介绍几种常用的改性途径。

(1)硝基纤维素改性

硝基纤维素单独成膜很脆,附着力差,无实用价值,和醇酸树脂配合可以在附着力、柔韧性、耐候性、光泽、丰满性以及保色性等很多性能方面得到改善。而通过硝基纤维素的改性,使不干性醇酸树脂涂料变为自干性涂料,硝基纤维素改性不干性醇酸树脂(蓖麻油、椰子油)广泛用作高档家具漆;而短油度(蓖麻油、椰子油和硬脂酸等饱和脂肪酸)醇酸树脂改性的硝基纤维素广泛用作清漆、公路划线漆、外用修补汽车漆、室内用玩具漆等。

(2)氨基树脂改性

含38‰~45%的邻苯二甲酸酐和羟基基团大大过量的短油或短中油度醇酸树脂与脲醛树脂和三聚氰胺甲醛树脂有很好的相容性,并且这些羟基基团通过氨基树脂交联形成三维网状结构,得到耐久性、力学性能以及耐溶剂性更好的涂料,用作金属柜、家电、铁板、玩具等的烘干涂料。

这些醇酸树脂通常由妥尔油或豆油脂肪酸与邻苯二甲酸酐和多元醇制成,因而含有相当数量的不饱和键,严重影响涂料在烘干过程中的保色性、光泽性及户外曝晒性。目前广泛采取的措施是采用不干性油如椰子油或短链饱和脂肪酸和少量不饱和脂肪酸为原料合成醇酸树脂。如果户外性能要求更高,可进一步以间苯二甲酸酯代替邻苯二甲酸酐,这种方法制得的醇酸树脂经三聚氰胺甲醛树脂改性后具有极好的户外耐老化性:用作汽车面漆。

(3)氯化橡胶改性

氯化橡胶是指天然橡胶经氯化的产物。含氯量在65%的三氯化物和四氯化物的混合物。氯化橡胶与具有类似线性低极性的醇酸树脂混容性好,一般含54%以上脂肪酸的醇酸树脂与氯化橡胶在芳香烃稀释剂中相容性更好。引入氯化橡胶后,可以改进韧性、黏结性、耐溶剂性、耐酸碱性、耐水性、耐盐雾性、耐磨性等,并提高该膜的干率和减少尘土附着。主要用作混凝土地板漆和游泳池漆以及高速公路划线。

(4)酚醛树脂改性

酚醛树脂与干性醇酸树脂反应,生成苯并二氢呋喃型结构,可以大大改进漆膜的保光泽性、耐久性、耐水件、耐酸碱性和耐烃类溶剂性。用量一般为5%,最多不超过20%,一般是在醇酸树脂酯化完毕后,降温至200℃以下,缓慢加入已粉碎的酚醛树脂,加完升温至200℃~240℃,以达到要求黏度为止。

(5)乙烯基单体/树脂的改性

选用不同的乙烯基单体或树脂可以明显改善醇酸树脂的某一或某几方面的性能。可用于改性醇酸树脂的乙烯基单体或树脂有苯乙烯、四氟乙烯、聚丁二烯、聚甲基苯乙烯改性的共聚物树脂等。这里主要介绍苯乙烯、四氟乙烯、聚丁二烯等对醇酸树脂的改性。

①苯乙烯类改性。苯乙烯改性醇酸树脂可以大大改善漆膜的光泽、颜色、耐水性、耐酸碱性和耐化学药品性等。

②四氟乙烯改性。四氟乙烯和含共轭双键的亚麻油(经异构化)加成生成环状加成物,四氟乙烯改性醛酸树脂具有抗粉化、耐大气腐蚀、耐候性好的特点。

$$\text{R}\!-\!\text{CH}\!=\!\text{CH}\!-\!\text{CH}\!=\!\text{CH}\!-\!\text{R}'\!-\!\text{COOH} + \begin{matrix} \text{F} & \text{F} \\ | & | \\ \text{F}\!-\!\text{C}\!=\!\text{C}\!-\!\text{F} \end{matrix} \longrightarrow \text{R}\!-\!\text{CH}\!-\!\text{CH}\!=\!\text{CH}\!-\!\text{CH}\!-\!\text{R}'\!-\!\text{COOH}$$

③聚丁二烯改性。用聚丁二烯部分代替干性油如亚麻油、豆油等得到气干性醇酸树脂,其气干性取决于聚丁二烯的平均分子量。聚丁二烯改性醇酸树脂的漆膜色浅、光泽度高、硬度和耐化学药品性优良。向亚麻油醇酸树脂中加入 20％聚丁二烯可以改善漆膜的耐溶剂性;羟基改性的乙烯—醋酸乙烯共聚物(EVA)树脂用来改性的醇酸树脂可作军用和船舶涂料;聚 α—甲基苯乙烯用来改性的醇酸树脂可以提高干率和耐久性,用作交通漆。

(6)多异氰酸酯改性

醇酸树脂都不同程度地含有羟基,特别是中、短油度醇酸树脂,都可以与多异氰酸酯反应改性以改进其干率、机械强度、耐溶剂性和耐候性等。常用的芳香族多异氰酸酯有甲苯二异氰酸酯与三羟甲基丙烷的加成物,最适于中油度醇酸树脂的改性。

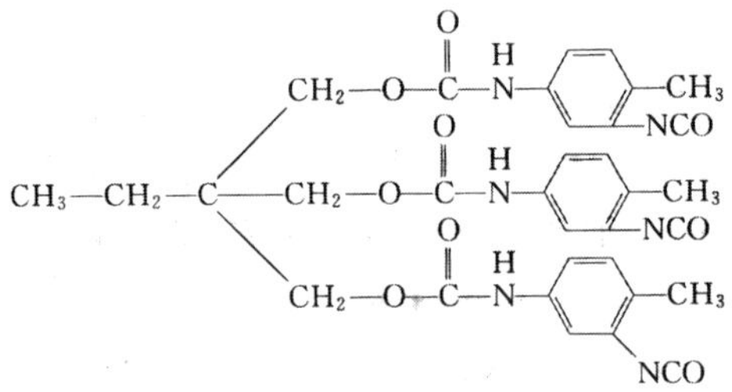

(7)环氧树脂改性

环氧树脂是含有环氧基团的聚合物,具有耐化学性能优良、附着力好及热稳定性和电绝缘性较好的优点。环氧树脂改性醇酸树脂可以改善漆膜对金属的附着力、保光保色性和优良的耐水、耐化学药品性、耐碱、耐热性等。

这一改性主要改性气干性醇酸树脂。方法是将干性植物油和多元醇进行醇解后,降温加入环氧树脂,与醇解物进行反应,然后加苯酐酯化。环氧树脂分子量不要过大,加量不能多,否则树脂黏度不易控制,产品不透明,还可能影响气干性。也可以将环氧树脂、干性油脂肪酸、苯酐和多元醇进行合成反应制成环氧树脂改性气干性醇酸树脂。环氧树脂加入量在 5％以上,涂膜性就可以获得改进。环氧树脂改性醇酸树脂可以用作防腐涂料。

(8)有机硅改性

将少量有机硅树脂与醇酸树脂共缩聚,得到的改性醇酸树脂具有优良的耐久性、耐候性、保光保色性、耐热性和抗粉化性等,可作船舶漆、户外钢结构件和器具的耐久性漆以及维修漆。反应机理是含端羟基或端烷氧基的有机硅树脂在一定温度下与醇酸树脂中的羟基反应。

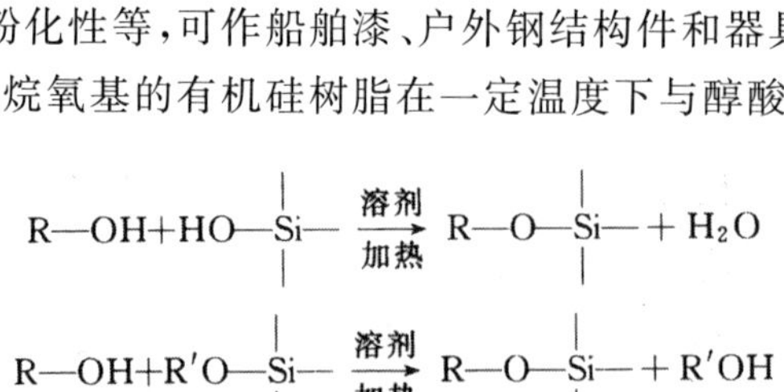

(9)丙烯酸酯类单体或树脂改性

通过与醇酸树脂中的油或脂肪酸中的不饱和键或活泼的亚甲基共聚合以及活泼官能团之间的缩聚,丙烯酸酯类单体或树脂可以改性醇酸树脂。可以用于这类改性的丙烯酸酯类单体有甲基丙烯酸甲酯、甲基丙烯酸丁酯、丙烯酸乙酯和丙烯腈等。含共轭双键的油或脂肪酸生成 Diels-Alder 加成物和共聚物。共轭三键则由于共轭稳定的烯丙基存在而倾向于抑制聚合反应。通过醇酸树脂和丙烯酸树脂中的活泼官能团之间的缩聚,避免了均聚物的生成,并达到改性醇酚树脂的目的。

6.3　水性涂料

水性涂料是以水为主要溶剂或分散介质,以水溶性聚合物为成膜物质的涂料。自 20 世纪 60 年代以来,石油危机的爆发和人们对环境保护的日益关注,促使水性涂料得到了迅速发展和广泛应用。

6.3.1　水性涂料的特点及类型

1.水性涂料的特点

水性涂料最突出的特点是全部或大部分用水取代了有机溶剂,成膜物质以不同方式均匀分散或溶解在水中,干燥或固化后,漆膜具有溶剂型涂料类似的耐水性和物理性能。然而用水作溶剂,也给水性涂料的性能、贮存和应用带来了一定问题,如由于水的表面张力较高,流动性差,易成为不良溶剂;树脂与水接触,其贮存稳定性受到限制;水性涂料欲获得好的施工效果,一般要控制一定的湿度;大部分水性涂料在使用时,为获得适当的流动性,被涂物需经预处理以清除油脂和杂质。

2.水性涂料的类型

根据树脂的类型,水性涂料可分为水稀释型、胶体分散型、水分散型(或乳胶型)3 种主要类型。表 6-13 列举了三种水性涂料的性能差别。

表 6-13　水性涂料的性能差别

性　能	水分散型	胶体分散型	水稀释型
外观	混浊,光散射	半透明,光散射	清澈
粒子尺寸	$\geqslant 0.1 \mu m$	$20 \sim 100nm$	$< 0.005 \mu m$
自集能力常数 K	约 1.9	1.00	0
相对分子质量	1000000	$20000 \sim 200000$	$20000 \sim 500000$
黏度	低,与分子量无关	黏度与分子量有些关系	强烈依赖聚合物分子量
固含量	高	中	低
耐久性	优良	优良	很好
黏度控制	需要外增稠剂	加共溶剂增稠	由聚合物分子量控制
成膜性	需要共溶剂	好,需要少量共溶剂	优良
配方	复杂	中	简单
颜料分散性	差	好~优良	优良
应用难度	很多	有些	无
光泽	低	像水稀释型	高

6.3.2 水溶性涂料的水性化方法

涂料成膜物质的高分子树脂通常都是油溶性的,制造水溶性涂料的一个重要内容就是如何将油溶性树脂转变为水溶性树脂。

聚合物水性化方法主要有三种:即成盐法、在聚合物中引入非离子基团法、将聚合物转变成两性离子中间体法。三种方法中,成盐法运用得最为普遍,不少工业化的水溶性涂料都采用这种方法。

(1)成盐法

成盐法就是将聚合物中的羟基或氨基分别用适当的碱或酸中和,使聚合物水性化的方法,已广泛用于工业生产。

最常见的是含有羟基官能团的聚合物,酸值一般在 $30\sim150$ 之间,通常以本体及在有机溶剂中进行缩聚或自由基聚合而制备。这类聚合物常采用胺作为中和剂。其干燥后漆膜不留下任何阳离子且可挥发。这类水溶性涂料具有高光泽、硬度、耐水性和耐低温等性能,已作为各种工业涂料及电泳涂料用于金属材料的内外部涂饰及维修。

(2)非离子基团法

为了不使用胺或共溶剂而达到水溶性,Blank 设计出一种新型低分子量聚合物,其水溶性是通过引入非离子基团而获得的。非离子基团主要为羟基、醚基,因此这类聚合物与非离子表面活性剂具有某些相似之处,与现有的水性树脂以及大多数溶剂型树脂相溶,故可作活性稀释剂来取代体系中的共溶剂和胺。

摩尔比为 1:6 的双酚 A—环氧乙烷加成物可作水溶性涂料添加剂,作为共溶剂的取代物可降低具有污染性的共溶剂的含量,在水溶性丙烯酸涂料中可提高涂层的硬度、光泽、冲击强度和耐候性;而用于水溶性醇酸树脂体系,则可提高体系的稳定性、流动性、固体涂敷量和静电喷涂性。

(3)形成两性离子中间体法

这是通过形成两性离子型共聚物而得到一种无胺或甲醛逸出的新型水溶性涂料体系。这种方法得到的实用体系还不多,有待进一步研究。

6.3.3 各种水溶性树脂体系

常用的水稀释型树脂有环氧树脂、聚氨酯树脂、醇酸树脂、聚酯树脂、丙烯酸树脂等。

(1)水性环氧树脂

水性环氧树脂可分为阴离子型树脂和阳离子型树脂,阴离子型树脂用于阳极电沉积涂料,阳离子型树脂用于阴极电沉积涂料。

水性环氧树脂的主要特点是防腐性能优异,除用于汽车涂装外,还用于医疗器械、电器和轻工业产品等领域。用于防腐底漆的水性环氧树脂涂料的配方实例如下,见表 6-14。

表 6-14　水性环氧树脂涂料

组分	投料比(质量)/%	组分	投料比(质量)/%
TiO_2	8.26	环烷酸锌(8%)	0.3
灯黑炭	0.21	三乙胺	0.30
硅酸铝	6.71	环烷酸锌(8%)	1.75
碳酸钙	6.71	环烷酸钴(6%)	0.16
碱性铬酸铅	3.60	环烷酸镁(6%)	0.10
水性环氧树脂溶液	37.34	环烷酸铅(24%)	0.41
		水	34.12

该配方为灰色水性防腐底漆,有极好的抗盐雾性;对水处理金属有极好的防腐和黏结性能。

(2)水性聚氨酯树脂

聚氨酯—丙烯酸酯共聚物复合水分散体系正得到广泛的应用,这种分散体系可以是将聚氨酯接枝到丙烯酸酯类聚合物的主链上;或以聚氨酯水分散体系为种子,将丙烯酸酯类单体通过乳液聚合接枝到聚氨酯主链上。

聚氨酯类水分散体系可以代替大部分溶剂型聚氨酯体系,用作皮革涂料、纺织涂料、纸张和纸板涂料、地板涂料、塑料涂料和汽车涂料等。配方举例见表 6-15。

表 6-15　水分散型聚氨酯涂料

组　分	投料比(质量)/%	组　分	投料比(质量)/%
水性聚氨酯树脂	70.5	6%钴化合物催干剂	0.23
乙二醇—丁醚	3.9	4%钙化合物催干剂	0.78
BYK301 抗滑剂	0.40	去离子水	24.19

(3)水性醇酸树脂

醇酸树脂由于有优良的耐久性、光泽、保光保色性、硬度、柔软性,用其他合成树脂(如丙烯酸酯、有机硅、环氧等)改性后,可制成具有各种性能的涂料,因而在溶剂漆中占有重要的地位。醇酸树脂通过常温干燥、低温烘干、氨基树脂改性烘干、环氧树脂改性、酚醛树脂改性等得到的水性醇酸树脂,在水性涂料中同样占有重要的地位。

水性醇酸树脂主要用作金属烘干磁漆、防腐底漆和装饰漆等。水稀释型醇酸树脂磁漆配方举例见表 6-16。

表 6-16　水稀释型醇酸树脂磁漆

组分	投料比(质量)/%	组分	投料比(质量)/%
短油度妥尔油醇酸树脂溶液(77%固含量)	27.53	二级丁醇	2.57
氢氧化铵(28%)	0.96	钴催干剂	0.15
KBY301 耐磨剂	0.25	锆催干剂	0.15
改性有机硅消泡剂	0.20	助催干剂	0.11
乙二醇—丁醚	3.94	去离子水	43.45
		TiO$_2$	20.69

上述配方的特点是涂料制备容易,光泽度高,可用作金属的白色气干性磁漆。

(4)水性聚酯树脂

制备水性聚酯树脂最广泛使用的方法是先合成羟基树脂,然后加入足够的偏苯三酸酐酯化部分羟基基团,这样在每个位置产生 2 个酸基基团。该法虽然在工业上已广泛使用,但与制备水性醇酸树脂一样,其主要缺点是树脂中的酯键在涂料的贮存过程中易水解。由于邻位羧基的空间效应,部分酯化的偏苯三酸酐的酯基特别容易水解,导致溶解的酸基失去,降低了树脂的分散稳定性。可以利用 2,2-二羟甲基丙酸作为二元醇组分,由于羧基基团位于叔碳原子旁而受阻,结果羟基易被酯化而羧基被保留,并最终质子化而形成盐。

水性聚酯树脂主要用于浸涂电动机作绝缘漆、烘干磁漆、金属装饰漆等。如高光泽水性聚酯树脂磁漆配方举例见表 6-17。

表 6-17　高光泽水性聚酯树脂磁漆配方

组　　分	投料比(质量)/%	组　　分	投料比(质量)/%
水性聚酯树脂溶液(固含量为 75%)	19.46	分散后,加入下列组分	
二甲基乙醇胺	1.48	水性聚酯树脂溶液(固含量为 75%)	14.46
有机硅添加剂	0.1	二甲基乙醇胺	1.06
六甲氧基甲基三聚氰胺	6.36	正辛醇	0.12
橘黄色颜料	0.65	乳胶防缩孔剂	0.18
铬酸锶	0.36	改性有机硅消泡剂	0.21
去离子水	7.1	去离子水	48.46

(5)水性丙烯酸树脂

以丙烯酸酯和丙烯酸或甲基丙烯酸共聚而制成的丙烯酸树脂,其漆膜具有良好的透明性、色浅等特点,此外附着力、光泽、耐候性能也很好,因而它在涂料工业中尤其在装饰性漆方面占有重要的地位。有很多的不饱和单体包括各种丙烯酸酯在内,都可以和丙烯酸或甲基丙烯酸进行共聚。因此水性丙烯酸树脂的品种很多,可根据性能要求、来源和价格加以选择。

　　制备水性丙烯酸树脂常有的方法主要是以丙烯酸酯类单体和含有不饱和双键的羧酸单体(如丙烯酸、甲基丙烯酸、顺丁烯二酸酐等)在溶液中共聚成为酸性聚合物,加碱(主要是胺)中和成盐,然后加水稀释得到水性丙烯酸树脂。其主要组成及其作用如表 6-18 所示。

表 6-18　水性丙烯酸树脂的组成及作用

组成		常 用 品 种	作 用
单体	组成单体	甲基丙烯酸甲酯、苯乙烯、丙烯酸乙酯、丁酯、乙基己酯等	调整基础树脂的硬度、柔韧性和耐候性等
	官能单体	甲基丙烯酸羟乙酯、羟丙酯、丙烯酸羟乙酯、甲基丙烯酸、丙烯酸、顺丁烯二酸酐等	提供亲水集团及水溶性并为树脂固化提供交联反应基团
中和剂		氨水、二甲基乙醇胺、N—乙基吗啉,2—二甲氨基—2—甲基丙醇等	中和树脂上的羧基、成盐、提供树脂水溶性
共溶剂		正丁醇、仲丁醇、乙丙醇、乙二醇乙醚、乙二醇丁醚、丙二醇乙醚、丙二醇丁醚等	提供反应介质、调整黏度和流平性等

6.4　涂料的性能测试及施工

6.4.1　涂料的主要质量指标及性能检测

1. 涂料产品

(1)稳定性

①结皮。醇酸、酚醛、氯化橡胶、天然油脂涂料经常会在涂料最上层有一层结皮,这是由于醇酸等类型涂料氧化固化形成的。观察结皮的程度,如有结皮,则沿容器内壁分离除去。结皮层已无法使用,下层涂料可继续使用,使用时搅拌均匀。除去结皮的涂料要尽快用完,否则放置一段,又会有结皮产生,甚至报废。

②胶凝。色漆和清漆出现胶凝现象,可搅拌或加溶剂搅拌,用时过滤。若不能分散成正常状态,则涂料报废。

③分层、沉淀。涂料经长期存放,可能会出现分层现象,溶剂和树脂浮于上层,颜料沉淀在下层,检查时可用一木棒型物,插向涂料桶,若可插至底,说明沉淀是松散的,可混匀再使用。采用搅拌器使涂料样品充分混匀,混匀时的技巧是先倒出部分上层溶剂,搅拌下层颜填料和树脂液,待初步分散均匀后,再把倒出的溶剂倒回,继续搅拌均匀,有时过滤。若无法插到桶底,用刮铲从容器底部铲起沉淀,研碎后,再把流动介质倒回原先桶中,充分混合。如按此法操作,仍无法混合,仍有干结沉淀,涂料只能报废。

（2）细度

细度是检查色漆中颜料颗粒大小或分散均匀程度的标准，以微米（μm）表示之。测定方法：GB1724—79涂料细度测定法。

细度不合格的产品，多数是颜料研磨不细或外界（如包装物料、生产环境）杂质混入及颜料反粗（颜料粒子重新凝聚的一种现象）所引起的。

（3）固体分

固体分是涂料中除去溶剂（或水）之外的不挥发物（包括树脂、颜料、增塑剂等）占涂料重量的百分比。用以控制清漆和高装饰性磁漆中固体分和挥发分的比例是否合适。一般固体分低，涂膜薄，光泽差，保护性欠佳，施工时易流挂。通常油基清漆的固体分应在$45\%\sim50\%$。固体分与黏度互相制约，通过这两项指标，可将漆料、颜料和溶剂（或水）的用量控制在适当的比例范围内，以保证涂料既便于施工，又有较厚的涂膜。

测定方法见GB1725—79涂料固体含量测定方法。

2. 涂膜性能

（1）涂膜外观

按规定指标测定涂膜外观，要求表面平滑、光亮；无皱纹、针孔、刷痕、麻点、发白、发污等弊病。涂膜外观的检查，对美术漆更为重要。影响涂膜外观的因素很多，包括涂料质量和施工各个方面，应视具体情况具体分析。

涂膜的外观包括色漆涂膜的颜色是否符合标准，用它与规定的标准色（样）板作对比，无明显差别者为合格。有时库存色漆的颜色标准不同大多是没有搅拌均匀（尤其是复色漆如草绿、棕色等），或者是在贮存期内颜料与漆料发生化学变化所致。

测定方法见GB1729—79涂膜颜色外观测定法。

（2）光泽

光泽是指漆膜表面对光的反射程度，检验时以标准板光泽作为100%，被测定的漆膜与标准板比较，用百分数表示。

涂料品种除半光、无光之外，都要求光泽越高越好，特别是某些装饰性涂料，涂膜的光泽是最重要的质量指标。但墙壁、黑板漆则要半光或无光（亦称平光）。

影响涂膜光泽的因素很多，通过这个项目的检查，可以了解涂料产品所用树脂、颜填料以及和树脂的比例等是否适当。

涂料的光泽视品种不同，分为三挡。有光漆的光泽一般在70%以上，磁漆多属此类。半光漆的光泽为$20\%\sim40\%$，室内乳胶漆多属此类。无光漆的光泽不应高于10%，一般底漆即属此类。

测定方法见GB1743—79涂膜光泽测定法。

（3）涂膜厚度

它将影响涂膜和各项性能，尤其是涂膜和物理力学性能受厚度的影响最明显，因此测定涂膜性能时都必须在规定的厚度范围内进行检测，可见厚度是一个必测项目。

测定涂膜厚度的方法很多，玻璃板上的厚度可用千分卡测定，钢板上的厚度可用非磁性测厚仪测定。干膜往往是由湿膜厚度决定的，因此近年常进行湿膜厚度的测定，用以控制干膜厚度，测定湿膜厚度的常用方法有湿膜轮规法和湿膜厚梳规法。干膜厚度测定方法见

GB1746—79 涂膜厚度测定法。

（4）硬度

涂膜的硬度是指涂膜干燥后具有的坚实性，用以判断它受外来摩擦和碰撞等的损害程度。测定涂膜硬度的方法很多，一般用摆杆硬度计测定，先测出标准玻璃板的硬度，然后测出涂漆玻璃样板的硬度，两者的比值即为涂膜的硬度。常以数字表示之，如果漆膜的硬度相当玻璃硬度值的一半，则其摆杆硬度就是 0.5，这时涂膜已相当坚硬。常用涂料的摆杆硬度在 0.5以下。

通过漆膜硬度的检查，可以发现漆料的硬树脂用量是否适当。漆膜的硬度和柔韧性相互制约，硬树脂多，漆膜坚硬，但不耐弯曲；反之软树脂或油脂多了，就耐弯曲而不坚硬。要使涂膜既坚硬又柔韧，硬树脂和软树脂（或油脂）的比例必须恰当。

测定涂膜硬度的标准方法有 GB1730—79 涂膜硬度测定和 GB3183—82 涂膜硬度测定法。

（5）附着力

涂膜附着力是指它和被涂物表面牢固结合的能力。附着力不好的产品，容易和物面剥离而失去其防护和装饰效果。所以，附着力是涂膜性能检查中最重要的指标之一。通过这个项目的检查，可以判断涂料配方是否合适。

附着力的测定方法有划圈法、划格法和扭力法等，以划圈法最常使用，它分为 7 级，1 级圈纹最密，如果圈纹的每个部位涂膜完好，则附着力最佳，定为 1 级。反之，7 级圈纹最稀，不能通过这个等级的，附着力就太差而无使用价值了。通常比较好的底漆附着力并没有达 1 级，面漆的附着力是 2 级左右。

测定方法见 GB1720—79 涂膜附着力测定法。

3. 涂料的施工性能指标

（1）黏度

涂料的黏度又叫涂料的稠度，是指流体本身存在黏着力而产生流体内部阻碍其相对流动的一种特性。这项指标主要控制涂料的稠度，合乎使用要求，其直接影响施工性能、漆膜的流平性、流挂性。通过测定黏度，可以观察涂料贮存一段时间后的聚合度，按照不同施工要求，用适合的稀释剂调整黏度，以达到刷涂、有气、无气喷涂所需的不同黏度指标。

国家标准 GB/T1723—93 规定了 3 种测定黏度方法，包括涂—1、涂—4 黏度杯及落球黏度计测定涂料黏度的方法，其中最常用的测定方法是涂—4 黏度杯测定法。此种方法简便易行，即以 100mL 的漆液，在规定温度下，从直径为 4mm 的孔径中流出，记录时间，以 s 表示，此为测定漆样的黏度。

（2）干燥时间

涂料施工以后，从流体层到全部形成固体涂膜这段时间，称为干燥时间，以小时或分钟表示。一般分为表干时间和实干时间。通过这个项目的检查，可以看出油基性涂料所用油脂的质量和催干剂的比例是否合适，挥发性漆中的溶剂品种和质量是否符合要求，双组分漆的配比是否适当。

涂料类型不同，干燥成膜的机理各异，通常分为溶剂挥发成膜、氧化聚合成膜、烘烤聚合成膜、固化剂固化成膜四种类型，因此干燥时间也相差很大。靠溶剂挥发成膜的涂料如硝基、过氯乙烯漆等,一般表干 10～30min,实际干燥时间 1～2h。靠氧化聚合干燥成膜的涂料如油脂漆、天然树脂漆、酚醛和醇酸树脂漆等,一般表干 4～10h,实干 12～24h。靠烘烤聚合成膜的涂料如氨基烘漆、沥青烘漆、有机硅烘漆等,在常温下是不会交联成膜的,一般需在 100～150℃烘 1～2h 才能干燥成膜。靠催干固化成膜的涂料如可常温干燥,亦可低温烘干,视固化剂的种类和用量不同,其干燥时间各异,一般在 4～24h。

测定方法见 GB1728—79 涂膜、腻子干燥时间测定法。

(3)遮盖力

用涂料涂刷物体表面,能遮盖物面原来底色的最小用量,称为遮盖力。以每平方米用漆量的质量(g)表示(g/m²)。

不同类型和不同颜色的涂料,遮盖力各不相同,一般说来高档品种比低档品种遮盖力好,深色的品种比浅色的品种遮盖力好。

测定方法见 GB/T1726～79。

6.4.2　涂料的施工

涂料是重要的化工产品之一,因此,选择一种合适的涂料是非常必要的。所以,不只要注重涂料的性能,还需要考虑施工的质量,这样才能达到事半功倍的效果。

1.涂料的选择

涂料的种类和品种繁多,性能与用途各有不同。使用者首先要掌握各种涂料的型号、组成、性能和用途,这样才有选用涂料的基础。如果涂料选择不当或施工工艺不合理,往往就达不到所期望的效果,造成经济损失和时间的延误。因此在选择涂料品种时必须注意考虑使用的范围和环境条件,诸如耐候性能、耐磨性能、耐冲击性能、光泽等。在使用材质上的选择也非常重要,例如金属、木器、水泥、橡胶、纤维、皮革等。如何使涂料在配套性上达到非常好的效果也是至关重要的,例如面漆与底漆,底漆与腻子,腻子与面漆,面漆与罩光漆的附着力。

2.施工应注意的问题

(1)材质的表面处理

涂料与物件的附着力取决于表面处理,表面处理包括金属的脱脂、去锈、化学磷化处理等步骤。例如,新钢铁器材特别是要注意把氧化皮(蓝皮)清除干净,铝及铝合金最好经过阳极氧化处理。木材需要事先将木材干燥,用漂白剂、封闭剂进行处理。塑料用溶剂洗去脱模剂并进行粗糙处理。

(2)涂料的干燥

涂料干燥要得当,符合要求,涂层要均匀而致密,如果涂料干燥不当常会给涂层带来很多的缺陷,例如起皱、发黏、麻点、针孔、失光、泛白等弊病。

(3)遵守质量标准和工艺流程

在涂料工程中一定要严格遵守相关质量标准,才能保证质量,还要严格遵守工艺流程标准,以免由于疏忽造成返工浪费。

6.5　涂料的发展

6.5.1　涂料工业的生产现状及特点

1. 涂料工业的生产现状

(1)涂料工业发展迅速

涂料工业在发达国家已经步入发展成熟期,发展速度大致与国民经济的增长同步。据报道,目前全球涂料市场销售额每年约 600 多亿美元,1999 年起最大的涂料市场为欧洲,其建筑涂料销量达到 89 亿美元,OEM 制造厂商的用量也达 89 亿美元,特种涂料为 47 亿美元。北美用于上述三个领域的涂料销量分别为 67 亿、75 亿和 48 亿美元。亚洲的经济增长速度明显超过欧洲和北美,建筑、OEM 和特种涂料的销量分别达到 80 亿、31 亿和 37 亿美元。包括非洲、中东和拉丁美洲在内的世界其他地区的销量在以上三类中分别为 62 亿、16 亿和 26 亿美元。由于发达国家利率上涨,对主要的涂料用户行业即住房和汽车业产生负面影响,全球的涂料行业的年销售增长率估计仅为 2% 左右。

我国涂料工业经过数十年的发展,通过挖潜改造和科研开发,特别是改革开放以来,乡镇企业和三资企业的异军突起,近十年来世界各大集团公司竞相把资金、技术投向我国,大大提高了我国涂料工业的生产技术水平,全行业取得了长足的进步,我国涂料生产企业以国有企业、三资企业、乡镇企业为主,其中,原化工部计划内企业 106 家,生产能力 110 多万吨/年;三资企业约 50 多家,生产能力约 60 多万吨/年;乡镇企业和集体企业约 3000 多家,生产能力约 100 多万吨/年。全国涂料生产企业近 5000 家。1998 年我国的涂料总产量已经位居美国、俄罗斯和日本之后居世界第四位(包括内外墙漆、木器漆、地板漆等在内的建筑装饰漆,占 40% 左右)。但人均消费量仅为 1.4kg,远远低于 4kg 的世界平均水平。

(2)涂料产品品种高、中、低档并存

高档合成树脂、节能型低污染(包括水性、粉末、高固体分)涂料,比例大幅度提高。

我国涂料企业是世界的 1/2,但产量只占 1/12,目前我国的涂料企业的生产规模都偏小,生产的涂料品种的档次较低,年销售量达到 10 万吨的企业基本没有,国内企业的经济效益不高。我国涂料工业还存在较严重的结构性矛盾,今后应重点发展汽车漆、防腐漆、航空漆、集装箱漆、道路标志漆、水性涂料等。

(3)涂料生产地域布局不平衡

我国的涂料生产主要分布在长江三角洲和珠江三角洲,尤以广东省发展最快,广东省是我国的涂料生产大省,年产量 60 多万吨,生产企业接近 1000 家,仅顺德就有约 300 多家,广东省的涂料产量占全国的 1/3,而广州市的涂料产量就占了全省的 1/3 以上。

华北、西北、西南、东北地区尽管产量均有不同程度增长,但所占比例有所下降。

2. 涂料工业的特点

涂料工业是以油脂、天然树脂、合成树脂、颜料、填料、溶剂和助剂为基本原料,生产出各种不同型号规格的产品,并提供其应用的工业。其实质包括了涂料制造和涂料施工应用两大部分。前者主要指油脂熬炼、树脂和色漆制造,以及质量管理等,广义的讲,还应包括颜料的制造和使用;后者是指涂料施工前的处理,施工设备和方法,涂料的干燥成膜与检测等这两部分内容是密切联系,互相有别,对于涂料的使用与耐久性来说,不能放弃任何一方面。

涂料工业除具有化学工业共同的特点之外,还有如下的特点。

(1)广泛性和专用性

涂料广泛地应用于国民经济各部门、国防和人民生活中,无所不在,其服务面十分广泛。但每一部门,每一服务对象对涂料性能的要求各不相同,必须生产不同性能、不同规格的多品种涂料产品,以满足不同的使用要求。所以涂料品种的用途具有专用性。这决定了涂料工业品种繁多。

在众多的涂料品种中,有一些通用性的品种,具有较好的综合性能,能满足诸多方面的使用要求,这类品种产量大,应用广,是涂料工业的主体。

(2)涂料工业投资少、见效快

涂料属于精细化工产品(fine Chemicals)之列,和大宗化工产品(mass Chemicals)相比,具有投资少、利润高、返本期短、见效快的特点。

(3)带有加工工业的性质

涂料工业生产品种多,使用原料多。除少数专用树脂之外,大部分原料需要其他工业部门供应。如颜料需由颜料工业供应,大多数合成树脂、溶剂、助剂和化工原料等需由高分子工业、基本有机合成工业、炼焦工业、石油化工、化工原料工业等供应。从而使涂料工业带有"来料加工"的性质。

涂料工业原是从小作坊手工业发展起来的,设备工艺简单,很多涂料品种可以在相同的设备上采用不同原料,不同的配方生产,生产工艺过程大致相同,带有加工工业的性质。

另外,涂料产品只是一种半成品,必须在涂装之后体现其作用,离开了使用对象,涂料也就失去了意义。这说明涂料产品只是一种服务性的配套材料。从使用上看,涂料工业也带有加工工业的性质。

(4)技术密集度高、涉及学科多

虽然涂料生产过程雷同,生产周期短,工艺设备简单;但其产品多性能,多用途。由于品种繁多,所用原材料多,因而在原料选择、产品配方设计上具有很高的技术性。

在涂料实际制造过程中,涉及的学科较多。因此,一个优秀的涂料工程师,不仅要具有无机、有机、物化、分析等化学知识;还要懂得物理学、机械、计算机、高分子化学工艺学等多学科的知识。由于知识密集度高,要求分工合作密切并掌握复杂的生产工艺技术。在理论上和实践上,都要不断学习新知识、积累工作经验。所以说,涂料工业的技术密集度高,新品种的技术垄断性强。日本将制造业的技术密集度定为100,而涂料工业则为279,这说明涂料工业的技术密集度是较高的。

6.5.2 涂料工业的发展动向

1.涂料用原材料来源的多样化

在涂料工业发展史上,以天然物质为原料的涂料经历了较长的历史。最早以天然矿物和色素用作涂料,稍后以油和松香、虫胶、大漆为基础的天然树脂(包括改性的天然树脂)制成油性涂料和天然树脂涂料,这就开始了以农副产品及其加工产品为基础原料的时期。第二次世界大战后,涂料原料转而以煤化工产品为主,20 世纪 50、60 年代以后,转而以石油化工产品为主要原料来源。20 世纪 70 年代初受石油危机的冲击,涂料科技工作者才认识到涂料原料来源应多种渠道,在注意发展以石油化工产品为原料的新型树脂品种时,还应研究和发展以煤化工产品为原料的普通树脂品种;从利用太阳能和减少污染的角度出发,发展用农副产品为原料的涂料产品。只有使涂料原料来源多样化,才能使涂料工业更快地发展。

20 世纪 80 年代以来,国内外涂料原材料价格上涨,如美国从 1980～1984 年,涂料用原材料价格上涨 4.4％,日本涂料中原材料费比重上升,利润大幅度下降,大企业利润已下降到 1％以下。国内原材料近几年涨价幅度大,也造成涂料行业利润大幅度下降,因此,开源节流,合理利用资源,原材料来源多样化是国内外涂料发展的一个方向。

2. 涂料结构变化、品种增加、水性涂料迅猛发展

目前涂料可分为 18 个大类,4000 多种产品,每年都有新的产品推出。据统计,2001 年世界涂料的年产量约为 2400 多万吨,年销售值约 600 多亿美元。

在涂料中,合成树脂比例占优势、涂料耗油率下降。目前美国合成树脂涂料比例已占 94.9％,日本和德国的合成树脂涂料比例分别接近 80％和 70％,美国和日本的涂料耗油率都相当低。

发展省溶剂、省资源、低污染的涂料。涂料中使用的溶剂,成膜后挥发到大气中,既造成污染、又浪费了资源和能源。节省溶剂是涂料省资源、减少污染的重要措施,这就促使水性涂料、高固体分涂料和粉末涂料的发展。

随着人们对环保的日益关注,水性涂料已成为涂料工业的一个主要发展方向。重点发展高耐候、高性能的特种水性树脂和水性涂料,如高耐候建筑乳胶涂料、水性木器涂料、水性金属涂料、低游离单体的聚氨酯涂料、高性能氟碳乳液、高性能硅丙乳液、高性能水性环氧—聚酯和水性丙烯酸系列树脂等。向低污染的水性涂料和无溶剂涂料方向发展。

到 20 世纪末,水性涂料的产量已占世界涂料总产量的 30％左右,与溶剂型涂料基本相当,预计到 2015 年,水性涂料将占世界涂料市场 40％的份额,标志着涂料生产将提高到更高的技术水平。

3. 改进施工应用技术,生产和检测逐步自动化、现代化

施工应用技术从手工操作逐步向机械化、自动化方向发展。根据涂料品种的变化,发展了静电喷涂、电沉积法涂装、静电粉末涂装等,机器人在施工中也开始应用。

固化方法发展了紫外光固化、电子束固化、蒸汽固化等。

涂料生产设备趋向于密闭化、管道化和自动化,电子计算机在配漆、合成树脂和涂料贮运中开始应用,生产及中间控制逐步走向半自动化和自动化,产品包装也逐步自动化。

国内涂料产品的应用技术、固化技术、生产过程及产品包装等方面一直在跟踪国外先进水平,并取得了较大进展,但和国外相比,差距仍较大。

4. 应用范围、消费市场迅速扩大

涂料是应用最广泛的保护材料,它渗透到国民经济的各个领域,涂料工业是一个不断创新发展的工业,涂料的产品水平反映了一个国家的化工科技水平的高低。

目前,建筑涂料和汽车涂料在我国涂料消费市场上所占份额迅速扩大,防腐蚀漆、家电用漆、船舶漆、集装箱漆、道路标志漆需求明显增加。

我国建筑涂料生产企业估计为2000多家,总生产能力在200万吨以上,主要品种为合成树脂乳胶和无机高分子两类,内墙涂料占总量65%～70%,其中有机类约占80%,无机类20%。2002年中国建筑涂料的年产量约为80多万吨,其中内墙52万吨、外墙10万吨、防水13万吨,防火、防毒、防虫杀虫、隔音隔热等功能性建筑涂料5万吨。以苯丙乳胶、乙丙乳胶为代表的中档内墙涂料和与纯丙乳液、硅丙乳液和氟碳乳液为代表的外墙涂料正在迅速兴起,而防火、防霉等功能性涂料尚处于起步阶段。

随着我国汽车工业的不断发展,汽车涂料需求量不断增加,目前我国汽车涂料生产能力已达每年20万吨I:2_E,按品种分,阴极电沉积涂料占24%,阳极电沉积涂料占4%,中涂涂料(一道漆)占4%,面漆占35%,PVC抗石击涂料占15%,塑料涂料占1%,其他涂料(含防护蜡)占17%。

由于国内家用电器的迅速发展和普及,粉末涂料用量大幅度增长,家电用粉量占总用量70%以上,热固性粉末涂料产量1997年就达5.5万吨,居亚洲第一位;品种发展也很快,其中聚酯环氧粉末涂料约占75%～80%。

道路标线涂料的产量和质量远远不能满足国内公路建设的需要,目前产量仅为3万吨/年左右,而近几年该涂料的年消费量在(6～8)万吨/年;集装箱漆需求量在3万吨/年左右;船舶漆约7万吨/年;铁路用漆约9万吨/年;防腐蚀漆约17万吨/年,这几类涂料在国内均有较大市场发展空间。

5. 涂料工业向集团化、规模化、专业化方向发展

我国涂料工业迅速发展,大大缩短了与世界先进水平的差距,发展前景和市场潜力广阔,但市场竞争也日趋激烈,国内外各大公司纷纷抢占市场。涂料工业向集团化、规模化、专业化方向发展,荷兰的阿克苏(AKZO)和瑞典的诺贝尔(Nobel)公司合并组建了 AKZO-Nobel 公司成为世界上最大的涂料公司;ICI 和 DuPont 等也组建了欧洲汽车涂料公司。

我国涂料工业经过数十年的发展,通过挖潜改造和科研开发,乡镇企业和三资企业的异军突起。近十几年来世界各大集团公司竞相把资金、技术投向我国,大大提高了我国涂料工业的生产技术水平。国家投入较大力量开展涂料发展的前沿性课题研究,并进行"产、学、研"相结合,开发新产品,并向集团化、规模化、专业化方向发展。

总之,涂料工业的发展趋势是:管理科学化、经营全球化、规模大型化、产品功能化、清洁绿色化、品种多样化、生产专业化、质量多元化、助剂专业化。涂料产品的发展方向是高质量、节约能源、环境友好、节约资源、功能化。

第7章 农药

7.1 农药概述

中国是一个农业大国,在农业中化学的应用主要表现在化肥、农药、农用薄膜和饲料添加剂这四个方面,它们均属于农用化学品。其中涉及精细化学品的有农药和饲料添加剂,根据两者的产量、应用范围及在精细化工市场中的比重来看,农药是农用化学品的重中之重。

7.1.1 农药的定义与分类

1.定义

农药(Pesticide)是指防治农作物病害、虫害、草害、鼠害和调节植物生长的药剂。

自从 1942 年人工合成了第一种有机农药 2,4—滴(2,4—D)后,人类相继开发了大量有机农药品种。例如,于 1974 年合成出来的俗称为滴滴涕(DDT),化学名称为 2,2—双—(对氯苯基)—1,1,1-三氯乙烷的化合物取代了剧毒的砷化物,并且其应用范围不断扩大,它的应用也是有机农药付之于实际应用的开端。

根据以上的农药发展简史,大致可将农药的使用分为两个阶段,主要是以 20 世纪 40 年代初期为分界线。这之前是第一阶段,是以天然及无机化合物为主的天然和无机农药时代;从第二阶段起进入有机合成农药时代,并从此使农作物保护工作发生了巨大的变化。

2.分类

农药有很多分类方法,但最常见的分类方法是下面的第一种。

①按照所防治对象的不同进行分类,农药可分为杀虫剂、除草剂、杀菌剂、杀鼠剂、杀线虫剂、杀螨剂、杀鸟剂、杀软体动物剂、杀卵剂、植物激素、植物生长调节剂、脱叶剂、干燥剂、种子处理剂。前九类农药是指能够防治危害农、林、牧业产品和环境卫生等方面的昆虫、螨、病菌、杂草、鼠和鸟兽等有害生物的药剂。后五类农药是指在植物生长时期能影响其生理变化的物质。

②按照化学结构分类,农药可分为有机氯、有机氮、有机磷、氨基甲酸酯、拟除虫菊酯、有机硫、有机硅、有机金属、酰胺、苯氧羧酸等。

③按照来源分类,农药可分为矿物源(无机化合物)、化学合成(有机化合物)和生物源(天然有机物、抗生素、生物农药)。

④按照作用方式,农药可分为杀虫剂(如:胃毒剂、触杀剂、熏蒸剂、驱避剂、拒食剂、引诱剂、性信息素、不育剂等);杀菌剂(如:治疗剂、保护剂、铲除剂、防腐剂等);除草剂(如:触杀性除草剂、内吸性除草剂等)。

⑤按毒理作用,农药可分为神经毒剂、呼吸毒剂、原生质毒剂和物理性毒剂。

大多数农药能够对有生命机体的生命过程产生影响,其破坏生命过程的初级作用形式可以划分为以下四种类型。

①作用形式是破坏神经协调,如有机磷杀虫剂和氨基甲酸酯杀虫剂。

②作用形式是打乱机体的结构,如异稻瘟净(异丙基-S-苄基硫苷磷酸酯)杀菌剂能够阻止壳多糖合成,壳多糖是真菌的生命结构成分,因而它提供了控制这些害虫的选择性。

③作用形式是干扰机体的能量供应,如克菌丹能抑制真菌体内多种酶的生成,达到杀菌作用。

④作用形式是阻碍机体的生长和再生。影响细胞分裂和蛋白质合成是农药的一种重要作用,各种除草剂和杀菌剂常常是按这条路线起作用的。

农药是确保农业增产丰收的重要产品,其质量至关重要。不合格、质量低劣的农药,不仅起不到杀虫除草的作用,还会贻误农时、造成药害、污染环境。一个新的活性化合物能够成为实用产品,被投入到农作物的保护工作当中去,不但要在性能、价格、安全性等方面有优势,还要通过严格的毒性评价和环境评价。要完成如此巨大的任务,需要一个庞大的产业来支持,那就是农药工业。

3. 农药工业

人口与粮食、环境与环境质量、资源与能源、医疗福利与新的信息系统是21世纪人类面临的五大问题。据联合国粮农组织统计,世界面临每年增加7000万人的巨大压力,而同时面对着耕地以每年5~7万平方公里速度减少的荒漠化威胁,并有人预计到本世纪末全球将损失1/3的可耕地,这将加剧人口对粮食的需求。拥有泱泱14亿人口的中国遇到的问题也主要就是粮食问题,这就为我们提出了一个非常巨大的课题:就是如何提高现有耕地的质量与单位面积的产量。

提高可耕地的单位面积产量的举措是多方面的,除了保护好现有耕地、加快农业机械化外,还有农药的使用也是其中重要措施之一。使用农药不仅可以避免各种有害生物对农作物的危害,而且可以促进农作物的生长,提高农作物的质量。因此,把农药应用在农业上用来提高耕地的单位产量是势在必行的。自从使用农药以后,我国平均每年挽回粮食2500万吨、棉花40万吨、蔬菜800万吨、水果330万吨,减少直接经济损失约300亿元,这自然是农药的巨大作用。当然,要把农药更科学、更合理、更有效地应用在农业上,还需要有一个完整的体系来指导使用和制造农药商品,这就使农药走向了一个新的阶段——农药工业化时代。

在20世纪60年代至80年代初这一段时间内,我国的农药工业从无到有发展成为现有农药合成企业近400家,加工企业1000多家,总生产能力超过56万吨,常年生产180多个品种,年产量约26万吨,农药生产体系居世界第二位。以前,我国农药的品种主要是国外开发、专利期已过的品种,自主开发的品种很少。从1993年起我国修改实施保护农药化合物的专利法和我国进入WTO之后,我国加紧改革农药工业结构。现在,我国农药工业已发展成集活性结构的筛选、田间效应、环境评价、制剂加工、安全性评价、生产工艺设计为一体的先进科研体系。特别是在"九五"期间,我国重点投资建设了由六个各具特色的成员单位组成的南北两个新农药创制中心,使我国的科研体系更加健全。

农药作为重要的农用化学品,现已发展为高投入、高风险、高附加值的产品。国内外农药市场的特点是全世界农药市场趋于饱和,竞争异常激烈。由于市场竞争剧烈,环保压力增强,科研费用巨大,各大农药公司兼并成风,纷纷合并改组成更为强大的企业集团,继排名世界第 1 和第 9 的瑞士两大农药公司汽巴—嘉基(Ciba-Geigy)公司和山道士公司于 1995 年合并为诺华(Novartis)公司成为世界第一大农药公司和第二大种子公司之后,最近法国罗纳普朗克公司将与德国赫斯特公司合并组建全球最大的农药企业阿凡的斯公司。面对着这一严峻形势,我们应该对农药工业有深入的理解和合理的分析,才能更好、更快地适应市场,发挥我们自己的优势,更有准备地迎接这场巨大的挑战。我们还应引进国外的先进技术,以加速我国农药工业的发展。

同时,我国农药工业又面临着另外一个很大的问题。如杀虫剂品种,虽然 1983 年国家开始停止生产六六六、滴滴涕等有机氯农药品种,并将有机氯类农药大面积禁用,又先后禁止生产二溴氯丙烷、氟乙酰胺、毒鼠强、杀虫脒、除草醚等品种,但是仅就甲胺磷、久效磷、对硫磷、甲基对硫磷(已被列入"PIC 程序")这 4 个高毒品种的产量就高达 9.5 万吨左右,约占农药总产量的 23%,占杀虫剂总量 33% 之多。其中,单就甲胺磷的产量就高达 6.5 万吨,占整个农药产量的 15%,生产企业多达 103 家,而全世界甲胺磷的产量则不足 5000 吨。这种不平衡的结构,对我国农药工业的健康发展十分不利。我们应集中力量开发投产高新技术品种,积极调整农药产品结构,去迎接农药工业的新纪元。

7.2　主要农药品种合成化学及工艺学

7.2.1　杀虫剂

1. 有机磷类

自 20 世纪 30 年代开发出有机磷类杀虫剂以来,由于具有药效高、使用方便、不少品种有内吸作用、容易在自然条件下降解等优点,因而在杀虫剂中从品种数到生产量均长期占据首位。此外,在杀菌剂、除草剂以及植物生长调节剂等其他农药领域,也有若干重要含磷产品。据统计,我国有机磷杀虫剂的产量占杀虫剂总产量的 70% 左右。在有机磷品种中,敌敌畏、甲基对硫磷、对硫磷、氧乐果、甲胺磷和久效磷 6 个为高毒品种,发达国家和许多国家已禁用,在我国列为逐渐淘汰产品。不过,根据我国的实际国情,今后还会保持和开发一些高效、低毒的有机磷农药品种。

杀螟松是一个高效、广谱、使用安全的触杀性杀虫剂,可广泛应用于防治水稻、棉花、大豆、果树、蔬菜、烟草、茶等多种作物的害虫,尤以防治稻螟有特效。

杀螟松的化学结构式为:

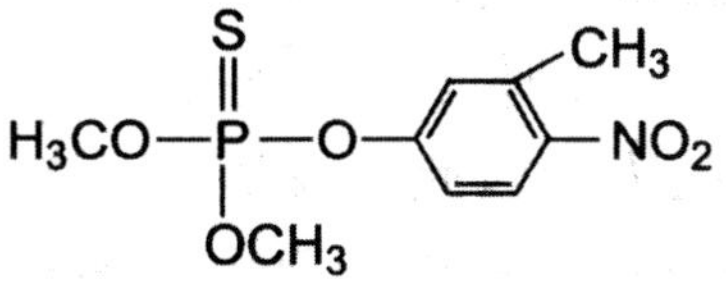

合成方法:以间甲基酚、亚硝酸钠及硝酸经亚硝化、氧化反应,生成 4-硝基间甲酚,然后在

甲苯中,氯化亚铜和碳酸钠存在下,于 90℃～100℃,O,O-甲基硫代磷酸酰氯与 4-硝基间甲酚反应 3h,经过滤,取甲苯层依次用 NaOH 水溶液、水洗涤,减压蒸馏回收甲苯后,得杀螟松原油,含量 90％,收率 95％以上。

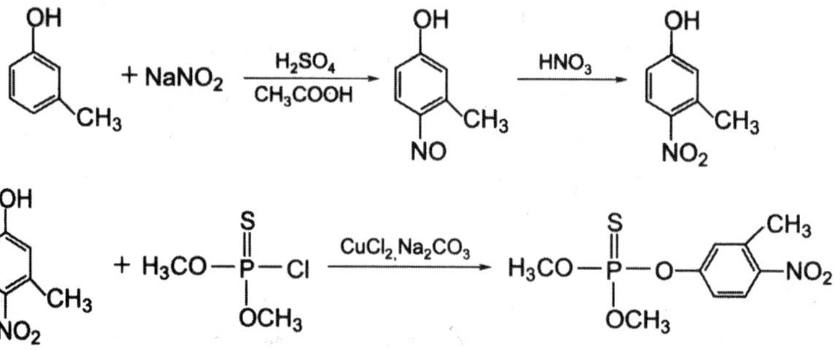

三唑磷是广谱性杀虫、杀螨剂,兼有一定的杀线虫作用。其对粮、棉、果树、蔬菜等主要农作物上的许多重要害虫,如螟虫、稻飞虱、蚜虫、红蜘蛛、棉铃虫、菜青虫、线虫等,都有优良的防效。

三唑磷的结构式为:

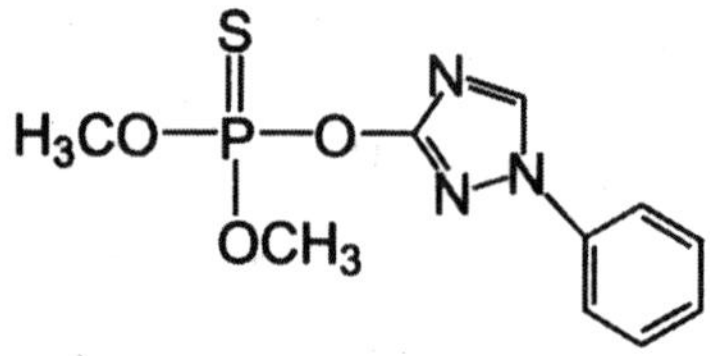

合成方法:以苯肼和三氯化磷为起始原料合成三唑磷。将苯肼盐酸盐和尿素混合,搅拌加热至 150～160℃,反应产生氨气,得黄色熔物。冷却,水洗,过滤,用乙醇重结晶,得到 1—苯基氨基脲(熔点 172℃)。将 1—苯基氨基脲、原甲酸三乙酯和甲苯一起搅拌加热,蒸去反应生成的乙醇,直至无乙醇蒸出为止。反应毕,冷却,过滤,洗涤,得 1—苯基—3—羟基—1,2,4—三唑(熔点 269～273℃)。在有 32.2g(0.2mol)1—苯基—3—羟基—1,2,4—三唑的 250mL 丙酮悬浮液中,加入 38g(0.2mol) O,O—二乙基硫代磷酰氯,接着滴加 22g(0.22mol)三乙胺,混合物约在 50℃搅拌 6h,冷却,过滤除去三乙胺盐酸盐,蒸除溶剂,得 60g 三唑磷。

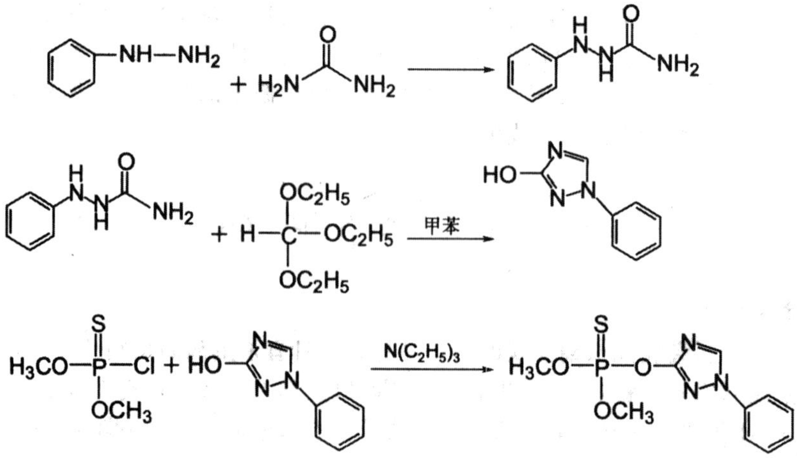

2. 氨基甲酸酯类

克百威,化学名为:2,3—二氢—2,2 二甲基—7—苯并呋喃基—N—甲基氨基甲酸酯,别名呋喃丹。结构式为:

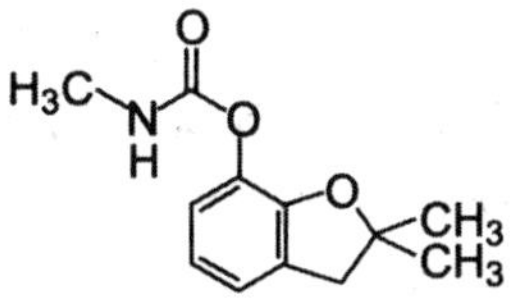

本品为广谱内吸性杀虫、杀螨和杀线虫剂,具有胃毒、触杀等作用,是防治棉花害虫的优良药剂,对烟草、甘蔗、马铃薯、花生、玉米等作物的害虫也有效。

合成方法:邻硝基酚与 3 氯异丁烯反应,生成 2-异丁烯基氧基硝基苯,然后在 175℃～195℃进行克莱森转位重排,150℃～190℃环化反应(三氯化铁为催化剂),生成 2,3—二氢—2,2 二甲基—7—苯并呋喃,加氢还原硝基为氨基,再重氮化,加热水解成 2,3—二氢—2,2 二甲基—7—羟基苯并呋喃,最后与甲基异氰酸酯反应而得产品。

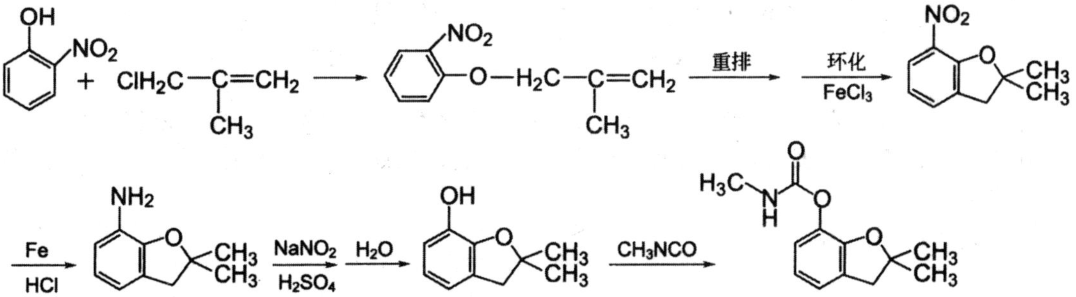

灭多威,又名乙肟威,化学名:1—(甲硫基)亚乙基氨甲基氨基甲酸酯。结构式为:

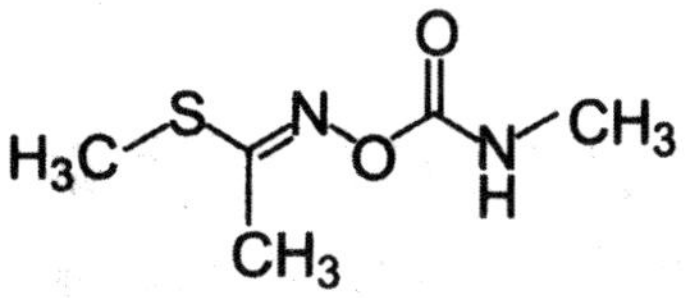

本品是速效性农药,兼有熏蒸、触杀和内吸作用,它对人和温血动物低毒。可防治多种害虫,可用于水稻、棉花、果树、蔬菜、烟草、苜蓿、草坪等。

合成方法:以硝基乙烷、甲硫醇钾、甲氨基甲酰氯为原料,硝基乙烷先与甲硫醇钾反应,生成灭多威肟,然后与甲氨基甲酰氯反应,生成灭多威。或者由甲醛合成乙醛肟,再依次与甲硫醇、异氰酸甲酯反应,制得灭多威。

苯氧威又名双氧威、苯醚威,化学名称:2—(4—苯氧基苯氧基)乙基氨基甲酸乙酯。苯氧威最早由瑞士 Ciba-Gaigy 公司在 20 世纪 90 年代开发,是具有保幼激素活性的非萜烯类昆虫生长调节剂类杀虫剂,兼具氨基甲酸酯类和类保幼激素的特点,对多种害虫表现出活性,对蜜蜂和有益生物无害。结构式为:

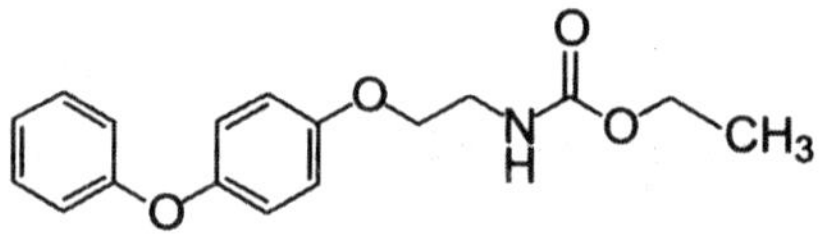

3. 拟除虫菊酯类

除虫菊是指菊科菊属除虫菊亚属的若干种植物，具有杀虫剂的某些特性，并且对哺乳动物无害，缺点是在室外不稳定。20 世纪初已开始研究其有效成分的化学结构，历经半个多世纪，直到 1964 年才最后确定共有 6 种有效成分。在天然除虫菊素化学结构基本研究清楚的基础上，开始人工模拟合成研究，1947 年由美国人成功地合成了第一个人工合成的拟除虫菊酯——丙烯菊酯，并于 1949 年商品化。从此开发出一类高效、安全、新型的杀虫剂——拟除虫菊酯杀虫剂。其特点如下：

(1)高效

其杀虫效力一般比常用杀虫剂高 10～50 倍，且速效性好，击倒力强。例如，溴氰菊酯每亩用药量仅 1/15g 左右，是迄今药效最高的杀虫剂之一。菊酯的分子含有多种立体异构体，毒力相差很大，分离或合成其中的高毒力异构体甚为重要。

(2)广谱

对农林、园艺、仓库、畜牧、卫生等多种害虫，包括咀嚼式口器和刺吸式口器的害虫均有良好的防治效果。早期开发的品种对螨的毒力较差，但目前已出现一些能兼治螨类的品种，如甲氰菊酯、氟氰菊酯，并有能当杀螨剂使用的氟丙菊酯。早期的品种由于对鱼、贝、甲壳类水生生物的毒性高，不允许用于水稻田，目前已开发出对鱼虾毒性较低的品、种，如醚菊酯、乙氰菊酯可在稻田使用。这类药剂的常用品种对害虫只有触杀和胃毒作用，且触杀作用强于胃毒作用，要求喷药均匀。

(3)低毒、低残留

对人畜毒性比一般有机磷和氨基甲酸酯类杀虫剂低，用量少，使用安全性高。由于在自然界易分解，使用后不易污染环境。极易诱发害虫产生抗药性，而且抗药程度很高。

下面是一些拟除虫菊酯及其结构式：

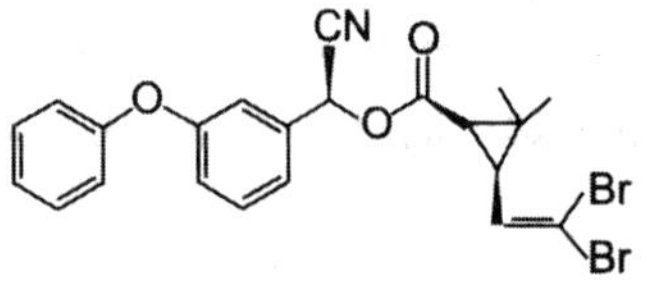

溴氰菊酯

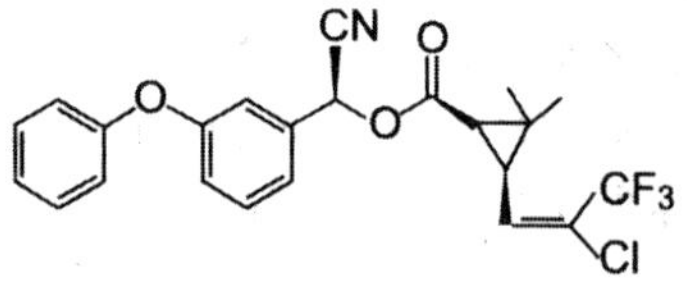

氯氟氰菊酯

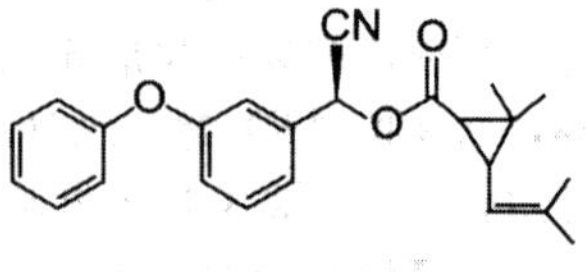

甲氰菊酯

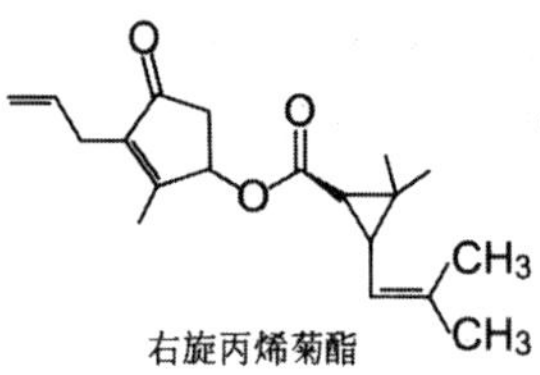

右旋丙烯菊酯

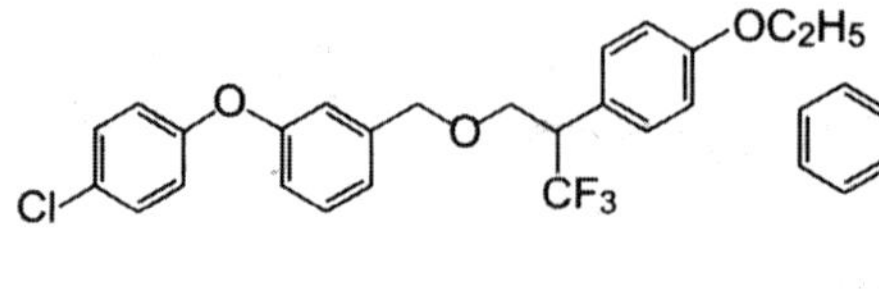

三氟醚菊酯

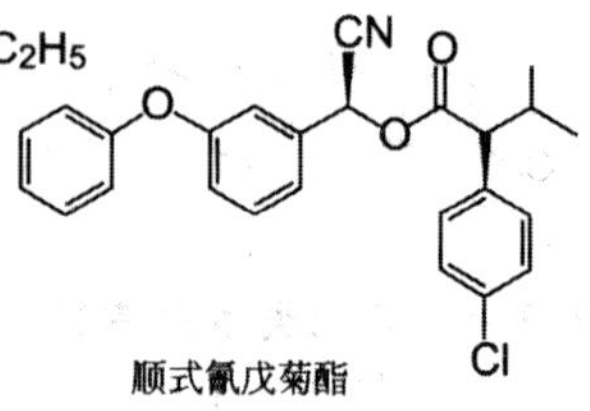

顺式氰戊菊酯

溴氰菊酯的制法：由(*S*)—α—氰基—3—苯氧基苄醇与(1*R*,3*R*)—2,2—二甲基—3—(2,

2—二溴乙烯基)环丙烷羧酸(简称 1R,3R—二溴菊酸)进行酯化缩合而成:

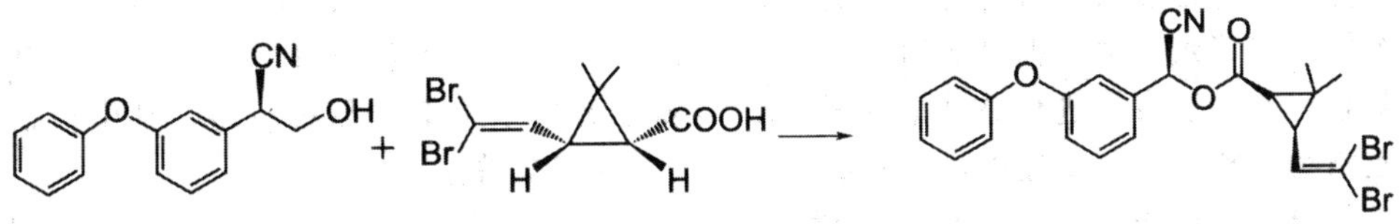

其关键手性中间体 1R,3R—二溴菊酸的制备方法如下:

用 Martel 法合成的(±)反式菊酸,经 L—(＋)—苏式对硝基苯基—2—N,N—甲基—1,3—丙二醇或 α—甲基苄胺拆分分别得到(＋)—反式菊酸和(—)—反式菊酸。

(＋)—反式菊酸即 1R,3R—菊酸,可通过下列反应制得 1R,3R—二溴菊酸:

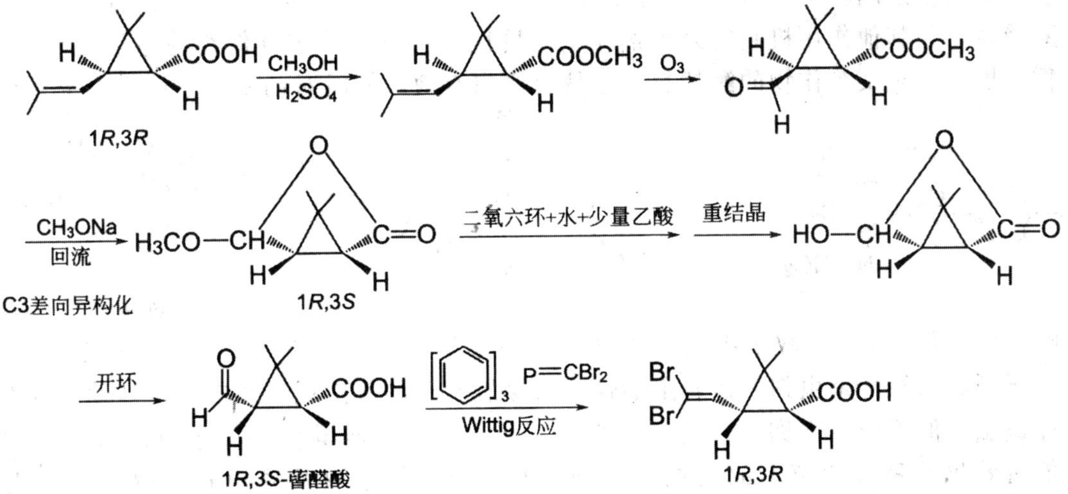

(—)—反式菊酸即 1S,3S—菊酸,可通过下列反应制得 1R,3R—二溴菊酸:

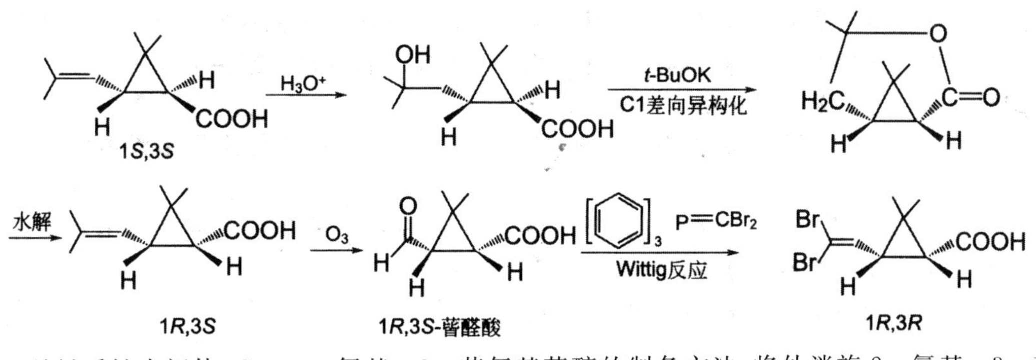

关键手性中间体(S)—α—氰基—3—苯氧基苄醇的制备方法:将外消旋 2—氰基—3—苯氧基苄基与乙酐或乙酰氯酯化成相应的乙酸酯,再在脂肪酶的存在下进行选择性水解,生成(S)-氰醇,而保留(R)—酯,经分离后,(R)—酯在三乙胺存在下消旋化水解生成 R,S—氰醇,再重复套用,(S)—α—氰基—3—苯氧基苄醇[α]_D=33°(CCl_4)。

三氟醚菊酯的合成方法:

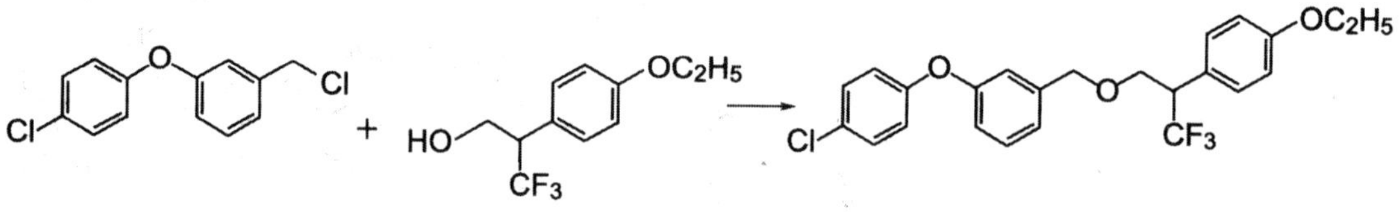

7.2.2 除草剂

目前,大约已有 300 余种除草剂用于防除阔叶杂草和禾本科杂草,化学防治是当前杂草防除的最主要手段。纵观当今世界的农药发展动态,除草剂是其中研究最多、发展最快的一类农用化学品。

1. 氨基甲酸酯类

具有代表性的品种是灭草灵,它的化学名是 3,4—二氯苯基氨基甲酸甲酯,其结构式为:

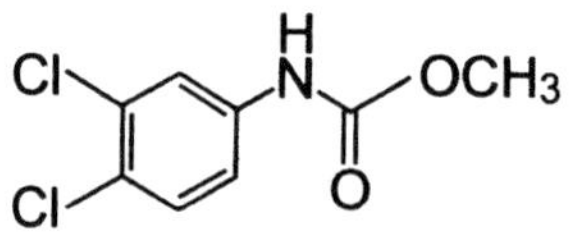

是由 3,4—二氯苯胺经光气化,再与甲醇反应制得的。

灭草灵对稗草、莎草、雨久草和牛毛草等一年生杂草有强杀伤力,可用于水稻田直播除草,是稻田除草的高效、安全、低毒、低残留品种。

除灭草灵外,我国生产的氨基甲酸酯类除草剂尚有杀草丹、燕麦敌等品种,不过此类除草剂的用量呈逐年下降趋势。

2. 均三嗪类

这类除草剂的代表有莠去津、西玛津、氰草津、西草净、扑草净、氟草净、环草酮等。

莠去津,化学名:2—氯—4—乙氨基—6—异丙氨基—1,3,5—三嗪,结构式为:

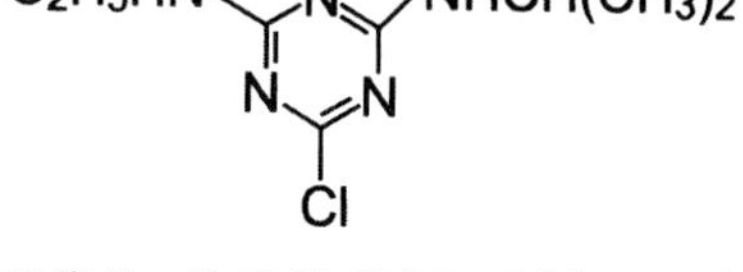

莠去津是选择性内吸传导型苗前、苗后除草剂,适用于玉米、高粱、甘蔗、茶园、果园、林地,防除一年生禾本科、阔叶杂草,对某些多年生杂草也有一定抑制作用。

制法:由三聚氰氯与异丙胺、一乙胺反应而制得。在合成釜中,加入氯苯或甲苯,在搅拌下加入三聚氰氯,冷却到 10~15℃,滴加乙胺,30min 内加完,继续反应 1.5h,加入烧碱,再搅拌反应 0.5h,在 30min 内加入异丙胺,反应 0.5h 后加入烧碱,反应温度控制在 15~30℃,反应 2h,反应毕,加热蒸馏除去溶剂,冷却,过滤,水洗,干燥,得纯度 95% 的产品,收率 92%。

已经发现,多种杂草已对化学结构不同的各种类型除草剂产生不同程度抗性,其中以抗均三嗪类除草剂的杂草种类为最多。据国外文献报道,已发现有 57 种杂草对莠去津产生抗性。由于这类除草剂的残效期较长,有的品种对下一茬农作物有影响,目前销售额成逐年下降趋势。

3. 酰胺类

这类除草剂在我国的生产量较大,应用也较广泛,主要品种有敌稗、甲草胺、乙草胺以及我国创制生产的杀草胺和克草胺等,新近研制开发的苯噻草胺,则是日本于 1987 年才投产的新品种。

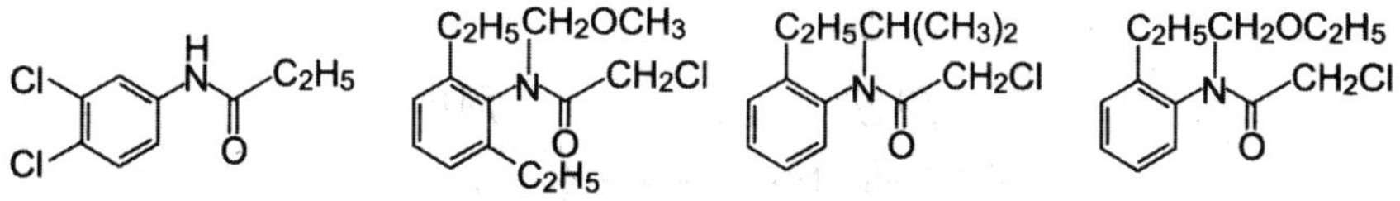

敌稗　　　　甲草胺　　　　杀草胺　　　　克草胺

乙草胺,化学名:2'—乙基—6'—甲基—N—(乙氧基甲基)—2—氯代—N—乙酰苯胺。结构式为:

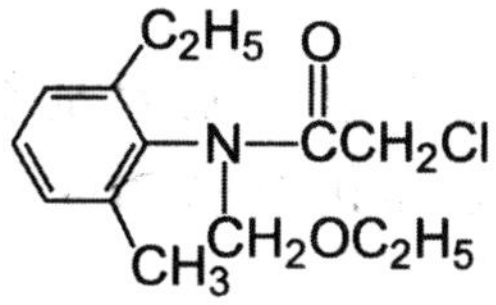

本品为选择性旱田芽前除草剂,在土壤中持效期在 8 周以上,一次施药可控制作物在整个生育期无杂草危害。可用于花生、玉米、大豆、棉花、油菜、芝麻、马铃薯、甘蔗、向日葵、果园及豆科、十字花科、茄科、菊科和伞形花科等多种蔬菜田防除一年生禾本科杂草等。

制法:2,6—甲乙基苯胺与氯乙酸和三氯化磷反应,生成 2,6—甲乙基氯代乙酰苯胺。乙醇与聚甲醛反应(在盐酸存在下),醚化后得氯甲基乙基醚。最后 2,6—甲乙基氯代乙酰苯胺与氯甲基乙基醚进行缩合反应,即得产品。

苯噻草胺的化学名是 2—(1,3—苯并噻唑—2—氧基)—N—甲基乙酰苯胺,是由拜尔公司研制开发的低毒水稻田高活性杀稗除草剂,在日本的投放面积已达 110 万公顷以上。国内许多研究单位和生产厂家纷纷对此产品进行仿制,其中江苏淮阴电化厂对文献方法作了改进,提出合成新工艺。新的工艺路线由以下三步组成:

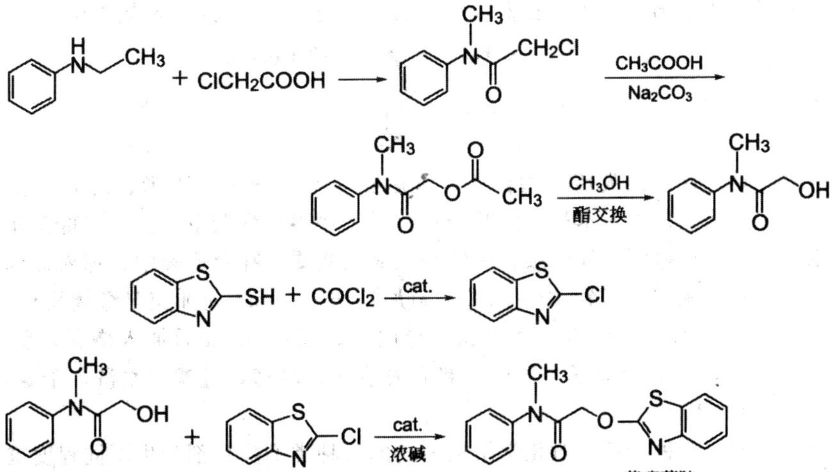

新工艺的优点是原料易得、成本较低、反应条件温和、产品质量好,苯噻草胺的收率在 75％以上(按 N—甲基苯胺计)。

4.磺酰脲类

自 20 世纪 80 年代杜邦公司开发出磺酰脲类除草剂以来,此类化合物的发展十分迅速,已经研制成功多种适用于麦类和水稻作物的除草剂,和适用于玉米田除草的系列品种,它们均属于超高效除草剂。

氯黄隆,化学名:1—(2—氯苯基磺酰)—3—(4—甲氧基—6—甲基—1,3,5—三嗪—2—基)脲。结构式为:

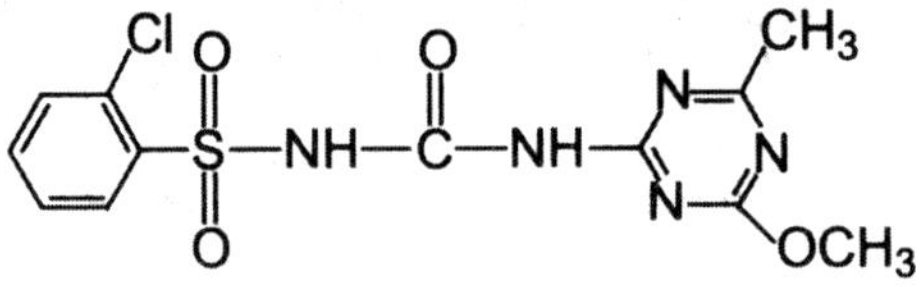

主要用于小麦、大麦、燕麦和亚麻田,防除绝大多数阔叶杂草,也可防除稗草、早熟禾、狗尾草等禾本科杂草。

制法:第一种生产工艺路线由邻氯苯磺酰基异氰酸酯与 2—氨基—4—甲基—6—甲氧基均三嗪加成而得;另一条生产工艺路线是邻氯苯磺酰胺与 4—甲基—6—甲氧基均三嗪基—2—异氰酸酯加成而得。

这里介绍第一条路线如下所示:

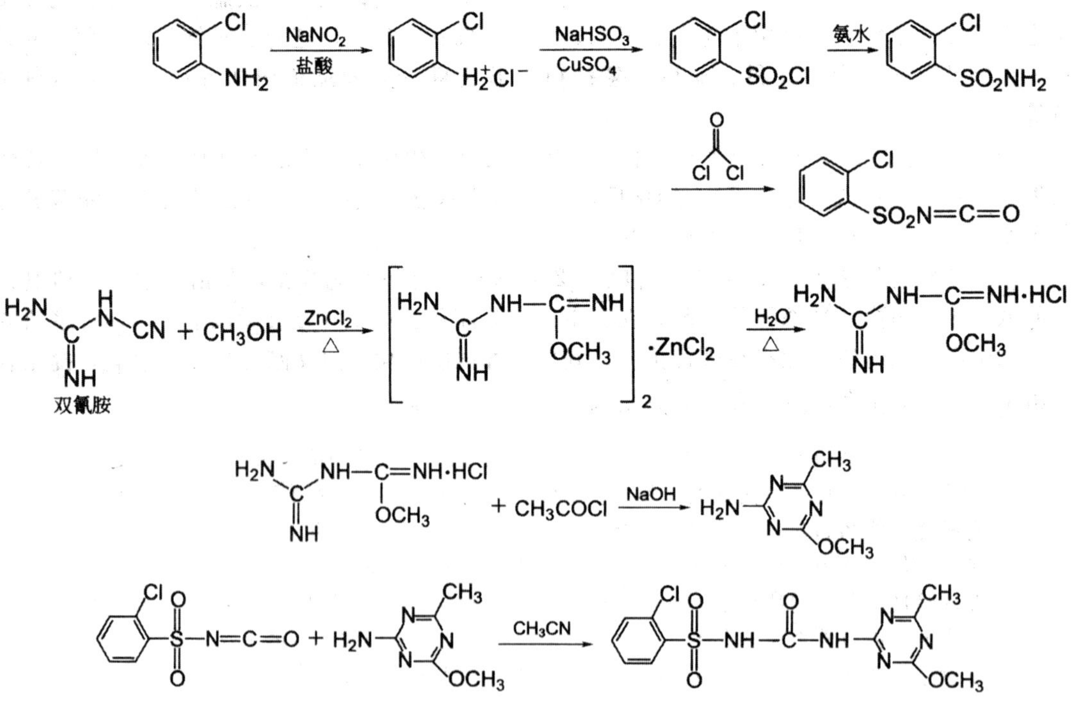

5.有机磷类除草剂

草甘膦,化学名:N—(膦羧甲基)甘氨酸。结构式为:

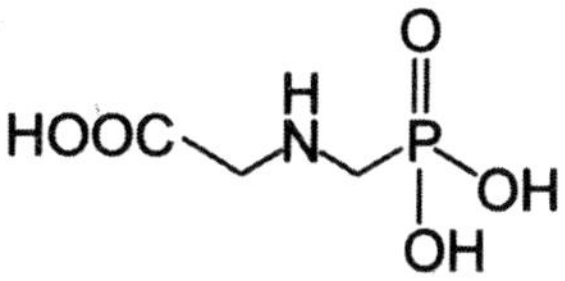

草甘膦为内吸传导型广谱灭生性除草剂,可用于玉米、棉花、大豆田和非耕地,防除一年生和多年生禾本科、莎草科、阔叶杂草、藻类、蕨类和杂灌木丛,对茅草、香附子、狗牙根等恶性杂草的防效也很好。

制法:现在常用常压法(亚氨基二乙酸法)和亚磷酸二烷基酯法。

常压法(亚氨基二乙酸法)以氯乙酸、氨水、氢氧化钙为原料,合成亚氨基二乙酸,然后与三氯化磷反应,生成双甘膦,双甘膦氧化生成草甘膦,氧化剂可采用浓硫酸和其他氧化剂。

亚磷酸二烷基酯法,以甘氨酸、亚磷酸二烷基酯、多聚甲醛为原料,经缩合反应后进行皂化、酸化后即得固体草甘膦,纯度 95% 左右,收率 80%。具体过程:在合成釜中,加入溶剂(如甲醇等)、多聚甲醛和甘氨酸,以及催化剂,搅拌加热至一定温度后,加入亚磷酸二甲酯,加毕,回流反应 30~60min,缩合反应结束。上述反应液移至水解釜,搅拌下慢慢加入盐酸,然后加热至一定温度后反应 1h,减压脱酸后,冷却,结晶,过滤,干燥,得纯度 95% 以上的白色粉末状产品。

6.二苯醚类

具有代表性的如除草醚,化学名:3,4—二氯苯基—4'—硝基苯基醚。结构式为:

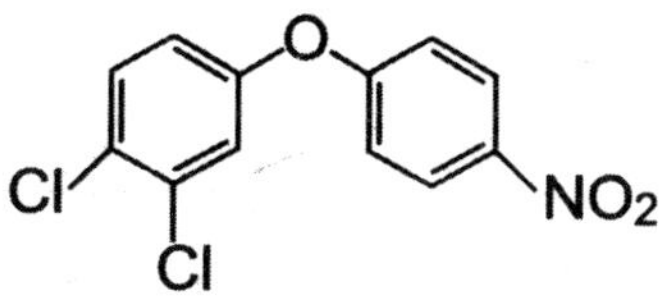

除草醚是具有一定选择性的触杀型除草剂,适用于水稻、花生、大豆、棉花、胡萝卜、油菜田及茶、桑、果园、松树苗圃等,防除鸭舌草、三方草、碱草、蓼草、节节草等,以及多年生杂草如牛毛毡、藻类、水葱。

合成路线如下:

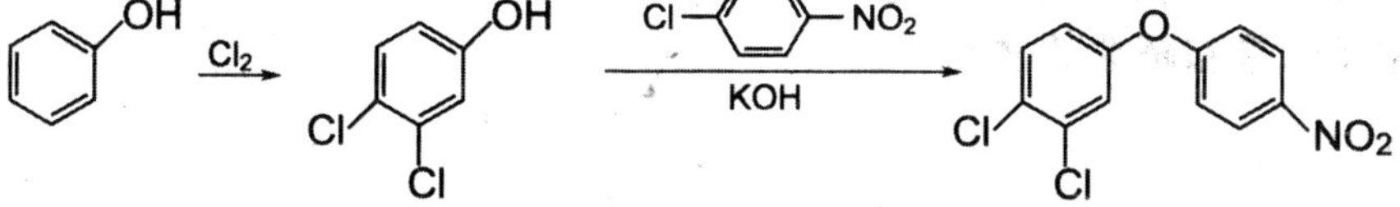

7.2.3　杀菌剂

杀菌剂又可进一步分为非内吸性杀菌剂、内吸性杀菌剂、生物来源杀菌剂和作物激活剂四种类型。有机杀菌剂始于 1934 年,先后有二甲基氨基二硫代甲酸盐类(福美类)、亚乙基双二硫代氨基甲酸盐类(代森类)和三氯甲硫基类(克菌丹等)杀菌剂问世。近年来又相继出现有机氯化物和邻苯二甲酰亚胺等类非内吸性杀菌剂品种。20 世纪 60 年代中期相继研制成功了一批优良的内吸性杀菌剂品种,从而大大改善了对许多植物病害的防治。

非内吸性杀菌剂的特点是不易产生抗性、价格低廉。某些植物病害,如马铃薯晚疫病,采用适当的非内吸性杀菌剂即可方便地加以防治,然而其应用面显然远不及内吸性杀菌剂普遍。生物来源杀菌剂中包括农用杀菌剂和天然产物杀菌剂,均属生物农药的范畴,应用也较普遍,如我国生产的井冈霉素,其质量和生产技术已达到国际先进水平。植物激活剂(plant activator)是近年来开辟的一个农药新领域,是指能使作物产生免疫作用,经诱导后可使植物"系统获得抗性"的一类化合物,它们在农药中代表一种全新的化学,已成为近期杀虫剂开发中的一个热点和亮点。

1. 非内吸性杀菌剂

非内吸性杀菌剂是指在植物染病以前施药,通过抑制病原孢子萌发,或杀死萌发的病原孢子,以保护植物免受病原物侵害。一般来说,非内吸性杀菌剂只能防治植物表面的病害,对于深入植物内部和种子胚内的病害便无能为力,而且它的用量较多,药效受风雨的影响较大,这是它不如内吸性杀菌剂的地方。但它也有自己的特点,如制备较易,费用较廉,大多数非内吸性杀菌剂都是非"专一性"的,因而较少发生抗性问题,产生残毒的危害性也较小。

在有机氯化物当中可用做杀菌剂的有 2,3—二氯—1,4—萘醌,它是由 1,4—氨基萘磺酸在 $50\%H_2SO_4$ 中氯化制得。

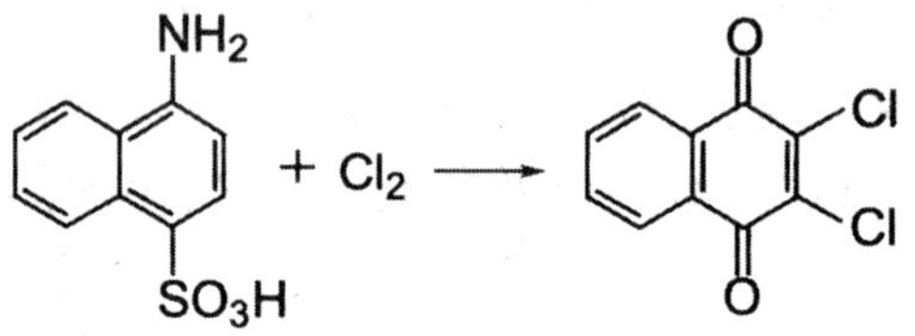

可用于防治苹果疮痂病、褐腐病、白粉病、锈病,也可用做种子消毒剂,防治水稻、小麦、玉米、甜菜等的苗立枯病、小麦坚黑穗病和甘薯黑斑病等。

二硫代氨基甲酸盐杀菌剂大量应用于苹果、土豆和蔬菜,其中最重要的是用于土豆。

代森钠是由乙二胺在 NaOH 存在下与二硫化碳反应制得的。

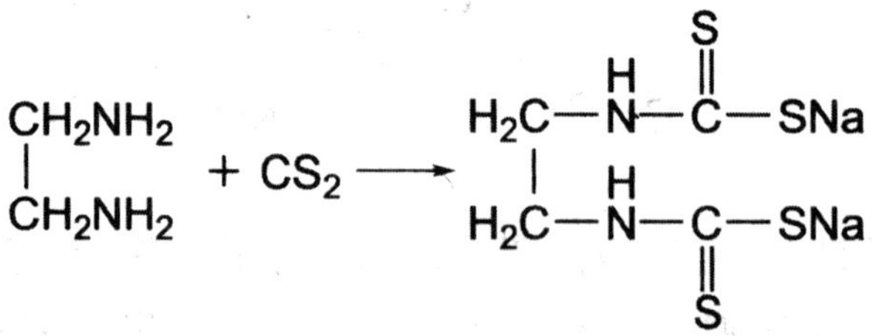

代森钠与硫酸锌的混合物称为代森锌,这种锌盐要比代森钠的用途更广,特别用于叶子的保护。

福美锌即二甲基二硫代氨基甲酸锌,是由二甲基二硫代氨基甲酸钠盐与可溶性锌盐反应制得的,被用于水果和蔬菜的防治。

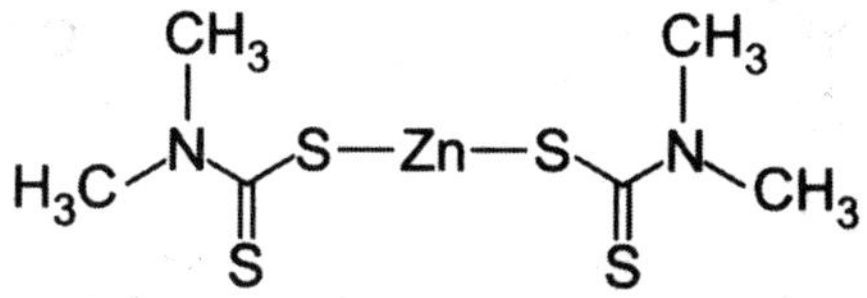

福美锌

2. 内吸性杀菌剂

内吸性杀菌剂可以在寄生菌进入寄主时将它杀死,甚至在侵染已发生后尚可医治寄主,但是它不能提高寄主的抗病能力。

唑类杀菌剂,如多菌灵、苯菌灵、噻唑灵、三唑酮、腈菌唑等均是高效、广谱内吸性杀菌剂。

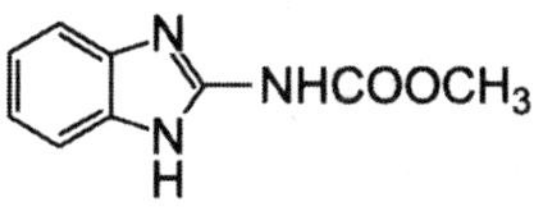

多菌灵 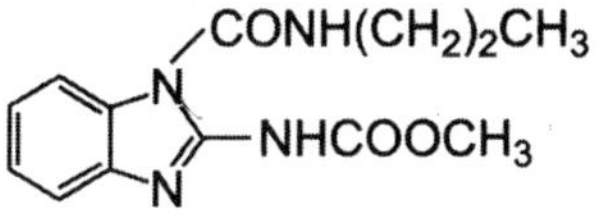   苯菌灵 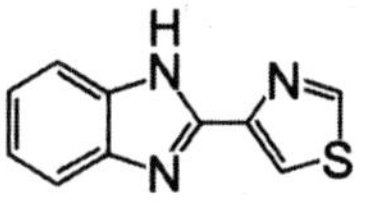   噻唑灵

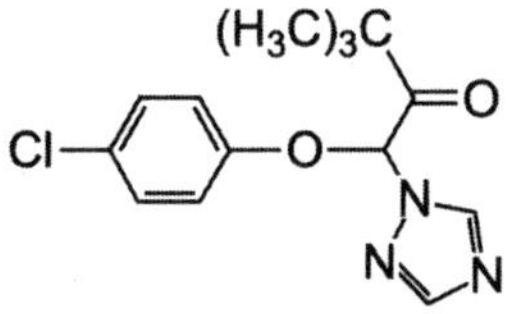

三唑酮 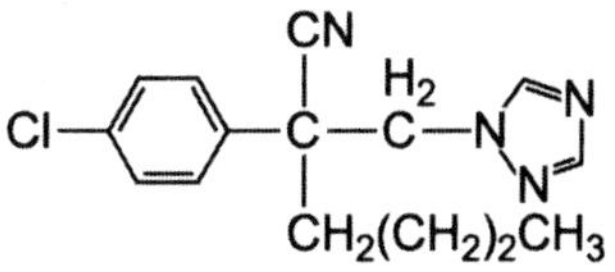   腈菌唑

多菌灵是由氰氨基甲酸甲酯与邻苯二胺反应得到的。

$$CaCN_2 \xrightarrow{H_2O} H_2NCN \xrightarrow{ClCOOCH_3} CH_3OOCNHCN$$

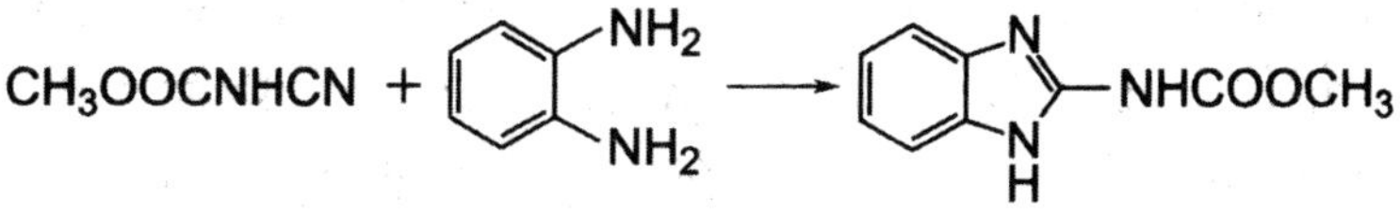

多菌灵

多菌灵的特点是使用浓度低、防治效果好、残效长,增产效果显著,使用中对人畜安全,可用来防治麦类赤霉病、水稻稻瘟病、棉花苗期病及花生倒秧病等,并对麦类赤霉病有特效。然而由于连年使用,已发现对多菌灵产生抗性的灰霉病,针对这一情况,又开发出对防治灰霉病有特效的新型杀菌剂乙霉威。

在 10℃～20℃,向有三氯化铝的异丙醇中加入双光气,混合物搅拌反应 4～6h,升温至 50℃加热 30min 除去光气,制得氯代甲酸异丙酯。在室温下,将 3,4—二乙氧基苯胺、N,N—二乙基苯胺和氯代甲酸异丙酯在苯中搅拌反应 3h,即制得乙霉威。

三唑酮是高效、广谱、安全的内吸性杀菌剂,具有预防和治疗作用,对小麦锈病、白粉病、黑穗病、高粱丝黑穗病、玉米圆斑病等难治病害有最佳的防治效果,对小麦全蚀病、腥黑穗病、散黑穗病、水稻纹枯病及瓜类、果树、蔬菜、花卉、烟草等植物的白粉病和锈病均有特效。

三唑酮的制法:首先由叔戊醇与甲醛在酸性条件下加热反应,制得频哪酮,用水蒸气蒸馏,频哪酮用氯气氯化,生成二氯频哪酮。水合肼与甲酰胺加热反应,生成 1,2,4—三唑(甲酰胺法）。最后在碳酸钾存在下，对氯苯酚与二氯频哪酮，1,2,4—三唑加热反应，即得三唑酮。

肟菌酯是由诺华公司开发的甲氧基丙烯酸酯类杀菌剂，其先导化合物也源于天然产物。此种类型内吸性杀菌剂的特点是杀菌谱很广，对几乎所有真菌纲病害，如白粉病、锈病、稻瘟病等均有良好的活性。其优点除具有高效、广谱、保护、治疗、铲除、渗透、内吸活性、对作物及环境安全外，还具有耐雨水冲刷和持效期长的长处。主要用于葡萄、苹果、小麦、花生、香蕉、蔬菜等作物的茎叶处理，用量为 3～200 克（有效成分）/公顷。

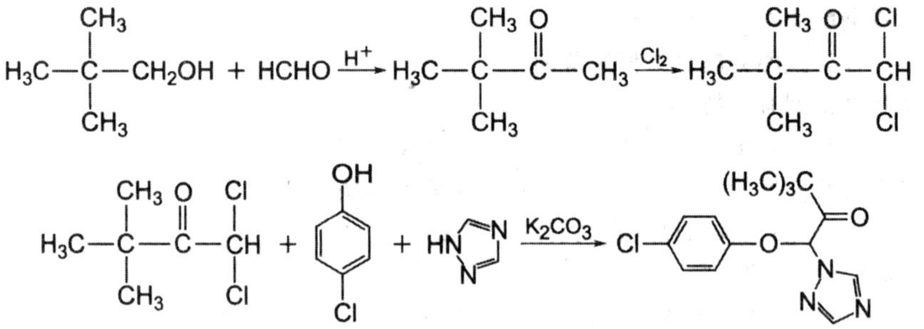

3. 生物源杀菌剂

抗生素是由微生物——真菌、细菌，特别是放线菌所产生的物质，它在非常低的浓度下就能抑制或杀死其他作物的微生物，因而可用来防治农作物的细菌和真菌病害。目前已有春雷霉素、井冈霉素等十几个品种在农业上得到应用。我国抗生素的开发较早，水平处于世界先进之列，产品有井冈霉素、农抗 120、公主岭霉素、灭瘟素、春雷霉素、链霉素等。值得一提的是 20世纪 70 年代开发的井冈霉素经久不衰，至今仍是防治水稻纹枯病的当家品种，使用面积达 1.3 亿亩，并在原有水剂基础上，开发出高含量的可溶性粉剂，使用面积进一步增加。

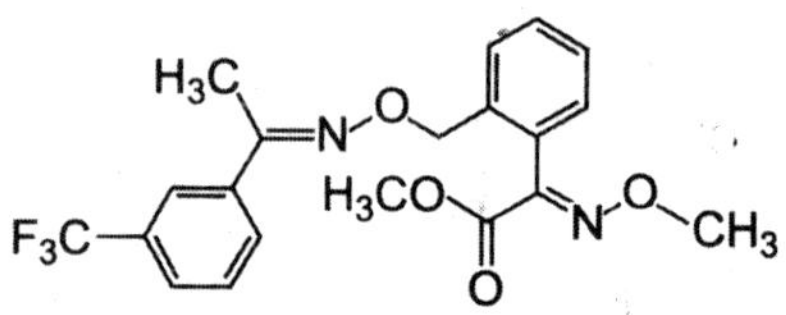

肟菌酯

春雷霉素是选择性较强的抗生素，它对稻瘟病具有特效，而对其他真菌的活性小或者无效，对哺乳动物、人和鱼类的毒性较小。

井冈霉素又名稻瘟散，一般加工成水剂或粉剂，系低毒杀菌剂，可用来防治水稻纹枯病。以吸水链霉井冈变种为菌种，用含蛋白质和淀粉的粮食发酵，代谢产物经压滤、浓缩、脱色即得产品。

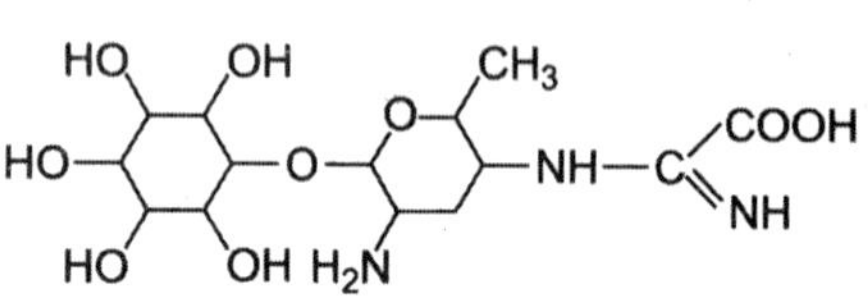

春雷霉素

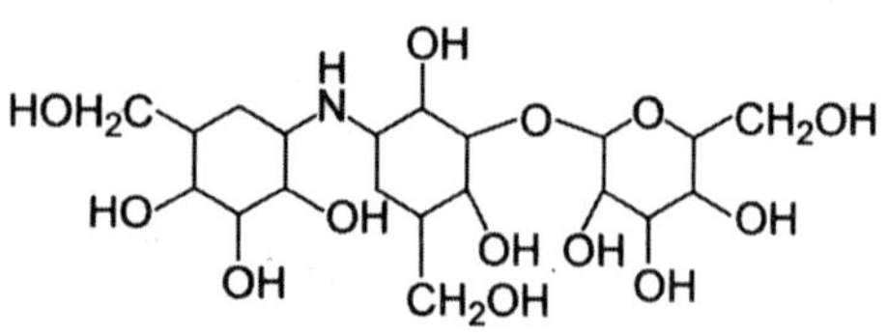

井冈霉素

7.3 不同农药剂型分析

由于多数农药原药不溶于水或微溶于水,不进行加工就难以均匀地展布和黏附于农作物或杂草表面。并且,要把少量的药剂均匀地分布到广大的农田上,不进行很好的加工就难以均匀地喷洒。为此,农药原药必须通过加工制成剂型。这种经原药和助剂按一定比例进行调配加工的农药称为农药制剂,其形态即为剂型。

在 1998 年 7 月 28 日于北京召开的关于"编制我国农药剂型目录及命名"的评审会上,农业部农药检定所经广泛调查研究并在参考农药剂型国际统一代码系统(GIFAP)的基础上,提出了对现有剂型进行编号的建议。见表 7-1。

表 7-1 我国农药剂型及中文名称

代码	中文名	代码	中文名
TC	原药(原粉或原油)	TK	母药(母粉或母液)
DS	干拌种剂	FS	悬浮种衣剂
SD	种衣剂	WS	湿拌种剂
AS	水剂	CS	微囊悬浮剂
DC	可分散液剂	EC	乳油
EW	水乳剂	ME	微乳剂
0L	油剂	SC(FL)	悬浮剂
SE	悬乳剂	SL	可溶性液剂
SO	展膜油剂	ULV	超低容量剂
CG	微囊粒剂	DF	干悬浮剂
DP	粉剂	FG	细粒剂
GR	颗粒剂	GG	大粒剂
MG	微粒剂	SG	可溶性粒剂
SP	可溶性粉剂	WG	水分散粒剂
WP	可湿性粉剂	WT	可溶性片剂
AE	气雾剂	BF	块剂
BR	缓释剂	EL	电热灭蚊液
EM	电热灭蚊片	ET	电热灭蚊浆
FU	烟剂	GA	压缩气体制剂
GS	乳膏	KK	桶混剂(液/固)
		KL	桶混剂(液/液)
		KP	桶混剂(固/固)

代码	中文名	代码	中文名
MC	蚊香	MP	防蛀剂
PA	糊剂	PF	涂抹剂
PT	丸剂	RB	毒饵或饵剂
SF	喷射剂	TA	片剂
TP	追踪粉剂	VP	熏蒸剂

农药的制剂主要由农药原药和助剂两大部分组成。原药是指加工前的农药,固体原药称为原粉,液体原药称为原油。农药的剂型从外形上主要分为固体和液体两大类,前者有粉剂、可湿性粉剂、颗粒剂等,后者则有乳油、水剂、油剂等。尽管目前世界上已有50多种农药剂型,我国生产和研究的剂型也达20多种,但最重要的还是粉剂、可湿性粉剂、颗粒剂和乳剂。

1. 粉剂

粉剂(Dustpowder,DP)是将原药、大量的填料(载体)及适当的稳定剂一起混合粉碎所得到的一种干剂。它的性能要求主要有细度、均匀度、稳定性和吐粉性。传统粉剂平均粒径为 $10\mu m$ 左右,这种粉粒的漂移是最严重的,后来有研究人员推出了平均粒径为 $20\sim30\mu m$ 的无漂移粉剂(Drift-lessdust,Dldust)。

2. 可湿性粉剂

可湿性粉剂(Wettablepowder,WP)是将原药、填料、表面活性剂及其他助剂等一起混合粉碎所得到的一种很细的干剂。它的性能要求主要有润湿性、分散性、悬浮性。为了解决可湿性粉剂在运输过程中药粒扩散和悬浮液中药粒沉淀过快的问题,有人提出将它制成悬浮剂、水分散粒剂、水溶性包装袋。

3. 颗粒剂

颗粒剂(Granule,GR)是将原药与载体、黏着剂、分散剂、润湿剂、稳定剂等助剂混合造粒所得到的一种固体剂型。它的性能要求主要有细度、均匀度、贮存稳定性、硬度、崩解性等。颗粒剂是固体剂型中粒径最大的,直径 $300\sim1700\mu m$,具有使用简单、向外扩散小、药效持久的优点。目前已从它开发出了漂浮颗粒剂、微粒剂、微胶囊剂等。

4. 乳剂

乳剂(Emulsifying Concentrate,EC)是将原药与有机溶剂、乳化剂按一定比例溶解调制成均相的液体制剂。它的性能要求主要有乳化分散性、分散液的稳定性、贮存稳定性。为了解决乳剂中有机溶剂的毒性、可燃性、植物药害和安全存放运输等问题,已推出改进后的剂型有微乳剂、浓乳剂、高浓度乳油、悬浮乳剂。

除以上四种重要的剂型外,农药的剂型还包括缓释剂、烟雾剂、熏蒸性片(块)剂及悬浮剂、烟雾剂、油剂、水剂、泡沫喷雾剂等。

助剂本身并无生物活性,但它与农药原药混合加工后能改善制剂的理化性质,提高药剂的效果,便于用户使用,增加药剂的持效但却不影响农药的基本性质。农药助剂包括填料、湿润剂、乳化剂、溶剂、助溶剂、分散剂、稳定剂、黏着剂、增效剂等。并大致可分为以下几种。

　　①活化剂(Activator):表面活性剂、展开附着剂、渗透剂等。

　　②喷洒调节剂(Spraymodifier):固化剂、成膜剂、促进剂、增稠剂、起泡、消泡剂等。

　　③调节剂(Utilitymodifier):乳化剂、分散剂、助溶剂、pH 调节剂、缓冲剂等。

　　综观国内外农药剂型发展的趋势,农药剂型正朝着水性、粒状、缓释、多功能和省力化的方向发展。据此,一些安全、经济、省力化的新剂型正在兴起。

7.4　农药的使用与环境保护管理

　　农药的使用,在给农业生产和卫生事业带来了重大益处的同时,也造成了环境污染。

1. 农药对大气的污染

　　主要来自于农药的喷洒形成的大量的飘浮物,它们大部分附着在作物与土壤表面。其他的来自于农药厂的"三废"(即废水、废气、废渣)排放,以及环境介质中(如农作物、水体与土壤等)残留农药的挥发。

2. 农药对土壤的污染

　　主要集中在农药使用地区的 0～30cm 深度的土壤层中,土壤农药污染程度视用药量而异,以 mg/kg 为单位,一般在几个至几百个单位,通常为几十个单位。

3. 农药对水的污染

　　主要来自农药生产企业的不达标排放。

4. 农药对生态体系中生物的影响

　　因为生物体对农药有浓缩作用。在脂肪中积蓄进入身体的农药,渐渐就会达到致死浓度。环境中对人类健康有危害的农药,一般通过 3 个途径进入人体,即呼吸道、消化道和皮肤。可导致急性中毒、慢性中毒、神经系统功能失调。而一些农药品种又具有三致性(致畸、致癌、致突变)。

　　为了将这些危害程度降到最小,建立一个完备的科研开发体系是非常重要的。一个新农药品种的开发一般经过下列五个阶段,如图 7-1 所示。另外,化合物的结构及性能一般在第三阶段才逐渐公开,从此阶段到商品化尚需 4～8 年时间。由于毒性及市场变化等原因,某些化合物被迫中止开发。

　　我国于 1999 年制定了《中华人民共和国农药管理条例实施办法》涵盖了农药登记、农药经营、农药使用、农药监督、罚则等方面内容。除严格遵守这一法规外,新农药的开发进入第二阶段需进行专利申请。申请专利应注意以下三方面:第一,农药新品种应符合专利法所规定的"三性"(新颖性、创造性、实用性);第二,专利的有效期最短的为 5 年,最长的为 20 年,多数在 15～20 年;第三,各国的专利法都是独立的,专利的有效范围仅限于专利授予国的领土内,在未授予专利权的国家是不受保护的。但同时申请欧洲专利和国际专利,可以达到一次申请在多个指定国得到保护,简化了申请手续并可节约费用。

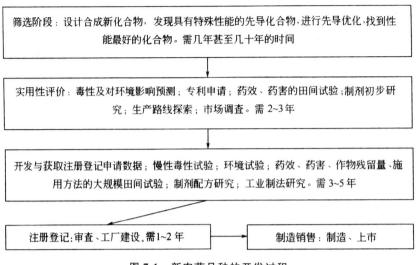

图 7-1　新农药品种的开发过程

7.5　农药的发展

目前世界农药开发的主要标志是：在强调高活性的同时,更注重安全性,确保非靶标生物、人类和环境的安全,并有安全第一、活性次之的趋势。未来农药的发展方向更是以持续发展、保持环境和生态平衡为前提。

高效：生物活性高且可靠,选择性高,作用方式独特,内吸性强(即在植物中可均匀分布),持效期适度,作物耐受性好,产生抗药性概率低。

安全：对环境而言,对有益生物低毒,易于降解,土壤中移动性低,在食品和饲料中无或无明显残留;从使用者的角度看,应具有这样的特点,即施用剂量低,药性毒性低,积蓄毒性低,包装安全,制剂性能优良,使用方便,长期贮存稳定。

经济：花费少,效益高,应用范围广,产品性能独一无二,具有竞争力,具有专利权。目前,有较大突破的研究有以下几个方面。

1. 含氟农药引领革命

为改善化合物的生物活性,常常引入氟来取代氢或氯原子(由于 F 和 H 的范德华半径最接近),性质变化较小,生物活性却大大提高。虽然含氟化合物价格昂贵,但可从其高的性能(生物活性)中得到弥补,且近几年公认含氟化合物对环境影响最小,因此无论在农药或医药创制中人们对含氟化合物的开发研究十分活跃。尽管新农药开发成功率越来越低,但含氟农药新品种却不断出现,在新农药品种中所占的比例亦越来越高。

2. 立体化学广泛应用

农药品种向手性化、光活性化发展的趋势越来越明显。首先,从整个农药市场来看,手性化合物占有相当比例,只是大多仍以消旋体的形式销售。目前商品化的 650 余种农药中,有170 余种属于手性农药,销售总额超过 100 亿美元,占全球农药市场的 1/3。手性合成可以避免产生大量的、无效的、甚至对环境和人体有害的对映体,对于环境保护和人类健康具有极为重要的意义。随着科学技术的进步,近年来手性农药的制备技术取得了突飞猛进的发展。包括传统的化学拆分、酶催化、不对称催化、手性全合成、差向异构等手性技术在手性农药的生产中得到广泛应用,并获得巨大成功。从近年的发展来看,光学活性产品的开发内容更加丰富,涉及面更广。不但立体化学使光学活性产品在市场的要求面前具有优越性;而且在光学活性产品开发的过程中,逐渐弄清不同立体构型与杀虫活性间的关系,寻找合理的异构体制备、分离方法与工业化途径,必然推动了立体化学的发展。我国近十年来在光学活性的开发方面取得了较大的进展,尤其菊酸拆分和差向异构技术已成功实现了工业化。

3. 生物农药异军突起

生物技术尤其是微生物技术的进步为生物农药的开发提供了便利。生物农药获得青睐有一个重要原因,即费用低廉,开发费用仅为化学农药的 1/40,登记费用也仅为化学农药的 1/100。目前,生物农药的销售额达 3 亿美元,约占整个农药市场的 1%,且年产值逐年上升 10%～20%。从天然产物中寻找高效、低毒农药的出路,特别是对植物活性物质的研究与开发是当前新农药创制研究的热点。微生物农药(又称生物源农药),是指利用某些有益微生物或从某些生物中获取具有杀虫、防病作用的生物活性物质,通过工厂化生产加工的制品,被誉为当代"无公害"农药。对它的研究,不但可以降低农药品种的使用费用,还可以解决农药老品种的抗性问题。

4. 基因工程后来居上

自 1992 年世界首例转基因作物(转基因烟草)进入商业化应用后,转基因作物种类和种植面积持续增加,近年来发展更为迅速。将杀虫、抗菌的生物农药基因嵌入作物种子中即培育出具有农药作用的转基因作物,这样可以培育出既丰产又高度抗除草剂的作物新品种,从而使一些高效除草剂的应用范围进一步扩大,并解决某些敏感作物田的杂草防治问题。一些蕴含了高科技的转基因作物节约了大量农药,减少了作物损失和环境污染,同时也为各公司带来了极为丰厚的利润。

5. 混合制剂异常活跃

农药被合理地科学地混用或制成混合制剂后,便具有增效、扩大除治谱、降低药剂的使用毒性、延缓抗药性、节省劳力和降低农用成本等优点。近十年来,我国混剂品种发展较快,抗药性机制也有一定的科研基础,靶标的抗药性谱也有所扩大。只有合理地混配、合理地使用混合制剂,才能使我国混剂得以健康的发展。

6. 组合化学推波助澜

组合化学(Combinatorial Chemistry)是一种将化学合成、计算机辅助分子与合成设计以及机器人结成一体的技术,可产生大批相关的化合物(亦称化合物库,Chemicallibrary),然后进行性能筛选,大大简化了发现具有目标性能化合物的过程。组合化学最早于 1991 年发表应用于化学领域,现成为化学领域内最活跃的前沿之一。

总而言之,世界农药的发展趋向是高效、高安全性;作用机制多样化、良好的环境相容性,符合这一潮流的品种在未来会得到长足的发展。

第8章　药物及其中间体

8.1　药物概述

药物是指用于治疗、预防和诊断人的疾病、有目的地调节人的生理机能,并能规定有适应症、用法和用量的物质,包括中药材、中药饮片、中成药、化学原料药及其制剂、抗生素、生化药品、放射性药品、血清疫苗、血液制品和诊断药品等。

8.1.1　药物的基本知识

1.药物作用机制

药物作用是指药物对机体的作用,也包括药物对寄生虫及病原微生物的作用。一般来说,药物作用主要是使机体原有的生理、生化功能发生改变。药物作用机制是药效学研究的主要内容,可以了解药物引起机体反应的内在过程,为临床用药提供可靠的理论依据,为发展新药提供方向和线索。目前,人们对药物作用机理的认识已从器官水平深入到细胞、亚细胞水平甚至分子水平。

药物是通过参与或干扰机体的各种生理或生化过程来发挥作用实现疗效的,各类药物的作用机理也各不相同。一般来说,药物主要通过以下方式起作用。

(1)理化反应

理化反应指药物通过简单的物理作用或化学反应产生药理效应。例如,抗酸药通过中和胃酸用于治疗溃疡病;甘露醇在肾小管内通过物理性渗透作用提升渗透压而利尿;二巯基丙醇等重金属解毒剂与重金属阳离子发生螯合作用而解救重金属中毒等。

(2)补充机体缺乏的各种物质

补充维生素、各种微量元素、激素及某些生命代谢物质,以治疗相应缺乏症,如铁盐补血、胰岛素治糖尿病等。

(3)影响生理物质转运

很多无机离子、代谢物、神经递质、激素在体内主动转运需要载体参与,干扰这一环节可以产生明显药理效应。例如,利尿药抑制肾小管 Na^+—K^+、Na^+—H^+ 交换而发挥排钠利尿作用。

(4)影响免疫机制

影响免疫机制的药物主要有两类。除免疫血清及疫苗外,免疫增强药(如左旋咪唑)能提高免疫功能低下者的免疫力;免疫抑制药(如环孢霉素)可以抑制免疫活性过强者的免疫反应。某些免疫成分也可直接入药。

(5)作用于特定的靶位

通过影响酶、离子通道、核酸、受体等靶向物质起作用。酶的品种很多,在体内分布极广,是人体内新陈代谢的催化剂,参与所有细胞生命活动,保证细胞内错综复杂的物质代谢过程正常进行。酶极易受各种因素的影响,所以许多药物都通过影响酶而起作用。例如,磺胺药可以抑制二氢叶酸合成酶起到治疗感染的作用;如异烟肼通过不可逆的抑制单胺氧化酶来治疗抑郁症;酪氨酸激酶抑制剂甲磺酸伊马替尼可以选择性地与 Bcr—Abl 酪氨酸激酶作用,进而抑制 Bcr—Abl 阳性细胞,费城染色体,阳性、慢性、骨髓性、白血病细胞的增殖并诱导其程序性死亡。而有些药本身就是酶,如胃蛋白酶。

某些药物可以控制细胞膜上的无机离子通道,调节 Na^+、Ca^{2+}、K^+、Cl^- 等离子的跨膜转运进而影响细胞功能。例如,钙通道拮抗剂可阻滞 Ca^{2+} 的通道,降低细胞内 Ca^{2+} 的浓度,从而使血管扩张;局部麻醉剂可以通过抑制 Na^+ 通道,从而阻断神经传导,起到局部麻醉的作用。

核酸(DNA 及 RNA)是控制蛋白质合成及细胞分裂的生命物质。许多抗癌药是通过干扰癌细胞 DNA 或 RNA 代谢过程而发挥疗效的,例如,6—巯基嘌呤结构与黄嘌呤相似,在体内经酶转变为有活性的 6—硫代次黄嘌呤核苷酸,可以抑制肌苷酸脱氢酶,阻止肌苷酸氧化为黄嘌呤核苷酸,从而抑制 DNA 和 RNA 的合成,可以用于各种急性白血病的治疗。5—氟尿嘧啶结构与尿嘧啶相似,掺入癌细胞 DNA 及 RNA 中干扰蛋白合成而发挥抗癌作用。许多抗生素(包括喹诺酮类)也是作用于细菌核酸代谢而发挥抑菌或杀菌效应的。

绝大多数药物具有特异性化学结构,它所引起的效应是药物选择性地与组织细胞大分子的功能性组分(受体)相互作用,改变、增强或抑制其功能,从而激发一系列生化与生理变化。

2. 药物—受体相互作用理论

目前公认的药物作用理论是"受体学说"。受体是细胞在进化过程中形成的细胞蛋白组分,它们能选择性地识别和结合特异的化学信息,即和药物中的互补功能性基团结合,并通过中介的信息转导于放大系统,从而引起一系列生理反应或药理效应。能与受体特异性结合的物质都称为配体,包括内源性的神经递质、激素和自体活性物质以及结构特异的药物。一般受体某个部位的构象具有高度的选择性,能正确识别并特异地结合某些立体特异性配体,这种特异的结合部位称为受点。

受体按其分子结构和功能的不同,可以分为离子通道受体、G—蛋白偶联受体、具有酪氨酸激酶活性的受体和细胞内受体四大类。

离子通道受体存在于快速反应细胞的膜上,受体激动时离子通道开放,使细胞膜去极化或超极化,引起兴奋或抑制效应,其配体主要为神经递质。离子通道型受体分为阳离子通道和阴离子通道,如乙酰胆碱、谷氨酸、五羟色胺的受体等属于阳离子通道,甘氨酸和 γ-氨基丁酸的受体等则属于阴离子通道。例如,作为钠离子通道的 N 型乙酰胆碱受体以三种构象存在(图 8-1),当两分子乙酰胆碱与之结合后钠离子通道开放,胞外钠离子内流、细胞膜去极化。但该受体处于通道开放构象状态的时限十分短暂,在几十毫微秒内回到关闭状态,然后乙酰胆碱与之解离,受体恢复初始状态,做好重新接受配体的准备。

G—蛋白偶联受体是数量最多的一类受体,包括多种神经递质、肽类激素和趋化因子的受体,在味觉、视觉和嗅觉中接受外源理化因素的受体亦属于此类,如肾上腺素、多巴胺、5-羟色胺、嘌呤类、前列腺素等。这些受体结构非常相似,单一肽链形成 7 个 α—螺旋来回穿透细胞膜 7 次,氨基末端位于细胞外,羧基末端在细胞内侧(图 8-2)。G—蛋白偶联受体的信号传递

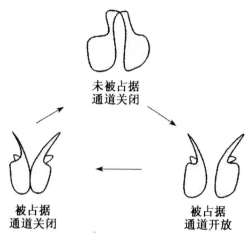

图 8-1 乙酰胆碱受体的三种构象

过程通过五个步骤来实现：

①受体与配体结合。

②受体活化 G－蛋白。

③G－蛋白抑制或激活细胞中的效应分子。

④效应分子改变细胞内信使的含量与分布。

⑤细胞内信使作用于相应的靶分子，从而改变细胞的代谢过程及基因表达等功能。

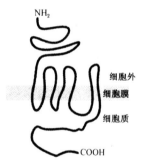

图 8-2 G－蛋白偶联受体

　　具有酪氨酸激酶活性的受体是存在于细胞膜上的一类受体，由三个部分组成，细胞外有一段与配体结合区，与之相连的跨膜结构穿透细胞膜，胞内区段具有酪氨酸激酶的催化部位。当激动剂与细胞膜外的部位结合后，细胞内的激酶被激活，能促进本身酪氨酸残基的自我磷酸化进而增强酶活性；继之对细胞内其他底物作用，促进酪氨酸磷酸化，激活胞内蛋白激酶，增加 DNA 及 RNA 合成，加速蛋白合成，进而产生细胞生长、分化等效应。此类受体的配体有胰岛素样生长因子、上皮生长因子、血小板生长因子、心房肽、β－转化生长因子以及某些淋巴因子等。

　　细胞内受体按照其存在部位可分为核内受体和胞浆受体。如类固醇激素受体存在于细胞浆内，与相应类固醇激素结合分出一个磷酸化蛋白，受体构象发生改变而暴露出 DNA 结合区，受体－配体以二聚体形式进入细胞核后能识别特异 DNA 碱基区并与之结合，从而使特异基因的表达发生改变。

药物与受体的相互作用力是其产生生物效应的原动力,就其本质而言,与简单分子间的相互作用并无二致,存在共价键、离子键、离子—偶极键、氢键、疏水作用、电荷转移复合物和范德瓦尔斯力等相互作用方式(图 8-3),药物和受体通常以多种方式结合。药物与受体以共价键结合是不可逆的,如青霉素的作用机制是与黏肽转肽酶发生酰化。离子键、离子—偶极键、氢键、疏水作用、电荷转移复合物和范德瓦尔斯力等结合方式都是可逆的。

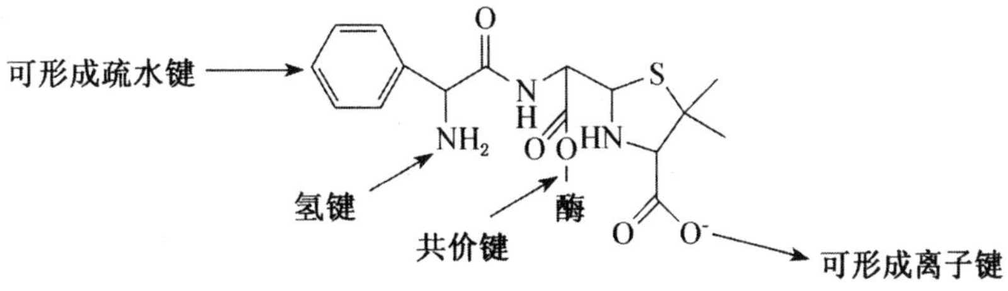

图 8-3　药物与受体的常见作用方式示意图

8.1.2　药物结构与药理活性

根据药物化学结构对生物活性的影响程度或药物在分子水平上的作用方式,可将药物分为非特异性结构药物与特异性结构药物。非特异性药物主要与药物的理化性质如溶解度、解离度、表面张力等有关,与药物的化学结构关系不大,如甘露醇脱水是利用其渗透压而达到脱水目的。

大多数药物属于特异性药物,也称结构特异性药物,药物的生理活性与其化学结构密切相关。

药效团是特征化的三维结构要素的组合,可以分为两种类型。一类是具有相同药理作用的类似物,它们具有某种基本结构,即相同的化学结构部分,如磺胺类药物、局麻药、β—受体阻断剂、拟肾上腺素药物等;另一类是一组化学结构完全不同的分子,但它们以相同的机理与同一受体键合,产生同样的药理作用,如己烯雌酚的化学结构比较简单,但因其立体构象与雌二醇相似,也具有雌激素作用。

8.1.3　药物的发展简史

药物的研究在我国已有几千年历史,《神农本草经》是我国最早的一部药学著作,该书共收载药物 365 种,其中大部分药物至今仍广为应用,如大黄导泄、麻黄止喘、常山截疟等。唐代(公元 659 年)的《新修本草》收载药物 844 种,是世界上第一部由政府颁布的药典,比西方的纽伦堡药典早 883 年。明代(公元 1594 年)李时珍的巨著《本草纲目》共 52 卷,收载药物 1892 种。他提出了科学的药物分类法,叙述了药物的形态、性味和功能,促进了祖国的医药发展。

十九世纪初,化学生物学及生理学快速发展,主要从有效植物中提取具有药用价值的小分子有机化合物,如从鸦片中提出吗啡,从金鸡纳树皮中提取了奎宁等,验证了有效植物中存在着内在的物质基础。药效团基本概念的提出,指导通过简化、改造天然药物的化学结构,发展了作用相似、结构简单的合成药物。如对古柯碱的结构改造,1890 年发现了具有局麻作用的苄佐卡因(对氨基苯甲酸乙酯),进一步结构改造,导致了普鲁卡因的发现。

20 世纪初,德国 Ehrlich(1909 年)发现肿凡钠明能治疗锥虫病和梅毒,从而开始用合成药物治疗传染病;可治疗细菌感染的磺胺类药物的发现促使药物结构修饰、电子等排原理等有了新的进展;开拓了抗生素类药物完善的系统研究生产方法,促进了化学治疗的发展,具有划时代的历史意义。20 世纪 40 年代第一个抗肿瘤药物氮芥用于临床,开始了肿瘤化学治疗的历程。到现在为止,抗肿瘤药物的研发规模最大,投资亦最多,希望通过对人类基因组学的研究,并广泛结合计算机技术、生物技术、合成及分离技术,寻找出更有效的肿瘤治疗药物。

8.2 抗菌药物及其中间体

8.2.1 β—内酰胺类药物及其中间体

β—内酰胺类抗生素分两类,即青霉素和头孢类。

1. 半合成青霉素

青霉素是世界上使用最广泛的抗生素之一,但因大量耐药菌的出现,目前各国普遍使用半合成青霉素来解决青霉素药效大降的问题,以达到更好的药效。几乎所有的半合成青霉素的制备都依托青霉素母核 6—氨基青霉烷酸为基本合成原料。6—APA 亦称无侧链青霉素,化学名称为:6—氨基—3,3—二甲基—7—氧—4—硫—1—氮杂二环[3.2.0]庚烷—2—羧酸,结构式为:

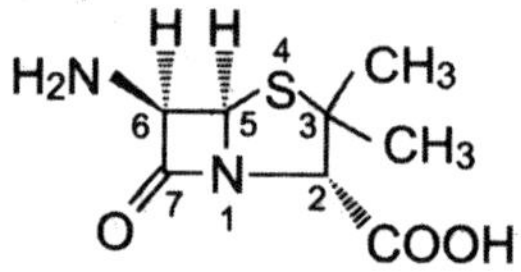

6—APA 的合成是以青霉素钾盐为原料,通过霉分解法制取,将大肠杆菌进行深层通气培养,然后分离含有酰胺酶的菌体。在适当条件下,青霉素酰胺酶分解青霉素 G(又称苄基青霉素)为 6—APA 和苯乙酸。用明矾和乙酸除去蛋白质,滤液用乙酸丁酯提出苯乙酸后用盐酸调节 pH 值为 3.7~4.0,使 6—APA 结晶析出。

6—APA 本身抑菌能力很小,可通过化学方法引入不同的侧链,而获得各种不同药效的半合成的青霉素。用 6—APA 为原料制备半合成青霉素的方法实质上就是 6—APA 分子中的氨基酸与各种侧链(酰化剂)的酰化反应,常用的有酰氯法和酸酐法。

酰氯法:将各种侧链变为酰氯与 6—APA 缩合,在低温中性或近于中性(pH 值为 6.5~7.0)的水溶液、半水溶液或有机溶剂中进行,以稀碱为缩合剂。反应完毕后用有机溶剂提取,后于提取液中加入适当的结晶剂,使成为钾盐、钠盐或有机盐析出。如酰氯在水溶液中不稳定,缩合应在无水介质中进行,以三乙胺为缩合剂。

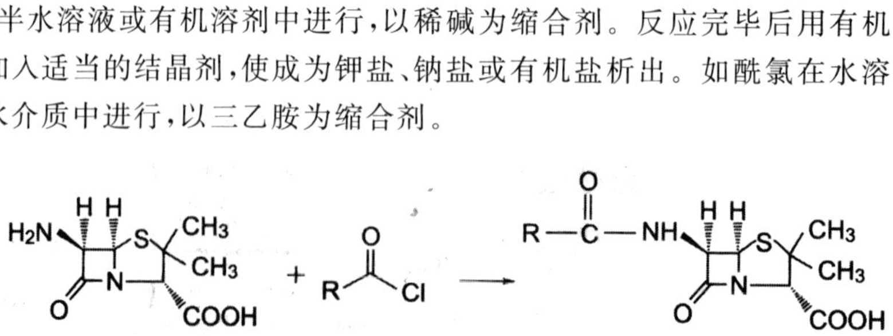

酸酐法:将各种侧链变为酸酐或混合酸酐,再与 6—APA 缩合,反应和成盐条件与酰氯法相似。

(1)替卡西林钠的合成

替卡西林钠的化学名为:(2S,5R,6R)—3,3—二甲基—6—[2—羧基—2—(2—噻吩基)乙酰氨基]—7—氧代—4—硫杂—1—氮杂双环[3.2.0]庚烷—2—羧酸二钠盐。结构式为:

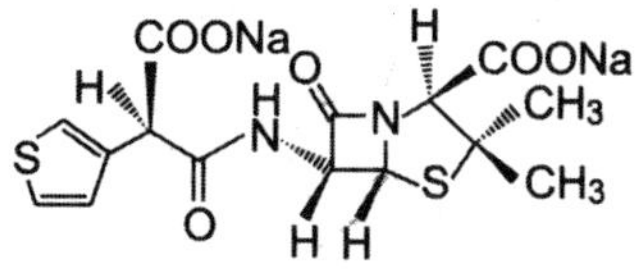

2—噻吩—2—苄氧羰基乙酰氯对 6—APA 的苄酯进行酰氨化反应,得到的产物再氢解脱去两个苄基保护基,然后用碳酸氢钠中和即可得到替卡西林钠。

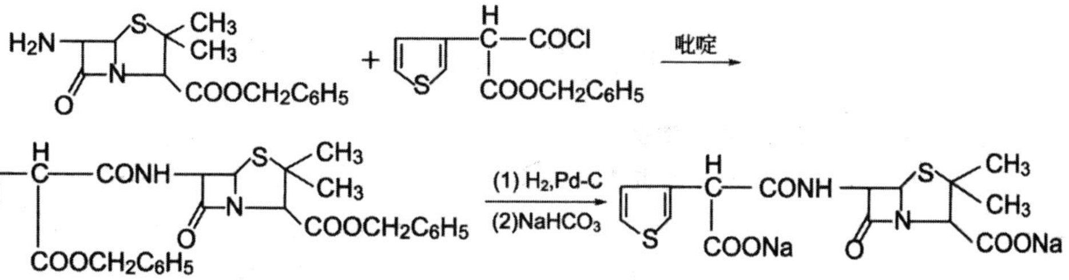

(2)羟氨苄青霉素的合成

羟氨苄青霉素,别名阿莫西林(Amoxicillin),白色或白色结晶性粉末,味微苦,在水中微溶,在乙醇中几乎不溶。结构式为:

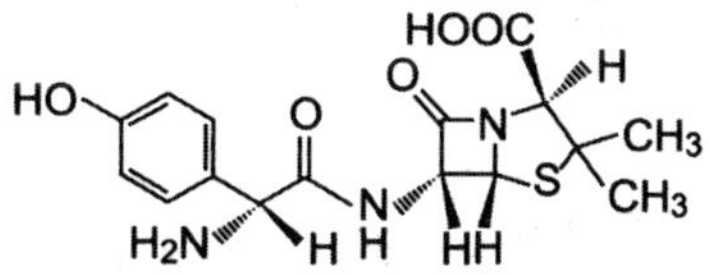

由 6—APA 与 D—(N—乙酰基)对羟基苯甘氨酸钠盐经缩合而得。

D—对羟基苯甘氨酸主要以微生物 D—乙内酰脲酶催化相应的 DL—5—(对羟基苯基)乙内酰脲高效制得。其制备方法如图 8-4 所示:

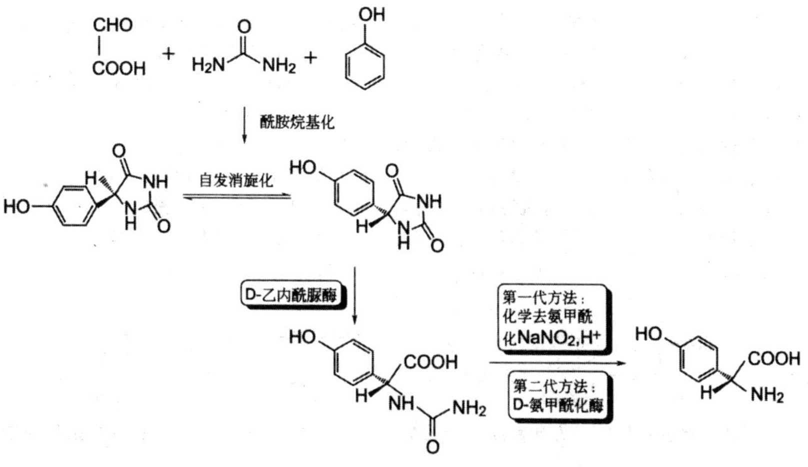

图 8-4　制备 D—对羟基苯甘氨酸的工业化途径

用上述方法得到的半合成青霉素,分别具有耐酸、耐霉或广谱的性质,从而克服了青霉素G的某些缺点。这类抗生素在侧链酰胺的 α_1—碳原子上引入氨基、羧基或磺酸基等极性基团,能增强对革兰阴性菌的作用,尤其引入酸性基团都具有抗绿脓杆菌的效用。

2. 头孢菌素抗生素

7—氨基头孢烷胺酸为头孢菌素抗生素的母核,化学名称为7—氨基—3—[(乙酰氧)甲基]—8—酮—5—硫杂—1—氮杂二环[4.2.0]—2—烯—2—羧酸,结构式如下:

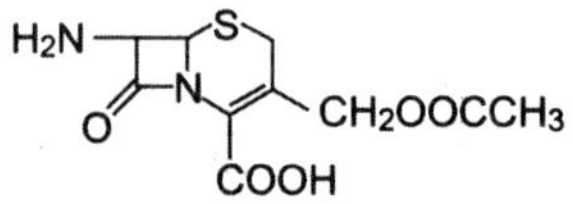

这类抗生素具有广谱、对酸和青霉素霉较稳定和过敏反应较少等优点。主要用于耐药金葡菌和一些革兰阴性杆菌所引起的各种感染,例如肺部感染、尿路感染、呼吸道感染、软组织感染、败血病、心内膜炎、脑膜炎以及伤寒和钩端螺旋体病等。

头孢拉定,化学名:(6R,7R)—7[(R)—2氨基—2—(1,4—环己二烯基)乙酰氨基]—3—甲基—8—氧代—5—硫杂—1—氮杂双环(4.2.0)辛—2—烯甲酸,结构式为:

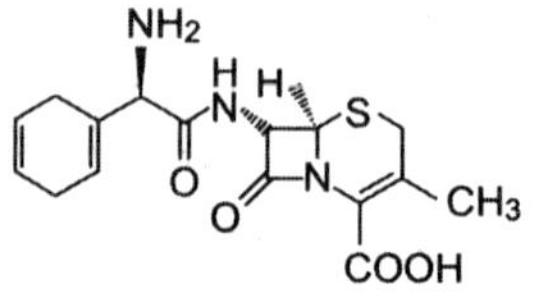

头孢拉定的合成方法:7—ADCA(7—氨基脱乙酰氧基头孢烷酸)与环己烯甘氨酸缩合,也可以用固定化酰化酶催化合成。

8.2.2 氯霉素的合成

氯霉素是一类1—苯基—2氨基—1—丙醇的二氯乙酰胺衍生物,只有其 D—(—)—苏阿糖型具有抗菌活性。

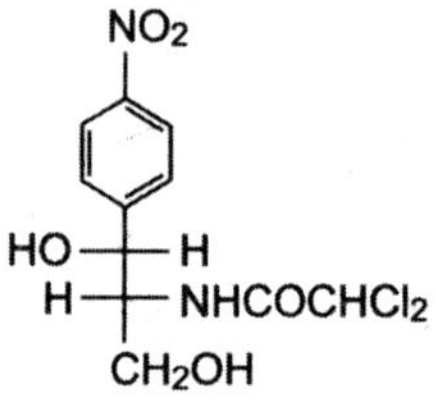

氯霉素

氯霉素的合成过程如下:

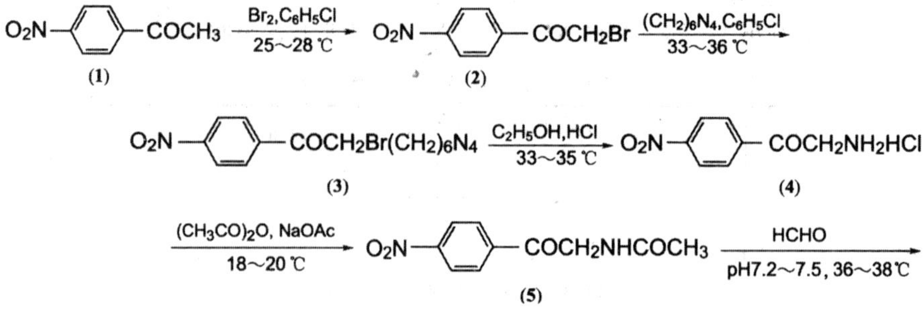

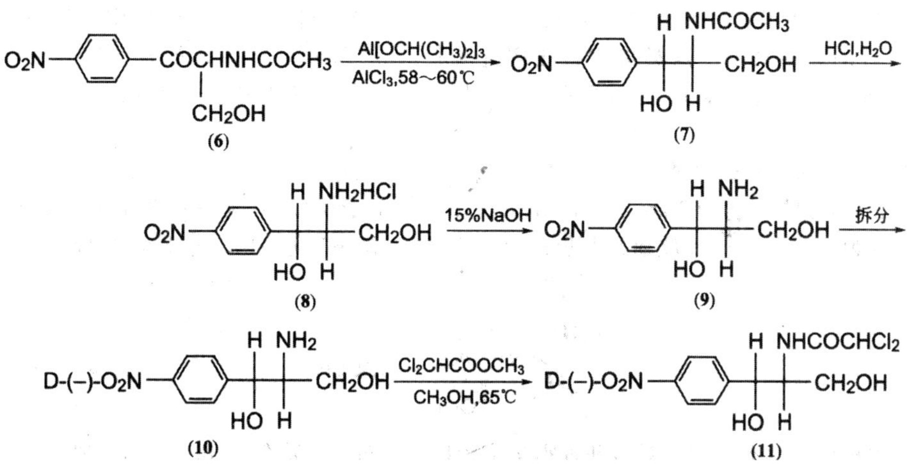

在丙醇中用异丙醇铝还原(6)中的羰基成仲醇基,有立体选择性,生成消旋苏阿糖型的量占绝对优势。生成的(±)—苏阿糖型—1—对硝基苯基—2—氨基丙二醇[简称 DL—(±)—氨基物](9)用诱导结晶法进行拆分,得到 D—(—)—苏阿糖型—1—对硝基苯基—2—氨基丙二醇(10),最后进行二氯乙酰化即得。此路线已用于生产,各步收率高,但步序较长、原料品种多,副产物需综合利用。

甲砜霉素的结构式为:

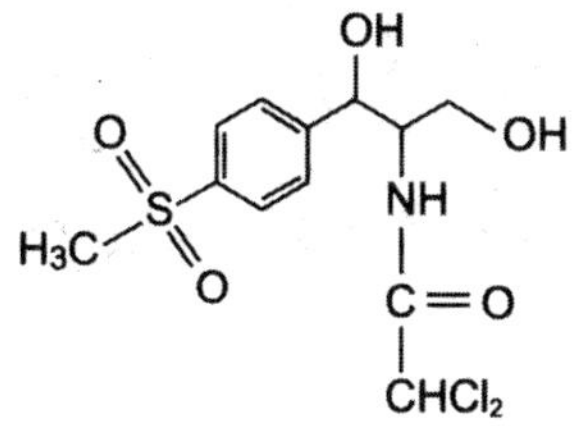

8.2.3　对氨基苯磺酰胺衍生物

对氨基苯磺酰胺(简称氨苯磺胺或磺胺)H_2N—\<benzene\>—SO_2NH_2,是磺胺类药物的母体,由它可以衍生出多种抗菌优良的磺胺类药物及利尿、降血糖药物。

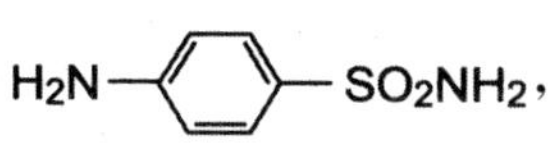

磺胺的结构简单,苯环上仅有氨基和磺酰胺基两个取代基,并互为对位。可从带有邻、对位定位基的氯苯或苯胺开始,先用氯磺酸进行氯磺化,然后氨解即得磺胺。但为了防止氯磺酸对环上氨基的氧化破坏,在氯磺化前必须先将氨基通过酰化(如甲酰化、乙酰化、酰脲化等)进行保护。

命名时,把磺酰胺基上的氮命名为 N^1,把芳氨基上的氮命名为 N^4。当 N^1 上带有杂环时,一般以杂环作基础,并标明对氨基苯磺酰基在杂环上的位置。表 8-1 和表 8-2 分别列出了一些常用的 N^1 取代和 N^1,N^4-双取代的磺胺类药物。

表 8-1 常用 N^1 取代磺胺类药物

药　　名	结构式及化学名称 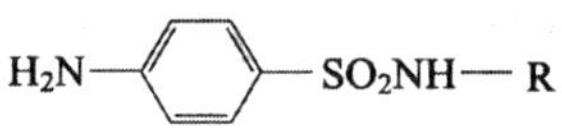 H_2N—〈〉—SO_2NH—R	半衰期/h	主要用途及特点
磺胺嘧啶	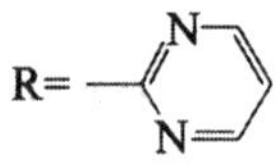 R= 2—(对氨基苯磺酰胺基)嘧啶	17	溶解度较低
磺胺二甲异噁唑	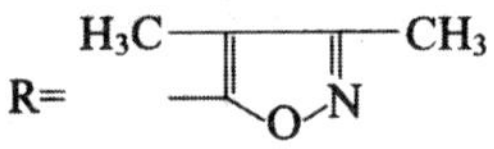 R= 5—(对氨基苯磺酰胺基)—3,4—二甲基异噁唑	6	溶解度比 SMZ 高，适用于尿路感染
磺胺苯吡唑	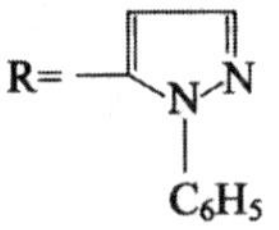 R= 5—(对氨基苯磺酰胺基)—1—苯基吡唑	10	游离型达70%，适用于尿路感染
磺苯甲氧吡嗪	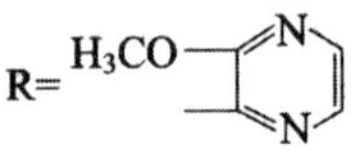 R= 2—(对氨基苯磺酰胺基)—3—甲氧基吡嗪	65	毒性较低,适用于疟疾
磺胺邻二甲氧嘧啶（周效磺胺）	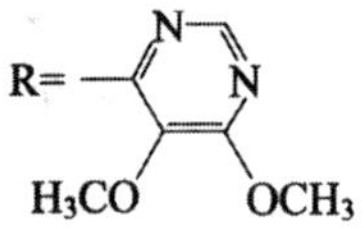 R= 4—(对氨基苯磺酰胺基)—5,6—二甲氧基嘧啶	150	可用于细菌性感染，又可用于预防和治疗疟疾

表 8-2 常用 N^1,N^4-双取代的磺胺类药物

药　　名	结构式及化学名称	主要用途
酞磺胺噻唑	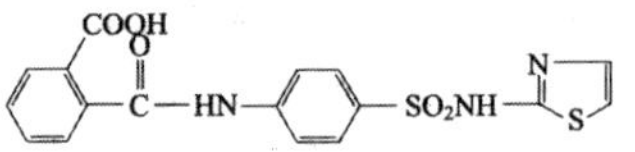 2—(N^4—酞酰对氨基苯磺酰胺基)噻唑	服后很少在肠内吸收,用于肠道菌痢,溃疡性结肠炎,胃肠炎及肠道手术前准备
酞磺胺醋酰	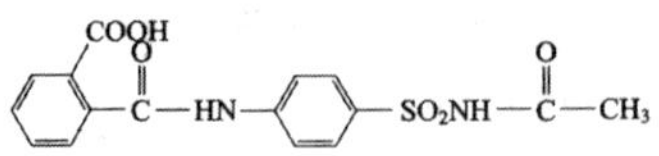 N^1—乙酰基—N^4—酞酰胺基苯磺酰胺	服后肠内有少量吸收,用于菌痢,肠炎及肠道手术前准备
琥珀酰磺胺噻唑	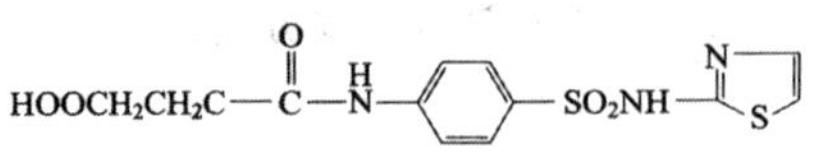 2—(对丁二酰胺基苯磺酰胺基)噻唑	与酞磺胺噻唑相似

8.3　抗生素类药物中间体

病原性微生物是指细菌、真菌、病毒和芽孢等。能杀灭和抑制这些微生物生长和繁殖的药物，均为抗病原性微生物药。按此定义，抗生素、抗病毒药物、抗真菌药物、喹诺酮类药物、磺胺类药物、硝基呋喃类药物等均属抗病原性微生物药。

8.3.1　抗病毒药物

盐酸金刚乙烷，化学名：α－甲基-1-金刚烷甲基胺盐酸盐，结构式为：

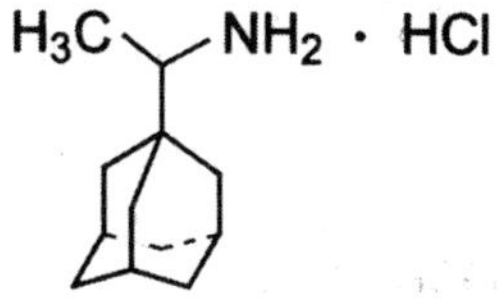

用途：抗病毒药。通过抑制病毒颗粒在宿主细胞内脱壳而在病毒复制周期的早期起作用。用于预防 A 型流感病毒株引起的感染。

制法：溴化金刚烷在三溴化铝催化下，和溴乙烯加成。生成物和氢氧化钾加热消除两分子的溴化氢，得到乙炔化物。再在氧化汞催化下，和硫酸水合得到酮，接着和羟胺成肟，最后用氢化铝锂还原（或在 Pd－C 下催化加氢），得到金刚乙胺。

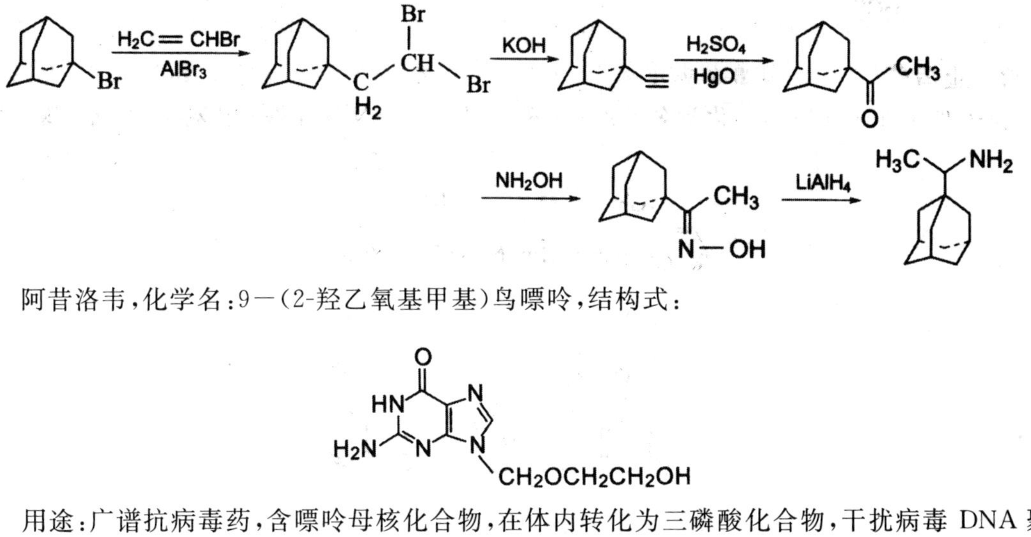

阿昔洛韦，化学名：9－（2-羟乙氧基甲基）鸟嘌呤，结构式：

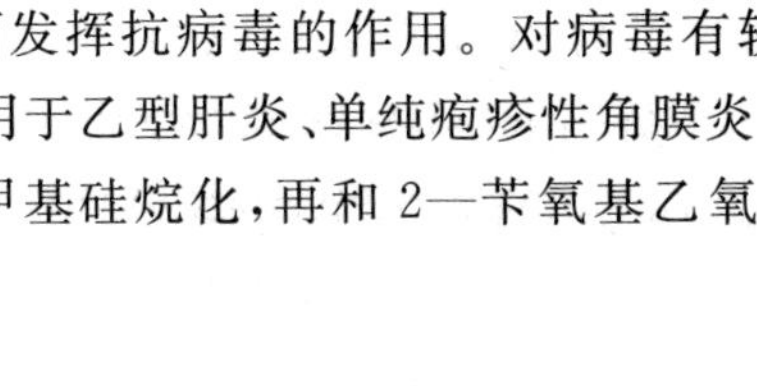

用途：广谱抗病毒药，含嘌呤母核化合物，在体内转化为三磷酸化合物，干扰病毒 DNA 聚合酶，抑制病毒 DNA 的复制而发挥抗病毒的作用。对病毒有较强的作用。用于病毒性皮肤或黏膜感染的预防和治疗，也用于乙型肝炎、单纯疱疹性角膜炎、带状水痘病毒感染等。

制法：首先鸟嘌呤进行三甲基硅烷化，再和 2－苄氧基乙氧基甲基氯反应，最后氢化去掉苄基得阿昔洛韦，收率 24%。

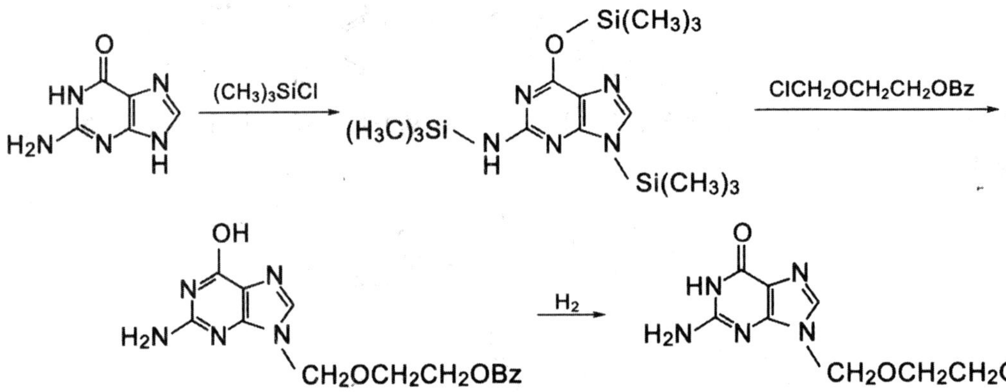

8.3.2 抗真菌药物

咪康唑,化学名:1—[2—(2,4—二氯苯基)—2—[(2,4—二氯苯基)甲氧基]乙基]—1H—咪唑,结构式为:

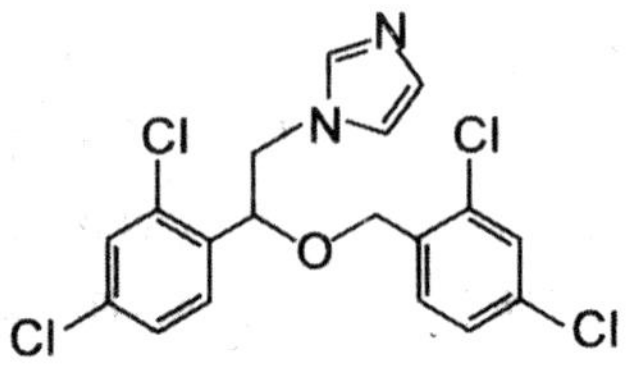

用途:咪康唑是高效、安全、广谱抗真菌药,对致病性真菌几乎都有作用。其机理是抑制真菌细胞膜的固醇合成,影响细胞膜通透性,抑制真菌生长,导致死亡。新型隐球菌、念珠菌和粗孢子菌对本品均敏感。皮炎芽生菌和组织胞浆菌对本品高度敏感,但对曲霉菌作用较差。另外,咪康唑对金葡菌和链球菌及革兰阳性球菌和炭疽菌等也有抗菌作用。本品主要用于治疗深部真菌病,对耳鼻咽喉、阴道、皮肤等部位的真菌感染也有效。

制法:合成主要有四个步骤。

①芳烃的酰基化,常用 Friedel—Crafts 酰基化反应完成。一过去是用酰氯或酸酐先生成苯乙酮类化合物,然后再用卤代反应生成 2—氯(溴)代苯乙酮。现在大多是用氯乙酰氯直接作为酰化剂,一步生成 2-氯代苯乙酮。

②将 2—氯代苯乙酮还原成相应的 2—氯代—1—苯乙醇。

③咪唑与卤代烃[上面的 2—氯(溴)代苯乙酮或 2—氯代—1—苯乙醇]在碱性条件下进行 N—烷基化反应生成咪唑取代的酮或醇。②和③两步反应可以互换顺序完成。

④咪唑取代的醇与苄氯在碱性条件下进行 O—烷基化反应生成醚。最后与无机酸成盐即得产物。

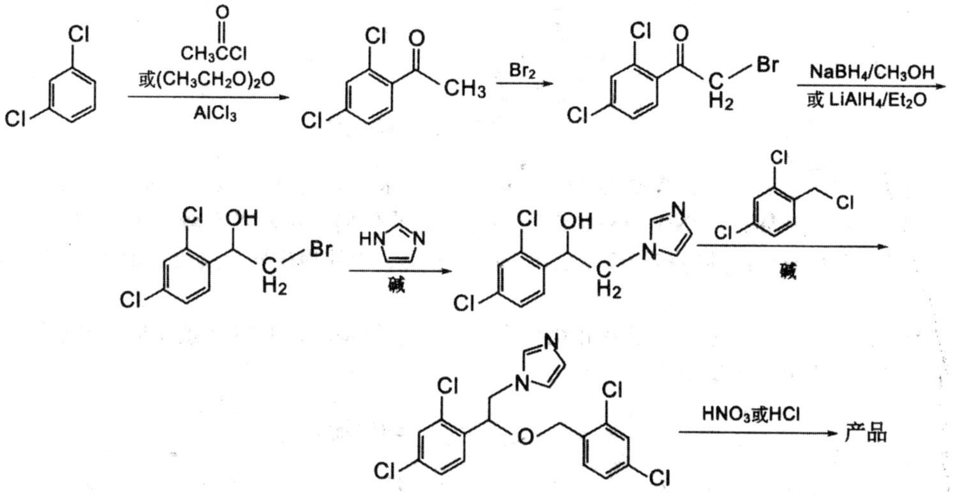

氟康唑，化学名：2—（2,4—二氟苯基）—1,3—双（1H—1,2,4—三唑—1—基）—2 二丙醇，结构式为：

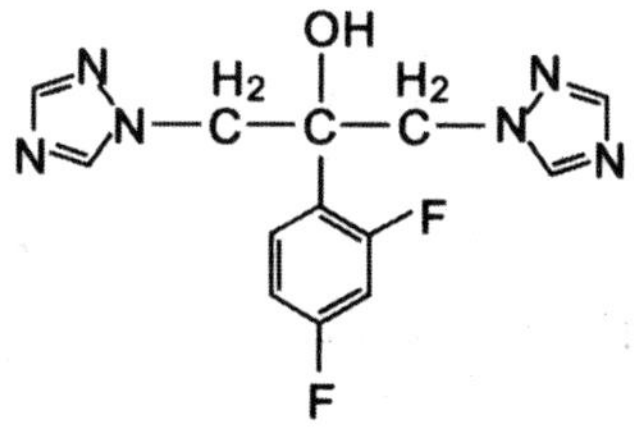

用途：本药为新型三唑类抗真菌药物，有广谱抗真菌作用，对真菌细胞色素 P－450 依赖酶的抑制作用具有高度选择性，能选择性地抑制真菌的甾醇合成。主要用于治疗深部真菌感染。隐球菌感染如隐球菌脑膜炎或其他部位感染，全身性念珠菌感染，黏膜念珠菌感染，急性及复发性阴道念珠菌感染，对癌症患者的口咽念珠菌感染也有效。

制法：由间二氟苯溴化得 2,4—二氟溴苯。镁溶于无水乙醚中，滴加 2,4—二氟溴苯的乙醚溶液，然后在冰浴冷却下滴加 1,3—二氯丙酮的乙醚溶液，室温搅拌过夜。加入冰醋酸和水。分出的有机层干燥后浓缩。浓缩液和三唑、碳酸钾、相转移催化剂溶于干燥的乙酸乙酯中，回流，过滤，水洗至中性，干燥。蒸发除去溶剂，用乙酸乙酯—环己烷（1:1）重结晶，得氟康唑，总收率 33.6%。

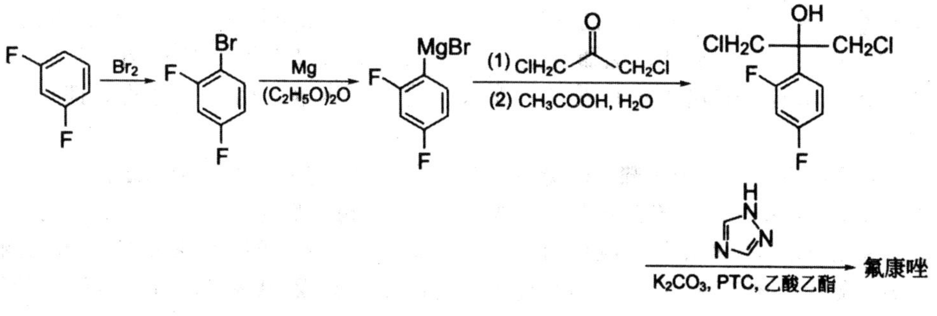

8.3.3 喹诺酮类药物

诺氟沙星,别名氟哌酸,化学名:1—乙基—6—氟—1,4—二氢—4—氧代—7—(1—哌嗪基)—3—喹啉羧酸,结构式为:

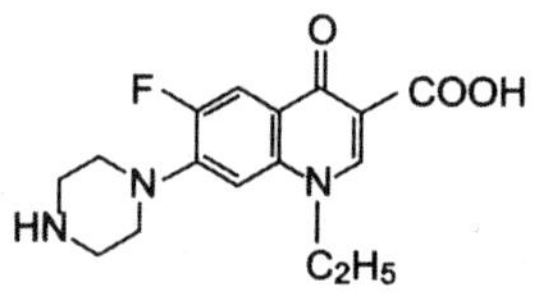

用途:具有广谱高效的抗菌作用,治疗范围广,口服吸收好,毒性低,临床上主要用于尿路感染、胆道感染、肠道感染的治疗,疗效显著。

制法:邻二氯苯经硝化,或对硝基氯苯经氯化均可得 3,4—二氯硝基苯。再在二甲亚砜中和氟化钾回流,氟化得 3—氯—4—氟硝基苯。在盐酸或乙酸水溶液存在下,用铁粉还原成 3—氯—4—氟苯胺。接着和原甲酸三乙酯及丙二酸二乙酯在硝酸铵存在下回流,得缩合产物。在液体石蜡或二苯醚中加热环合,生成 7—氯—6—氟—4—羟基喹啉—3—羧酸乙酯。进行乙基化后,再水解得乙基化产物。最后与哌吡嗪缩合得诺氟沙星。收率能达到 40%～65%。

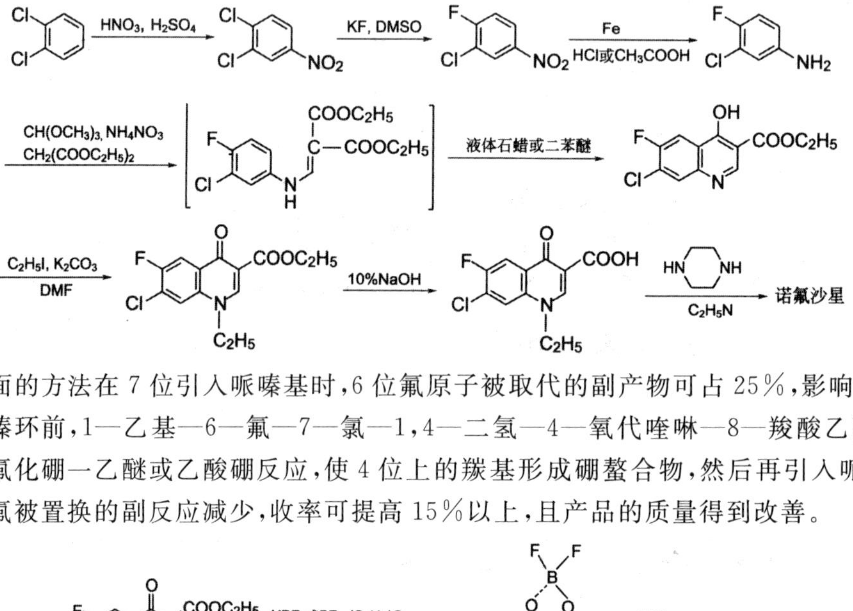

但上面的方法在 7 位引入哌嗪基时,6 位氟原子被取代的副产物可占 25%,影响收率。在引入哌吡嗪环前,1—乙基—6—氟—7—氯—1,4—二氢—4—氧代喹啉—8—羧酸乙酯先和氟硼酸或三氟化硼—乙醚或乙酸硼反应,使 4 位上的羰基形成硼螯合物,然后再引入哌吡嗪基,可使 7 位氟被置换的副反应减少,收率可提高 15%以上,且产品的质量得到改善。

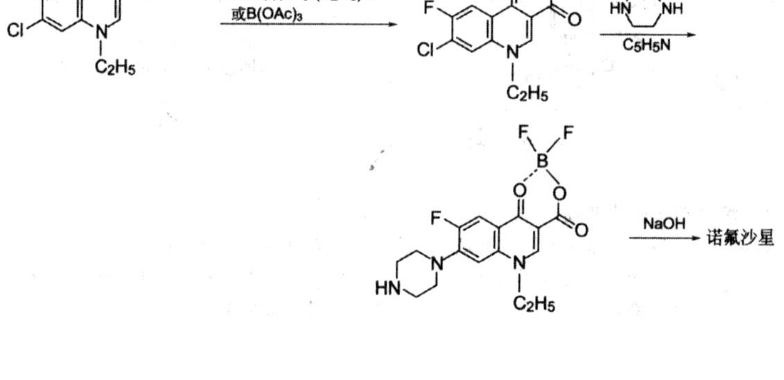

左氧氟沙星,化学名:(S)—(—)—9—氟—2,3—二氢—3—甲基—10—(4—甲基—1—哌嗪基)—7—氧代—7H—吡啶[1,2,3—de]—1,4—苯并噁嗪—6—羧酸半水合物,结构式为:

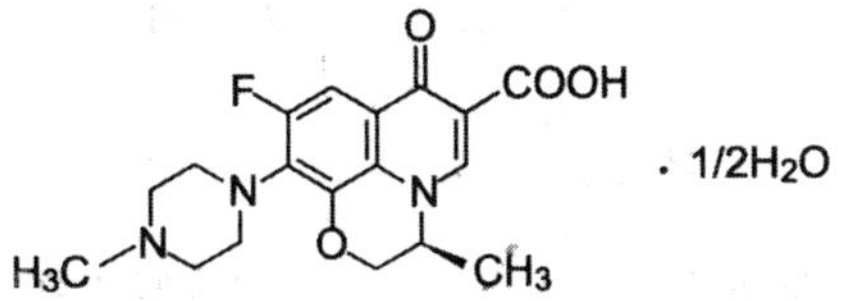

用途:左氧氟沙星具有卓越的体外活性,比氧氟沙星毒副作用小、安全性高以及具有良好的药代动力学性质。可广泛应用于呼吸道感染、妇科疾病感染、皮肤和软组织感染、外科感染、胆道感染、性传播疾病以及耳鼻口腔感染等多种细菌感染,是一种口服或肠胃外用的广谱氟喹诺酮抗菌药物。

制法:以 2,3,4,5—四氟苯甲酸为原料,通过常用的方法制得 2—(乙氧亚甲基)—3—氧代—3—(2,3,4,5—四氟苯基)丙酸乙酯后,再与(S)—2—氨基丙醇反应引入不对称碳原子,然后闭环、水解、引入甲基哌嗪而得产品。

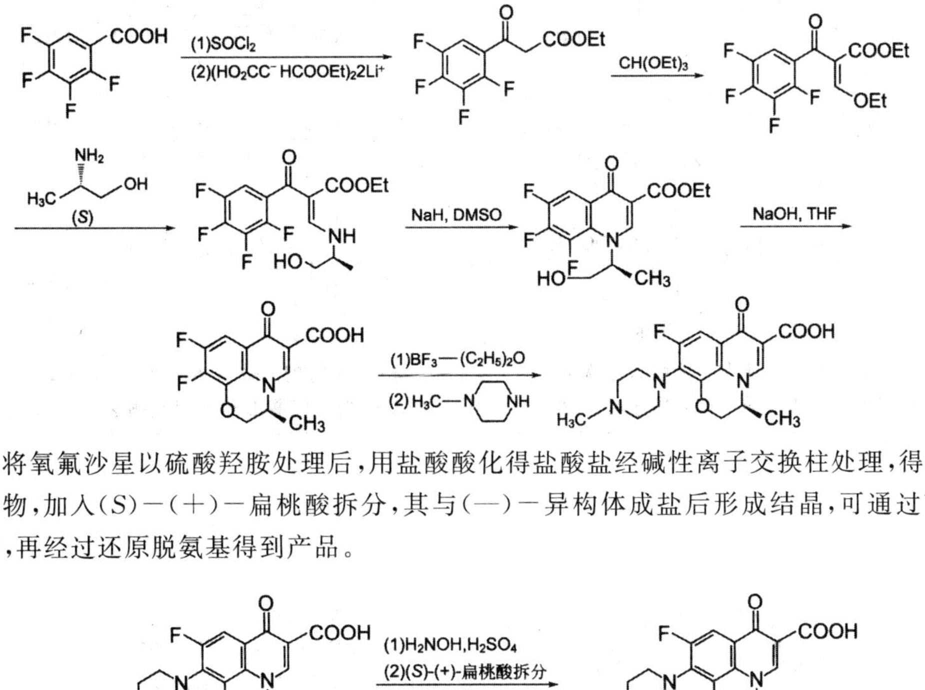

或将氧氟沙星以硫酸羟胺处理后,用盐酸酸化得盐酸盐经碱性离子交换柱处理,得到的两性化合物,加入(S)—(+)—扁桃酸拆分,其与(—)—异构体成盐后形成结晶,可通过离子交换树脂,再经过还原脱氨基得到产品。

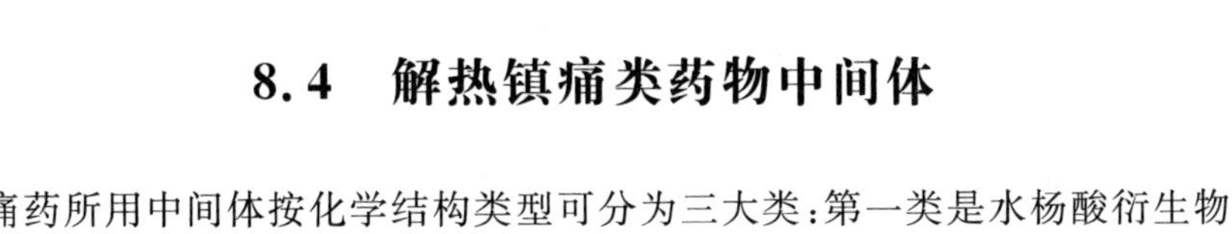

8.4　解热镇痛类药物中间体

解热镇痛药所用中间体按化学结构类型可分为三大类:第一类是水杨酸衍生物,用来制备阿司匹林、水杨酸钠等;第二类是苯胺衍生物,用于制备非那西丁、扑热息痛;第三类是吡唑酮衍生物,用于制备安替比林、氨基比林、安乃近及保泰松等。

8.4.1　水杨酸衍生物

乙酰水杨酸 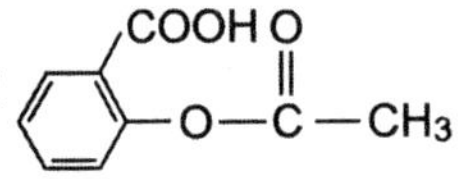 ，化学名称为邻乙酰氧基苯甲酸，又名阿司匹林。本品为白色结晶或结晶性粉末；臭或略微带乙酸臭，味微酸；遇湿气及水缓缓水解成为水杨酸及乙酸，水溶液显酸性。本品在乙醇中易溶，在乙醚或氯仿中溶解，在水中微溶，在碱溶液中溶解但同时分解。熔点为 135℃～140℃。

本品有较好的解热镇痛作用，其消炎及抗风湿作用也较显著，比水杨酸钠强 2～3 倍，用于头痛、牙痛、肌肉痛及关节痛等各种钝痛，对于发热、风湿热和活动型风湿性关节炎等疗效肯定，临床应用十分广泛。阿司匹林系酸性物质，可引起幽门痉挛及刺激胃黏膜的胃肠道反应，严重时可引起胃肠道出血（包括呕血、便血及大便隐血）。服用量过大时可发生酸中毒、偶见过敏反应。阿司匹林的工业合成路线以苯酚开始，在压力下通入 CO_2 制成水杨酸。再在硫酸催化下用乙酐酰化，即可制成阿司匹林。

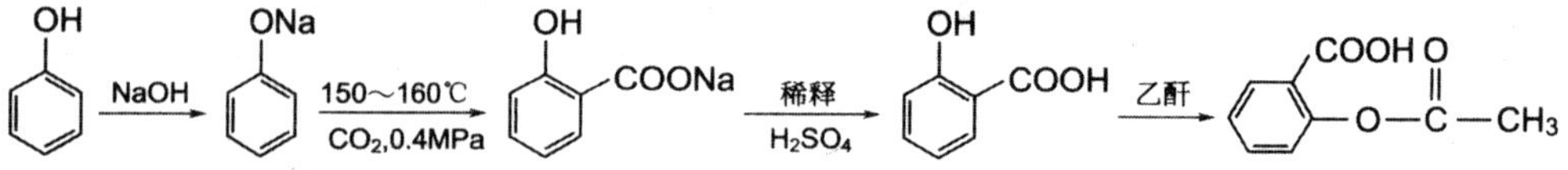

8.4.2　苯胺衍生物

对乙酰胺基苯酚，别名扑热息痛，是苯胺衍生物药物的典型代表。生产方法：对氨基酚乙酰化。将对氨基酚加入稀乙酸中，再加入冰醋酸，升温至 150℃反应 7h，加入乙酐，再反应 2h，检查终点，合格后冷却至 25℃以下，甩滤，水洗至无乙酸味，甩干，得粗品。其他的生产方法还有：

①在冰醋酸中用锌还原对硝基苯酚，同时乙酰化得到对乙酰胺基酚。

②将对羟基苯乙酮生成的腙，置于硫酸酸性溶液中，加入亚硝酸钠，转位生成对乙酰胺基酚。

精制方法：将水加热至近沸时投入粗品。升温至全溶，加入用水浸泡过的活性炭，用稀乙酸调节至 pH＝4.2～4.6，沸腾 10min。压滤，滤液加少量重亚硫酸钠。冷却至 20℃以下，析出结晶。甩滤，水洗，干燥得原料药扑热息痛成品。以硝基苯为原料，选择合适还原剂及反应条件可一步合成对氨基酚，过程如下：

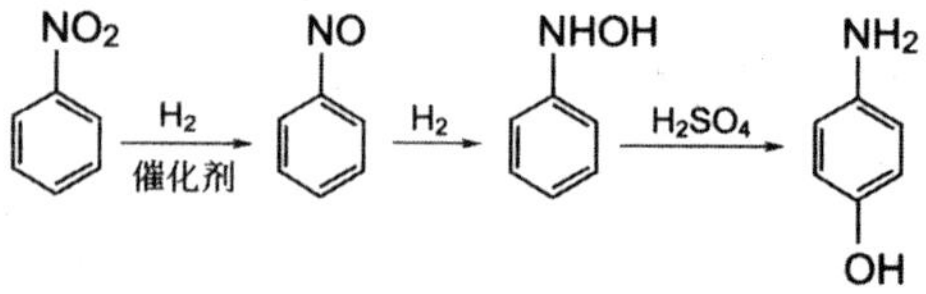

苯胺衍生物作为解热镇痛药应用于临床已有近百年历史，这类药物有较强的解热镇痛作用，而无抗风湿作用。现在较为广泛应用扑热息痛及其复方制剂，因为它较少引起胃肠道副作用，较阿司匹林有利。

8.4.3　吡唑酮衍生物

吡唑酮是含有两个相邻氮原子的五元杂环,有 5—吡唑酮及 3,5—吡唑二酮衍生物。

5—吡唑酮衍生物主要有安替比林(Antipyrine,1—苯基—2,3—二甲基—5—吡唑酮)、氨基比林及安乃近。

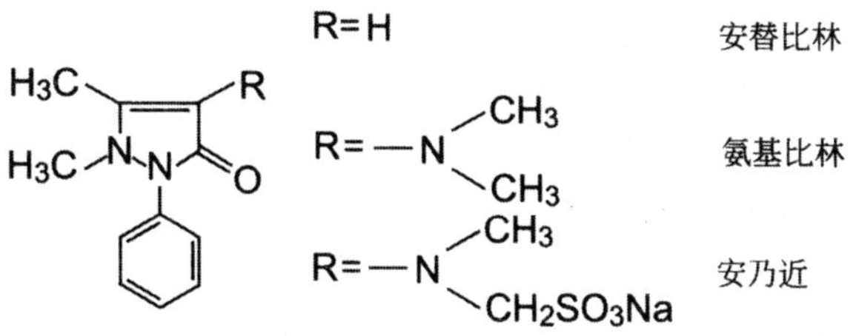

R=H	安替比林
$R=-N\begin{matrix}CH_3\\CH_3\end{matrix}$	氨基比林
$R=-N\begin{matrix}CH_3\\CH_2SO_3Na\end{matrix}$	安乃近

这类药物有良好的解热镇痛和消炎抗风湿作用,特别是安乃近解热作用显著,镇痛抗风湿作用良好,临床上广泛应用。由于这类药物过敏反应较多(如皮疹、休克等),对造血系统有相当毒性,可引起白细胞减少,甚至发生颗粒性白细胞缺乏等骨髓抑制副反应,因而大大限制了它们的应用。

安替比林可用等物质的量的 N,N—二苯基甲基肼和乙酰乙酸乙酯在 130℃～160℃ 油浴上加热回流制得。用沸水从浓稠的油状液体中萃取安替比林,然后蒸发除去水而得到晶体。

3,5—吡唑二酮类药物主要有保泰松[Phenylbuazonum,1,2—二苯基—4—正丁基—3,5—吡唑二酮],羟基保泰松及苯磺唑酮等。

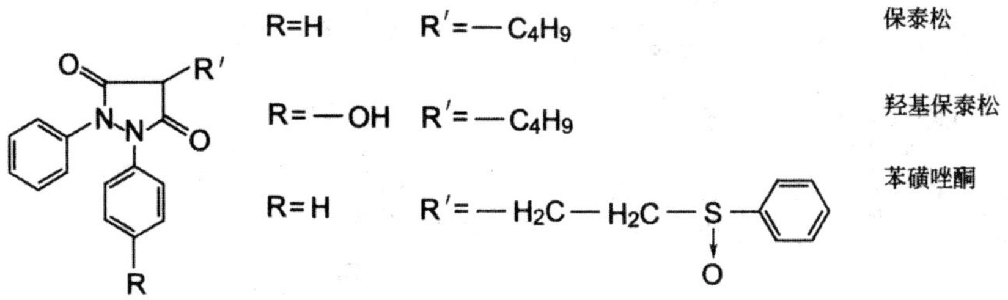

R=H	$R'=-C_4H_9$	保泰松
R=—OH	$R'=-C_4H_9$	羟基保泰松
R=H	$R'=-H_2C-H_2C-S-$	苯磺唑酮

保泰松不仅有较好的消炎抗风湿作用,而且具有轻度的排尿酸作用,可用于类风湿性关节炎,也可用于痛风病的治疗,毒副反应较大,除胃肠道副反应以及过敏反应等外,对于肝脏及血象都有不良影响,故应用时要慎重。羟基保泰松是保泰松的有效代谢产物,作用与保泰松相同而毒副反应小。苯磺唑酮的消炎镇痛作用较弱,是一个有效排尿酸剂,可用于痛风性关节炎。

8.4.4　2-芳基丙酸类非甾体类消炎药

2-芳基丙酸类非甾体类消炎药布洛芬、酮基布洛芬、非诺洛芬、氟比洛芬、萘普生等是常见的止痛和非甾体消炎药,C_2 是手性碳,对映体间的生理活性相差较大。例如(S)-萘普生的活性是(R)-萘普生的 27.5 倍,(S)-布洛芬的活性是(R)-布洛芬的 160 倍。

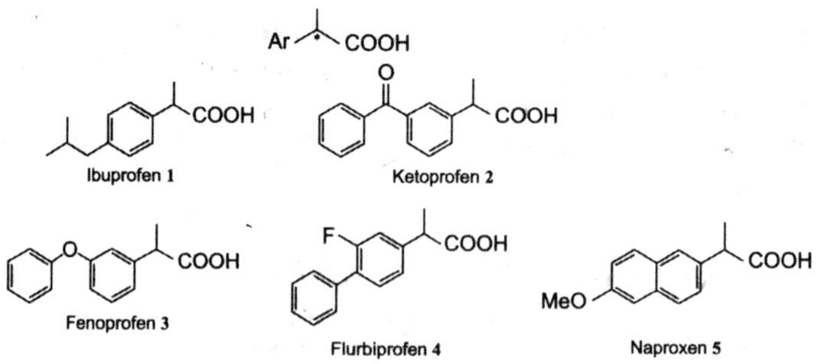

1992 年,美国 Hoechst-Celanese 公司与 Boots 公司联合开发实现了通过 1—(4—异丁基苯基)乙醇(IBPE)的羰化反应合成布洛芬的工业化生产(称为 BHC 法),合成路线如下:

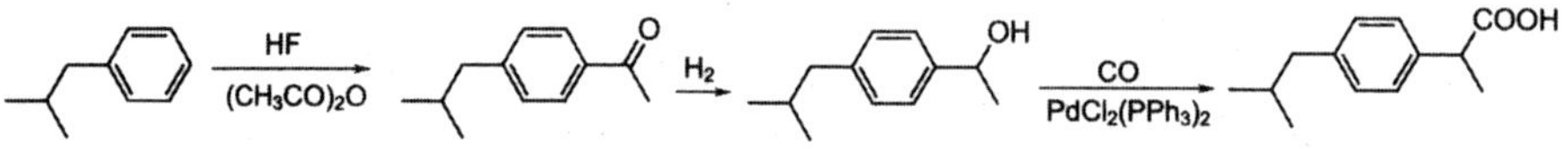

萘普生的合成方法如下。

方法 1 以 6—甲氧基—2—萘乙烯为原料羰化反应合成:

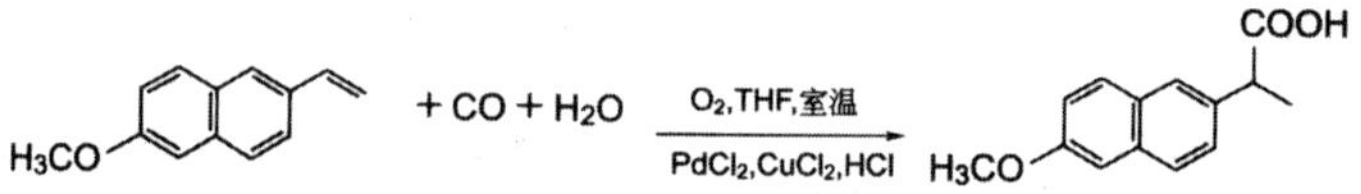

方法 2 1,2—芳基重排反应合成法:

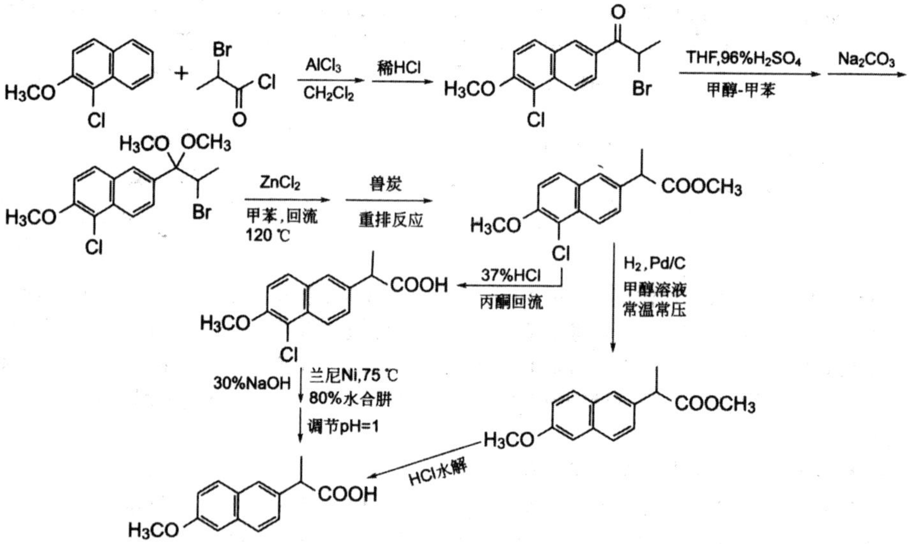

可用生物催化拆分法制备单一的手性对映体。

(1)2—芳基丙酸酯的酶催化水解反应

用柱状假丝酵母脂肪酶或皱褶假丝酵母脂肪酶等催化水解 2—芳基丙酸酯,可得(S)—2—芳基丙酸。用游离酶或固定化酶,固定化载体可以用树脂(Amberlite XAD—7)、硅藻土、硅胶。反应体系:缓冲溶液(pH=7.5),有机相如异辛烷(2%水)。体系中加入吐温—80、壬基酚聚氧乙烯醚等表面活性剂可以提高酶的活性 13 或 15 倍。

R=CH₃,CH₂CH₃,CH₂CH₂Cl
Ar=6-甲氧基-2-萘基,4-异丁基苯基

（2）2—芳基丙酸的酶催化酯化反应

酯化反应为水解反应的逆反应。反应体系采用混合有机溶剂：以异辛烷或环己烷为主溶剂，甲苯或四氯化碳为辅溶剂。

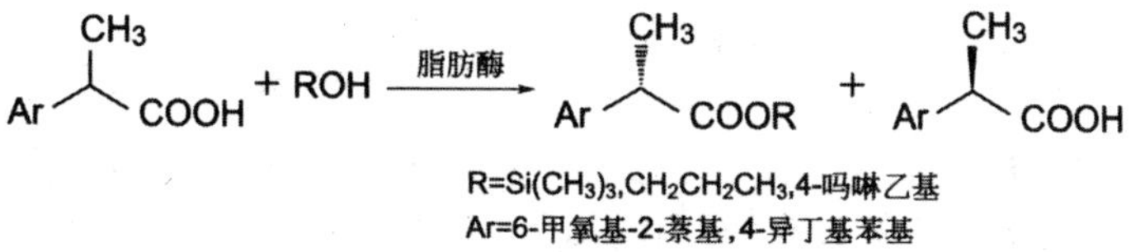

R=Si(CH₃)₃,CH₂CH₂CH₃,4-吗啉乙基
Ar=6-甲氧基-2-萘基,4-异丁基苯基

（3）2—芳基丙酸酯的酶催化酯交换反应

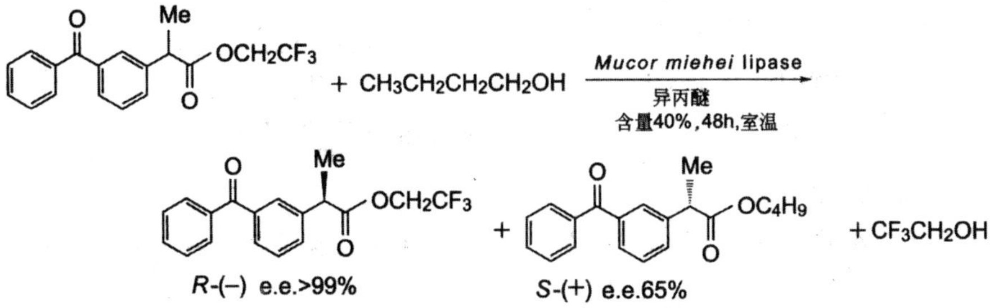

也可以由立体选择性腈水合酶/酰胺酶水解 2—芳基丙腈制备手性 2—芳基丙酸：

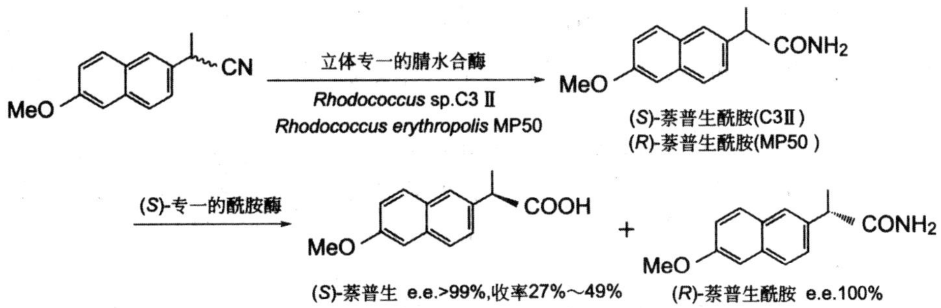

8.5　抗肿瘤药物及其中间体

8.5.1　烷化剂抗肿瘤药物

烷化剂，也称生物烷化剂，此类药物有高度的化学活性，可与体内的生物大分子中的亲核基团发生烷化反应，从而破坏细胞 DNA 的结构和功能，使其失去活性，使细胞分裂繁殖停止或死亡。按其结构，烷化剂又可分为氮芥类、亚乙基亚胺类、磺酸酯类、多元醇类、亚硝基脲类、

肼类、三氮烯咪唑类等。

（1）氮芥类

氮芥类烷化剂是 p—氯乙胺类化合物的总称，其通式如下：

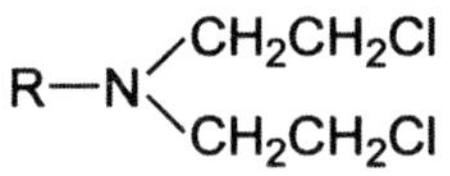

R 可以是脂肪化合物、芳香化合物、氨基酸、多肽、糖化物、杂环化合物或激素等。

氮芥类主要有两种制备方法：

①伯胺和环氧乙烷在低温下进行反应，生成双(β-羟乙基)氨基化合物，再用氯化亚砜或其他氯化剂在有机介质中（如苯、氯芳等）氯化制得。

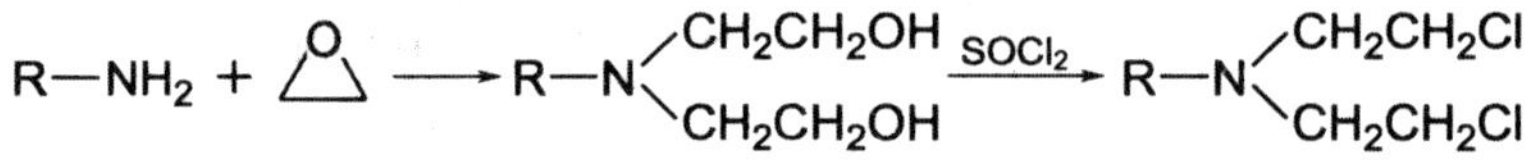

②二乙醇胺和卤代烷在碱存在下进行亲核取代反应，生成双(β-羟基)氨基化合物，再进行氯化。

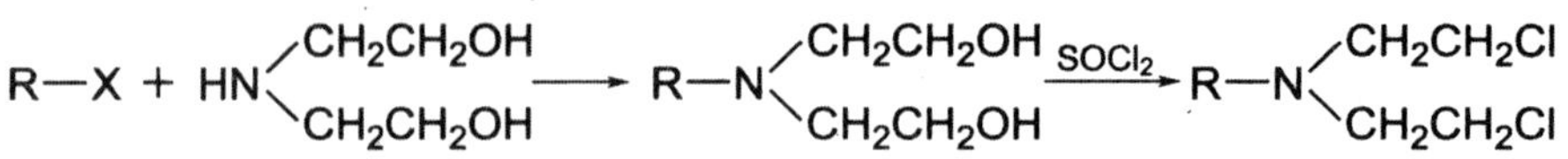

（2）亚乙基亚胺类

这类烷化剂带有亚乙基亚胺基，因亚乙基亚胺的三元环不稳定，极易开环反应，故此类化合物有很强的亲电性，是强烷化剂。如噻替派，结构式为：

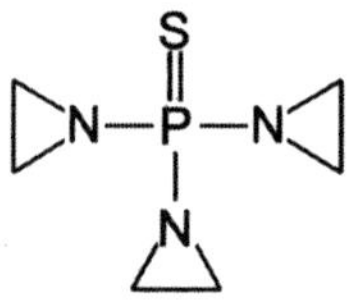

制备方法如下：

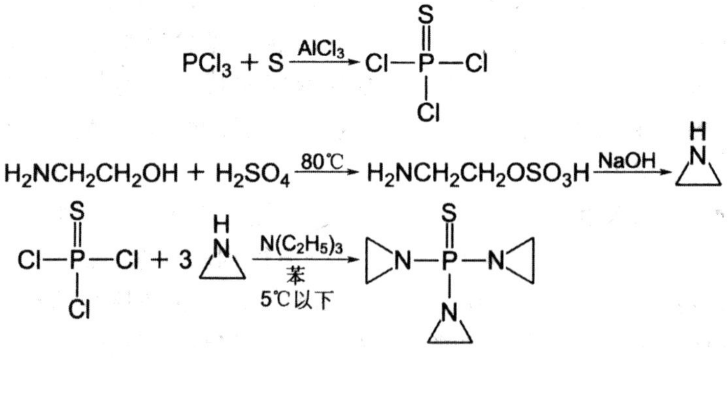

(3)磺酸酯类和卤代多元醇类

磺酸酯类的代表性药物是白消安又称马利兰,对慢性粒细胞性白血病有显著疗效,对原发性血小板增多症及真细胞增多症也有效。卤代多元醇在临床使用的主要有二溴甘露醇和二溴卫矛醇(dibromodulcitol)。二溴甘露醇主要用于治疗慢性粒细胞性白血病。二溴卫矛醇抗肿瘤谱较广,对某些实体瘤和胃癌、肺癌、乳腺癌也有一定疗效。

(4)亚硝基脲类

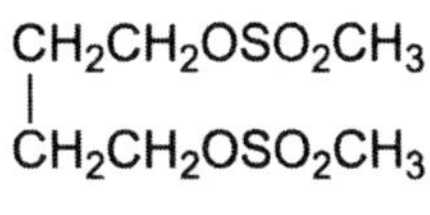

白消安

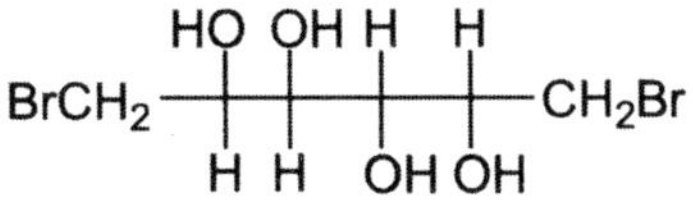

二溴甘露醇

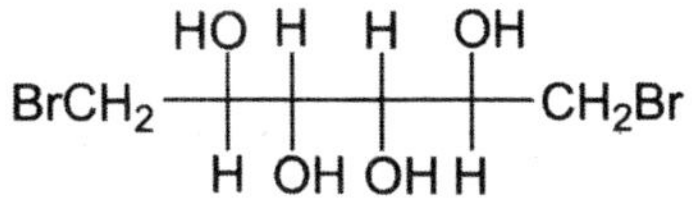

二溴卫矛醇

其结构通式如下:

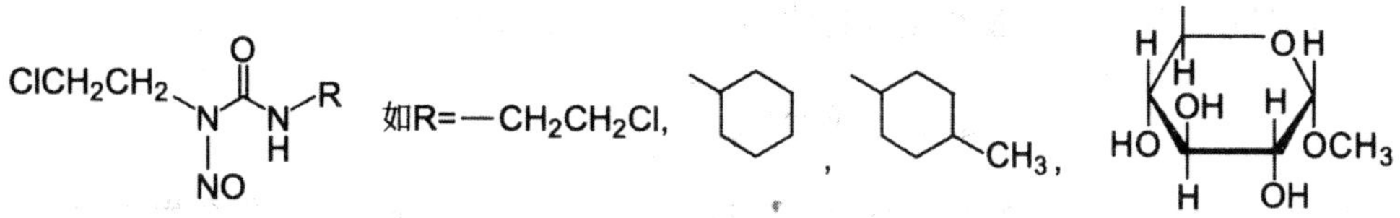

主要有以下两种合成方法:

①异氰酸酯法。用氯乙基异氰酸酯与胺作用生成脲,再亚硝化而得。

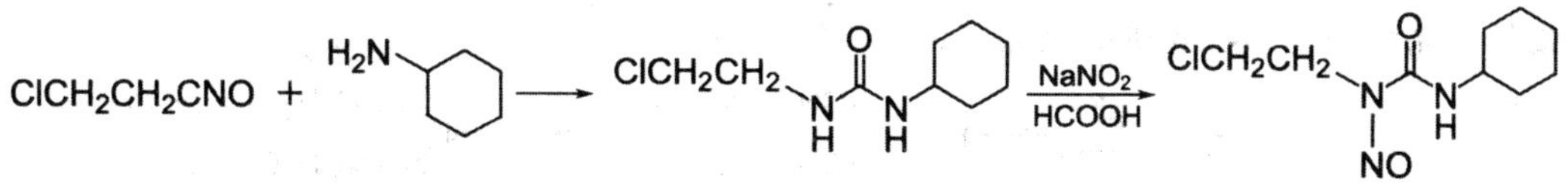

②以脲为原料,通过 2—噁唑烷酮中间体进行合成合成路线如下:

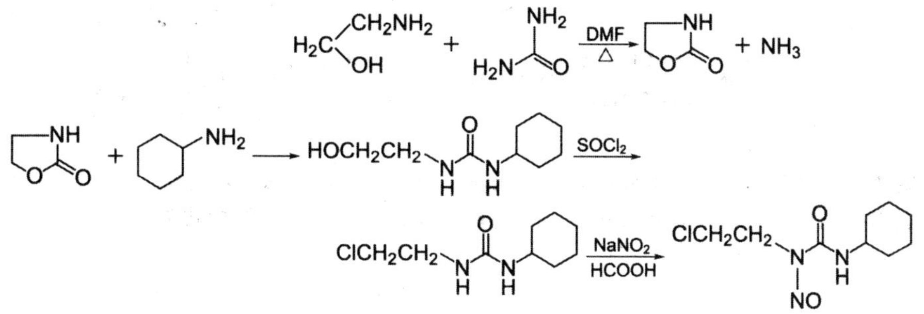

8.5.2　动植物类抗肿瘤药物

动植物类抗肿瘤药物是从动植物中提取的一些有抗肿瘤活性的化合物。如生物碱类的长春花碱、长春地辛、喜树碱衍生物等,苷类的足叶乙苷、紫杉醇等。

长春地辛,又称去乙酰长春花碱酰胺,半合成长春花碱衍生物,抗癌谱较长春花碱、长春新碱广,疗效高,毒性低,为细胞周期特异性药物。用于肺癌、恶性淋巴瘤、乳腺癌、食管癌、小儿急性淋巴细胞白血病、慢性骨髓性白血病、黑色素瘤、生殖细胞瘤、卵巢癌等。

制法 1:长春碱在无水甲醇溶液中,加入无水液氨,于 100℃和加压下,进行约 60h 的氨解水解。反应完毕后,真空蒸发至干,柱色谱分离得到长春地辛。

制法 2:以长春碱为原料,在常压下,和无水肼反应后再还原得到长春地辛。

紫杉醇(paclitaxel),用于治疗转移性乳腺癌和转移性卵巢癌,是由紫杉(即红豆杉)的树皮、叶部、木质根部、嫩枝和幼苗中分离提纯的天然产物,以树皮中的含量最高。

制法:将红豆杉的树皮或树叶阴干,磨细后,以 95% 的乙醇提取。提取物用二氯甲烷萃取。萃取物经处理后,进行柱色谱分离,再经制备型高效液相色谱仪分离,得到的产物再用含水乙醇重结晶,即得紫杉醇纯品。

8.5.3 抗代谢物抗肿瘤药物

抗代谢物是干扰细胞正常代谢过程的一类化合物,为细胞周期特异性药物。这类药物的选择性较小,副作用较大,分为嘧啶拮抗剂、嘌呤拮抗剂和叶酸拮抗剂。

乙嘧替氟,为 5-氟脲嘧啶衍生物,化学名:3—[[3—(乙氧基甲基)—5—氟—3,6—二氢—2,6—二氧—1(2H)—嘧啶基]羧基]苯甲酸—6—(苯甲酰氧基)—3—氰基—2—吡啶基酯,结构式为:

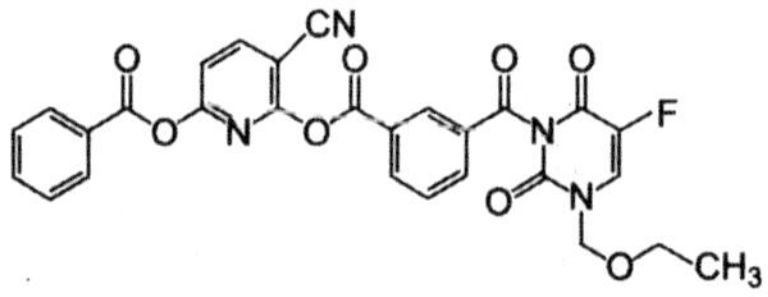

合成路线如下:

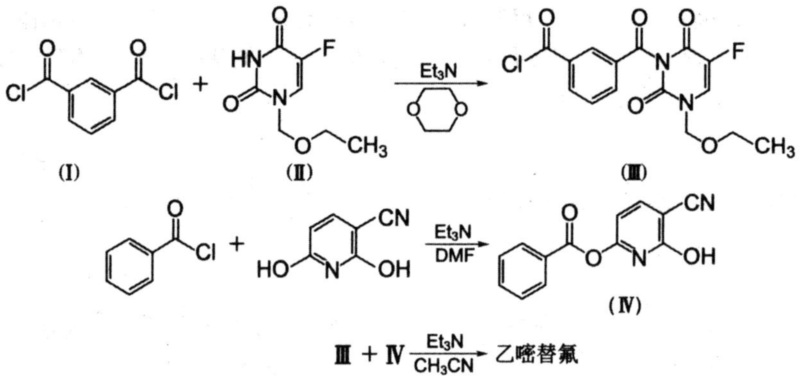

8.5.4 铂络合物抗肿瘤药物

卡铂,顺二氨环丁烷羧酸铂,结构式为:

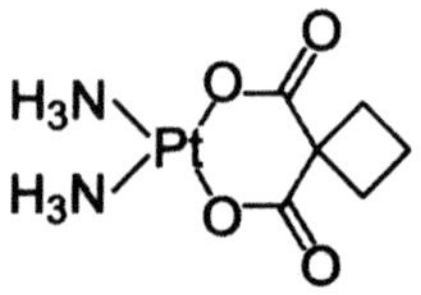

用途:第二代铂络合物抗肿瘤药。抗瘤谱及抗瘤活性和顺铂相似,但水溶性比顺铂好,对

肾脏的毒性较低。对小细胞肺癌、卵巢癌、头颈部鳞癌、睾丸肿瘤、恶性淋巴瘤等有较好的疗效，另外也可用于宫颈癌、膀胱癌等。

制法：氯铂酸钾和盐酸肼及碘化钾反应，得到顺碘氨铂，顺碘氨铂可用二甲基甲酰胺和乙醇的混合液重结晶来提纯。顺碘氨铂加入水中，缓缓加入硫酸银，在 20℃～25℃下反应 2～3h。滤去不溶物，往滤液中缓缓加入 1,1—环丁烷二羧酸钡（由 1,1—环丁烷二羧酸和氢氧化钡反应而得），室温反应 3～4h，静置 12h 以上，过滤蒸干滤液。所得固体分别用水及 95％乙醇洗涤。约 60℃干燥，得卡铂。收率 87.5％。

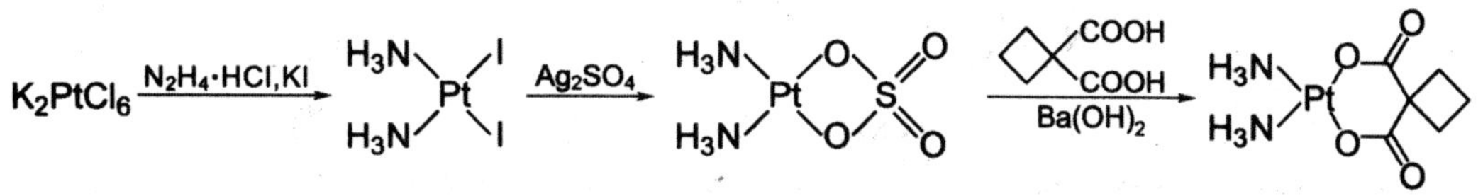

第9章 香料和香精

9.1 香料和香精概述

9.1.1 香料概述

香料也称为香原料,是一种能被嗅感嗅出气味或味感品出香味的物质,是用以调制香精或直接给产品加香的物质。香料可分成天然香料、合成香料和调和香料。

天然香料是人类最早已开始使用的一种香料,是由自然界存在的香原料通过压榨法、蒸馏法或溶剂提取法得到的植物性香料和四种动物性香料组成的。天然香料可分成两大类,即动物性天然香料和植物性天然香料。它们主要来源于自然界的含香动物或植物的某些生理器官组织或分泌物中发香的部位,然后再通过一些物理方法进行提取或精炼加工,又不改变其原有成分而得到的含有发香成分的物质,是成分组成复杂的天然混合物,是高级类调和性香料不可缺少的原料。

合成香料可以是从天然香料中提取其含有的成分,经精馏、结晶、分离等简单的化学处理后制取的单离香料,也可以是用蓖麻油、煤焦油、石油、松节油等为原料,通过有机化学合成的方法得到的香料混合物。

由天然香料和合成香料按目的调和而成的香料一般称为调和香料,也常称为香精。在化妆品、香皂等制品中绝大多数都使用调和香料。

1. 香料的分类

对于香料的分类曾提出过若干种不同的方法,可以依据香气的相似性分类,可以根据香料的用途分类,可以按照香料制造原料来源的共同性进行分类,还可以采用有机化合物分类法来分类。各种分类法各有利弊。本书以原料来源和化合物特征来进行分类,是一种综合法,其分类情况简要如图9-1所示。

2. 香料工业的现状及发展趋势

香料是人类文明的见证,它不仅了丰富人类的物质生活,而且还美化了人们的精神生活。这与音乐家用旋律表现生活,画家用色调描绘生活一样,调香师则用香调表现生活中的美。成功的调香作品也如同音乐、绘画一样具有很高的美学价值。随着科学技术的进步,许多先进的分析、测试技术应用于香料工业中,有力地推动了香料工业的迅速发展,许多天然香料中的各种未知香成分的化学结构不断地被明确。另外,通过采用放射性元素研究植物的生物合成过程,为现代科学揭开了自然界中生命的奥秘,也为生物法合成香料展现了广阔的前景。现代石油化学工业的高度发展为香料工业提供了丰富的廉价原料,从而为香料工业的发展创造了有利条件。

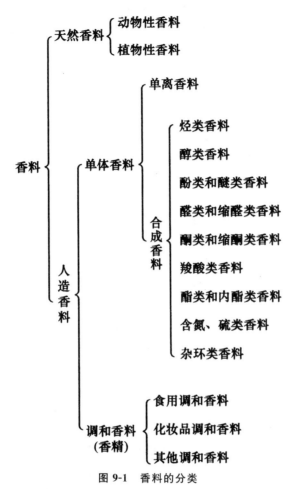

图 9-1　香料的分类

香料香精工业起源于西欧,法国的巴黎和格拉斯生产的香料,荷兰生产的食用香精,英国生产的调味品香料声誉都很高。二次世界大战以后,美国和日本联合经营香精香料,以惊人的速度追赶西欧。目前,西欧、美国、日本已构成世界上最先进的香料香精工业中心。全世界生产香料品种达 7000 种以上,2004 年的香料香精销售额在世界精细化工八大行业中仅次于医药行业居第二位。

美国是香料生产大国,主要品种有薄荷、雪松、柏木油、柑橘油等,美国国际香料公司是世界上最大的香料公司,生产 800 多种合成香料,主要品种有苯乙醇、β—蒎烯衍生物、柏木油衍生物以及灵猫、赖百当等浸剂;日本香料、香精发展很快,合成香料年产量已超过万吨,品种已超过 400 种,日本最大的香料企业高砂香料公司,主要产品为洋茉莉醛、人造麝香、薄荷脑等萜类香料;法国合成香料品种大约 100 种,主要有香豆素、香兰素、苯乙醇和水杨酸酯等;英国是以松节油为原料合成萜类香料最发达的国家,以松节油为原料,可生产单离与合成香料约 200 种,主要有合成薄荷脑、葵子麝香、紫罗兰酮等。

20 世纪 80 年代以双烯烃等原料为起始原料的全合成路线是合成香料工业的重要领域,90 年代以石油化工原料为起始原料进行香料新品种的全合成开发,以及合成新工艺的研究仍是合成香料工业研究的重点。用于香料合成的石油化工原料有异戊二烯、丁二烯、丙酮、乙炔、乙烯、苯乙烯等,另外松节油中的蒎烯化合物等仍是香料工业中的重要原料。异戊二烯已被广泛地用于合成各种萜类香料化合物,萜类香料已由半合成达到了全合成的新水平。以苯酚、丙烯酸甲酯为原料合成香豆素是目前世界各国颇为重视的新方法。另外,苯乙烯是合成佳乐麝香和苯乙醇等香料的重要原料;丁二烯是合成大环麝香的宝贵原料。目前世界各国都在积极从事麝香的开发和工业生产,其中大环酮化合物的合成是最引人注目的开发方向。

蒎烯是合成樟脑、龙脑、松油醇、芳樟醇、香叶醇等的重要原料。近年来,合成薄荷新路线的发现,使 α—蒎烯的应用更加广泛,促进了萜烯化学的发展。有许多产品的合成原料几经变更,如香兰素、愈疮木酚和黄樟油素是香兰素的第一代原料,后来丁香酚成了新一代原料,近年来又为纸浆工业中的副产物木质素所取代。

我国的香料工业是在 20 世纪 50 年代开始兴起并逐步发展起来的,到如今已具相当规模。目前我国香料香精已形成了一个独立的工业体系。香料香精具有品种多、产量小;用量小、作用大;配套性强、专业性强;既有精湛技术,又有高超艺术的特点,因此是非工业发达国家所不为的一个特殊工业。

虽然中国被称为世界最大的香料的原料国,但现阶段中国香料工业的发展水平还无法适应世界市场的需要,特别是高附加值的香料生产方面还很落后。目前我国合成香料工业存在的问题有:产品品种少;生产水平低,工艺改造缓慢,科研开发不足;生产规模小,集中程度低,低水平重复建设。因而我国香料工业在这些方面还待改进。

9.1.2 香精概述

天然香料是一种香料的混合物,代表了该种动植物的香气,可以直接用于加香产品中,但由于受到品种、产地、生产季节等的影响,天然动植物香料产量比较少,不能满足市场的需求。天然动植物香料一般价格都较贵,如果直接用于加香产品中,成本高,市场难以接受;再之芳香植物在加工处理过程中部分芳香成分被破坏或损失,在香气上与原来的芳香植物相比有一定损伤。所以通常天然香料不直接用于加香产品。

人工合成的合成香料,品种多,产量大,成本低,弥补了天然香料的不足,增大了芳香物质的来源,但合成香料是单体香料,其香气比较单一,不能直接用于加香产品中。

为了要能具有某种天然动植物的香气或香型,必须要经过调香过程,才能使之达到或接近某种天然动植物的香气或香型,用于加香的产品中。调香就是将数种乃至数十种香料,按照一定的比例调和成具有某种香气或香型和一定用途的调和香料的过程,这种调和香料称为香精。

1. 香精的分类

(1)按香精的用途分

香精按用途可分为日用香精、食用香精和其他用途香精三大类,如图 9-2 所示。

(2)按香精的香型分

香精按香型可分为花香型、非花香型、果香型、酒用香型、烟用香型和食品用香型六大类。

①花香型。花香型香精又可分为玫瑰、茉莉、晚香玉、铃兰、玉兰、丁香、水仙、葵花、橙花、栀子、风信子、金合欢、薰衣草、刺槐花、香竹石、桂花、紫罗兰、菊花、依兰等香型。这类香精多是模仿天然花香调配而成的。

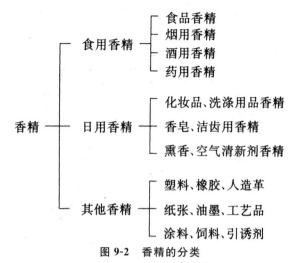

图 9-2　香精的分类

②非花香型。非花香型香精包括檀香、木香、粉香、麝香、幻想型、各种果香型、各种酒香型及咖啡、奶油、香草、薄菏、杏仁等食品香型等。

③果香型。大多果香型香精是模仿果实的香气调配而成的。如苹果、橘子、葡萄、草莓、香蕉、樱桃、柠檬、梨等。这类香精大多用于食品、洁齿用品中。

④酒用香型。常用的酒用香型香精有清香型、浓香型、酱油型、米香型、朗姆酒香、杜松酒香、白兰地酒香、威士忌酒香等。

⑤烟用香型香精。常用的烟用香型香精有可可香、桃香、蜜香、朗姆香、薄荷香、乌尼拉香型、南味克香型、山茶花型等。

⑥食品用香型。在饮料中最常用的是果香型。在糖果、糕点中常用薄荷香、杏仁香、胡桃香、香草香、可可香、咖啡香、奶油香、奶油太妃香、焦糖香等。在方便面中则多用肉香型、海鲜香型等。

（3）按形态分

香精按形态可分为液体香精和粉末香精两大类。液体香精又可分为水溶性香精、油溶性香精和乳化香精三种。

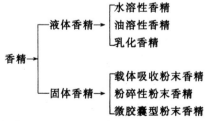

①水溶性香精。水溶性香精是指将天然香料、合成香料调合而成的香基用乙醇或乙醇水溶液溶解而成，有时也加甘油、丙二醇等其他溶剂。水溶性香精主要用于软饮料、冰制食品和酒类。

②油溶性香精。油溶性香精是将天然香料和合成香料溶解在油性溶剂中或者直接用天然香料和合成香料调配而成的。

常用的油性溶剂分为两类:一类是天然油脂,如花生油、菜籽油、橄榄油等;另一类是有机溶剂,常用的有苯甲醇、三乙酸甘油酯等。

以植物油为溶剂配制的油溶性香精主要用于食品中。有机溶剂和香料之间互溶而配制成的油溶性香精一般用于各种化妆品中。

③乳化香精。在乳化香精中,少量的香料在表面活性剂和稳定剂作用下与大量的主要成分,形成乳液类香精。通过乳化可以抑制香料的挥发,大量用水而不用乙醇或其他溶剂,可以降低成本,因此乳化香精的应用发展很快。

乳化香精中起乳化作用的表面活性剂有单硬脂酸甘油酯、大豆磷脂、山梨醇酐脂肪酸酯、聚氧乙烯木糖醇酐硬脂酸酯等。另外,果胶、明胶、阿拉伯树胶、琼脂、淀粉、海藻酸钠、酪蛋白酸钠、羧甲基纤维素钠等在乳化香精中,可起乳化稳定剂和增稠剂的作用。

乳化香精主要用在糕点、糖果、巧克力、果汁、冰淇淋和奶制品等食品中。在发乳、发膏、粉蜜等化妆品中也经常使用。

④粉末香精。粉末香精可分为固体香料磨碎混合制成的粉末香精、粉末状担体吸收香基制成的粉末香精和由赋形剂包裹而形成的微胶囊粉末香精三种类型。

粉末香精广泛用于糕点、固体饮料、固体汤料、快餐食品、休闲食品、香粉、香袋中。

2. 香精的组成

(1)按香料在香精中的作用分类

①主香剂。主香剂也称为主香香料,是形成香精主体香韵的基础,是构成各种类型香精香气的基本原料,在配方中用量最大,因此起主香剂作用的香料香型必须与所要配制的香料香型相一致。在香精的配方中,有的只有一种香料作为主香剂,但多数情况下,都是用多种香料作为主香剂的。

②辅助剂。辅助剂也称配香原料。主要作用是弥补主香剂的不足。添加辅助剂后,可使香精香气更加完美,以满足不同类型的消费者对香精香气的需求。

和香剂也称为协调剂。其作用是调和各种成分的香气,使主香剂的香气更加明显突出,香韵更圆,因此,用作和香剂的香料香型应和主香剂的香型相同。

修饰剂也称变调剂。其作用是使香精变化格调,增添某种新的风韵。用作修饰剂的香料香型与主香剂的香型不同。在配方中一般使用较少用量即可奏效的暗香成分。

③头香剂。头香型也称顶香型。用作头香剂的香料挥发性高,香气扩散力强。其作用是使香精的香气更加明快、透发,增加人们的最初喜爱感。

④定香剂。定香型也称为保香剂,是一种其本身不易挥发,又能抑制其他易挥发性香料的挥发速率,使整个香精的挥发速率减慢,同时又能使香精的香气特征或香型始终保持一致,以保持香气持久的香精。它可以是一种"单一"的化合物,也可以是两种或两种以上的化合物的混合物,还可以是一种天然的香料混合物,可以是有香的物质,也可以是无香的物质。定香剂的品种较多,如龙涎香、麝香、灵猫香和海狸香等动物性天然香料;秘鲁香树脂、吐鲁香膏、安息香树脂、苏合香树脂、橡苔浸膏等植物性香料;以及分子量较大或分子间作用力较强、沸点较高、蒸气压较低的合成香料。

（2）按香气感觉分类

①头香。头香也称为顶香，是人们首先能嗅感到的香气特征。用于头香的香料称为头香香料，一般是由香气扩散力强的香料所构成。头香香料挥发快，留香时间短，在评香纸上的留香时间在 2h 以下。头香能赋予人们最初的优美感，使香精富有感染力。可作为头香的香料大部分香气是令人愉快的，而且消费者也比较容易受头香香气和香型以及香韵的影响，但头香并不代表整个香精的特征香韵。

②体香。体香也称为中香。是在头香之后，立即被嗅感到的香气，而且能在很长的时间里保持稳定。用于体香的香料称为体香香料。是由具有中等挥发速率的香料所形成的，在评香纸上的留香时间为 2～6h。体香香料是香精的主体组成部分，它代表着香精的主体香气。

③基香。基香也称为尾香。是在香精的头香和体香挥发之后，留下来的最后香气。用于基香的香料称为基香香料，一般是由沸点高、挥发性低的香料或定香剂所组成的，在评香纸上的留香时间超过 6h。基香是香精的基础部分，它代表着香精的香气特征。

9.2　合成香料结构与香气的关系

香料的香气与其结构有一定关系，这种关系主要表现在碳原子个数、结合方式上，也与官能团差别及其在分子结构中的相对位置有关，总之结构与香气关系是相当复杂的，这里只作一些概要的定性的解说。

如甲位戊基桂醛具茉莉花香，而铃兰醛具铃兰的香气，这是由于其分子结构不同，香气也不同。

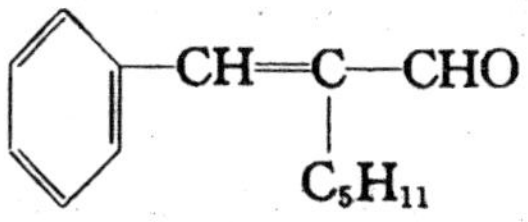

甲位戊基桂醛 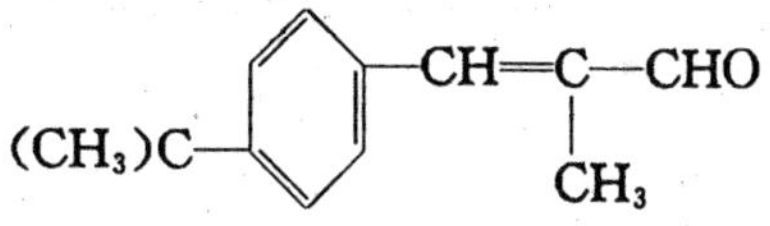　　　　　　　　　铃兰醛

凡分子结构中含有羟基、羧基和酯基等的化合物，一般都具有香气，而且与碳原子数有关，若超过 17～18 个碳原子时，其香气就减弱，甚至无香气；若在碳链中具有支链基团，尤其是叔碳原子基团的存在对香气有一定影响；若含有不饱和双键及三键的，其香气也不同；另外在某些化合物分子结构中存在着异构体，其左旋、右旋的香气也不同。

如橙花酮：

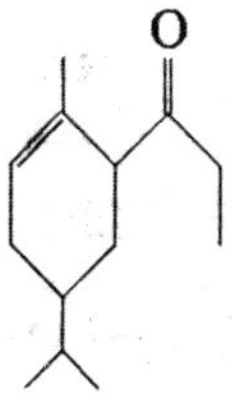

存在顺反两个异构体：

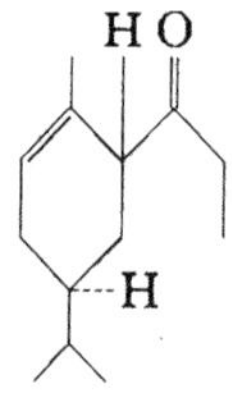

顺式 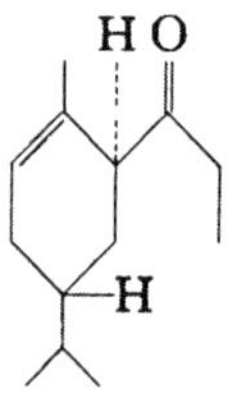　　　　　　　　反式

香气以顺式为佳。

9.3　天然香料

9.3.1　天然香料概述

1.动物性香料

动物性香料很少,能形成商品和常用的有麝香、灵猫香、海狸香、龙涎香和麝鼠香五种,但在香料中占有重要的地位。它们均为动物体类的分泌物,香气各有特色,且留香长久,特别是在香水、香粉香精中,是日用香精最理想的定香剂。由于资源稀少,故其价格昂贵,在使用上受到很大的限制。近年来随着合成代用品的出现,在调香中的应用也越来越广泛了。

(1)龙涎香

龙涎香是抹香鲸的肠内结石那样的积累物,是一种成因不明的干燥物。这种物质虽然从鲸鱼体内发现过,但一般是自抹香鲸体内排出,在海上浮游物质或被海水冲上岸来的物质中采取的。龙涎香往往要经过数十年之久的风吹雨淋、日晒、发酵和含氧波涛漂流的作用,使龙涎香经历了一个老化的过程。在抹香鲸生存的海域常会发现,主要产于南非、印度、巴西等。

龙涎香是颜色类似琥珀的黄色至暗褐色的黏稠蜡块状物质。其香气不像其他几种动物香料那样明显,但如配入香精中,并经过一段时间的成熟,其香气会格外诱人,留香性和持久性是任何一种香料所不能比的,其留香能力可达到麝香的20～30倍。

龙涎香的干燥物可溶于乙醇后制成酊剂,用于高级调和香料的保香剂中,能调匀大多数香料油并改善其品质,使它们变得温暖和持久。龙涎香品质最高,香气最优美,价格也最高。在高档的香精中,通常都会含有龙涎香。

龙涎香的成分是龙涎香醇,其自然氧化分解物中的琥珀氧化物龙涎香醚和卜紫罗兰酮是主要的香气物质,它具有复杂但又彼此平衡的香味,是由一系列的香韵和副香韵按最佳比例组合成的,而呈现出一种和谐的特征。龙涎香醚和 γ 一紫罗兰酮的结构式如下:

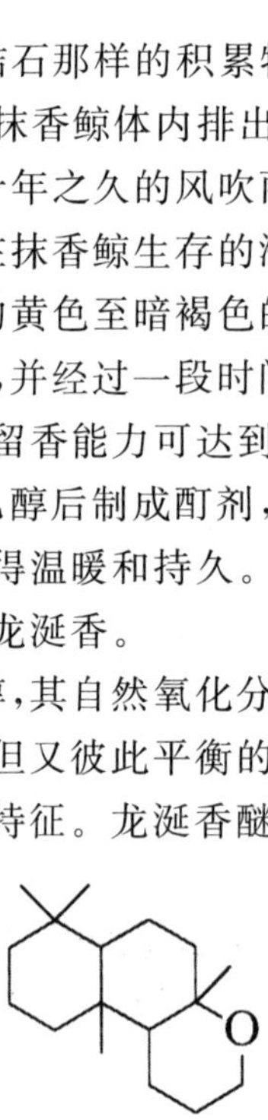

龙涎香醚　　　　　　γ-紫罗兰酮

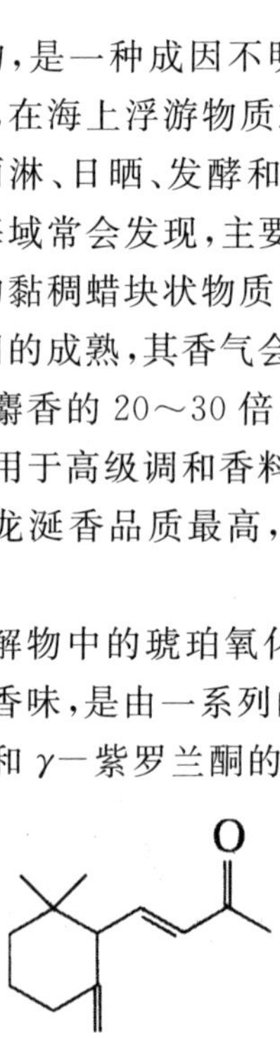

（2）麝香

麝香又称当门子、脐香、麝脐香、香脐子、腊子,是我国特产香料之一。

麝香雄性麝鹿腹部香腺囊中的分泌物。麝香系生活于中国西南、西北部高原和印度北部、尼泊尔以及西伯利亚寒冷地带的雄性麝鹿腹部香腺囊的分泌物。两岁的雄麝鹿开始分泌麝香,10岁左右为最佳分泌期,每只麝鹿可分泌麝香50g左右。

麝香位于麝鹿脐部的麝香香囊呈圆锥形或梨形。自阴囊分泌的成分储积于此,随时自中央小孔排泄于体外。麝香的传统采集方法是猎捕后杀麝取香,切取香囊经干燥而得。现在已能人工驯养并活麝刮香。我国四川、陕西人工饲养麝鹿并活体取香已获得成功,这对保护野生动物资源具有重要意义。

麝香香囊经干燥后,割开香囊取出的麝香呈暗褐色粒状物,品质优者有时会析出白色结晶。麝香通常是制成酊剂使用,酊剂为浅棕色或深琥珀色液体,浓度为2%～10%。固态时具有强烈的恶臭,用水或酒精高度稀释后具有独特的动物香气,甜而不浊,有些皮革香。香气扩散力最强,留香也很持久。

黑褐色的麝香粉末大部分为动物树脂及动物性色素所构成,其主要芳香成分是仅占2%左右的饱和大环酮即麝香酮。经多年研究,天然麝香的化学结构为3—甲基环十五烷酮、5—环十五烯酮、3—甲基环十三酮、环十四酮、5—环十四烯酮、麝香吡喃、麝香吡啶等十几种大环化合物。

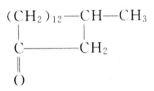

麝香酮

麝香本身属高沸点难挥发物质,在调香中被用作定香剂,使各种香成分挥发匀称,提高香精稳定性,同时也赋予诱人的动物性香韵,被视为最珍贵的香料之一。国际市场上畅销的香水,如"珞利亚"、"如意花"、"香奈儿"、"夜巴黎"等,都是以麝香香气为基调配以名花而成的。亦可用于坚果、焦糖、果香等食用香精和烟草香精中,有圆和作用。麝香除用于高档香水香精外,还是名贵的中药材。目前国产麝香主要用于医药和出口,真正用作香料的极少。

（3）灵猫香

灵猫香是灵猫的生殖腺的分泌物。灵猫属于猫科,生息于非洲、南美洲、东南亚等地,但采香主要局限于埃塞俄比亚灵猫。雄性和雌性灵猫都具有香腺,而雄性的质量较优。灵猫香为褐色半流体,也具有不愉快的原始香气,但稀释后香气极为华贵,在香精中具有很强的定香作用,同时赋予温和的动物香韵。灵猫香大部分作为香料使用,在调香中用作定香剂。灵猫香的主要香成分是灵猫酮,结构如下所示。天然灵猫香除含有大环系列化合物香成分外,还含有少量的其他化合物,如3—甲基吲哚、吲哚、乙酸苄酯、四氢对甲基喹啉等。

$$
\begin{array}{c}
CH{-}(CH_2)_7 \\
\\
\qquad\qquad C{=}O \\
\\
CH{-}(CH_2)_7
\end{array}
$$

灵猫酮

(4)海狸香

海狸香是雌雄海狸生殖腺附近的香囊中取出的分泌物。海狸栖息于小河岸或湖沼中,主要产于俄罗斯和加拿大,我国新疆、东北与俄罗斯接壤的地区也有。雌雄海狸的生殖器附近均有2个梨状腺囊,称为香囊。切取香囊,内藏白色乳状黏稠液即海狸香。

新鲜的海狸香为乳白色黏稠物,经干燥后为褐色树脂状。俄罗斯产的海狸香具有皮革—动物香气。加拿大产的海狸香为松节油—动物香。经稀释后则具有温和的动物香韵。

海狸香的大部分为动物性树脂。主要香成分为含量为 $4\%\sim5\%$ 的结晶性海狸香素,结构尚不明确,此外,还有苯甲酸、苄醇、苯乙酮、左旋龙脑、对甲氧基苯乙酮、对乙基苯酚。1977年瑞士化学家在海狸香中分析鉴定出海狸香胺、喹啉衍生物、三甲基吡嗪和四甲基吡嗪等含氮成分。

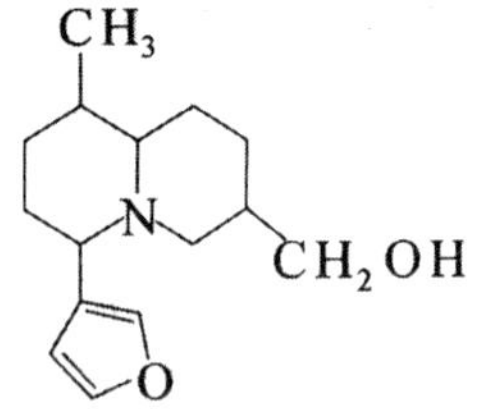

海狸香胺 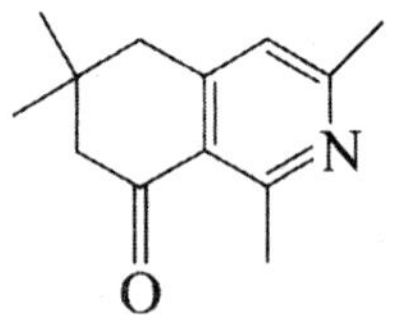　　　　喹啉衍生物 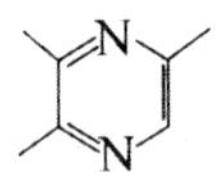　　　　三甲基吡嗪 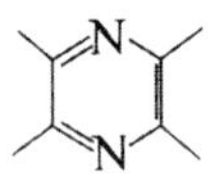　　　四甲基吡嗪

海狸香是五种动物香中最为廉价的一种,浓时具有腥臭的动物香,稀释后则有温和的动物香韵。由于受产量、质量等影响,其应用不及麝香和灵猫香广,但必要时可用它代替。海狸香主要用于香粉、男士香水、香皂等日用香精中,用以调配琥珀香、皮革香、百花、檀香、东方、素心兰等香型,有协调及定香的作用。亦可用于香荚兰豆、覆盆子、朗姆酒等食用香精及烟草香精中。

(5)麝香鼠香

麝香鼠主要栖息于北美洲沼泽地区,麝香鼠香是取自麝香鼠腺囊中的脂肪性液状物质,其萃取物中含有脂肪族原醇,经氧化制得麝香鼠香。麝香鼠香中含有环十五酮、环十七酮、环十九酮和一系列的天然奇数大环化合物以及相对应的偶数脂肪酸化合物。在第二次世界大战中它作为麝香的代用品投放于美洲市场。

2. 植物性香料

植物性香料是指从芳香植物的花、草、叶、枝、干、根、茎、皮、果实或树脂提取出来的有机混合物。大多数植物性香料呈油状或膏状,少数呈树脂或半固态。根据它们的形态和制法,通常称为精油、浸膏、酊剂、净油、香脂、香树脂和油树脂等。

植物性香料按用途和状态可以分为调香用香料和单离香料。调香用香料包括精油、净油、酊剂、油树脂、香树脂等,单离香料是合成香料的原料。

(1)精油

植物性天然香料种类繁多,多数为精油。精油是芳香性挥发液体,主要成分是以异戊二烯为分子构成基本单位的萜类和半萜类化合物。在高级植物体内,由植物叶和茎等特殊腺细胞和腺毛通过生化反应生成萜类香料化合物,变成油滴从细胞内解析出来,储存在特定的植物内。多数精油易溶于乙醇、石油醚和苯中,但不溶或微溶于水。

（2）净油

采用挥发性溶剂（石油醚、苯、二氯甲烷等）和非挥发性溶剂（精制牛油、猪油等）浸提植物，提取后蒸去溶剂，得到混有植物蜡的半固体称为浸膏和香料。浸膏可以直接用作香料；也可以再用纯乙醇浸取，滤去植物蜡等杂质，再经浓缩而得到净油。净油可以直接用于配制香精。

（3）辛香料

辛香料是指具有芳香和刺激味的草根木皮之类的干粉。多用于食品调味。其用量少，但可改善食品的风味，增进食欲，同时还有杀菌作用，提高食品的保存效果。辛香料也称为调味品。近年来随着食品加工技术的提高，辛香料结构也发生了变化，出现了辛香料精油和油树脂等。

（4）其他

植物性香料中除含有精油外，还含有其他很多不挥发或难挥发的树脂状分泌物，如油树脂、香脂和树胶等，它们也是很重要的植物性香料，通常与精油共存。油树脂含有较多的精油，在常温下通常呈液态，精油含量低时与油树脂很相似，很难加以区别。香脂也属于油树脂的一种，其含有游离态的芳香族羧酸，如苯甲酸、桂酸等或含有芳香族酯类化合物，树脂被这些香料化合物溶解后具有了一定的流动性，习惯上称之为香脂。其中精油含量最少，并有苦味的胶状树脂。

9.3.2　植物性天然香料的提取方法

植物性天然香料的提取方法，主要有水蒸气蒸馏法、压榨法、浸提法、吸收法和超临界萃取法等五种，前三种为国内天然香料工业经常采用的方法。

1. 水蒸气蒸馏法

利用水蒸气使香料植物体内的油腺细胞里的精油通过扩散作用，从薄膜组织渗透到植物表面，被水蒸气带出。经冷凝后，成为油和水的混合液。再利用精油与水相对密度不同以及不溶性分离出精油。

该法特点是设备简单、容易操作、成本低、产量大。除了在沸水中主香成分容易溶解、水解和分解的植物原料，如茉莉、金合欢、紫罗兰、风信子等一些鲜花叶外，绝大多数芳香植物均可采用蒸馏法生产精油，如玫瑰油、留兰香油、桂油、桉叶油等。

在水蒸气蒸馏中，水主要起到三种作用，即水散作用、水解作用和热力作用。其作用过程如下：原料表面润湿→水分子向细胞组织中渗透→水置换精油或微量溶解→精油向水中扩散→形成精油与水的共沸物→精油与水蒸气同时蒸出→冷凝→油水分离→精油。

2. 浸提法

浸提法亦称液固萃取法，主要是利用有机溶剂将鲜花或植物原料中的芳香成分等浸提出来，使之溶解在有机溶剂中，然后回收溶剂，得到含有植物蜡的浸膏。再将浸膏溶于乙醇，冷却到相应的温度，除去不溶物，经减压蒸馏回收乙醇后得到净油。

浸提法多用于鲜花类芳香成分的提取，有固定式萃取法，即物料静止不动，浸泡的有机溶剂可静止，也可以回流循环。还有转动式萃取法，即采用转鼓式浸提机，使原料和溶剂在转鼓旋转时做相对运动，浸提效率和处理能力较固定浸提和搅拌浸提均高。

浸提溶剂的选用原则：

①无毒或低毒、对人体危害性小，且尽可能无色无味。

②不易燃易爆、沸点低易于蒸馏回收。

③化学性质稳定，不与芳香成分及设备材料发生化学反应。

④不溶于水，避免浸提过程中被鲜花中的水分稀释而降低浸提能力。

⑤溶解芳香成分的能力要强，对植物蜡、色素、脂肪、纤维、淀粉、糖类等杂质溶解能力要小。

目前我国常用的有机溶剂有石油醚、乙醇、苯、二氯乙烷等。

浸提法一般在常温下进行，能较好地保留植物芳香成分的固有香韵，是生产天然香料的重要方法。浸膏、净油、酊剂等产品在食品、化妆品香料中具有广泛应用，如桂花浸膏、晚香玉净油、枣酊等。

由于超低温临界萃取具有独特的优点，采用液态二氧化碳、丙烷、丁烷进行低温临界萃取是今后的发展方向。

3. 压榨法

压榨法主要用于红桔、甜橙、柠檬、柚子、佛手等柑橘类精油的生产，该类精油中萜和萜烯衍生物的含量高达 90% 以上。主要有冷磨法和冷榨法两种方法。

冷磨法多采用平板磨桔机和激振整磨桔机整果加工。整果装入磨桔机，而实际磨破的是果皮。精油从油胞渗出，被水喷淋下来，经油水分离得到精油。

冷榨法的主要设备是螺旋压榨机。它既可压榨果皮生产精油，也能压榨果肉生产果汁。

为了避免果胶大量析出，使油水分离困难，可预先用过饱和石灰水浸泡果皮，使果胶转变为不溶于水的果胶酸钙。

压榨法的生产特点是室温下进行，确保柑橘中的萜类化合物不发生反应，精油质量高，香气逼真。

4. 吸收法

吸收法主要分为非挥发性溶剂吸收法和固体吸附剂吸收法。其优点为吸收过程温度低、芳香成分不易被破坏，产品香气质量好。不足之处是生产周期长、生产效率低。

（1）非挥发性溶剂吸收法

该方法根据温度不同又可分为温浸法和冷吸收法。

①温浸法。操作过程类似于搅拌浸提法，温度为 50℃～70℃，以精制的动物油脂、麻油或橄榄油为溶剂。吸收油脂与鲜花接触、反复多次使用，直至被芳香成分饱和得到产品香脂。

②冷吸收法。将精制的猪油和牛油（2：1）混合溶剂温热，搅拌使其互溶，冷却至室温制备脂肪基。将该脂肪基涂在一定尺寸的木制框中的多层玻璃板的上下两面，再在玻璃板上铺满鲜花，使鲜花释放出的气体芳香成分被脂肪基吸收。铺花、摘花反复多次，待脂肪基被芳香成分饱和后，刮下即得到香脂产品。

（2）固体吸附剂吸收法

使用活性炭、硅胶等多孔性物质为吸附剂，用石油醚洗脱吸附剂中的芳香成分，将石油醚蒸出，即得精油产品。其吸附过程是让空气通过花室内的花层，再与吸附器内的吸附剂接触进行气相吸附,空气进入花室之前要先经过过滤和增湿处理,以避免吸附剂污染,提高吸附效果。

吸附法一般只适用于芳香成分易于释放的花种,如兰花、茉莉花、晚香玉、橙花、水仙花等。吸附法制得的产品,香气保真效果极佳,多为天然香料中的上品。

植物性天然香料由于原料丰富,生产方法比较简单,香气柔和纯正,安全性高,因而在香料工业中占有重要地位。我国是生产和应用天然香料最早的国家之一,芳香植物品种多,资源丰富,目前生产的植物性天然香料除了满足国内市场需求外,尚有部分产品出口,在国际市场上享有盛誉。

9.3.3 单离香料

单离香料就是从天然香料(以植物性天然香料为主)中分离出比较纯净的某种特定的香成分。如从薄荷油中分离出的薄荷脑(薄荷醇),广泛用于日化、医药、食品、烟酒等香精的调配。单离香料的生产方法主要有蒸馏法、冻析法、重结晶法和化学处理法。

1. 蒸馏法

单离香料要求纯净度较高。因为很多植物性天然香料的芳香成分具有热敏性,高温下易分解、聚合而影响产品质量,所以一般采用减压蒸馏。另外由于待分离组分间的相对挥发度较小,所以大多采用高效填料进行精密精馏。如在香叶油、玫瑰油等天然精油中同时存在的香茅醇和玫瑰醇是一对旋光异构体,由于其沸点相差较小,所以只有采用精密精馏才能有效分离。

2. 冻析法

冻析法是根据香料混合物中不同组分间凝固点的差异,通过降温使高熔点物质凝固析出,与其他液态成分分离的一种方法。与结晶分离原理相似,但析出的固体物不一定是晶体。如上述提到的薄荷醇就是从薄荷油中通过冻析法单离出来的。

3. 重结晶法

重结晶法用于一些在常温下呈固态的香料的精制。如樟脑、柏木醇等单离香料,都是先通过水蒸气蒸馏、减压蒸馏等过程初步分离,然后再用重结晶法进行精制得到符合要求的产品。有些在常温下呈液态的香料,如桉叶油素等,也可以采用在低温下重结晶的方法进行精制。

4. 化学处理法

化学处理法的原理是利用可逆化学反应将天然精油中带有特定官能团的化合物转化为某种易于分离的中间产物,分离提纯后再使中间产物复原为原来的香料。

(1)亚硫酸氢钠加成法

醛及酮类化合物可与亚硫酸氢钠发生加成反应,生成不溶于有机溶剂的磺酸盐固体加成物。由于反应是可逆的,用碳酸钠或盐酸处理磺酸盐加成物,便可生成对应的醛或酮。采用亚硫酸氢钠加成法生成的比较重要的单离香料有:柠檬醛、香草醛、肉桂醛、羟基香茅醛,枯茗酮和胡薄荷酮等。反应原理如下:

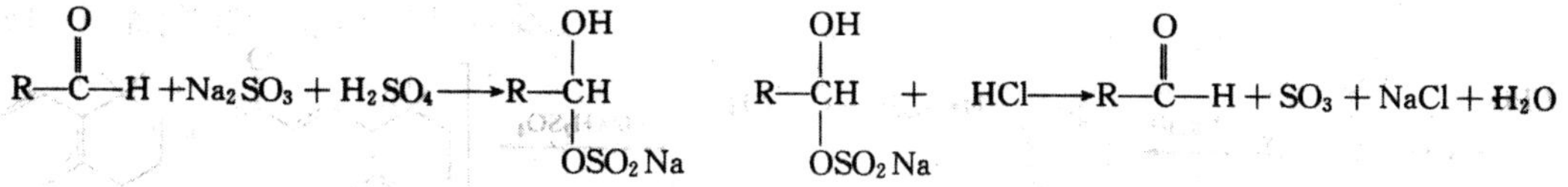

（2）酚钠盐法

酚类化合物与碱作用生成溶于水的酚钠盐。利用这一反应,使含酚类香料的水相与天然精油中其他化合物组成的有机相分离,再用无机酸处理水相使酚类还原。在香精中广泛应用的丁香酚、异丁香酚和百里香酚都是用酚钠盐法制得的。以丁香酚为例,其反应原理如下:

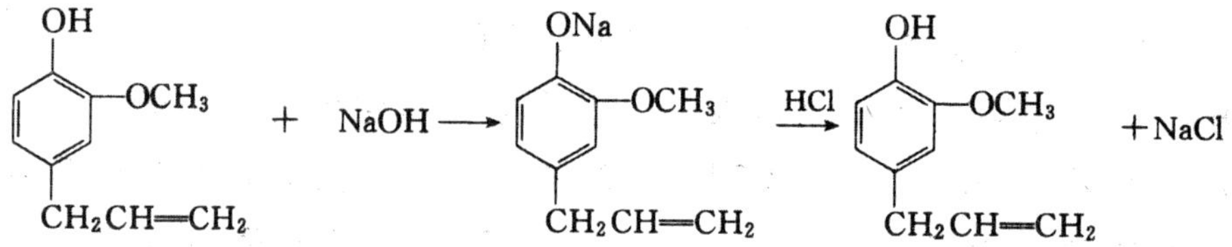

（3）硼酸酯法

硼酸酯法用于生产玫瑰醇、香茅醇、芳樟醇、岩兰草醇和檀香醇等香料产品。其反应原理为:

$$3R—OH+B(OH)_3 \longrightarrow B(OR)_3+3H_2O$$
$$B(OR)_3+3NaOH \longrightarrow 3R—OH+Na_3BO_3$$

即硼酸与香精中的醇反应生成高沸点的硼酸酯,经减压精馏与香精中的低沸点组分分离后,再经皂化反应使醇游离出来。

9.4　合成香料

9.4.1　合成香料概述

由于天然香料动植物往往受自然界条件的限制以及加工等因素的影响,使产量和质量不稳定,远远不能满足加香制品的需求。利用单离香料或有机化工原料通过有机合成的方法而得到的香料,具有化学结构明确、产量大、品种多、价廉等优点,弥补了天然资源中制取的天然香料的不足,扩大了有香物质的来源。

一般情况下合成香料很少单独使用,几乎都是作为调和香料、食品香料的原料用于各种制品中,它们已形成了香料工业的基础。

合成香料实际上包括来自于化工原料经一系列化学合成反应制得的全合成香料和从单离香料出发经化学反应制得的半合成香料。这些合成香料有的自然界本来就有,有的自然界中根本就不存在。同天然香料相比,它们结构明确,产品质量稳定,原料来源丰富且价廉,产量大,成本低,极大地弥补了天然香料的不足,更好地满足了消费市场各方面各层次的需求,目前已达 5000 多种,常用的有 200 多种,成为香料工业的主导。

半合成香料主要来源于从农林加工产品中提取的精油和油脂,具有独特的品种和品质及工艺过程的经济性,也是香料的重要组成部分。例如,以松节油中提取的 β－蒎烯为原料经一系列化学反应可合成出橙花醇、芳樟醇、香茅醇、柠檬醇等,以山苍子油中单离出来的柠檬醛为原料可合成具有紫罗兰香气的 α－紫罗兰酮和 β－紫罗兰酮,从香茅油和柠檬桉油中分离出来的香茅醛出发可合成具有百合香气的羟基香茅醛和具有西瓜香气的甲氧基香茅醛等。

全合成香料的原料来源于煤化工产品和石油天然气化工产品,品种非常丰富。由煤炭焦化副产品中可得到酚、萘、苯、甲苯、二甲苯等基本有机化工原料,进而合成出大量芳香族和硝基麝香化合物;由石油天然气化工得到的大量有机化工原料可合成脂肪族醇、醛、酮、酯等一般香料,及芳香族、萜类、合成麝香等宝贵的芳香化合物。其中,萜类香料化合物的全合成已成为香料业界的重点开发领域。在众多合成香料中,有的是先通过各种分析方法确定天然香料成分的化学结构,再合成出结构与此相同的化合物;有的则是天然香料成分中虽未发现,但香气非常类似,甚至更卓越、独特的化合物,如佳乐麝香、环十五内酯。

合成香料随着用量的不断增加,需要大量廉价而且能够保障供给的原料。现在合成香料工业使用的原料,在天然精油方面主要是香茅油、松节油、蓖麻油、菜籽油等,先用物理或化学的方法从这些精油中分离出单离香料,然后再利用有机合成的方法,合成出价值更高的一系列香料化合物。

在化学制品方面,主要是利用大量的基本有机化工原料,如乙炔、乙烯、异丁烯、丙酮、甲苯、苯、环氧乙烷、环氧丙烷、异戊二烯等,除了可以合成脂肪族醇、醛、酮、酯等一般香料外,还可以合成芳香族香料、萜类香料、合成麝香以及其他一些更为宝贵的合成香料。

另外,也可以利用煤炭糊化工过程所得的副产物,如煤焦油等,经过进一步分馏和纯化,得到酚、苯、甲苯、萘等,再用这些基本原料合成出大量的芳香族和硝基麝香等有价值的合成香料。

不论使用何种原料,制造合成的方法和染料、医药制造合成的方法很相似,主要通过氧化、还原、水解、缩合、重排、分解、酯化、加成、硝化、卤化、转位环化等化学反应,通常用处理外消旋混合物的方法制备合成香料,现在已有利用光学活性催化剂或酶的合成方法,并利用层析法和结晶化的光学拆分法。特别是使用酶和微生物来进行生物化学的物质转换,作为合成手段也逐步变得重要起来了。

在合成香料的生产工艺方面,由于品种多且产量相对小,故大多采用小规模间歇生产;在工艺选择、生产设备、贮存运输等方面需考虑到合成香料的光敏、热敏、易氧化性及挥发性等问题。合成香料工业常用的生产设备包括两大类:一类是化学反应过程设备,如缩合反应器,加成反应器,酯化反应器,硝化反应器,高温异构化反应器,高压氢化和氧化反应器等;另一类是半成品及成品的纯化设备,如过滤器、压滤机、离心机、澄清器、萃取器、结晶器、干燥器及精馏设备等。出于防腐的考虑,设备材质大多采用不锈钢、搪瓷或玻璃。

随着近年来新的有机合成方法和技术的出现,合成香料的方法也在不断进步。除了处理外消旋混合物的方法外,光学活性体的合成研究也很活跃。这种方法利用光学活性催化剂或酶进行合成,及利用色谱法和结晶化的光学拆分法。特别是利用酶和微生物进行生物化学的物质转换,使得合成香料的生产也有望与生物技术结合起来。

9.4.2　烃类合成香料

简单的烷烃类化合物极少用作香料。萜烃类化合物在植物精油成分中占有重要地位,但由于萜烃香气一般比较弱,化学性质不够稳定,作为香料使用的也不多,烃类化合物在香料工业中主要作为合成其他香料的原料。

1. 萜烯类香料

香料工业中经常使用的萜烯类香料主要有以下几种:

β—月桂烯　　柠檬烯　　莰烯　　α—蒎烯　　β—蒎烯

其中,α—蒎烯、β—蒎烯是从松节油中用真空分馏的方法获取的,除了少量直接用于调配香精外,主要用于合成β—月桂烯,然后由β—月桂烯为原料合成香叶醇、橙花醇、芳樟醇、香茅醇、香茅醛、柠檬醛、紫罗兰酮等重要香料。

萜烯及其衍生物广泛存在于各种精油中,是构成天然香精的主要成分。但由于萜烃类的产品香气一般较弱,化学性质也不够稳定,因而烃类香料类产品主要作为合成香料的原料和溶剂,最重要的是单萜和倍半萜产品。

柠檬烯又称为苧烯、苎烯或1—甲基—4—异丙烯基—1—环己烯。它是一种无色或淡黄色的液体,具有令人愉快的柠檬香气和柑橘味道,不溶于水,但溶于乙醇等有机溶剂中。存在于柠檬、甜橙、香柠檬、莳萝、葛缕子、薄荷、留兰香等多种植物的精油中,在柑橘类精油里所占的质量分数竟高达90％左右。主要用于调配化妆品、洗涤剂等日用香精和柠檬、白柠檬、柑橘、可乐食用香精中。

除了可从柑橘类精油中用真空分馏的方法单离出柠檬烯,还可用松油醇脱水的方法来生产。

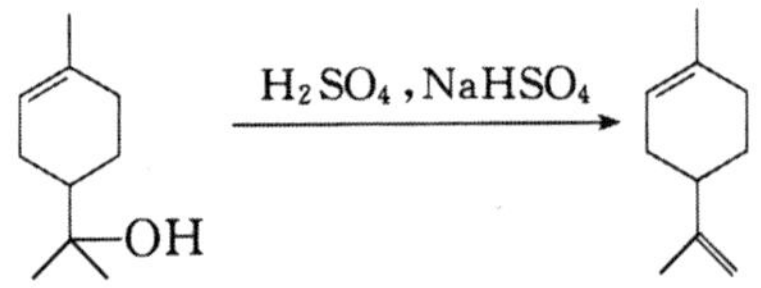

$$\text{OH} \xrightarrow{\text{H}_2\text{SO}_4, \text{NaHSO}_4}$$

2. 芳烃类香料

芳烃类香料有几十种,香气比较粗糙,主要品种有以下几种:

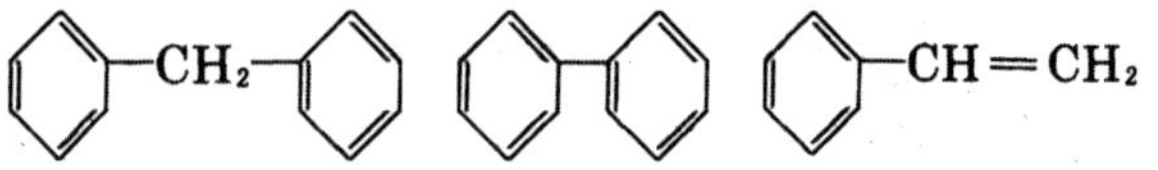

二苯甲烷　　　　联苯　　　　苏合香稀

溴代苏合香烯是目前国内使用的唯一一个含溴香料,具有强烈的类似素馨花青甜香,主要用于中低档皂用和洗衣粉香精中。工业上以肉桂酸为原料制备:

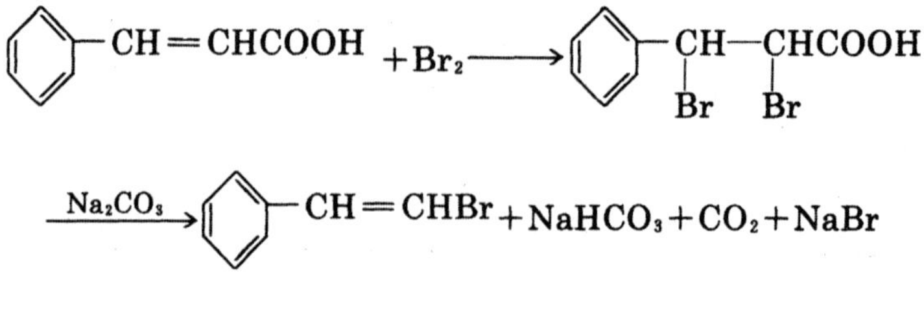

$$\text{CH}=\text{CHCOOH} + \text{Br}_2 \longrightarrow \underset{\text{Br}}{\text{CH}}-\underset{\text{Br}}{\text{CHCOOH}}$$

$$\xrightarrow{\text{Na}_2\text{CO}_3} \text{CH}=\text{CHBr} + \text{NaHCO}_3 + \text{CO}_2 + \text{NaBr}$$

9.4.3　醇类合成香料

醇类化合物广泛地存在于自然界中，而醇类香料种类占香料总数的 20%左右，因而在香精工业中占有很重要的地位。如乙醇、丙醇、丁醇在各种酱油、酒类、食醋、面包中均有存在；苯乙醇是玫瑰、橙花、依兰的主要香成分之一；萜醇在自然界中存在更加广泛，例如在玫瑰油中，香叶醇质量分数为 14%，橙花醇质量分数为 7%，芳樟醇质量分数为 1.4%，金合欢质量分数为 1.2%。醇类香料除了广泛用于调香外，也是合成醛、酮、酯等其他香料的主要原料。

1. β—苯乙醇

β—苯乙醇为无色液体，广泛存在于玫瑰油、橙花油、白兰花油和风信子油等多种天然精油中，主要存在于玫瑰油中，具有柔和、愉快而又持久的玫瑰香气。广泛应用于玫瑰、茉莉、紫丁香等香精的配制。

可以采用由苯乙烯为原料合成得到苯乙醇。

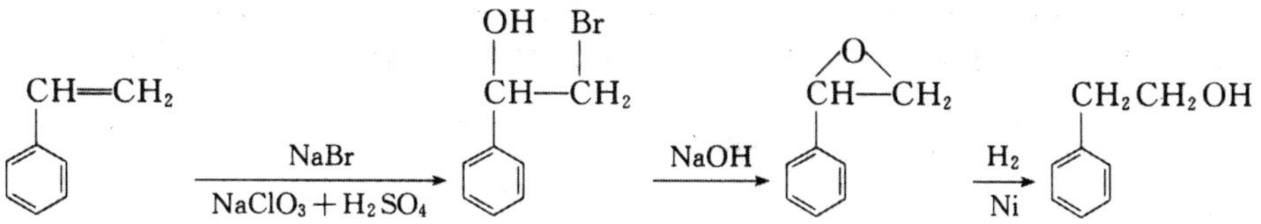
CH═CH2
NaBr
NaClO3 + H2SO4
OH Br
CH—CH2
NaOH
O
CH—CH2
H2
Ni
CH2CH2OH

用该方法生产的苯乙醇，香气质量好，所用原料简单、易得、成本低、工艺合理。苯乙醇的提纯是苯乙醇生产中的重要部分。可以使用将其变为硼酸酯或与氯化钙生成加成物的方法进行提纯。

2. 叶醇

叶醇学名为顺—3—己烯醇，是一种无色油状液体，具有强烈的青叶香气，微量用于花香型日用香精中即可增加天然感，也可少量用于食用香精。

叶醇可以采用乙烯基乙炔为原料制得：

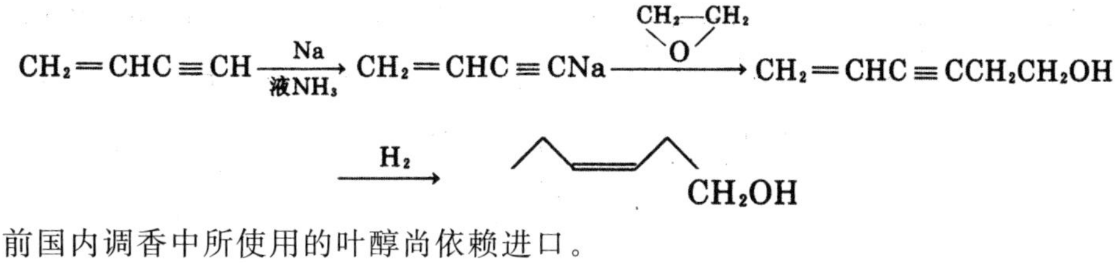
CH2═CHC≡CH
Na
液NH3
CH2═CHC≡CNa
CH2—CH2
O
CH2═CHC≡CCH2CH2OH
H2
CH2OH

目前国内调香中所使用的叶醇尚依赖进口。

3. 反—2—己烯—1—醇

反—2—己烯—1—醇的结构式为：

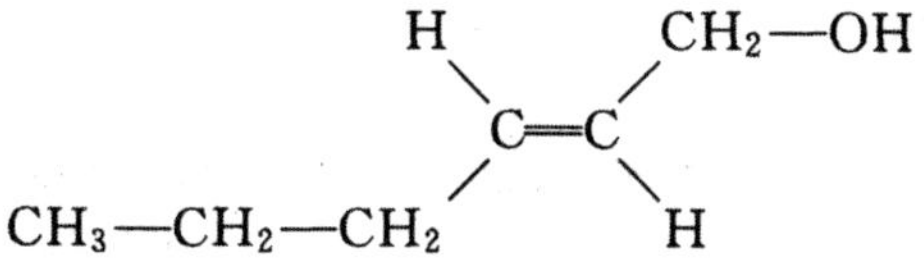
H
CH2—OH
C═C
CH3—CH2—CH2
H

反—2—己烯—1—醇是无色液体，具有强烈的青香、水果、叶子、蔬菜香气和水果、苹果、蔬菜味道。难溶于水，易溶于乙醇、丙二醇等有机溶剂。存在于覆盆子、橙子、苹果、绿茶、桃子、草莓、番茄、芒果和猕猴桃中。

在日用香精中起协调作用,只加少量就可以增加花香型香精的青草香韵,也可以微量用于调配苹果、草莓、橙子、蔬菜、茶、猕猴桃等食用香精中。

可以采用叶醇为原料,经选择性加氢制得:

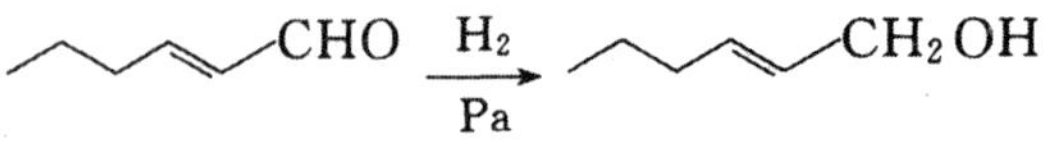

4. 香茅醇

香茅醇学名为 3,7-二甲基—6(—7)—辛烯—1—醇],是无色透明液体。香茅醇有 α—式、β—式两种异构体,有时把 β—香茅醇称玫瑰醇。由于在它们的分子里存在着不对称碳原子,香茅醇和玫瑰醇两个异构体都有右旋(+)、左旋(—)、消旋(±)的旋光型结构,通常以混合物存在。在香叶油、香茅油中存在的香茅醇主要为右旋体;在玫瑰油中存在的香茅醇主要为左旋体;用柠檬醛氢化得到的香茅醇主要为消旋体。香料工业上生产的香茅醇有似玫瑰样香气,用于配制各种花香型香精,皂用香精,香水香精以及食品香精。

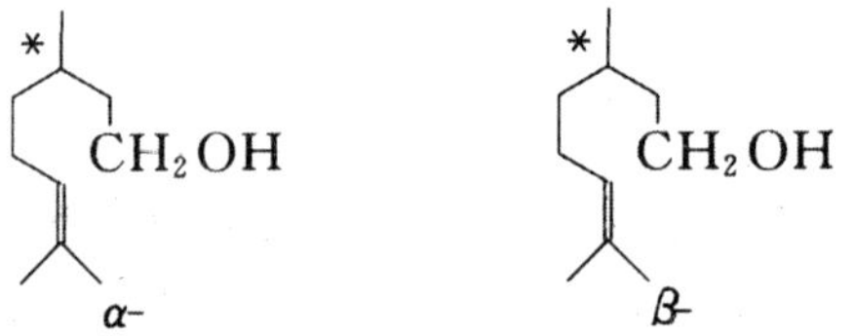

我国现在主要是由天然精油香茅油制取香茅醇:

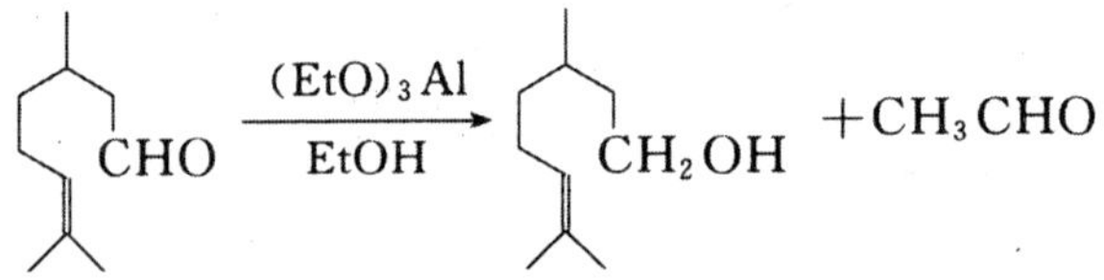

柠檬醛在 Raney 镍催化作用下进行氢化,得到香茅醛和香茅醇的混合物。利用硼酸酯化法,蒸出香茅醛和非醇物质,剩下的香茅醇硼酸酯,用烧碱溶液共热,进行皂化,蒸出香茅醇,然后再精馏,得到香茅醇。

5. 芳樟醇

芳樟醇又名里哪醇,学名为 3,7,—二甲基—1,6—辛二烯—3—醇。它是无色液体,具有铃兰花香—木香香气,在茉莉、铃兰、玫瑰、橙花、金合欢、晚香玉、紫丁香等花香型及果香型、木香型香精中均可使用。在奶油、葡萄、杏子、菠萝等食用香精中也经常使用。

芳樟醇可以通过月桂烯与氯化氢反应,生成氯代月桂烯,经水解制备:

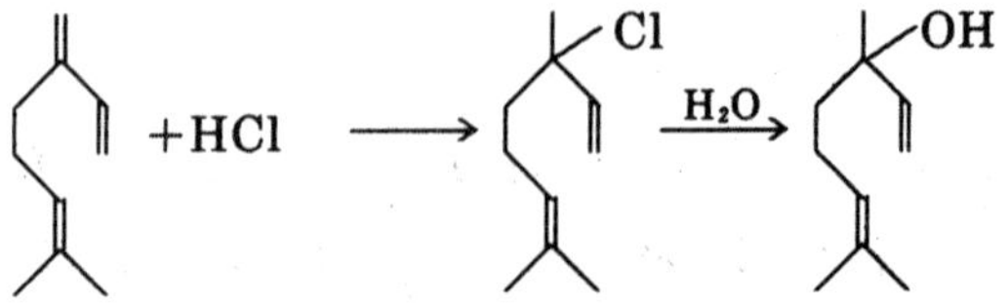

9.5　香料在香精中的基本应用

香精是香料工业的重要组成部分,调配香精的过程称为调香。国内的大多数的调香师认为香精应由主香剂、和香剂、修饰剂、定香剂等四种类型的香料组成;国外某些调香师认为香精应由头香、体香、基香等三种类型的香料组成。

1. 主香剂

主香剂是形成香精丰体香韵的基础,构成香精香型的基本原料。起主香剂作用的香料香型必须与所配制的香精香型相一致。有的香精中只用一种香料作主香剂,多数香精中用多种甚至数十种香料作主香剂,如调和玫瑰香精中主香剂可为香叶醇、香茅醇、苯乙醇、香叶油等。

2. 和香剂

和香剂亦称辅助剂、协调剂。其香型应与主香剂相似,其作用是调和各种成分的香气,使主香剂的香气更加突出。玫瑰香型中常用的和香剂为芳樟醇、桂醇、(异)丁香酚、丁香酚甲醚、α—紫罗兰酮、丙酸香叶酯、丙酸玫瑰酯、玫瑰木油、玫瑰草油等。

3. 修饰剂

修饰剂亦称头香剂、变调剂。其香型与主香剂不属于同一类型,是一种使用少量即可奏效的暗香成分,其作用是使香精变化格调,使其别具风韵。如玫瑰香精中常用的苯乙醛、$C_8 \sim C_{12}$ 醇、丁酸香茅酯、檀香油等。

4. 定香剂

定香剂也称保香剂。可使香料成分挥发均匀,防止快速蒸发,使香精香气更加持久。可以用作定香剂的香料很多,如动物性天然香料定香剂麝香、灵猫香等;植物性天然香料秘鲁树脂、安息香酯、岩兰香油等;沸点较高的液体或固体合成香料合成麝香、结晶玫瑰、香兰素、香豆素、乙酰丁香酚、苯甲酸苄酯、苯乙酸芳樟酯等。

9.6　香料、香精的发展

香料与人们的生活水平与生活质量紧密相关。从世界范围来看,人们对香料的需求增加,香料的发展前景看好,近年来香料工业的增长速度一直高于其他工业的平均增长速度。

目前,在天然香料和合成香料已达 6000 多品种的情况下,每年还都有新品种问世。我国应当重点开发那些使用效果好、已不存在知识产权问题而国内尚没开发、急需的香料品种。

随着人们回归自然意识的增强,一些与天然香料无关的合成香料正在逐渐被取代。寻找有实用价值的合成香料在天然物质中存在的确凿证据;研究以天然香料为原料合成重要香料的简单合成方法;通过生物工程技术制备在自然界不易获得的天然香料等是今后天然香料的研发方向。

同时还应重视特定类型产品如利用石油化工副产物异戊二烯合成萜类系列产品;含硫、氧、氮等新型食用香味料的研究开发工作;增加新型配套性合成香料品种的研究开发工作,如日本的 Zeon 公司已生产出具有清香香韵的叶醇的 20 多种的酯类香料,使其在调配香精中发挥了积极的作用;还有吡嗪类、噻唑类、新檀香型化合物、突厥酮类、大环麝香类、龙涎香类、柏木烯系统等的研究与开发生产,为提高香精质量提供物质基础。

重视新技术的应用,如利用超临界萃取、分子蒸馏、生物工程技术等现代化的提取、分析手段开展剖析工作,寻找有价值的新香料化合物;加强计算机的辅助作用,改变香料研究领域中凭经验和依赖大量实验的被动局面;加强发挥各种测试手段的作用,为深化探索香料的研究与提高产品的质量创造良好条件,不断完善各项法规,统一产品的规范与标准化。

第 10 章　日用化学品

10.1　日用化学品概述

10.1.1　日用化学品及其分类

日用化学品也可以称之为家用化学品,是指人们日常生活中经常使用的精细化学品,与人们的衣、食、住、行息息相关,其种类繁多,主要包括化妆品、洗涤用品、香精香料等精细化学品,如肥皂、洗衣粉、洁面乳、牙膏、洗发香波、润肤霜、口红、墨水、鞋油、皮革上光剂、家用表面光亮清洁剂、墨水、火柴、电池、杀虫驱虫剂、空气清新剂等都属于日用化学品。

按日用化学品所占有的市场份额区分,化妆品与洗涤用品是日用化学品的两大类产品。

日用化学工业,简称日用化工,是指生产人们在日常生活中所需要的化学工业产品的工业。日用化学工业产品也称为日用化学品。

日用化工是综合性较强的密集型工业,它涉及面较广,不仅与物理化学、表面化学、胶体化学、有机化学、染料化学、香料化学、化学工程有关,而且与微生物化学、皮肤科学、毛发科学、生理学、营养学、医药学、美容学有关。

10.1.2　日用化学品在化学工业中的地位

日用化学品是日常生活的化学制品,与人们的衣食住行密切相关。在生活由温饱奔向小康的进程中,生活质量不断改善,对日用化学品的需求会越来越大。

化学工业是国民经济的支柱产业,日用化学工业是整个化学工业的重要组成部分。随着社会的发展和经济的迅速增长,人民生活水平不断提高,日用化学工业在化学工业中的比重逐步上升。

合成洗涤剂、化妆品等都是典型的精细化学品,我国精细化工产业现在处于快速增长阶段。精细化工产业属于高附加值行业,在很多绩效指标上比相关行业要高。而日用化学品和专用化学品产业中的技术水平、营销策略和营销方式起了很大甚至是关键的作用,但产品销售率相比来说较低一些,所以市场开发是精细化工产业特别是日用化学品工业面对的问题,必须高度重视,认真研究,找到突破口,加以解决。

10.1.3　日用化学品的发展及前景

我国的近代化妆品工业从最早的 1830 年谢宏远创办的江苏扬州谢馥春日用化工厂算起,已有 180 多年的历史。从 1958 年建厂生产合成洗涤剂开始,日用化学工业形成了一个独立的工业体系。

日用化学产品制造行业是与人民日常生活息息相关的消费品制造行业。我国日用化学产品制造行业经历了近些年的快速发展,从市场规模看,我国日用化工市场仍处于增长期。整个行业的发展趋势如下:从增长模式上看,正从简单的数量扩张向结构优化转变;从产品结构看,正从基本消费向个性化消费转变;从品牌结构看,正从外资主导向中外资竞合转变;从城乡结构看,正从城市为主、农村为辅,向城乡并重转变;从渠道结构看,传统业态渠道向现代立体渠道发展;从区域结构看,定位区域市场正在逐步向定位全国市场的方向转变。总之,我国的日化市场需求潜力巨大,市场规模稳步增长,市场结构日趋优化。

10.2 化妆品

10.2.1 化妆品的基本概念

1. 化妆品的定义与作用

各国对于化妆品的定义不尽相同。我国《化妆品卫生监督条例》中的定义则为"以涂擦、喷洒或者其他类似的方法,散布于人体表面任何部位,以达到清洁、消除不良气味、护肤、美容和修饰目的的日用化学工业产品"。一般来说,化妆品是对人体面部、皮肤、毛发和口腔起保护、美化和清洁作用的日常生活用品,通常是以涂覆、揉擦或喷洒等方式施于人体不同部位,有令人愉快的香气,有益于身体健康,使容貌整洁,增加魅力。使用化妆品的目的是保护、清洁和美化人体,而不具备药品的预防和治疗功效,其生理作用是和缓的。

化妆品主要有以下四大作用。

(1)保护

化妆品可用于清洁皮肤,去除皮肤、毛发、口腔和牙齿上面的脏物以及分泌和代谢过程中产生的不洁物质,常用的化妆品有清洁霜,清洁奶液、清洁面膜、清洁用化妆水、泡沫浴液、洗发香波等。另外,化妆品还用于保护皮肤及毛发等处,使其滋润、柔软、光滑、富有弹性,以抵御寒风、烈日、紫外线辐射等的损害,增加分泌机能活力,防止皮肤皲裂,毛发枯断,如雪花膏、冷霜、防裂油膏、奶液、防晒霜、发乳、护发素等。

(2)营养

补充皮肤及毛发营养,增加组织活力,保持皮肤角质层的含水量,减少皮肤皱纹,减缓皮肤衰老以及促进毛发生理机能,防止脱发。如人参霜、珍珠霜、维生素霜、药性发乳、药性发蜡、生发剂、乌发剂、各种营养霜、营养面膜等。

(3)美容

美化皮肤及毛发,使之增加魅力或散发香气,以遮盖瑕疵,美化容颜。如香水、睫毛膏、眉笔、眼影膏、粉香、胭脂、粉饼、唇膏、摩丝、染发剂、烫发剂等。

(4)防治

预防和治疗皮肤及毛发、口腔和牙齿等部位影响外表或功能的生理病理现象。如雀斑霜、粉刺霜、抑汗剂、祛臭剂、生发水、痱子水、药物牙膏等。

化妆品的优质生产、严格规程和安全性都十分重要。很多国家对化妆品生产设备、生产场所、原辅材料、成品标准、卫生指标、安全性等都有严格的规定。

在化妆品中,特别是高级护肤霜中要求含有蛋白质、氨基酸、维生素、人参浸提液和各种植物萃取液等,这些为人体提供养分的成分又都是霉菌、细菌等微生物滋生、增殖的根源,应引起重视,注意卫生指标及安全性。为了保护使用者的健康,规定在每克产品中不允许检查出致病菌,如绿脓杆菌、金黄色葡萄球菌等。微生物生长繁殖的条件是适宜的碳源、氮源、pH 值。因而,对化妆品的生产应与食品、药品的生产一样,应严格选用合乎要求的各种原料、辅助原料,还应严格遵守操作规程。操作工人应注意自己的卫生以杜绝菌源。直接从事制备、包装的工人每年要进行健康检查,患有污染病或能污染制品的病人,不允许从事直接接触化妆品的生产工作。对于所用的设备、工具储器、管道等都要定期清洁、消毒。但要注意化妆品中某些金属离子有潜在的毒性,长期局部使用,有害物质将透过皮肤、对肌肉、神经系统进行毒害反应。因此,应严格控制化妆品中重金属的含量,在一些国家对化妆品都要进行安全检查试验,试验的方法有:①皮肤一次性刺激试验;②亚急性试验;③眼刺激性试验;④过敏性试验;⑤急性口服毒性试验;⑥光敏性试验;⑦贴敷试验等。

在化妆品本身的稳定性方面,有色调稳定性试验、耐光性试验、防腐性试验、气味的稳定性试验、药剂稳定性试验、使用试验、物理化学试验,以及按制品的各种效果试验等。

2. 化妆品的基本组成和特点

化妆品是由多种原料经过合理调配而形成的混合物,是一个多相分散体系;其性质、质量如何由其原料和配制工艺决定。在这个混合体系中,除了大量的基质原料——体现化妆品的性质和功用的主体外,还必须有多种辅助原料,虽然用量少,但对其成型及各种性质起着必不可少的作用。

不论是哪类化妆品,都具有以下几种特点。

①胶体分散性,即化妆品体系多为某些组分以极小的固(液)微粒的形式分散于另一相介质中,所得的胶体分散体系各相具有不均匀性,组成具有不确定性,体系有凝聚倾向而导致不稳定性。

②流变性,它由化妆品乳状液所固有的黏弹性结构决定,表现为化妆品使用过程中的感觉,如"稀"、"稠"、"浓"、"淡"、"黏"、"弹"、"润"、"滑"等。这些感觉影响其使用(称流变心理学),取决于其配方设计和生产工艺过程。

③表面活性,它是由于化妆品属胶体分散体系,其分散相微粒比表面大,导致了表面活性的增高;同时,化妆品的成分中一般都含有表面活性剂,也使其具有相应的表面活性。

一个质量合格的化妆品,在使用过程中消费者还要求其具有相对稳定性、高度的安全性、易使用性、嗜好性和有用性。

3. 化妆品的分类

化妆品是对人体面部、皮肤表面、毛发和口腔起清洁保护和美化作用的日常生活用品。它的品种多种多样,分类方式也各不相同。按使用部位可分为:皮肤用化妆品、毛发用化妆品、指甲用化妆品、口腔用化妆品。按使用目的可分为:洁净用化妆品、基础保护化妆品、美容化妆品和芳香制品。按化妆品本身的剂型也可以将化妆品分为以下类型。

①膏霜类:如雪花膏、润肤霜、粉底蜜、雀斑霜、奶液、发乳等。

②粉类:如干粉、湿粉、爽身粉、痱子粉等。

③香水类:如香水、花露水、古龙水、发油、紧肤水、香体液等。

④毛发类:如润发香波、调理香波、儿童香波等。

⑤美容类:面膜、指甲油、唇线笔、口红、胭脂等。

另外,对消费市场上制品种类最多的乳剂型等液态化妆品,还经常按体系中油—水两相的分散状态将其大致分为油包水型(W/O型)和水包油型(O/W型)两大类,它们的使用感觉和效果均有较大差别。其中,前者油为外相,多含重油成分,涂覆后感觉油腻,被泛指为油性,如香脂、按摩油等,适用于干性肌肤;后者水为外相,易于涂覆,无油腻感觉,少黏性,是目前市场上的主流。

4. 化妆品的质量特性

根据化妆品的定义,化妆品的质量特性主要包括安全性、稳定性、使用性和功能性等。

(1)安全性

化妆品的安全性是指无皮肤刺激性,无过敏性,无经口毒性,无异物混入,无破损等。

化妆品是由多种成分组成的,且不断使用新的原料,这些原料及其制品首先必须符合安全性指标,即经过严格检验,证明确实对人体是安全的,否则别的性能就无从谈起。一般来说,用于食品的各种成分可以认为是安全的,即是所谓的GRAS概念。而经过多年使用的一些化妆品级原料及其制品,亦可以认为是安全的,相应地有REAS的概念。但是我们应看到,由于人们对化妆品的安全性及健康的关心程度随时代而变化,检验方法亦更加先进和精确,一些经多年使用且根据以前的检验标准被认为是安全的化妆品,现在看来对人体是不安全的。所以对化妆品的安全性进行科学的再评价是十分必要的。

化妆品的安全性检验项目包括:急性毒性;一次皮肤刺激性;连续皮肤刺激性;过敏性;光毒性;光过敏性;眼刺激性等。

此外,根据不同的要求和性能,还有一些特殊的检验项目如生殖毒性、致突变性和慢性毒性试验等。

化妆品的安全性有两个方面的含义,一是要保证原料及制品的安全性,二是要合理和正确地使用化妆品。人体的情况不同,对化妆品的使用效果有时会有很大的差别。如使用不当,亦会给使用者造成危害。

化妆品的安全性检验和药品、食品等的检验同样重要,各国都有相应的安全标准及检验方法,并建立了相应的法规,以保障对人体的绝对安全。在多数情况下,化妆品的安全性首先是通过各种动物试验来进行检验的。

(2)稳定性

化妆品作为一类商品,其质量稳定性同样也很重要。必须在其有效期内,确保质量的稳定。这是保证其他性能的前提条件。

化妆品稳定性主要包括化学及物理两方面的稳定性:

化学稳定性:即不发生化学结构的变化及由此引起的变色、褪色、变臭、污染、结晶析出等。

物理稳定性:即不发生表观性能的变化,如分离、沉淀、凝聚、发汗、凝胶化、条纹不均、挥发、固化、软化、龟裂等。

由于化学及物理的变化会引起化妆品性能的降低,因而不仅大大地影响其使用性,而且还损坏化妆品的漂亮的外观和形象。

(3)使用性

使用性主要指化妆品的使用感、易使用性及嗜好性。使用感是与皮肤的融合度、湿润度及润滑度。

易使用性是指化妆品的形状、大小、重量、结构功能性和携带性等。

嗜好性是指香味、颜色外观设计等。

（4）功能性

功能性是指化妆品具有护肤美容等功能,还可以根据人们的需要具有一些特殊的功能,如防晒、增白、抗衰老、保湿、抗氧化和赋活等。通过使用化妆品,不仅可以改变人们的生理现象,而且能够改变人们的心理状态,这对美化人生,提高生活质量,显示人的气质和魅力,都是十分有效的。事实上,使用化妆品已成为社会时尚,并在保持人们的心理健康,推动社会文明和进步方面有着重要的意义。

5. 化妆品的开发程序

化妆品从基础研究开始到产品生产的一系列开发过程如图 10-1 所示。

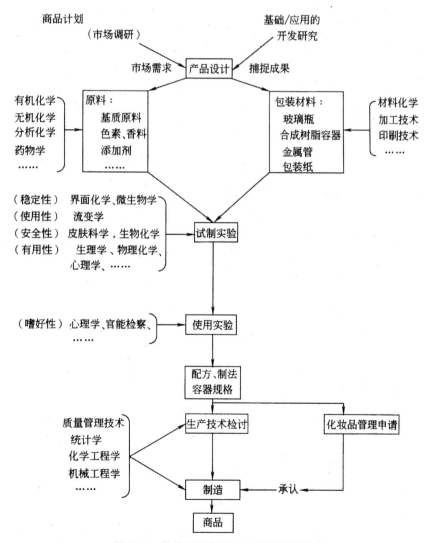

图 10-1　化妆品开发程序和相关科学技术

10.2.2　化妆品的原料

化妆品的质量的优劣,除了配方、加工技术及制造设备等条件影响外,主要决定于所采用原料的质量。化妆品所用原料品种很多,按用途及性能,可分为基质原料和辅助原料两大类。

1. 基质原料

组成化妆品基体的原料称为基质原料,在化妆品质量配方中占有较大的比例。有代表性的原料如下。

(1)油脂原料

含油脂和蜡类,还有脂肪酸、脂肪醇和酯,按其来源有天然的,如各种植物油、动物油和矿物质油,和(半)合成的,如硅油及其衍生物。

油脂、蜡类原料是组成膏霜类化妆品及发蜡、唇膏等油蜡类化妆品的基本原料,主要起护肤、柔滑、滋润等作用。油脂可分为动物性、植物性及矿物性油脂与蜡。动植物油脂的主要成分是脂肪酸三甘油酯,这类化合物中常温呈液态者为油,呈固态者为脂。至于蜡,是高级脂肪酸与多元醇化合而成的酯,一般为固态,熔点在35~95℃之间,具有特殊的光泽与气味。另一类矿物油油脂和蜡,是饱和烃。

①椰子油为白色或淡蓝色液体,具有椰子的特殊香味。由椰子果肉提取而得,主要成分为月桂酸和肉豆蔻三甘油酯,含有少量的硬脂酸、油酸、棕榈酸及挥发油,主要用作合成表面活性剂的原料。

②橄榄油是从橄榄仁中提取的,主要成分是油酸甘油酯,是微黄或黄绿色液体,用作制造冷霜、化妆皂等原料。

③蓖麻油是从蓖麻籽中提取的,主要成分是蓖麻油酸甘油酯,是无色或微黄色的黏稠液体,常用作制造唇膏、化妆皂、香波、发油等。

④羊毛脂是从洗涤羊毛的废水中提取而成的,内含胆甾醇、虫蜡醇和多种脂肪酸酯,是淡黄色半透明、黏稠油状半固体。羊毛脂是性能很好的原料,对皮肤有保护作用,具有柔软、润滑及防止脱脂的功效,因有一定的气味及颜色,在化妆品中的用量受到限制。羊毛脂经高压加氢,可得到无气味、几乎纯白色的羊毛醇,长期储存不易酸败,已大量用于护肤膏霜及蜜中。

⑤鲸蜡是从抹香鲸大脑中提取制得的,主要成分为月桂酸、豆蔻酸、棕榈酸、硬脂酸等的鲸蜡酯及其他酯类,外观为珠白色半透明固体,在空气中易酸败,是制造冷霜的原料。

⑥蜂蜡是从蜜蜂房提取精制而得的,是微黄色的固体,略带蜂蜜气味,主要成分是棕榈酸蜂蜡酯、虫蜡酸等。它是制造冷霜、唇膏、美容化妆品的主要原料,由于有特殊气味,不宜多用。

⑦硬脂酸是从催化加氢后的植物油或牛脂中分离提取制得的,外观为白色固体,是制造雪花膏的主要原料。硬脂酸衍生物可以制成多种乳化剂。硬脂酸镁用于香粉,对皮肤有较好的黏附性。

⑧液体石蜡是石油高沸点馏分,经除去芳烃、烯烃或加氢等方法精制而得;是无色透明油状液体,几乎无气味,适合于制造护肤霜、冷霜、清洁霜、蜜、发乳、发油等化妆品的原料。

(2)粉质原料

粉质类原料一般都来自天然矿产粉末,如滑石粉、高岭土等。

香粉类制品是用于面部和全身的化妆品。粉质类是组成香粉、爽身粉、胭脂和牙膏、牙粉等化妆品的主要原料。基质原料一般不溶于水,是固体,磨细后在化妆品中发挥其遮盖、滑爽、吸收、吸附及摩擦等作用。主要有以下几种。

①滑石粉是天然的含水硅酸镁,性柔软,易粉碎成白色或灰白色细粉,是制造香粉的主要原料。

②高岭土是天然的硅酸铝,加水磨成稀浆,干后需煅烧成细粉,用于香粉中,有吸收汗液的性质,与滑石粉配合使用,能消除滑石粉的闪光性,用于制造香粉、粉饼、水粉、胭脂等。

③钛白粉主要成分是 TiO_2,白色、无臭、无味,非结晶粉状,不溶于水和稀酸,溶于热浓硫酸和碱。用于香粉起遮盖作用。

④氧化锌是白色非晶体粉末,在空气中能吸收二氧化碳,能溶于水和醇。对皮肤有杀菌作用,遮盖力好,用于香粉类制品。

⑤硬脂酸锌是白色质轻黏着的细粉,有特征的微臭,不溶于水、乙醇、乙醚,溶于苯,遇酸分解,有较好的黏附性,用于香粉类。

⑥硬脂酸镁是柔软的轻粉,白色、无臭、无味,溶于热酒精,不溶于水,遇酸分解,有很好的黏附性,用于香粉类。

⑦碳酸钙是白色细粉,无臭、无味,不溶于水,在酸中分解放出 CO_2,在 825℃分解。化妆品中采用的是沉淀碳酸钙,使用时利用其吸附和摩擦作用,普遍用于牙粉、牙膏和香粉。

(3)溶剂原料

溶剂是膏、浆、液状化妆品如香脂、雪花膏、牙膏、发浆、香水、指甲油等配方中不可缺少的主要成分。在配方中它与其他成分互相配合,使制品具有一定的物理化学特性,便于使用。就连固体化妆品在生产过程中也需要一些溶剂配合,如粉饼成块时,就需要溶剂帮助黏胶。一些香料和颜料的加入,需要借助溶剂以达到均匀分布。在化妆品中除了利用溶剂的溶解性外,还要利用它的挥发润滑、增塑、保香、防冻及收敛等性能。

水是最好的溶剂,也是一些化妆品的基质原料,如清洁剂、化妆水、霜、膏、乳液、水粉、卷发剂等都含有大量的水。在天然水和自来水中含有钙盐、镁盐、氯化物及有机杂质,必须将它们除去使硬水软化。水的处理方法有很多,可利用螯合剂沉淀钙、镁离子以软化硬水;以活性炭过滤,吸附除去有机杂质和悬浮杂质,以离子交换树脂或电渗析法除去 Ca^{2+}、Mg^{2+}、Na^+、K^+、Cl^- 等,可用蒸馏法得到纯净的蒸馏水。现在广泛使用在化妆品中的是去离子水。

除水外,还有醇、酮、醚、酯等有机物,是各种化妆品生产过程中及非固体型化妆品组成成分中必不可少的。乙醇主要利用其溶解、挥发、芳香防冻、灭菌、收敛等特性,应用在香水、花露水以及洗发水等产品上。丁醇、戊醇、异丙醇等也在化妆品中常用。醇类是香料油脂类的溶剂,也是化妆品的主要原料。醇分低碳醇、高碳醇和多元醇,低碳醇是香料、油脂的溶剂,能使化妆品有清凉感,并且有杀菌作用。高碳醇除在化妆品中直接使用外,还可作为表面活性剂亲油基的原料。常用的醇还有四氢糖醇、月桂醇、鲸蜡醇、硬脂醇、油醇、羊毛脂醇等。在水中含有两个羟基以上的醇叫多元醇,它们是化妆品的主要原料,可作香料的溶剂、定香剂、黏度调节剂、凝固点降低剂、保湿剂。此外还是非离子表面活性剂的亲水基原料。比较常用的多元醇还有乙二醇、聚乙二醇、丙二醇、甘油、山梨糖醇等。

2. 辅助原料

除基质原料外的所有原料都叫辅助原料,它们是为达到化妆品具有某些性能而加入的原料,如香料、颜料、防腐剂、抗氧化剂、保湿剂、水溶性高分子材料、乳化剂等。

(1)香料

化妆品中香料是关键性原料之一,在化妆品中所用的香料除了必须选择适宜的香型外,还要考虑到所用香料对产品质量及使用效果有无影响,如对白色膏霜、奶液等必须注意色泽的影响;唇膏、牙膏等产品应考虑有无毒性;直接在皮肤上涂敷的产品应注意对皮肤的刺激性。

(2)抗氧剂

含有油脂成分的化妆品,特别是含有不饱和键的化妆品很易氧化而引起变质,所以须加入抗氧剂,以防止原料的氧化。

抗氧剂根据结构大致可分为五类:

①酚类:包括没食子酸戊酯、没食子酸丙酯、二叔丁基对甲酚、二羟基酚等。

②醌类:包括生育酚、维生素 E 等。

③胺类:包括乙二胺、谷氨酸、尿酸、动植物磷脂等。

④有机酸、醇及酯类:包括维生素 C、柠檬酸、草酸、苹果酸、甘露醇、山梨醇、硫代二丙酸二月桂酯等。

⑤无机酸及其盐类:包括磷酸及其盐类,亚磷酸及其盐类等。酚类和醌类是主要的,胺类、有机酸、醇及酯类和无机酸及其盐类与酚类和醌类合用能产生较好的功效。

(3)防腐剂

化妆品里含有水分、胶质、脂肪酸、类脂物、蛋白质、激素与维生素等均易引起微生物繁殖变质,为使化妆品质量得到保证必须加入防腐剂。

常用的防腐剂有以下几种。

①对羟基苯甲酸酯类。具有中性、无毒性、不挥发、稳定性好等特点,在酸性、碱性介质中均有效,而色、味对化妆品无影响,其用量为产品总量的 0.2% 左右,因此是应用最广泛的化妆品防腐剂。

②醇类。乙醇是醇类防腐剂中应用最广泛的一种,在 pH＝4～6 的酸性溶液中其浓度为 15 以下的有抑菌作用;在 pH＝8～10 的碱性溶液中其浓度为 17.5 以上才有抑菌作用。异丙醇的抑菌效果与乙醇相当,二元醇或三元醇抑菌效果较差,一般浓度在 40 以上,所以不常用。

③香料类。如丁香酚、香兰素、柠檬醛、橙叶醇、香叶醇和玫瑰醇等。

④酚类。氯化酚是较多采用的化妆品防腐剂。如 3-甲基-4-氯代酚、3,5-二甲基-4-氯代酚、二氯间二甲酚、甲基氯代麝香草酚、六氯二烃基二苯甲烷等。

3.化妆品生产的主要工艺及设备

化妆品的生产工艺是比较简单的,其生产过程主要是各组分的混配。很少有化学反应发生,并且多采用间歇式批量化生产。所使用的设备也比较简单,包括混合设备、分离设备、干燥设备、成型、装填及清洁设备等。

(1)乳化技术

乳化技术是化妆品生产中最重要的技术,在化妆品的剂型中,以乳化型居多,如润肤露、营养霜、洗发香波、发乳等。在这些化妆品的原料中,既有亲水性组分,如水、酒精,也有亲油性组分,如油脂、高碳脂肪酸、醇、酯、香料、有机溶剂及其他油溶性成分,还有钛白粉、滑石粉这样的粉体组合,要使它们混合为一体,必须采用良好的乳化技术。

①选择合适的乳化剂。表面活性剂具有乳化作用。一般地说,HLB 值在 3～6 的表面活性剂主要用于油包水(W/O)型乳化剂;在 8～18 时主要用于水包油(O/W)型乳化剂。在选择乳化剂时还要考虑经济性,即在保证乳化剂数量的前提下,尽量少用或选择价格便宜的乳化剂。另外,还要注意乳化剂与产品中其他原料的配伍性,不影响产品的色泽、气味、稳定性等。当然,比较重要的是乳化剂与乳化工艺设备的适应性。选用的乳化工艺设备可以保证产品的优越性能,甚至可使用较少或效率较低的乳化剂就可以达到满意效果。

②采用合适的乳化方法。乳化剂选定后,需要用一定的方法将所设计的产品生产出来,常用的乳化方法有以下几种。

Ⅰ.转相乳化法。在制备 O/W 型乳化液时,先将加有乳化剂的油相加热成液状,在搅拌下缓慢加入热水,先形成 W/O 型,以后可快速加水,并充分搅拌。此法关键在转相,转相结束后,分散相粒子将不会再变小。

Ⅱ.自然乳化法。将乳化剂加入油相中,混合均匀后加入水相,配以良好的搅拌,可得很好的乳化液。如矿物油常采用此法,但多元醇酯类乳化剂不易形成自然乳化。

Ⅲ.机械强制乳化法。均化器和胶体磨是用于强制乳化的机械,它们用很大的剪切力将被乳化物撕成很细小的粒子,形成稳定的乳化体,用前面两种方法无法制备的乳化体,可用此法制得。

Ⅳ.低能耗乳化法。生产乳液、膏霜类化妆品时使用较多。一般乳化法:大量能源消耗在加热过程中,产品制成后又需冷却,耗能、耗时。低能耗乳化法:只在乳化过程的必要环节中供给所需能量。

(2)乳化设备

在乳化体的生产中,常用的乳化设备是简单搅拌器、胶体磨、高压阀门均质器等。另外还有一些较新的专用设备,如刮板式搅拌机、分散搅拌机、管道式搅拌器等。在化妆品的生产中,可针对不同物料的不同要求加以选用。

4. 其他工艺

对于液态化妆品的生产,主要工艺是乳化。但对于固态化妆品涉及的单元操作主要有干燥、分离等。

(1)分离

分离操作包括过滤和筛分。过滤是滤去液态原料的固体杂质。应用于化妆品生产的过滤设备主要有批式重力过滤和连续真空过滤机等。筛分是舍去粗的杂质,得到符合粒度要求的均细物料,常用设备有振动筛、旋转筛等。

(2)干燥

干燥的目的是除去固态粉料,胶体中的水分或其他液体成分。化妆品中的粉末制品及肥皂需要干燥过程。有些原料和清洁后的瓶子也需要干燥,常用的设备有厢式干燥器、轮机式干燥器等。在化妆品制作的后阶段还需要进行成型处理、装填等过程,它们的关键在于设备的设计和应用。

10.2.3　膏霜类化妆品

膏霜类护肤品最基本的作用是能在皮肤表面形成一层护肤薄膜,保护或缓解皮肤因气候的变化、环境的影响等因素所造成的直接刺激,并为皮肤直接提供或适当弥补其正常生理过程中的营养性组分因此,它不仅能保持皮肤水分的平衡,使皮肤润泽,而且还能补充重要的油性成分、亲水性保湿成分和水分,并能作为活性成分的载体,使之为皮肤所吸收,达到调理和营养皮肤的目的。同时预防某些皮肤病的发生,增进容貌和肤色的美观与健康。

膏霜类护肤品按其产品的形态可分为:产品呈半固体状态、不能流动的固体膏霜,如雪花膏、香脂;产品呈液体状态,能流动的液体膏霜,如各种乳液。

而按乳化类型来分,常见的膏霜类产品基本可分为两大类,即水包油型(O/W)乳化体和油包水型(W/O)乳化体。

1. 香脂

香脂即冷霜,是一种含油较高的乳化体,也分为 W/O 型和 O/W 型,擦用后在皮肤上留下一层油脂薄膜,可阻止皮肤表面与外界空气接触,使皮肤保持水分,柔软及滋润皮肤,适合于干性皮肤及严寒季节。传说最早的香脂是用蜂蜡、橄榄油和玫瑰的水溶液制成的。由于当时条件的限制,制得的乳液不够稳定,涂敷于皮肤上便有水分离出来,水分蒸发吸热,使皮肤有凉爽之感,因而有冷霜之称。

优质的香脂不会有水分分离出来,它的外观光滑有光泽,不收缩,不生斑纹,稠度适中,易涂抹。蜂蜡与硼砂作用形成的水－油型乳化体是典型的香脂。根据不同的要求,蜂蜡在香脂配方中用量高达 15% 左右,硼砂的用量则要根据蜂蜡酸值而定。较理想的乳化体是将蜂蜡中 80% 以上的游离脂肪酸以硼砂中和而形成。若硼砂不足,则形成的皂类乳化剂含量太低,乳化体不细腻,不稳定会分离出水;若硼砂过量,就会有针状硼酸结晶析出,这两种情况都会影响产品质量。

香脂中水分含量的多少是配方中的一个重要因素。在蜂蜡－硼砂体系的基础配方中水分一般低于 45%,能形成稳定的水－油型乳化体。当水分高于 45% 时,会形成不稳定的油－水型乳化体。当然存在乳化剂时情况就完全不同了。为了得到稳定的水－油型乳化体、水含量应低于油脂、蜡的总含量,实际上香脂中油相和水相的比例约为 2:1,香脂的基础配方是液体石蜡 50%,蜂蜡 15%,硼砂 1%,水 34%,香精和防腐剂适量。在此配方中蜂蜡是重要成分,它的质量是决定香脂质量的关键。

2. 润肤霜

润肤霜属于固态膏霜,其组成大部分是水,因此具有油而不腻、滑爽、舒适等优点。涂在皮肤上,部分水蒸发后,便留下一层油膜,能抑制皮肤表皮水分的过量蒸发,对防止皮肤干燥、开裂或粗糙,保持皮肤柔软都起到重要的作用。

常见的润肤霜有雪花膏。雪花膏是一种外观洁白如雪的膏霜,将其涂在皮肤上轻轻一抹立即消失,就像雪花,故而得名,也有称为霜的。润肤霜属于固态膏霜,其组成中大部分是水,因此其特点是油而不腻,使用后滑爽、舒适。涂在皮肤上,部分水分蒸发后,便留下一层油膜,能抑制皮肤表皮水分的过量蒸发,对防止皮肤干燥、开裂或粗糙,保持皮肤的柔软起到重要作用。

雪花膏一般是以硬脂酸和碱作用生成肥皂类阴离子乳化剂为基础的油－水型乳化体,主要成分是水、硬脂酸、保湿剂、香料,当水分挥发后就留下一层硬脂酸、硬脂酸皂以及保湿剂等含四种成分的薄膜,能节制水分过量挥发,减少外界气候刺激的影响,保护皮肤不至于粗糙干裂,并使皮肤白皙留香。女性常用雪花膏作为粉底,以增进香粉的黏着力,防止香粉进入毛孔。雪花膏的特点在于使用比较舒适爽快,皮肤上没有油腻的感觉。

膏霜的稠度取决于硬脂酸皂化的程度,一般成分配比为硬脂酸 $15\%\sim25\%$,保温剂 $2\%\sim20\%$,滋润性物质 $1\%\sim4\%$,碱类 $0.5\%\sim2\%$。用于生成硬脂酸皂的碱有 NaOH、KOH、Na₂CO₃、K₂CO₃、氢氧化铵、硼砂和三乙醇胺等。在和碳酸盐的反应中易放出 CO_2,因 CO_2 很难排除而使膏霜产生多气孔状,所以一般不用碳酸盐。氢氧化铵有氨的臭味,制成膏体易变色,因而也少用。三乙醇胺制成的膏体很柔软,氢氧化钠制成的膏体很坚硬,氢氧化钾制成的膏体介于两者之间,所以氢氧化钾被采用得较多。膏体的软硬视需要而采用不同碱性原料配制而成。

多元醇的单脂肪酸酯类在膏霜中有良好的作用,使用单硬脂酸甘油酯和丙二醇酯可增加膏体的稳定性,即使在膏体内加入较多的油类也不会产生分油现象,从而可以减少乳化剂的用量。这些物质有好的湿润性能,在涂敷时具有均匀柔软的感觉,膏体具有足够的稠度。

硬脂酸是雪花膏的主要成分,工业上用的并非纯硬脂酸,而是约含 50% 棕榈酸及少量其他脂肪酸的硬脂酸混合物。在设计雪花膏配方时,硬脂酸的含量约占配方成分的 $15\%\sim25\%$,其中硬脂酸总量的 $15\%\sim30\%$ 被碱中和。

3. 粉底霜

粉底霜的主要作用是美容化妆前打底,使不易散妆,也可用于美容化妆后的显眼定妆。它可以遮盖皮肤本色,遮蔽或弥补面部缺陷,并赋予粉底颜色,调整肤色,使其滑嫩、细腻。

粉底霜的特点有:①具有遮盖性,主要依靠产品中的白色粉体,如钛白粉等,既可遮盖皮肤本色,又可阻挡紫外线照射,具有防晒作用;②具有吸收性,能吸收油脂,使皮肤无油腻感;③具有黏附性,对皮肤有较好的黏附性,并耐潮湿的空气及汗水,不易脱落,不易散妆;④具有滑爽性,易在面部涂敷,并形成均匀薄膜。

4. 护肤乳液

乳液又名奶液,也可以分为 O/W 型和 W/O 型乳化体、其含油量低于润肤霜和香脂,含油量小于 15%,其外观呈流动态,乳液制品使用感好,较舒适滑爽,无油腻感,它可弥补角质层水分。

10.2.4　香水类化妆品

如今,香水类化妆品正在不断扩大使用范围,如皮肤表面清洁、杀菌、消毒、收敛、柔软及剃须后保护皮肤、防晒、防止皮肤长粉刺等多种目的。近年来,我国台湾、日本、东南亚地区使用化妆水较多,主要作用有三个:清洁皮肤,去除皮肤表面脏物;护肤作用,收敛毛孔,滋润作用;调整面部水分和油分,使之柔软滋润。制造香水类化妆品的主要原料是香精、乙醇和水。

1. 香水

香水是最重要的芳香化妆品,香水的品质除了与调配技术有关外和香精的用量、质量及所用酒精的浓度有关。香水中香精的用量多少不一,性能差别较大。香水中香精的含量一般在 $10\%\sim20\%$,使用的酒精浓度为 $90\%\sim95\%$。香水中存在一定量的水,可助香气发挥得更好。

不同国家和地区所使用的香水的香型是不同的。香水的香型一般为复合型,高级香水中的香精,多采用天然花、果的芳香油及动物的香精,如麝香、灵猫香,其花香、果香与动物香浑然一体,芳香持久。

香水越陈越香,因为香水经过醇化后。其中醇和酯发生酯化反应形成酯,部分醇氧化成醛,香精和酒精的粗糙刺激性气味变得温和,时间越久,香气就愈加醇厚浓郁。

品质优良的香水应该具有以下条件:

①香气纯正,无不良气味。

②产品外观好,清澈透明,无沉淀。

③香气幽雅,自然留香时间持久,芳香扩散性好。

④对皮肤无刺激性作用。

2. 花露水

花露水是一种用于浴后除汗臭、祛痱止痒的良好卫生用品,制作工艺同香水。花露水也是以乙醇、香精、蒸馏水为主,含有少量螯合剂柠檬酸钠及抗氧化剂二叔丁基对甲酚 0.02%。水溶性染料以淡湖色、绿、黄为宜。乙醇加入量 $70\%\sim75\%$,水 20% 左右,香精 $2\%\sim5\%$。由于乙醇容易渗透细菌的细胞膜,使原生质和细胞核中的蛋白质变性而失去活性,因此可达到杀菌的目的。

3. 化妆水

化妆水是一种透明的液体化妆品,可以使皮肤洁净、湿润,使皮肤有爽快的刺激感觉,又能促进皮肤的生理机能。化妆水的使用范围很广,种类很多,有酸性的,也有碱性的,有正常皮肤用的,也有干性皮肤和油性皮肤用的。油性皮肤用的,主要成分是乙醇和水,还加有醇溶性润肤剂或中草药浸出液。一般乙醇用量为 $20\%\sim50\%$ 含有少量多元醇,其他成分是精制的水。

10.2.5　美容类化妆品

美容化妆品是指美化容貌用的化妆品,主要用于眼、唇、脸及指甲等部位,以达到修饰容貌的目的。主要分为脸部美容化妆品、眼部美容化妆品、唇部美容化妆品、指甲美容化妆品和香水类美容化妆品。

1. 脸部美容化妆品

脸部美容化妆品主要包括粉底类化妆品、香粉类化妆品、胭脂类化妆品。其主要原料包括着色颜料、白色颜料、珠光颜料、体质颜料,有的还会加入有润肤作用的油脂类、保湿剂、防晒剂、防腐剂、香精、表面活性剂,如果是液状粉底,还需要加入去离子水。

(1)胭脂

胭脂是一种使面颊着色的最古老的美容化妆品。在古代胭脂的主要原料是天然红色原料,有朱砂、红花、胭脂虫等。早期制成的胭脂呈膏状,现代生产的胭脂有粉质块状、透明状、膏状和凝胶等多种剂型,其中使用最多的是固体块状。

胭脂是涂敷于粉底之上,因而必须较易与基础美容化妆品融合在一起,色调均匀,且颜色不会因出汗和皮脂分泌而变化,还要具有适度的遮盖力,略带光泽,有黏附性,卸妆较容易,不会使皮肤染色。

滑石粉是胭脂的主要原料,应选择无闪耀发光现象,粉质颗粒在 $5\sim15\mu m$ 的滑石粉,用量要适当,过多时会使胭脂略呈半透明状,半透明的胭脂不适合于皮肤过分白皙者,但适宜深色皮肤者使用。

制品中添加高岭土,压制粉块时能增强块状胭脂的强度,但一般用量不超过 10%。

在制造胭脂时,应先将香精和碳酸镁混合均匀,再加入所有粉质原料中混合。香精与滑石粉、高岭土等亲和性能较差。

胭脂中含有脂肪酸锌,其一般用量为 3%~10%,它的作用是使粉质易黏附于皮肤,并使之光滑。

过去多采用水溶性天然黏合剂,这些天然黏合剂易受细菌污染,或带有杂质,因此后又采用合成黏合剂,如羟甲基纤维素钠、聚乙烯吡咯烷酮等。各种黏合剂的用量为 0.5%~2.0%。而现在多采用油性黏合剂,即白油、脂肪酸酯、羊毛脂及其衍生物。黏合剂在压制胭脂时,能增强块状的强度和使用时的润滑性。

胭脂所使用的颜料同唇膏一样,也可分为三类,即可溶性染料、不溶性颜料和珠光颜料。

(2)香粉

香粉可以说是美容类化妆品中历史最悠久的,它可以调节皮肤色调,消除面部油光,防止油腻皮肤过分光滑和过黏,吸收汗液和皮脂,增强化妆品的持续性,产生滑嫩、细腻、柔软绒毛的肤感。从而,这就要求香粉要具有遮盖力、黏附性、滑爽性和吸收性四大特点。

遮盖力是粉体重要的性质,一方面是指遮盖皮肤上的各种缺陷和皮肤本色,另一方面还指阻挡日光中的紫外线,具有防晒作用;黏附性是指在皮肤上有很好的附着特性,即在皮肤上均匀地铺展并具有一定的持续性,且耐潮湿的空气和汗水;滑爽性使香粉具有一定的流动性,在皮肤上铺展良好,并均匀地形成一层薄膜;吸收性是指对汗液和皮脂的吸收特性,使涂敷在皮肤上无油腻感。

2. 眼部美容化妆品

(1)眼影

眼影是涂敷于上眼皮及外眼角形成阴影和色调反差,显示出立体美感,达到强化眼神而美化眼睛的化妆品。眼影主要有粉质眼影块和眼影膏两种。

目前粉质眼影块很流行,用马口铁或铝质金属制成底盘,将分粉质眼影压制成各种颜色和形状。颜色以冷色调为主,蓝、灰、绿粉质眼影块有 5~10 种商品,各种深灰色调,配套包装于一塑料盒内,便于随意使用。原料与粉质胭脂块基本相同,但滑石粉不能含有石棉和重金属、应选择滑爽及半透明状的片状滑石粉。由于眼影粉块中含有氧氯化铋珠光原料,若滑石粉颗粒过于细小,则会减少粉质的透明度,影响珠光色调效果。若采用透明片状滑石粉,则珠光色调效果更好。碳酸钙由于不透明,适用于制造无珠光的眼影粉块。

通常,颜料采用的是无机颜料如氧化铁棕、氧化铁红、群青、炭黑和氧化铁黄等。颜料着色的色调各有深浅,应根据需要调整颜料的配比,由于颜料的品种和配比不同,所以黏合剂的用量也各不相同,加入颜料配比高时,也要适当提高黏合剂用量,才能压制成粉块。

眼影膏的外观和包装基本与唇膏相同,是颜料粉体均匀分散于油脂和蜡基的混合物,或乳化体系的制品。眼影膏不如粉状眼影块流行,但其化妆的持久性较好。眼影膏多数为无水型,因而多适用于干性皮肤。

（2）眉笔

眉笔虽然是化妆品，但由于它的生产技术和铅笔接近，因此一般在铅笔厂进行生产。现代眉笔是采用油、脂、蜡和颜料配成。目前流行两种形式，一种是铅笔式的，另一种是推管式的。推管式的眉笔是将笔芯装在细长的金属或塑料管内，使用时只需将笔芯推出来即可画眉。

眉笔的质量要求软硬适度，容易涂敷画眉，使用时不断裂，贮藏日久笔芯不起白霜，色彩自然。眉笔以黑、棕、灰三色为主。

（3）睫毛膏

睫毛膏主要有三种形式：一种是以硬脂酸皂和蜡为主要成分，加上颜料，做成长方形的固体小块，装在塑料盒里的；一种是以油酸、蜡、三乙醇胺为主要成分，做成乳化膏霜，加上颜料，装在小型软管里的；一种是抗水性睫毛膏，有增长睫毛的作用。

睫毛膏的要求是刷涂容易，刷膏后眼毛不会结块成堆，不会熔化。在使用时若偶有不慎，膏料落入眼中，不会伤目，不会刺痛眼睛。使用后能在眼睫毛周围结成平整光滑的薄膜，干后不太硬，下妆时容易抹掉。睫毛的颜色以黑色及棕色两种为主，一般采用炭黑及氧化铁棕。

3. 指甲美容化妆品

指甲美容化妆品主要包括指甲护理剂、指甲表皮清除剂、指甲油、指甲油清除剂。

指甲油要求涂敷容易、干燥成膜快速、光亮度好、耐摩擦、不易碎、能牢固附着在指甲上等优点。

指甲油的主要原料可分为成膜物质、树脂、增塑剂、溶剂、颜料。成膜物质主要有硝酸纤维、醋酸纤维、醋丁纤维、乙基纤维、聚乙烯化合物及丙烯酸甲酯聚合物等。树脂主要有醇酸树脂、氨基树脂、丙烯酸树脂等。增塑剂是为了增加膜的柔韧性、减少收缩，还可增加膜的光泽，一般有磷酸三丁酯、柠檬酸三甲酯等。溶剂是指甲油的主要成分，占 70%～80%，主要用来溶解成膜物质、树脂和增塑剂，调节体系黏度。溶剂是一些挥发性物质，一般都是混合溶剂，由真溶剂、助溶剂、稀释剂组成。真溶剂主要有丙酮、丁酮、乙酸乙酯等。助溶剂是醇类，如乙醇、丁醇等。常用的稀释剂有甲苯、二甲苯等。

10.2.6 毛发用化妆品

1. 洗发用品

洗发化妆品即香波，主要由表面活性剂、辅助表面活性剂、添加剂组成。

洗发化妆品用表面活性剂一般是阴离子、非离子、两性离子表面活性剂，多为脂肪醇硫酸盐（As）和脂肪醇聚氧乙烯醚硫酸盐（AES）、α—烯烃磺酸盐（AOS）等。这些表面活性剂能提供良好的去污力和丰富的泡沫。

辅助表面活性剂主要有 N—酰基谷氨酸钠（AGA）、甜菜碱类、烷基醇酰胺、氧化胺类、聚氧乙烯山梨醇酐月桂酸单酯、醇醚磺基琥珀酸单酯二钠盐等。

为了使香波具有某种理化特性和特殊效果，通常加入各种添加剂。常用的添加剂有稳泡剂、增稠剂、稀释剂、螯合剂、澄清剂、赋脂剂、抗头屑剂等。用于稳泡的主要有酰胺基醇、氧化胺类表面活性剂。氯化钠等无机盐、水溶性高分子、胶质原料都是洗发化妆品中常用的增稠剂。为了使洗后头发光滑、流畅，要加入赋脂剂，一般是油、脂、醇、酯类，如羊毛脂、橄榄油、高级脂肪酸酯、硅油等。

好的洗发香波应该是具有良好的去污能力,且不去除头发自然的皮脂。根据发质的不同,洗发香波中的组分要相应调整。通常分干性头发用、中性头发用和油性头发用香波。油性头发用香波可选用脱脂力强的阴离子表面活性剂。而干性头发用香波配方中就应少用或不用阴离子表面活性剂,提高配方中赋脂剂的比例。

针对婴儿用的洗发香波,强调要求具有作用温和、低刺激、原料口服毒性低等特点。配方中不用会刺激婴儿眼部的无机盐增稠剂和磷酸盐螯合剂,而选用天然的水溶性高分子化合物。选用的表面活性剂也要安全、低刺激性的,主要选用磺基琥珀酸酯类、氨基酸类阴离子表面活性剂、非离子表面活性剂和两性表面活性剂。其他助剂如防腐剂、香精、色素等的选择也要合适,用量要少。

2. 护发用品

护发用品的作用是使头发外表自然、健康,并赋予头发光泽、柔软和生气。护发用品的种类很多,常用的有护发素、发乳和焗油。

一般认为,头发带有负电荷,而用以阴离子表面活性剂为活性物的香波洗后,会使头发带有更多的负电荷,产生静电,使头发更难梳理。当使用以阳离子季铵盐为主要成分的护发素漂洗后,它中和了头发上的负电荷,在头发上留下一层单分子膜,降低了头发上的摩擦,从而使头发易梳理、抗静电、光滑、柔软。因此,一种好的护发素必须具备的功能也就是:改善干梳、湿梳性能,抗静电,使头发不飘拂,赋予头发光泽,保护头发表面等。

护发素有多种剂型,多为乳液状,其组成大致如下:起乳化作用的季铵盐类表面活性剂、起助乳化作用的非离子表面活性剂、起调节作用的阳离子聚合物。除此以外还有一些助剂:增脂剂、增稠剂、螯合剂、防腐剂及抗氧剂、珠光剂、酸度调节剂、稀释剂、香精以及赋予产品各种特定功能的活性成分等。

发乳是一种乳化制品,属于轻油型护发品,含有油分和水分,油分具有使头发光泽、滋润的作用,而水分可以使头发柔软、防止断裂。发乳不仅使头发滋润和光泽,而且具有一定的定型作用,使用感也较好,油而不腻,且易于冲洗,是一种较理想的护发品。发乳有两种乳化剂型,即 W/O 型和 O/W 型。

发乳的组分通常为油相原料、水相原料、表面活性剂、赋型剂、防腐剂、抗氧剂和香精等。

油相原料在头发上形成一层油性薄膜,起到保持头发水分的作用,使得头发柔软、滑润、光泽、自然,易于梳理成型。低黏度和中黏度的矿物油常用作发乳的主体,植物油可代替矿物油,改进发乳的油腻感。

水相原料中除了去离子水外,还有提供保湿效果的保湿剂,如甘油、丙二醇等。

表面活性剂的主要作用是使配方中各组分形成稳定的乳液。常用的乳化剂有单甘酯、斯盘和吐温系列及聚氧乙烯脂肪醇醚等。

赋型剂能固定头发形状,也可增加黏度和稳定乳化体。常用硅酸镁铝和聚乙烯吡咯烷酮等。

防腐剂、抗氧剂,可防止乳化体受细菌感染和防止油分酸败。根据体系不同选择不同的防腐剂和抗氧剂。

香精用来给产品赋予香气。

焗油是一种对头发营养性和护理性较强的护发用品,其品种有两种,一种是需要蒸气型,另一种则是加入助渗剂的免蒸型。焗油多是 O/W 乳剂型。其主要成分是渗透性强、不油腻的动植物油脂,如椰子油、貂油、霍霍巴油等以及对头发有优良护理作用的硅油及阳离子聚合物。

3. 染发用品

染发剂的作用是把头发染成别的颜色,用以修饰容貌。染发的过程是通过各种染料的作用实现的。染发剂可分为漂白剂、暂时性染发剂、半长效性染发剂和长效染发剂。按种类又分为植物性染发剂、金属染发剂和氧化染发剂。以苯胺染料为主体的合成氧化染料是染发化妆品的主要原料。

一般情况下,染发剂都应具备的性能为:着色良好,不伤头发,不伤皮肤,对人体无害,暴晒于空气、日光、盐水中不褪色,使用发油、护发水、香波等护发用品时,既不变色也不溶出,对于碱、酸、氧化剂、还原剂也不变色,不褪色。

暂时性染发剂的牢固度很差,一次洗涤就会全部洗去,所用原料以天然植物染料为主,如指甲花、散沫花、焦蓓酚、苏木精、春黄菊等;合成颜料犹炭黑、浓黄土或酸性染料,这些大分子不能穿过头发的角质层,作用时间短,对皮肤、毛发的刺激性小,而且多用于将头发染成鲜艳明快的色彩。

半长效性染发剂能耐 6~12 次洗涤,染发时不经过氧化,能透过头发的角质层,也能再扩散出来因而容易被洗去。半长效染发剂的原料主要为酸性染料、碱性染料和金属盐染料。

金属盐染发剂通常不渗透头发内层,而只是附着在头发表面。其基料是铅盐和银盐,少数铋盐和铁盐。染发用金属盐溶液,在光和空气的作用下生成不溶的硫化物和氧化物,沉积在头发上,这种沉积物经摩擦、梳刷、洗涤均能脱色,故需经常使用此种染发剂来染发。

长效染发剂是目前使用得最普遍的。由于染料因被氧化而使头发着色,所以也称为氧化染发剂。长效染发剂着色鲜明,色泽自然,固着性强,不易褪色。该类染发剂通常不使用染料,而是由一些低分子量的显色剂和偶合剂组成,染发原理是小分子氧化型染料中间体和其他成分渗透到头发中间,在头发内进行氧化还原反应生成染料中间体,再进一步通过偶合反应或缩合反应生成稳定的色素。用这种染发剂不仅遮盖头发表面,而且染料中间体能渗入头发,甚至进入髓质。由于生成的染料不容易扩散出头发,不易被洗去,因而有永久性。由于长效染发剂使用方便,作用迅速,牢固度好,染后又有良好的光泽,因而合成染发剂仍是目前流行的染发剂。

长效染发剂的主要原料包括染料中间体、成色剂或调节剂以及氧化剂。染料中间体主要有天然植物、金属盐类和合成氧化型染料,其中以合成氧化型染料最为重要。成色剂多为对苯二酚、间苯二酚等。氧化剂为过氧化氢。采用氧化型染发剂染发时,必须发生氧化作用后才发色。对苯二胺及其衍生物在氧化剂的作用下发生一系列缩合反应,形成大分子结构体,这种大分子结构体具有共轭双键而显现颜色,根据分子的大小,颜色可由黄变黑。若染成其他颜色,可加多元醇、对氨基苯酚等中间体。此外,配方中还需加入表面活性剂及其他添加剂。

典型的黑色染发膏配方及制备方法为:

还原组分为(质量分数,%):对苯二胺(3.0),2,4—二氨基甲氧基苯(1.0),间苯二酚(0.2),油醇聚氧乙烯(10.0)醚(15.0),油酸(20.0),异丙醇(10.0),28%的氨水(10.0),抗氧剂(适量),螯合剂(适量),去离子水(40.8)。

氧化组分为(质量分数,%):30%的过氧化氢(20.0),稳定剂、增稠剂(适量),pH 值调节剂(pH 为 3.0~4.0)(适量),去离子水(80.0)。

还原组分配制中先将染料中间体溶于异丙醇中,另将螯合剂及其他水溶性原料溶于水和氨水中形成水相,油酸等油性原料加热熔化形成油相,将水相和油相混合后,再将染料加入,混合均匀。用少量氨水调节 pH 值至 9~11,即得。

4. 烫发用品

能改变头发弯曲程度,并维持相对稳定的化妆品称为烫发化妆品。

从化学的观点讲,头发是由不溶于水的称为角朊的蛋白质所组成的,角朊的特点是胱氨酸含量很高,而胱氨酸又是一种含二硫键、离子键、氢键的氨基酸。水或酸碱性物质以及机械揉搓等作用,能使头发中的离子键、氢键作用消失殆尽。但二硫键的结合力较强,一般的物理方法不能切断其连接。烫发就是打开二硫键,将 α 一角朊的直发状态改变为 α 一角朊的烫发状态或相反。当其二硫键被打开时,头发就变得柔软,容易被卷成任意形状。若头发卷曲成型后,再把已打开的二硫键重新接起来,头发又恢复原来的刚韧性。卷发剂就是具有打开和接上二硫键功能的化学物质。

卷发剂由柔软剂和定型剂组成。柔软剂是由还原剂、碱性物质和添加剂组成的,用来打开二硫键。还原剂的主要原料是巯基乙酸,配制时常使用毒性较低的巯基乙酸的铵盐或钠盐,也可用硫代羧酸酯盐、硫代乙酰胺等。当介质的 pH 值为 9 时,限定巯基乙酸铵的浓度不得超过 8.0%。它的水溶性 pH 值为 7 时,使头发卷曲速度很慢,pH 值在 9.1~9.5 时,卷曲效力显著增加,但 pH 值不能超过 9.5,否则容易损害头发和头皮。碱性物质用于提供介质的 pH 值,一般使用氨水和三乙醇胺。氨水易挥发,可减少对头发的损伤,但其稳定性较差。添加剂主要有乳化剂、滋润剂、软化剂、增稠剂、调理剂、螯合剂,以及色素、香精等。螯合剂是用来避免铁离子对还原剂的影响。

定型剂主要成分是氧化剂,用来重接二硫键,对卷曲的头发起固定、定型作用,还可除去头发上残余的还原剂。常用的定型剂是过氧化氢、溴酸钠或硼酸钠,还要加入 pH 值调节剂以及卷发中的添加剂。其配方由 A、B 两组分组成,A 为还原液即柔软剂,B 为氧化液即中和剂。还原液配制方法是:先将石蜡、油醇聚氧乙烯溶于水中调匀,加入丙二醇及螯合剂溶解后,再加入氨水及巯基乙酸铵,充分混合后即得制品,装瓶密封。

10.2.7　清洁类化妆品

化妆的第一步是清洁皮肤。皮肤上通常会存在很多异物,主要包括:皮肤表面形成的皮脂膜长时间与空气接触后,被空气中的尘埃附着,与皮肤表面的皮脂混合而形成的皮垢;皮脂中的成分被空气氧化、发生酸败或接触微生物发生污物的分解所产生的新的污染物;皮肤分泌的汗液在水分挥发后残留于皮肤表面的盐分、尿素和蛋白质分解物等成分;由于新陈代谢,逐渐由人体表皮角质层脱落和死亡的细胞残骸(即死皮)发生酸败而滋生的微生物;残留的化妆品及灰尘细菌等。这些物质可能会使皮肤的生理机能受到阻碍而产生各种皮肤疾病,并加速皮肤的老化,因此需要经常清洁皮肤上的污物、皮脂、其他分泌物和死亡的细胞、外皮及化妆品的残留物等。清洁皮肤用的化妆品就是一类能够去除污垢、清洁皮肤又不会刺激皮肤的化妆品。

皮肤清洁剂大多是轻垢型的产品,并将清洁作用和护理作用相结合。

目前,主要的清洁类化妆品有洁面产品、浴液和口腔卫生用品。

1. 洁面产品

(1)皂基洁面乳

皂基洁面乳具有丰富的泡沫和优良的洗涤力,在配方中加入适量软化剂和保湿剂后、使用起来具有良好的润湿感。

(2)表面活性剂型洁面乳

表面活性剂型洁面乳是用表面活性剂代替皂基洁面乳中的皂基,表面活性剂的加入除了具有洁肤、起泡的作用外,还有将水相和油相乳化成一相的作用。

(3)磨砂、去死皮膏

磨面膏、去死皮膏,也叫去鳞片膏,是指在清洁霜的基础上加入一些极微细的砂质粉粒,即磨洗剂。它不但能在清洁的同时除去角质层老化或死亡的细胞,还能通过摩擦起到按摩的作用,进而增强了毛细血管的微循环,促进皮肤的新陈代谢,有效地清除毛孔中的污垢,起到预防粉刺的作用。由于它的使用配合着按摩,因而可将活性营养类物质及治疗粉刺、痤疮类物质添加在磨面膏中,有效成分会通过磨面按摩而被皮肤吸收,促进皮肤健美。

针对皮肤类型的不同,磨面膏、去死皮膏的设计也会因人而异。磨面主要是通过细砂摩擦达到除去死细胞的目的,它适于油性皮肤使用。对于干性皮肤,由于缺乏皮脂,皮肤的弹性较差,对物理摩擦的承受力低,如果要去除死皮则要采用去死皮膏。去死皮膏主要是加入了高分子胶黏剂在皮肤上成膜,然后用手搓掉附着在皮肤上的清洁膏,进行的同时就将死细胞清除。

磨面膏、去死皮膏的配方中还添加了磨洗剂。磨洗剂有天然型和合成型,它们是杏壳、橄榄仁壳的精细颗粒和聚乙烯、石英精细颗粒等。

2. 浴液

浴液是人们在沐浴时使用得最多的一种洁肤化妆品,它克服了以往用香皂洗澡给皮肤带来的诸多不适,在温和清洁皮肤的同时,营养、滋润皮肤,达到洁肤、养肤的双效结合。

浴液的配方组成大致如下:

(1)表面活性剂

表面活性剂使浴液具有清洁皮肤上的污垢和油脂和产生丰富的泡沫的作用,从而改善浴液的使用感。常用单十二烷基磷酸酯盐、月桂酰肌氨酸盐、磺基甜菜碱和葡萄糖苷衍生物等。

(2)润肤剂

润肤剂可以减少表面活性剂在洁肤的时候给皮肤造成的脱脂,赋予皮肤脂质,使皮肤润滑、光泽。常用羊毛脂及其衍生物、脂肪酸酯和各种动植物油脂。

(3)保湿剂

常用的保湿剂有甘油、丙二醇、山梨醇和烷基糖苷等。

(4)调理剂

调理剂对蛋白质基层具有附着性,使皮肤表面光滑如丝。常用的调理剂为阳离子聚合物,如聚季铵盐等。

（5）活性添加剂

根据产品需要添加功能性的添加剂,如止痒剂、芦荟、沙棘、海藻及各种中草药。

3. 口腔卫生用品

口腔卫生用品主要包括牙膏、牙粉、漱口水等。

牙膏由摩擦剂、保湿剂、发泡剂、增稠剂、甜味剂、香精、防腐剂、芳香剂、赋色剂和具有特定功能的活性物质、净化水组成。

摩擦剂是提供牙膏洁齿功能的主要原料,可以分为碳酸钙类、磷酸钙类、氢氧化铝类、沉淀二氧化硅类、硅铝酸盐类等。

保湿剂主要是防止膏体水分的蒸发,防止膏体变硬,方便使用。主要有甘油、丙二醇、二甘醇、聚乙二醇、山梨醇、甘露醇、木糖醇、乳酸钠、吡咯烷酮羧酸钠等。

发泡剂主要是表面活性剂。使用最广泛的是十二醇硫酸钠,还有椰子酸单甘油酯磺酸钠、2-醋酸基十二烷基磺酸钠、鲸蜡基三甲基氯化铵、十二酰甲胺乙酸钠等。

增稠剂可使牙膏具有一定的稠度,一般有羧甲基纤维素（CMC）、羟乙基纤维素、鹿角菜胶、海藻酸钠、二氧化硅凝胶等。

甜味剂主要有糖精、木糖醇、甘油、橘皮油等。香精多为薄荷香型、果香型、留兰香型、茴香香型等。

防腐剂通常用作食用防腐剂,如苯甲酸钠、尼泊金丁酯等。一些防龋齿、消炎、止痛、除渍剂的特殊添加剂也可添加。

10.3　洗涤用化学品

10.3.1　洗涤剂的基本概念

用于洗涤的制品叫洗涤用品,洗涤用品主要包括 6 类:肥皂、洗衣粉、洗发香波、织物洗涤剂、餐具洗涤剂、硬表面洗涤剂。

洗涤剂的去污作用在于吸附在界面上的表面活性剂分子,降低了界面自由能,改变了污垢与介质间的界面性质。通过吸附层电荷排斥和铺展,使污垢从基质移除。见图 10-2。

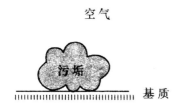

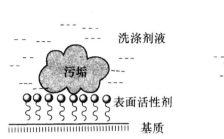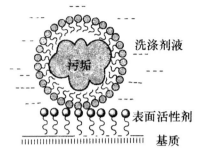

图 10-2　洗涤剂去污示意

洗涤剂具体的去污作用在整个去污过程中大体有以下几点：

（1）化学反应去污

据测定,衣服上的污垢含有 15%～30% 的游离脂肪酸,这些化合物与洗涤剂中的碱性物质发生作用,即转变成脂肪酸钠,脂肪酸钠不仅可以溶入水中而从衣服上除去,而且可以带走一部分污垢。

（2）卷离作用

脏衣服浸泡在洗涤剂溶液中,洗涤剂中的表面活性剂分子能够逐渐向污垢和纤维之间渗透并按其基团的极性进行定向吸附。一方面使污垢与纤维之间的界面张力大幅度地降低,结合开始松弛；另一方面污垢因吸附表面活性剂分子而承受一种挤压的力,加上水的浮力,污垢即与纤维脱离而进入洗涤液中,此种现象称为污垢的卷离。

（3）乳化作用

油污吸附表面活性剂分子后,油水间的界面张力降低,油污分散在水中所需的功也减少,再辅以一定的机械力,油和水即可发生乳化作用,形成水包油型乳状液。有时油性污垢的去除不需要机械能也可以自行乳化。

（4）增溶作用

洗涤剂溶液中的表面活性剂浓度达到临界胶束浓度以后,表面活性剂分子在溶液中即可聚集在一起而形成胶束。胶束一般由 20～100 个表面活性剂分子聚集而成,有的胶束则含有几百个表面活性剂分子。这些分子在胶束中大多都是亲油基向内、亲水基向外,成为一个球形胶束,也有亲油基相对,一层一层叠起来的层状胶束。这种胶束结构能够把不溶于水的物质包容到胶束内部而使其随着胶束"溶解"到水中,而发生增溶作用。一般 1mol 表面活性剂能够增溶 0.2～0.4mol 的脂肪酸或甲苯之类的油状物。增溶作用的强弱与表面活性剂的分子结构有关,疏水基烃链长的分子比较强,含不饱和烃链的分子比较强；非离子表面活性剂的临界胶束浓度一般比阴离子表面活性剂小,所以增溶能力强。加入无机电解质可使该溶液的临界胶束浓度下降,增溶污垢的量增加,所以洗涤剂配方中都加有大量的无机盐。

（5）分散作用

洗涤剂中的表面活性剂分子能使固体粒子分散悬浮在水溶液中,成为稳定的胶体溶液,当表面活性剂对固体粒子的润湿力足以破坏固体微粒之间的内聚力时,固体颗粒将破裂成颗粒而悬浮于水溶液中。洗涤剂中的一些有机助剂,如羧甲基纤维素等,以及一些无机助剂,如泡化碱和磷酸盐等,可以提高固体微粒悬浮液的稳定性。

10.3.2　洗衣粉的生产工艺

洗衣粉的生产工艺如下所示。

（1）配料

洗衣粉生产中，一般需将各种洗衣粉原料与水混合成料浆，这个过程成为配料。配料工艺要求料浆的总固体含量要高而流动性要好，但总固体含量高时黏度大，流动性就受到一定影响，反之亦然，因此必须正确处理两者的关系，力求在料浆流动性较好的前提下提高总固体含量。

（2）料浆后处理

配制好的料浆需进行过滤、脱气和研磨处理，以使料浆符合均匀、细腻及流动性好的要求。

①过滤。料浆配制过程中或多或少会有一些结块，一些原料中会夹杂一些水不溶物，需过滤除去。间歇配料可采用筛网过滤或离心过滤方式，连续配料一般采用磁过滤器过滤。

②脱气。料浆中常夹带大量空气，使其结构疏松，影响高压泵的压力升高和喷雾干燥的成品质量，因此，必须进行脱气处理。目前均采用真空离心脱气机进行脱气。当采用复合配方时，由于加入了非离子表面活性剂，料浆结构紧密而不进行脱气处理。

③研磨。脱气后的料浆，为了更加均匀，防止喷雾干燥时堵塞喷枪，还要对料浆进行研磨。常用的研磨设备是胶体磨。

（3）成型

将配方中的各组分均匀混合成型是生产洗衣粉的重要环节。成型后的粉剂应保持干燥、不结块，颗粒具有流动性，并具有倾倒时不飞扬、入水溶解快等特点。

多数表面活性剂均以液体形式供应，为满足成型的要求，配入表面活性剂都具有一定限量。这一限量既与配方中的表面活性剂品种有关，也与粉剂成型的方法有关。

①高塔喷雾干燥成型法。高塔喷雾干燥成型法是当前生产空心颗粒合成洗衣粉最常采用的方法。先将表面活性剂和助剂调制成一定黏度的料浆，用高压泵和喷射器喷成细小的雾状液滴，与 200℃～300℃ 的热空气进行传热，使雾状液滴在短时间内迅速干燥成洗衣粉胶粒。干燥后的洗衣粉经过塔底冷风冷却、风送、老化、筛分制得成品。而塔顶出来的尾气经过旋风分离器回收余粉，除尘后尾气通过尾气风机而排入大气。

②附聚成型法。附聚成型法制造粉状洗涤剂，是近十多年发展起来的新技术。所谓附聚是指固体物料和液体物料在特定条件下相互聚集，成为一定的颗粒状产品的一种工艺。附聚成型法主要包括预混合、附聚、老化调理、筛分、后配料、包装工艺，见图 10-3。

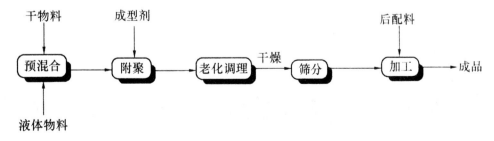

图 10-3　附聚成型法工艺流程

③干混法。对无需进行复杂加工的配料,干混法是生产各种工业产品的最经济和最简单的方法。它的基本工艺原理是:在常温下把配方组分中的固体原料和液体原料按一定比例在成型设备中混合均匀,经适当调节后获得自由流动的多孔性均匀颗粒成品。其工艺流程如图10-4所示。

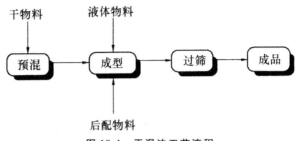

图 10-4　干混法工艺流程

④流化床工艺。各种粉状助剂送至料仓预混经料仓下面的传送带传送至流化床成型室。液体组分由喷嘴连续喷入流化床的粉剂中。在流化床中布满进气孔,各种物料被压缩空气翻腾混合,流化床上有气罩可以回收被风吹出的细粉。由于成型过程是在低温下进行,所以三聚磷酸盐、过硼酸盐等很少分解。成型颗粒比高塔喷雾成型法稍大,流动性好。见图10-5。

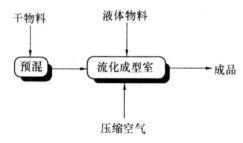

图 10-5　流化床法工艺流程

10.3.3　液体洗涤剂生产工艺

液体洗涤剂生产一般采用间歇式批量化生产工艺,主要是因为其生产工艺简单,产品品种繁多,没有必要采用投资高、控制难的连续化生产线。不同的液体原料经熔化、溶解、预混等前处理过程输送至反应釜(乳化机),搅拌或加热混合。在均质机中进一步混合均匀。送入冷却罐,在一定温度下,经加香、加色、增稠等,过滤得到成品。液体洗涤剂生产所涉及的化工单元操作和设备主要是:带搅拌的混合罐、高效乳化均质设备、物料输送泵和真空泵、计量泵、物料贮罐、加热和冷却设备、过滤设备、包装和灌装设备。把这些设备用管道串联在一起,即组成液体洗涤剂的生产工艺流程(图10-6)。

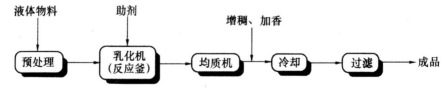

图 10-6　液体洗涤剂工艺流程

一般的操作工艺主要有下面几项。

（1）原料处理

液体洗涤剂原料至少是两种甚至更多，应提前做好原料预处理。如有些原料应预先加热熔化，有些原料要用溶剂预溶，杂质多的原料还应预先滤去一些机械杂质，使用的主要溶剂（主要是水），应进行去离子处理等，然后才加到混配罐中混合。液体洗涤剂若含有重金属、铁等杂质都可能对产品带来有害的影响，因此生产设备的材质多选用不锈钢、搪瓷玻璃衬里等材料。

（2）混配或乳化

为了制得均相透明的溶液型或乳液型液体洗涤剂产品，物料的混配或乳化是关键工序。在按照预先拟定的配方进行混配操作时，混配工序所用设备的结构、投料方式与顺序、混配工序的各项技术条件，都体现在最终产品的质量指标中。混配过程的投料顺序一般是先将规定量去离子水先投入锅内，调节温度同时打开搅拌器，达 40℃～50℃时边加料边搅拌，先投入易溶解成分，AES 较难溶解，先加入增溶成分如甲苯磺酸钠或其他易溶的表面活性剂，再投入AES，避免出现 AES 的凝胶。

用 LAS 与 AES 复合型活性剂配制液体洗涤剂时，应十分注意在过程中控制 pH 值及黏度，否则会出现混浊，使产品不易呈透明状。影响产品的黏度的因素很多，如各种原料投入量是否准确，原料中的杂质尤其是无机盐，各成分的配伍性，甚至加料顺序等都会严重影响产品的黏度和透明度。

混配工序操作温度不宜太高，投料过程一般温度约 40℃，投完全部原料后要在 40℃～60℃范围内继续搅拌至物料充分混合或乳化完全后为止。料液温度在降至 40℃以下时，在搅拌下分别加入防腐剂、着色剂、增溶剂等各种添加剂，最后加入香料，待搅拌均匀后送下道工序。

（3）混合物料的后处理

无论生产透明溶液还是乳液，在包装前还要经过一些后处理，以保证产品质量或提高产品的稳定性。在混合和乳化操作时，要加入各种物料，难免带入或残留一些机械杂质，或产生一些絮状物，这些都直接影响产品外观，所以物料包装前的过滤是必要的。经过乳化的液体，其稳定性较差，最好再经过均质工艺，使乳液中分散相的颗粒更细小、更均匀，得到稳定的产品。由于搅拌作用和产品中表面活性剂的作用，有大量的微小气泡混合在产品中，气泡有不断冲向液面的作用力，可造成溶液稳定性较差，包装计量时不准。一般采用抽真空排气工艺，快速将液体中的气泡排出。将物料在老化罐中静置贮存几个小时，在其性能稳定后再包装。

10.3.4　洗涤剂配方设计

1. 洗衣粉

洗衣粉是指粉状（粒状）的合成洗涤剂，其使用、携带、贮存、运输方便。在 20 世纪 80 年代以后，我国洗衣粉的总产量已经超过了肥皂。洗衣粉目前已经成为每一个家庭必需的洗涤用品。

（1）洗衣粉的配方组成

洗衣粉按洗涤对象不同分重垢型和轻垢型洗衣粉两种。重垢型洗衣粉碱性较强，pH 值一般大于 7，适用于洗涤污垢较重的内衣裤、外衣、被单、被褥等，以阴离子表面活性剂为主，其他还有助剂、有机螯合剂、抗沉积剂、消泡剂、荧光增白剂、防结块剂、香精等。漂白剂和柔软剂的用量很少或不加。最初产品配方中表面活性剂含量较高，后来在配方中加入助剂使表面活性剂用量逐渐减少。通常可用于机洗和手洗。

重垢型洗衣粉溶液碱性较强，不宜洗涤丝、毛等蛋白质纤维纺织品。如要洗涤丝、毛纺织品，最好用轻垢型的中性洗衣粉。轻垢型洗涤剂主要成分为表面活性剂和助剂。常用的表面活性剂有直链烷基苯磺酸盐、烷基硫酸盐、脂肪醇聚氧乙烯醚硫酸盐等阴离子表面活性剂；脂肪醇聚氧乙烯醚、聚醚等非离子表面活性剂。常用的助剂有磷酸盐、硅酸盐、硫酸盐、沸石等无机助剂及有机整合剂、抗沉积剂和消泡剂等，此外还可加入适量的色料、香精等。

(2)洗衣粉的配方设计

配方是洗衣粉生产中很重要的一个环节，配方的好坏关系到整个生产过程和产品质量问题。洗衣粉最后成型工艺采用喷雾干燥法时，由于温度较高，表面活性剂宜选择热稳定性好的活性物，如 LAS(直链烷基苯磺酸盐)、AOS(α—烯烃磺酸钠)和 AS(烷基磺酸钠)等。非离子活性剂不耐热，宜在后配料时加入。目前复配型洗衣粉一般以烷基苯磺酸钠为主要活性剂，再配以脂肪醇硫酸钠、AES(脂肪醇聚氧乙烯醚硫酸钠)等。

手洗用的洗衣粉习惯泡沫多些，故在配方中应考虑加入增泡剂和稳泡剂。而机洗用的洗衣粉希望泡沫少些，可配入泡沫少的十八醇硫酸钠、非离子活性剂、肥皂或其他抑泡剂。

配制中性洗衣粉的关键是不加入三聚磷酸钠和其他碱性剂而仍需达到较好的洗涤效果。此外根据需要加入适量的抗再沉积剂(如 CMC)、抗结块剂(如对甲苯磺酸钠)和荧光增白剂等。

2. 液体洗涤剂

洗衣粉在使用时需要先溶解成水溶液后才能洗涤，而生产洗衣粉时需要耗用大量的能量，因此人们开发了液体洗涤剂。液体洗涤剂不但制作过程节省能源，在使用过程也适合低温洗涤；液体洗涤剂使用廉价的水作为溶剂或填充料，使生产成本降低；液体洗涤剂在洗涤用品中品种最多，适应范围广，除洗涤作用外，还可以使产品具有多种功能，最适宜洗衣机等机械化洗涤。根据洗涤对象不同，生产厂家同样开发出了轻垢型和重垢型液体洗涤剂。

(1)轻垢型液体洗涤剂

洗衣用的轻垢型液体洗涤剂用于洗涤羊毛、羊绒、丝绸等柔软、轻薄织物和其他高档面料服装。这类洗涤剂并不要求有很高的去污力，洗涤对象为轻薄和贵重的丝、毛、麻等，其配方结构比较考究，这种液体洗涤剂应呈中性或弱碱性，脱脂力要弱一些，不应损伤织物，洗后的织物应保持柔软的手感，不发生收缩、起毛、泛黄等现象。

1)轻垢型液体洗涤剂的组成成分

不同牌号和不同用途的轻垢型液体洗涤剂通用性好，配方结构相似。各国的这类液体洗涤剂中的活性物含量不同，但平均在 12% 左右，一般不超过 20%。轻垢液体洗涤剂所用的主要是阴离子表面活性剂和非离子表面活性剂，如线型烷基苯磺酸的钠盐、钾盐，三乙醇胺盐，脂肪醇聚氧乙烯醚硫酸盐，脂肪醇聚氧乙烯醚，烷基醇酰胺等。

液体洗涤剂通常为透明溶液。洗涤剂的浊点是影响其商品外观的一个重要因素。好的配方产品要求其浊点不要太高或太低，以保证在正常贮运及使用时，溶解良好，而呈透明的外观。

为使洗涤剂产生另一种外观，即不透明性，可以在配方中加入遮光剂。遮光剂一般是碱不溶性的水分散液，如苯乙烯聚合物、苯乙烯—乙二胺共聚物、聚氯乙烯或偏聚二氯乙烯等。以上物料加入产品中,都能产生不透明性,这些产品则是不透明型的液体洗涤剂,不同于透明型液体洗涤剂的浑浊变质现象。

液体洗涤剂在贮存时会变色或分层,一般是因为光的作用而产生的,如果不太严重时,不大影响其去污效果。为避免这种现象,在液体洗涤剂制造中可通过添加紫外线吸收剂或用不透光的瓶子包装,另外,尽量避光保存。

2)轻垢型液体洗涤剂的配方设计

轻垢型液体洗涤剂的洗涤对象为轻薄和贵重的丝、毛、绒、绸、麻等纤维织物。配方结构比较考究,低碱性或中性,脱脂力要弱,不损伤织物,去污力不要求太高,比较温和。

(2)重垢型液体洗涤剂

弱碱性液体洗涤剂有时也称重垢液体洗涤剂,可以代替洗衣粉和肥皂,具有碱性高、去污力强的特点。同重垢洗衣粉一样,属于弱碱性液体洗涤剂产品。重垢液体洗涤剂有两种:一种是高活性物而不加助剂,活性物含量可达 30%～50% 的复配型产品;另一种则是活性物含量降低为 10%～15%,助剂含量为 20%～30% 的产品。

1)重垢型液体洗涤剂的组成成分

液体洗涤剂中使用的表面活性剂一般是水溶性较好的,如烷基苯磺酸盐、醇醚硫酸盐、醇醚、烷醇酰胺、烷基磺酸盐等。液体洗涤剂中最常用的助剂有柠檬酸钠、焦磷酸钾等,溶解性好,用于水的软化。有时也可加入少量三聚磷酸钠。

为了提高衣用液体洗涤剂的去污能力,不得不加入硬水软化作用等的助剂、pH 缓冲剂,这些物质溶解度都有限,为了获得表面透明的均匀液体,还需加入增溶剂。弱碱性液体洗涤剂中常用的增溶剂有尿素、低碳醇、低碳烷基苯磺酸钠等。

2)重垢型液体洗涤剂的配方设计

重垢液体洗涤剂的洗涤对象是脏污较重的衣物,选用的表面活性剂应对衣服上的油质污垢、矿质污垢、灰尘、人体分泌物等都有良好的去污性。从配方结构看,重垢液体洗涤剂有两种类型:一种为不加或少加助剂,活性物含量高达 30%～50%,且为多种活性物复配的产品。另一种则是加入 20%～30% 的洗涤助剂,如焦磷酸钾、柠檬酸钠等,活性物含量为 10%～15%。

3. 柔软型液体洗涤剂——丝、毛、羽绒洗涤剂

液体洗涤剂中加入织物柔软抗静电剂后,可使洗涤剂同时具有洗涤、柔软、抗静电等多重作用,使洗后的织物蓬松、柔软、光泽好。用于洗涤丝、毛、羽绒等精细织物,如毛巾、毛巾被、毛毯、羽绒服、仿毛皮衣物、床单等。尤其是羽绒服类衣物,其特点蓬松、柔软、轻便。但由于羽绒的特殊性,其洗涤方面的问题值得重视,用一般的洗涤剂或肥皂都不够理想。洗后往往使面料褪色、发花、失去光泽,而且使得羽绒发板、绒毛不软、保暖性变差。而柔软型液体洗涤剂由于配有抗硬水剂、抗静电剂及柔软剂,因此洗后除增加织物的柔软度外,还可以消除绒毛和羽毛、羽绒和面料的静电,从而提高了羽绒的蓬松性和保暖性。

(1)柔软型液体洗涤剂的组成成分

柔软型液体洗涤剂中使用的柔软剂多为阳离子型表面活性剂,其中双烷基二甲基型用量最大,大约占阳离子的 80%,其柔软效果也最好。从柔软效果看,双烷基二甲基季铵盐好于双烷基酰胺咪唑啉型。从抗静电效果看,双烷基酰胺咪唑啉型＞双烷基二甲基季铵盐＞双烷基酰胺型。

柔软性和抗静电性都是由于阳离子表面活性剂在纤维上被吸附产生的。即由于在纤维表面的取向效应,使疏水基团尾端之间形成滑移面,降低了纤维之间的摩擦系数,使润滑性增加,阻止了纤维的联锁,使原纤维平顺地回到纤维的主体上来,使纤维神展而不易黏结,即获得了柔软的效果。

由于阳离子柔软剂与阴离子表面活性剂为主要活性物的洗涤剂配伍效果差,使洗涤用织物柔软剂发展出现障碍。最初的配方是以非离子表面活性剂为洗涤剂与阳离子柔软剂配伍制成柔软性液体洗涤剂。技术关键是要求柔软剂组分液体化并有较低的浊点。现在,由于适当的阳离子和阴离子的出现,使这一技术关键得以解决,即将亲水基引入阳离子分子中,使阴、阳离子可以搭配使用,虽然去污力有所下降,但总体性能优良。

(2)柔软型液体洗涤剂的配方设计

丝、毛、羽绒洗涤剂属于精细织物洗涤剂,采用高档表面活性剂复配,或加入阳离子柔软剂而制得。洗涤剂中含有织物柔软剂,具有去污力强,贮存稳定,可赋予被洗织物柔软性和抗静电性。

10.3.5　洗涤剂发展趋势

纵观全球洗涤剂市场,不同的国家有不同的产品发展重点,并呈现不同的发展趋势。比较显著的变化是洗涤剂品产转向浓缩化和液体产品,洗衣片剂和胶囊产品也作为新产品出现。洗涤革新技术倡导洗涤新概念,传统产品向对人体安全性和对环境相容性更佳的产品转变。人们对洗涤剂的追求已经不再是简单地满足其良好的去污能为,而是呈现多样化需求的趋势。洗涤剂将继续向着专业化(洗涤薄型织物、精纺呢绒织物、毛线织物和粗布等不向种类的专用洗涤剂)、系列化(适合老人、男士、女士和儿童等不同人群)、多功能(柔软织物、防皱、抗静电、抗菌消毒)、环保化(无磷、可降解、天然生物原料)和人性化等方向发展。

只有了解洗涤剂的发展趋势,才能对产品配方做出及时的调整,从而满足不断变化的市场需求。

1. 洗涤用品多样化、专用化,产品越分越细

目前我国洗涤剂品种有洗衣粉、洗衣膏、餐具洗涤剂、洗发香波、沐浴露、柔软剂、卫生间及厨房用清洗剂、工业及公共设施清洗剂等。品种也趋向多样化、专用化,如在洗衣粉中出现了多种活性物和添加各种功能性添加剂的配方,出现了加酶粉、彩漂粉、加香粉、浓缩粉、低泡粉、消毒粉、抗静电柔软粉、无磷粉等。肥皂的品种也有了较大的发展,如老年人专用、婴儿专用、护肤、美容、减肥、杀菌香皂和液体香皂及皂基沐浴液等。织物洗涤以前还多局限于洗衣粉,而目前不仅有重垢液体洗涤剂、精细织物洗涤剂,还发展了衣领去污剂、丝毛制品洗涤剂、羽绒服清洗剂、羊绒清洗剂、漂白剂、柔软剂、上浆剂、干洗剂、预处理剂等专用洗涤或保养产品。

2. 新的产品形式不断涌现

洗涤剂发展的另一个重要趋势是新的产品形式不断涌现,如单位计量洗涤剂(片剂、液体片剂、清洁布),两相洗涤剂、装入胶囊的洗涤剂(香囊式)、洗衣纸、茶袋洗涤剂等。

片状洗涤剂被称为"洗涤剂的革命",它给消费者带来了便利,因为洗涤时,不再需要量取洗衣粉,可以减少浪费和节省时间。目前的片状洗涤剂中多数加有特殊助剂,以加速片剂在水中溶解,它们与浓缩洗衣粉配方一样含有类似的助剂、大体相同的表面活性剂(如 LAS、FAS 和 AEO),但其密度上比浓缩粉高,为 1000~1300g/L,而后者的密度为 800~900g/L。但这类产品在技术上需要解决的问题较多,既要有足够的硬度、不易破损、便于包装贮运,又要求在洗涤剂中迅速分解和溶解,且洗后不留残渣。

3. 液体洗涤剂是最具活力的洗涤用品

同传统的固体洗涤剂相比,液体洗涤剂使用前无需溶解,具有使用方便、溶解(分散)速度快、低温洗涤性能好的优点。同时,还具有配方灵活、制造工艺简单、设备投资少、节省能源、加工成本低和包装美观等优点,越来越受到消费者的欢迎。

预计我国液体洗涤剂年增长速度将为 5% 以上,在产品原料供应与使用、配方技术与工艺、产品性能与品种、产品使用与服务等方面都有显著提高,广泛用于家用、民用、工业、公共设施等领域。

4. 浓缩化产品比重逐年提高

浓缩化是当今洗涤剂研究和市场开发的重要趋势之一。浓缩产品的显著优点是活性物含量高、去污力强,同时也具有节约能源、节省包装材料,降低运输成本以及减少仓储空间的优点。因此,市场上浓缩洗衣粉、超浓缩液洗剂、浓缩织物柔软剂不断涌现,而且发展较快,随着对环境问题的日益关注,消费者也逐渐认识到浓缩产品的原料、包装材料用量少,对环境的排放较少,有利于环境保护。

第11章 精细化工新材料与新技术

11.1 概述

现代精细化工的发展已生产出种类繁多的高技术产品,制备出具有特种功能的新材料并广泛应用于各种高技术领域,如新能源开发、光通信、微电子、生命科学、生物技术和海洋开发。一种新材料问世,往往就能引发一种新技术,如高温超导材料的合成才有今日的超导技术,低损耗的光纤出现才会有光通信。

11.2 精细化工新材料

11.1.1 功能高分子材料

1. 功能高分子材料及其分类

功能高分子材料,简称功能高分子,是指那些可用于工业和技术中的具有物理和化学功能如光、电、磁、声、热等特性的高分子材料。例如感光高分子、导电高分子、光电转换高分子、医用高分子、高分子催化剂等。

通常,人们对特种和功能高分子的划分普遍采用按其性质、功能或实际用途划分的方法,可以将其分为八种类型。

①反应性高分子材料。包括高分子试剂、高分子催化剂、高分子染料,特别是高分子固相合成试剂和固定化酶试剂等。

②光敏性高分子材料。包括各种光稳定剂、光刻胶、感光材料、非线性光学材料、光导电材料及光致变色材料等。

③电性能高分子材料。包括导电聚合物、能量转换型聚合物、电致发光和电致变色材料及其他电敏感性材料。

④高分子分离材料。包括各种分离膜、缓释膜和其他半透明膜材料、离子交换树脂、高分子絮凝剂、高分子螯合剂等。

⑤高分子吸附材料。包括高分子吸附树脂、吸水性高分子等。

⑥高分子智能材料。包括高分子记忆材料、信息存储材料和光、磁、pH 值、压力感应材料等。

⑦医用高分子材料。包括医用高分子材料、药用高分子材料和医用辅助材料等。

⑧高性能工程材料。如高分子液晶材料、耐高温高分子材料、高强度高模量高分子材料、阻燃性高分子材料、生物可降解高分子和功能纤维材料等。

2. 感光性高分子

(1)概述

感光性高分子是指吸收了光能后能在分子内或分子间产生化学、物理变化的一类功能高分子材料。这种变化发生后,材料将输出其特有的功能。本节主要介绍目前开发比较成熟、有实用价值的光致抗蚀材料和光致诱蚀材料,产品包括光刻胶、光固化黏合剂、感光油墨、感光涂料等。

所谓光致抗蚀材料,是指高分子材料经光照辐射后,分子结构从线型可溶性的转变为体型不可溶的,从而产生了对溶剂的抗蚀能力。而光致诱蚀材料正相反,当高分子材料受光照辐射后,感光部分发生光分解反应,从而变成可溶性。目前广泛使用的预涂感光版,简称 PS 版式,就是将感光材料树脂预先涂在亲水性的基材(如阳极氧化铝板)上制成的。晒印时,树脂若发生光交联反应,则溶剂显像时未曝光的树脂被溶解,感光部分的树脂保留了下来,这种 PS 版称为负片型;而晒印时发生光分解反应,则溶剂将曝光分解部分的树脂溶解,这种 PS 版称为正片型。

光刻胶是微电子技术中细微图形加工的关键材料之一,特别是近年来大规模和超大规模集成电路的发展,更是大大促进了光刻胶的研究开发和应用。印刷工业是光刻胶应用的另一重要领域。1954 年由明斯克(Minsk)等人首先研究成功的聚乙烯醇肉桂酸酯就是用于印刷工业的,以后才用于电子工业。与传统的制版工业相比,用光刻胶制版,具有速度快、重量轻、图案清晰等优点,尤其是与计算机配合后,更使印刷工业向自动化、高速化的方向发展。

感光性黏合剂、感光性油墨、感光性涂料是近年来发展较快的精细化工产品,与普通黏合剂、油墨、涂料相比,前者具有固化速度快、涂膜强度高、不易剥落、印迹清晰等特点,适合于大规模快速生产。

(2)具有感光基团的高分子及其合成方法

在有机化学中,许多基团具有光学活性,其中以肉桂酰基最为著名,此外,重氮基、叠氮基都可引入高分子形成感光性高分子。以下介绍几种重要的带感光基团的高分子及其合成方法。

①聚乙烯醇肉桂酸酯及其类似高分子。肉桂酸在光照下,双键能够发生 2+2 环合反应,反应式如下:

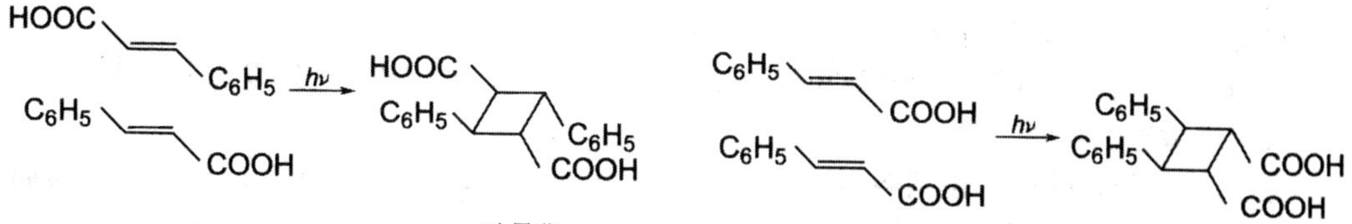

聚乙烯醇肉桂酸酯由聚乙烯醇和肉桂酰氯反应制备,反应式如下:

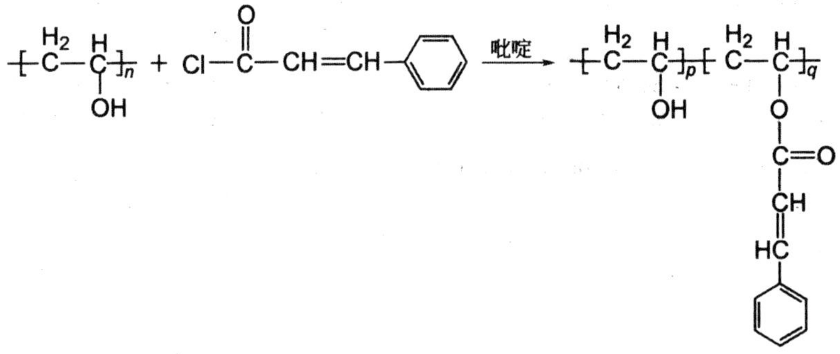

聚乙烯醇肉桂酸酯与肉桂酸一样,在光照下侧基可发生二聚反应,形成环丁烷基而交联:

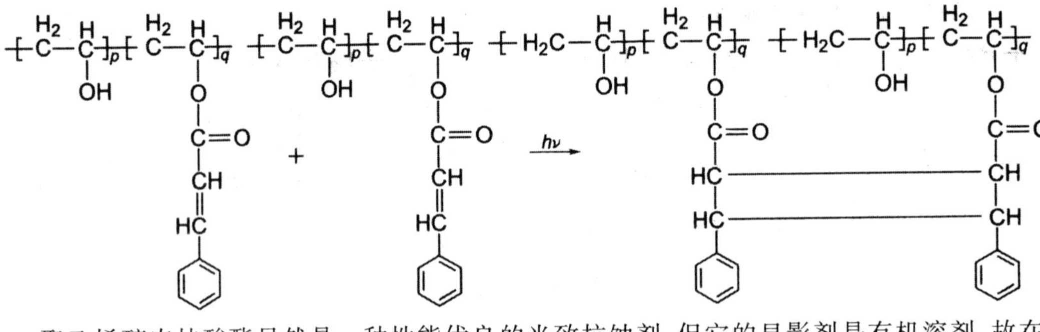

聚乙烯醇肉桂酸酯虽然是一种性能优良的光致抗蚀剂,但它的显影剂是有机溶剂,故在操作环境方面和经济方面都存在问题。因此,又研究了聚乙烯醇的肉桂酸—二元酸混合酯,如下面结构的聚乙烯醇的肉桂酸—二元酸混合酯,分子链中的肉桂酰基赋予了感光性,羧基则提供碱可溶性,从而可用碱水显影。

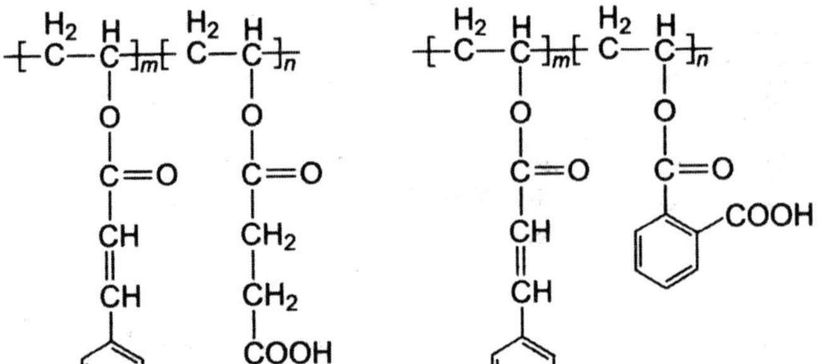

丙烯酸系肉桂酸类感光性高分子:

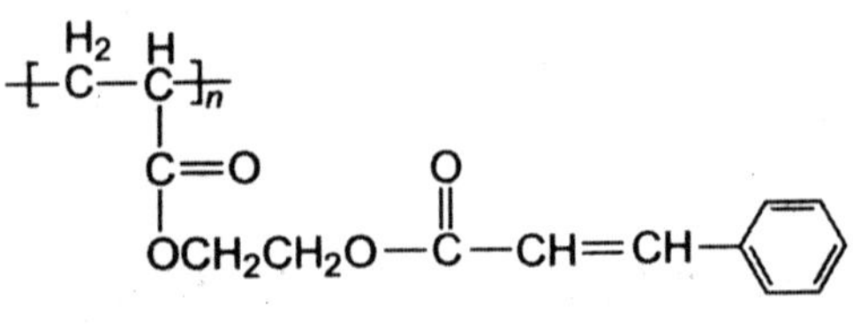

环氧树脂的肉桂酸酯类感光性高分子：

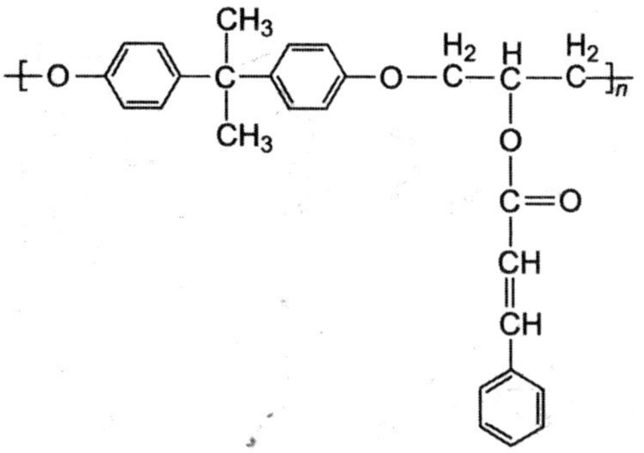

②聚乙烯亚苄基苯乙酮。

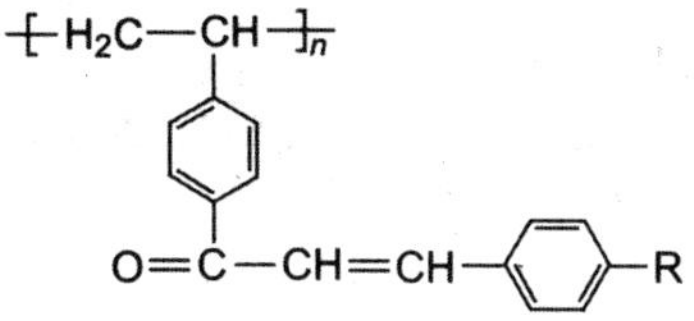

可通过以下合成路线制备：

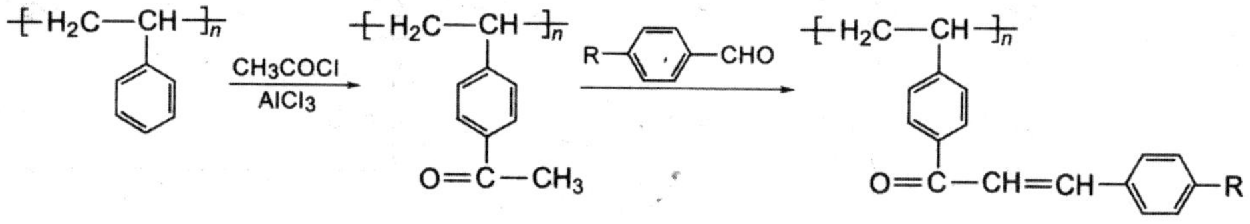

③含 α—苯基马来酰亚氨基的感光性高分子。

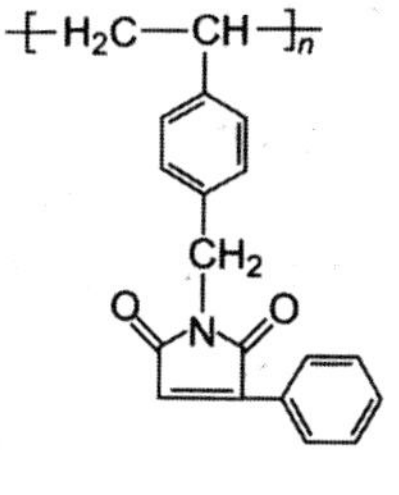

可通过以下合成路线制备：

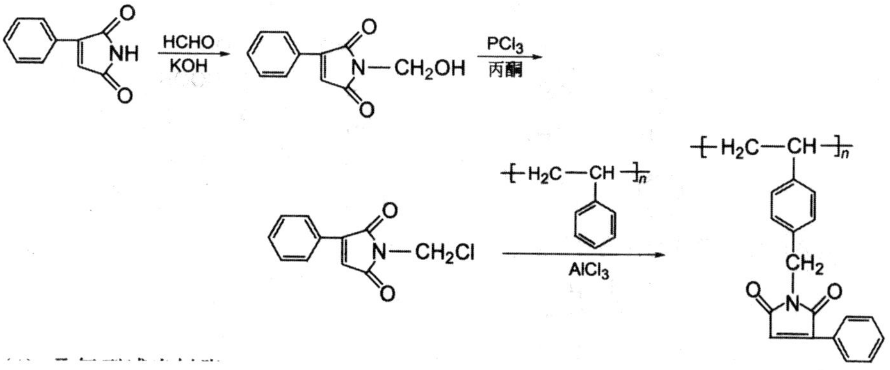

④叠氮型感光树脂。1963 年由梅里尔等人制备的第一个叠氮树脂是将部分皂化的 PVA 用叠氮苯二甲酸酐酯化而成的。

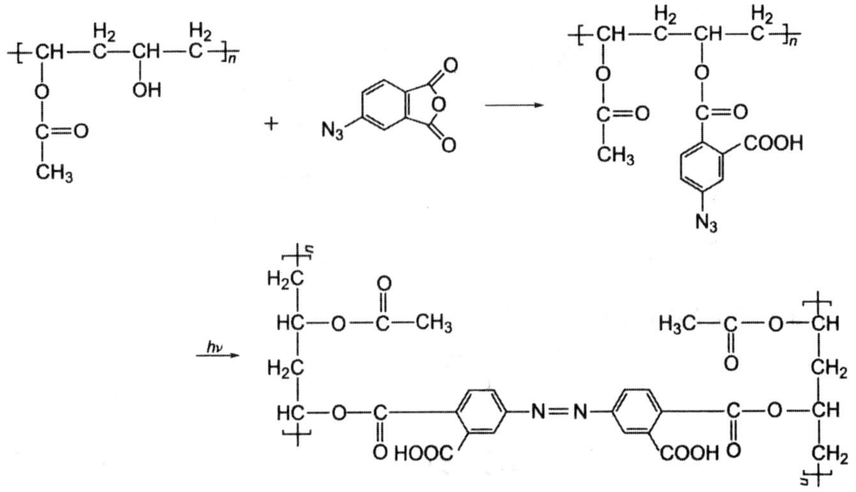

3. 导电高分子

（1）导电高分子的特性

导电高分子具有以下特性：

①室温电导率范围大。导电高分子室温电导率可在绝缘体—半导体—金属态范围内（$10^{-9} \sim 10^5 \text{S/cm}$）变化。这是迄今为止任何材料无法比拟的。正因为导电高分子的电学性能覆盖如此宽的范围，因此它在技术上的应用呈现多种诱人前景。

②掺杂/脱掺杂的过程完全可逆。导电高分子不仅可以掺杂，而且还可以脱掺杂，这是导电高分子独特的性能之一。如果完全可逆的掺杂/脱掺杂特性与高的室温电导率相结合，则导电高分子可成为二次电池的理想电极材料，从而可能实现全塑固体电池。另外，可逆的掺杂/脱掺杂性能若与导电高分子的可吸收雷达波的特性相结合，则导电高分子又是目前快速切换的隐身技术的首选材料。还可以利用这一特性制造选择性高、灵敏度高和重复性好的气体或生物传感器。

③氧化/还原过程完全可逆。导电高分子的掺杂实质是氧化/还原反应，而且氧化/还原反应是完全可逆的。在掺杂/脱掺杂的过程中伴随着完全可逆的颜色变化。因此，导电高分子这一特性可能实现电致变色或光致变色。这不仅在信息存储、显示上有应用前景，而且也可用于军事目标的伪装和隐身技术上。

（2）导电高分子的类型

按照材料的结构与组成，可将导电高分子分成两大类。一类是结构型（或称本征型）导电高分子，另一类是复合型导电高分子。

1）结构型导电高分子

结构型（或称本征型）导电高分子本身具有"固有"的导电性，由聚合物结构提供导电载流子（电子、离子或空穴）。这类聚合物经掺杂后，电导率可大幅度提高，其中有些甚至可达到金属的水平。

迄今为止,国内外对结构型导电高分子研究较为深入的品种有聚乙炔、聚对苯硫醚、聚苯胺、聚吡咯、聚噻吩以及 TCNQ(7,7,10,10－四氰二次甲基苯醌)传荷络合聚合物等。其中以掺杂型聚乙炔具有最高的导电性,其电导率可达 $5 \times 10^3 \sim 10^4 S/cm$(金属 Cu 的电导率为 $10^5 S/cm$)。这类结构型导电高分子用于制造大功率聚合物蓄电池、高能量密度电容器、微波吸收材料、电致变色材料,都已获得成功。

沈之荃院士等人应用我国丰产的稀土化合物作催化剂于室温(30℃左右)合成聚乙炔,获得顺式含量高、热稳定性和抗氧化稳定性较好的聚乙炔膜,从而研究开发了聚乙炔新品种——稀土聚乙炔,以及一类崭新的合成聚乙炔的优良催化剂。乙炔聚合催化剂由稀土化合物—三烷基铝及第三组分(可以无第三组分)组成。

1987 年由锂—聚苯胺制成的纽扣式电池问世后,聚苯胺作为众多导电聚合物中最有应用前景的材料为人们所关注。聚苯胺及衍生物可用多种方法合成,目前采用过硫酸铵为氧化剂,盐酸为质子酸体系合成。用此方法合成的聚苯胺一般为黑绿色粉末,电导率为$(5 \sim 10) \times 10^2 S/m$。

2)复合型导电高分子

复合型导电高分子是在不具备导电性的高分子材料中掺杂混入大量导电物质,如炭黑、金属粉、箔等,通过分散复合、层积复合、表面复合等方法构成的复合材料,其中以分散复合最为常用。复合型导电高分子材料制作方便,有较强的实用性,用做导电橡胶、导电涂料、导电黏合剂、电磁波屏蔽材料和抗静电材料,在许多领域发挥着重要作用。

目前所选择的高分子材料主要有:聚乙烯、聚丙烯、聚氯乙烯、聚苯乙烯、ABS、环氧树脂、丙烯酸酯树脂、酚醛树脂、不饱和聚酯、聚氨酯、聚酰亚胺、有机硅树脂等。丁基橡胶、丁苯橡胶、丁腈橡胶、天然橡胶等也常用做导电橡胶的基质。

常用的导电填料有:金、银、铜、镍、钯、钼、铝、钴等金属粉,镀银二氧化硅粉,镀银玻璃微珠,炭黑、石墨、碳化钨、碳化镍等。

4. 光导电高分子

所谓光导电,是指物质在受到光照时,其电子电导载流子数目比其热平衡状态时多的现象。换言之,当物质受到光激发后产生电子、空穴等载流子,它们在外电场作用下移动而产生电流,电导率增大。这种现象称为光导电。由光的激发而产生的电流称为光电流。

不少低分子有机化合物是优良的光导电物质,如蒽及其电荷转移络合物。许多高分子化合物,如聚苯乙烯、聚卤代乙烯、聚酰胺、热解聚丙烯腈、涤纶树脂等,都被观察到具有光导电性。在众多的光导电性聚合物中,研究得最为系统的是聚乙烯基咔唑(PVK),其结构式如下:

重要的光导电聚合物有五类:

①线型 π 共轭聚合物。

②平面型 π 共轭聚合物。

③侧链或主链中含有多环芳烃的聚合物。

④侧链或主链中含有杂环基团的聚合物。

⑤高分子电荷转移络合物。

5. 生物医用高分子

生物医学材料是生物医学科学中的最新分支学科,它是生物、医学、化学和材料科学交叉形成的边缘学科。医用高分子材料是生物医用材料中的重要组成部分,主要用于人工器官、外科修复、理疗康复、诊断检查、患疾治疗等医疗领域。

(1)医用高分子的分类

按材料的来源不同,医用高分子分为:

①天然医用高分子材料,如胶原、明胶、丝蛋白、角质蛋白、纤维素、甲壳素及其衍生物等。

②人工合成医用高分子材料,如聚氨酯、硅橡胶、聚酯等。

(2)对医用高分子材料的基本要求

医用高分子材料一般要满足下列条件:

①在化学上是惰性的,不会因为与体液接触而发生反应。

②对人体组织不会引起炎症或异物反应。

③不会致癌。

④具有良好的血液相容性,不会在材料表面凝血。

⑤长期植入体内,不会减小机械强度。

⑥能经受必要的清洁消毒措施而不产生变形。

⑦易于加工成需要的复杂形状。

(3)生物降解医用高分子材料

生物降解高分子材料是指在自然界的微生物或在人体及动物体内的组织细胞、酶和体液的作用下,使其化学结构发生变化,致使其分子量下降及性能发生变化的高分子材料。起生物降解作用的微生物主要包括真菌、霉菌或藻类。目前已研究开发的生物降解聚合物主要有天然高分子、微生物合成高分子和人工合成高分子三大类。

天然高分子是利用淀粉、纤维素、木质素、甲壳素、蛋白质等天然高分子材料制备的生物降解材料。这类物质来源丰富,可完全生物降解,而且产物安全无毒性,因而日益受到重视。但是其热学、力学性能差,成型加工困难,不能满足工程材料的各种性能要求,因此需通过改性才能得到具有使用价值的可生物降解材料。

人工合成高分子是在分子结构中引入易被微生物或酶分解的基团而制备的生物可降解材料,大多数引入的是酯基、酰胺基结构。现在研究开发较多的生物降解高分子材料有脂肪族聚酯类、聚乙烯醇、聚酰胺、聚氨酯及聚氨基酸等。生物降解高分子材料在生物医用材料方面的应用成为近年来研究的热点之一,主要集中在药物控制缓释系统和组织工程材料方面的应用。表 11-1 列出了一些用于体内的高分子材料。

表 11-1　医用高分子材料体内应用范围及选用的材料

应用范围	材　料　名　称
人工血管	人造丝,尼龙,腈纶,涤纶,硅橡胶,聚氨酯橡胶,聚四氟乙烯,聚乙烯醇海绵体,多孔聚四氟乙烯—胶原—肝素复合体
人工心脏	聚氨酯橡胶,硅橡胶,聚甲基丙烯酸甲酯,聚四氟乙烯,尼龙,涤纶
人工心脏瓣膜	聚氨酯橡胶,硅橡胶,聚甲基丙烯酸甲酯,聚四氟乙烯,聚乙烯醇,聚乙烯
心脏起搏器	聚氨酯橡胶,硅橡胶
人工食道和人工气管	聚乙烯醇,聚乙烯,聚四氟乙烯,硅橡胶
人工尿道	硅橡胶,聚甲基丙烯酸羟乙酯
人工头盖骨	聚甲基丙烯酸甲酯,聚碳酸酯,碳纤维
人工骨及人工关节	聚甲基丙烯酸甲酯,尼龙,聚氯乙烯,聚氨酯泡沫,聚四氟乙烯,聚乙烯,硅橡胶涂聚丙烯
人工腱	尼龙,涤纶,硅橡胶,聚氯乙烯
人工血浆	右旋糖酐,聚乙烯醇,聚乙烯吡咯酮
人工晶状体	硅凝胶,硅油
人工角膜	胶原与聚乙烯醇复合体,聚甲基丙烯酸羟乙酯,硅橡胶
人工齿及牙托	尼龙,聚甲基丙烯酸甲酯,硅橡胶
人工鼻	硅橡胶,聚氨酯橡胶,聚乙烯
人工乳房	硅橡胶囊内充硅凝胶
人工耳及耳软骨	硅橡胶,聚氨酯橡胶,聚乙烯,硅橡胶与胶原复合体,硅橡胶与聚四氟乙烯复合体
人工节育环和节育器	硅橡胶,尼龙,聚乙烯

6.高分子分离膜与膜分离技术

膜是指能以特定的形式限制和传递各种物质的分隔两相的界面。膜在生产和研究中的使用技术被称为膜技术。

(1)高分子分离膜(polymeric membrane for separation)的分类和材料

1)膜的分类

随着新型功能膜的开发,日本著名高分子学者清水刚夫将膜按功能分为:分离功能膜(包括气体分离膜、液体分离膜、离子交换膜、化学功能膜);能量转化功能膜(包括浓差能量转化膜、光能转化膜、机械能转化膜、电能转化膜、导电膜);生物功能膜(包括探感膜、生物反应器、医用膜)等。

2)膜材料

高分子膜材料有纤维素酯、聚碳酸酯、聚酰胺、聚砜类、磺化聚砜、聚芳香杂环类(聚苯并咪唑、聚苯并咪唑酮、聚吡嗪酰胺、聚酰亚胺、磺化聚苯醚)、聚乙烯醇、聚乙烯吡咯烷酮、聚丙烯酯、聚丙烯腈、聚丙烯酰胺、聚偏氯乙烯、聚四氟乙烯、聚二甲基硅氧烷等。

（2）典型的膜分离技术及其应用领域

典型的膜分离技术有微滤膜（MF）、超滤膜（UF）、反渗透膜（RO）、纳滤膜（NF）、渗透膜（D）、电渗透膜（ED）、液膜（LM）、渗透蒸发膜（PV）、气体分离膜。

膜分离技术主要应用于以下领域：

①化工生产中：如液体和气体混合物的分离。

②环境保护中：废水处理。

③海水和苦咸水的淡化、软化。

④电子工业中。

⑤生物技术及医药食品生产中。

1）微滤膜、超滤膜及其应用

微孔过滤（简称微滤）和超过滤（简称超滤）属于精密过滤，是以压力差为推动力的膜分离过程，一般用于液相分离，也可用于气相分离，比如空气中细菌与微粒的去除。

微滤所用的膜为微孔膜，平均孔径 $0.02\sim10\mu m$，能够过滤微米级（μm）或纳米级（nm）的微粒和细菌。其基本原理是筛分过程，操作压力通常为 $0.7\sim7$ kPa，原料液在压差作用下，其中水（溶剂）透过膜上的微孔流到膜的低压侧，为透过液，大于膜孔的微粒被截留，从而实现原料液中的微粒与溶剂的分离。决定膜分离效果的是膜的物理结构，孔的形状和大小。主要用于滤除 $0.05\sim10\mu m$ 的细菌和悬浊微粒。微滤膜材质分为有机和无机两大类：有机聚合物有醋酸纤维素、聚丙烯、聚碳酸酯、聚砜、聚酰胺等；无机膜材料有陶瓷和金属等，膜的孔径大约 $0.1\sim10\mu m$，其操作压力在 $0.01\sim0.2MPa$ 左右。

微滤技术主要应用领域如下：

①水处理行业：水中悬浮物，微小粒子和细菌的去除。

②电子工业：半导体工业超纯水、集成电路清洗用水终端处理。

③制药行业：医用纯水除菌、除热原，药物除菌。

④食品工业：酒、饮料中酵母和霉菌的去除，果汁的澄清过滤。

⑤化学工业：各种化学品的过滤澄清。

超滤所用的膜为非对称膜，其表面活性分离层平均孔径约为 $10\sim200A$，能够截留相对分子质量为 500 以上的大分子与胶体微粒，所用操作压差在 $0.1\sim0.5MPa$。原料液在压差作用下，其中溶剂透过膜上的微孔流到膜的低限侧，为透过液，大分子物质或胶体微粒被膜截留，不能透过膜，从而实现原料液中大分子物质与胶体物质和溶剂的分离。超滤膜对大分子物质的截留机理主要是筛分作用，决定截留效果的主要是膜的表面活性层上孔的大小与形状。除了筛分作用外，膜表面、微孔内的吸附和粒子在膜孔中的滞留也使大分子被截留。目前用做超滤膜的材料主要有聚砜、聚砜酰胺、聚丙烯腈、聚偏氟乙烯、醋酸纤维素等。

在超滤过程中，由于被截留的杂质在膜表面上不断积累，会产生浓差极化现象，当膜面溶质浓度达到某一极限时即生成凝胶层，使膜的透水量急剧下降，这使得超滤的应用受到一定程度的限制。减缓浓差极化措施为：一是提高料液的流速，控制料液的流动状态，使其处于紊流状态，让膜面处的液体与主流更好地混合；二是对膜面不断地进行清洗，消除已形成的凝胶层。

超滤技术主要应用领域如下：

①制药行业:用于中草药的精制和浓缩,除去中草药中的鞣质、蛋白、淀粉、树脂等大分子物质。

②生物制品工业:用于狂犬疫苗、乙型肝炎疫苗、转移因子、尿激酶、胸腺素等分离提纯。

③水处理行业:去除废水中的大分子物质和微粒。

④食品工业:用于牛奶中蛋白质和乳糖等小分子物质分离。

⑤化学工业:有机溶液的超滤分离、涂料浓缩、聚合物与单体的分离等。

2)反渗透膜及其应用

反渗透亦称逆渗透,是渗透的一种反向迁移运动,是一种在压力驱动下,借助于半透膜的选择截留作用将溶液中的溶质与溶剂分开的分离方法,它已广泛应用于各种液体的提纯与浓缩。反渗透膜是从水溶液中除去尺寸为 3~12Å 的溶质的膜分离技术。

反渗透原理机制:当纯水和盐水被理想半透膜隔开,理想半透膜只允许水通过而阻止盐通过,此时膜纯水侧的水会自发地通过半透膜流入盐水一侧,这种现象称为渗透,若在膜的盐水侧施加压力,那么水的自发流动将受到抑制而减慢,当施加的压力达到某一数值时,水通过膜的净流量等于零,这个压力称为渗透压力,当施加在膜盐水侧的压力大于渗透压力时,水的流向就会逆转,此时,盐水中的水将流入纯水侧,上述现象就是水的反渗透(RO)处理的基本原理。

用于反渗透法制备纯水的半透膜一般用高分子材料制成。如醋酸纤维素膜、芳香族聚酰肼膜、芳香族聚酰胺膜。表面微孔的直径一般在 0.5~10nm 之间,透过性的大小与膜本身的化学结构有关。

反渗透技术主要应用领域如下:

①水处理行业:广泛应用于海水淡化、苦咸水淡化、城市污水处理、工业废水处理等领域,海水淡化是反渗透技术应用的最主要领域。

②制药行业:生药浓缩,糖液浓缩,氨基酸分离浓缩。

③食品工业:牛奶处理,果汁浓缩,大豆及淀粉工业排水浓缩。

④化学工业:己内酰胺水溶液浓缩。

11.2.2　成像材料

1.热敏成像材料

所谓热敏成像材料是指版材在激光扫描后不经过显影、定影等化学处理就可上机印刷。由于省去了这些处理工艺,所以可节省不少时间并使制版工艺和设备有效简化,也节省占地面积。热敏成像材料受热后能显示出清晰颜色的成像材料,是将染料隐色体和显色剂一起分散在水溶性或油溶性黏合剂中,再涂于支持体上而成。所用的染料隐色体为内酯结构或三芳基甲烷染料,如结晶紫内酯、孔雀绿内酯和无色母体结晶紫及 20 世纪 70 年代发展的荧烷染料等。显色剂为双酚 A 等,受热后,显色剂释放出氢质子,使染料内酯环断裂或形成醌式结构而显出颜色。热敏成像材料通常用于心电图仪、台式电子计算机或电传真等的记录纸。

(1)制作方案

1)利用物理变化的方案

化学反应过程这一类中最为人熟知的是日本旭化成公司、美国 KPG 公司和德国爱克发公司最初推出的利用相变化原理的热敏 CTP 版材。这类版材在红外激光扫描、发热之前成像树脂层一般设计为亲水性的,当红外激光扫描、发热之后扫描部分由于发热升温到一定温度导致成像阻溶物发生相变化,由亲水转变为亲油,把曝光后的版材固定在印刷机的印辊上,扫描部分着墨,未扫描部分着水,可直接印刷得到印品。最近的专利公开了一个引人注目的亲水转变为亲油的方案,它是在处理过的铝版基上涂敷一层亲水层,其中含有热融性高分子微粒。这些微粒的热融熔温度一般在 50℃ 以上,常用的是一些聚乙烯、聚氯乙烯和聚苯乙烯等疏水性微粒,将其制成粒径在 $0.05 \sim 2 \mu m$ 之间,重均分子量在 $5000 \sim 1000000$ 之间的粒子分散于亲水层中。红外激光扫描时这些粒子融熔形成疏水区。

2)基于化学变化的方案

①在基材上涂一热分解层,其中含有有机金属微粒作为光热转化物质,红外扫描后由于热分解而使这一部分物质极性增强,变得亲水。

②一些带有羧基的高分子用某些高酸解活性的物质保护起来,与红外染料、光产酸源等一起涂布于铝版基上,形成亲油树脂层,当红外激光扫描、发热、产酸后该区域树脂的保护基脱掉,由亲油变为亲水。

③侧链上带有羧基同时又带有羟基或氨基或环氧基等易于与羧基发生反应的官能团的高分子是高度亲水的,当它们与红外染料及光产酸源一起组成感热组成物涂敷于铝版基上时形成亲水层。经红外激光扫描发热产酸后羧基与羟基或羧基与环氧基发生酯化反应,可发生由亲水—亲油的变化。而羧基与氨基则发生酰胺化反应或酰亚胺化反应,也可能由亲水变为亲油。

④在高度亲水性的聚乙烯醇中溶入亲水性的光热产酸源并均匀地分散入光热转化物质构成亲水层,当红外激光扫描时光热转化物质吸收红外线发热引起产酸源分解产酸,聚乙烯醇脱水变为亲油性的多烯烃,可制得无处理热敏版材。

⑤利用金属氧化物分散于高分子中,待红外激光扫描发热后金属氧化物与高分子发生某种化学反应实现亲水亲油的转变。

(2)成像原理

1)热敏材料的制备

将记录光信息的光敏物质和起成色作用的无色染料包裹于微胶囊内,将显色剂与微胶囊单元同置于支持体上制成用于打印的光热敏材料打印纸。

2)潜影标识

使用与光敏物质波长匹配的光照射步骤 1)的打印纸时,接受到光照的位置按照接受光强大小发生不同程度的内部固化,记录光信息形成"潜影"。

3)显影

整体均匀地加热步骤 2)的打印纸使微胶囊外显色剂进入囊内接触到染料前体,发生显色反应,形成图像,显现出先前的"潜影"信息,形成影像。

(3)主要用途

①用于医疗诊断装置、测量分析仪器仪表的终端打印机。

②用于电子计算机终端输出的热打印机。

③用于销售点(Position of Sales,POS)的热敏标签打印条码和货品卡。

④用于传真机及其他传真装置。

2. 压敏成像材料

压敏成像材料受压后能显示清晰影像的材料。是按一种染料隐色体遇酸可以产生颜色的原理制成。如果将这种隐色体或一种酸,包裹于极小的微胶囊中,分别涂于纸张的正面和背面,当纸张叠在一起,上面给以一定的压力(如用笔书写)时,造成胶囊破裂,隐色体与酸即产生颜色。这种压敏纸已广泛用于复印,代替复写纸。

压敏成像材料最主要的应用是无碳复写纸。1954 年美国 NRC 公司发明无碳复写纸技术,又称压敏记录纸。20 世纪 70 年代我国引进无碳复写纸的生产设备,开始了我国无碳复写纸的发展进程。无碳复写纸应用广泛,既可以用于电脑打印,如发票、电脑票据、连续记录等,也可以用于手工书写。包括手工发票、普通票据等常用联单。无碳复写纸一般由上纸(CB)、中层纸(CFB)、下层纸(CF)3 种纸组成(图 11-1)。上层纸的背面涂布包覆染料前体的微胶囊涂层,下层纸的正面涂布显色剂涂层,中层纸的正面涂布显色剂涂层,背面涂布含有染料前体的微胶囊涂层。用铅笔、钢笔、打字机等书写工具在上页纸上用力时,上层、中层纸背面的微胶囊破裂释放出染料前体与中层纸、下层纸正面的显色剂发生显色反应而显出颜色。无碳复写纸所用微胶囊的性质、形状对其性能影响很大。分散液要求浓度高、黏度低,微胶囊粒径较小分布窄,微胶囊囊壁要具有适当的强度,在无碳复写纸的裁切、运输及存放时不会因囊壁破裂而显色,同时也要保证在书写或打字时微胶囊囊壁破裂释放芯材。无碳复写纸中显色剂粒径 $2\sim10\mu m$,最好在 $2\sim5\mu m$,粒度分布越窄越好。显色剂还要满足以下要求:外观白色、发色速度快;发色浓度高,图像颜色深;发色图像耐老化性能好,保存过程中不变质;本身无毒且不分解生成有毒成分;制造方便,价格低廉等。

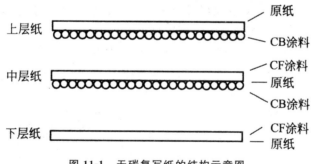

图 11-1　无碳复写纸的结构示意图

无碳复写纸用微胶囊最初采用明胶—阿拉伯胶复凝聚法制备,后来采用原位聚合和界面聚合法等合成方法制备。采用合成方法可制得高浓度微胶囊乳液,制备工艺简单,生产周期较短,贮存性能好。日本 Asahi Optical 公司制备双层壁的压敏微胶囊,内层壁材采用原位聚合或界面聚合法,外层壁材采用复凝聚法。利用这种方法制备出的双层壁微胶囊具有高的单分散性,较高的耐压性能和较高的熔点,减少无碳复写纸在运输和保存过程中产生的灰雾,具有很好的成像性能。日本 Nippon Paper Industries 公司在微胶囊中加入光固化树脂,在压敏成像后 UV 曝光定影,避免未成像部分的微胶囊材料在压力或其他作用下破裂显色,保证了图像的安全性。虽然工艺复杂程度有所增加,但在需要保证成像安全的应用领域,这种技术是很有应用前景的。

11.2.3 电子工业用化学品

电子工业在国民经济中的地位早已众所周知。电子工业是世界飞速发展的高新技术产业,它的发展水平与规模常常是一个国家科技水平的标志之一。电子工业的飞速发展带动了电子工业用化学品的发展,而新的高性能电子化学品的发展也促进了电子元器件产业的发展,从而推动了整个电子工业的发展。尤其是半导体工业、微电子工业的发展与不断开发先进技术和新型化学品有着极其密切的关系。

电子产品主要包括计算机、家电等整机产品和各种各样的电子元器件,后者包括电阻、电容、集成电路、分立器件、电位器、石英谐振器、电感、液晶显示器等。电子工业化学品种类繁多,从状态上包括气体、液体和固体;从门类上包括无机物、有机物、高分子材料;有工业材料,也有化学试剂,有结构材料,也有功能材料。

1. 电子工业化学品的特点

①用量差距大,如聚苯乙烯达万吨级,而用量小的仅几公斤,甚至以克计;

②除大宗用量的化学品外,多种类的化学品在纯度、性能和功能方面要求很高;

③品种多、专用性强,多达上千种,其中许多仅仅用于极窄的领域;

④属知识密集型和资金密集型高新技术产品,随着高新技术的发展,更新换代很快;

⑤附加值高,利润高。

2. 电子工业化学品的种类

(1)工程塑料

工程塑料指具有较高力学性能、耐温性和电性能的可代替传统材料作为结构材料的塑料。电子工业也使用大量经过改性后在某些性能方面接近工程塑料的通用塑料,如高抗冲性聚苯乙烯,它在电视机外壳、包装、电容器等方面用量很大。

①聚酰胺。历史最久,产量高的工程塑料聚酰胺在电子工业有广泛的应用,在通用电子电器零部件上使用十分普遍,如外壳、框架、印刷线路板、固定架、低频接插件、电视机偏转线圈骨架、开关、接线盒等。与其他工程塑料不同,聚酰胺是一个大家族,品种多,品级和牌号多达几百种。Du Pont 公司一家就有上百个品级和牌号。值得提及的是各种聚酰胺品种在电子工业上都有不同的应用。现在阻燃和增强聚酰胺在电子工业的应用发展较快。

②聚甲醛。聚甲醛是工程塑料主要品种之一,具有良好的综合性能。我国聚甲醛大多数用于电子电器和家电的生产,主要用于家电和计算机零部件,如电视机的机壳、线圈骨架、录音机和录像机磁带卷轴、计算机的控制部件等。

③ABS。电视机外壳和其他一些家电外壳多使用 ABS,它强度高、电性能好、尺寸稳定、价格低。

④聚酯类。以 PET 为代表的聚酯类工程塑料耐热、电绝缘、强度高、耐化学腐蚀。PET 在电子工业中可做 B 级(130℃)绝缘材料。增强品种可作电子部件的连接器、线圈骨架、微电子部件等。PET 亦可做电子元器件的外壳,聚酯薄膜用于生产薄膜电容器。

⑤芳杂环聚合物。芳杂环聚合物属耐热树脂,它可做耐高温薄膜电容器和绝缘层。聚酰亚胺在集成电路、印刷线路板中可做胶黏剂和封装材料。聚酰亚胺是半导体的优异封装材料。

聚酰亚胺用作电子元件和连接器、基材。

⑥聚醚类。聚醚类常用于在高温工作条件下线圈骨架、线圈芯材、高频印刷电路板。改性聚苯醚用于电子工业中要求精密的结构,如高压插头、插座、线圈骨架、电视机后壁等。聚苯硫醚用于制固定线路板基板及封装集成电路。

⑦氟塑料。氟塑料主要用于电容器绝缘,印刷电路板、插接件、集成电路芯片和包覆层、电子计算机用电线绝缘。

（2）特种高分子材料

特种高分子材料是指具有一般塑料没有的特别功能的高分子材料,如压电、热电功能,高绝缘、导电、光导、渗透等性能。导电塑料用于半导体器件防静电包装、导电板、屏蔽电磁材料。芳香族聚酰亚胺具有高绝缘性和耐热性,可在高温下连续使用几万小时,其薄膜可制成半导体器件保护膜、层间绝缘膜。聚甲基丙烯酸甲酯光学纤维作导光材料在中子工业中用作传送系统、光学传感器、光导管。它是光纤通信不可缺少的材料。分离膜发展速度非常快,中空纤维分离膜和反渗透膜用于制取高纯气体、高纯水和超纯试剂。液晶的应用已有十多年的历史,在电子工业中起重要作用,如用作显示材料于电子表、微型计算器、液晶电视及各种数字和文字显示屏。

（3）电子工业专用橡胶制品

家电、计算机、办公自动化等都离不开橡胶制件。通常对其性能要求较高。电视机用橡胶制件较多,如垫片、护套、高压帽等。录音机和录像机的带轮、传送带,洗衣机的密封件、防水和防震垫圈,电冰箱密封条、防振件、传送带等都使用橡胶制件。

（4）其他

①发光材料,彩色电视机的阴极射线管中,在荧光物质中添加掺杂剂和微量元素可产生各种颜色。显像管生产使用多种无机盐,如纯碳、碳酸钡、碳酸钾、氧化铅、硝酸钠、焦锑酸钠、二氧化钛、氢氧化铈、硝酸镍、硝酸钴等。

②封装材料,电子元器件封装材料主要是合成树脂材料,也使用无机物。

③电子工业用特种涂料、抛磨材料、导电糊料和油墨等。

11.2.4　精细陶瓷

现在对于精细陶瓷（也称先进陶瓷、高技术陶瓷、高性能陶瓷）还没有统一的定义,但普遍认为是:不直接使用天然矿物原料而采用高度精选的高纯化工产品为原料;经过精确控制化学组成、显微结构、晶粒大小;按照便于进行结构设计及制备的方法进行制造、加工而具有优异特性（热学、电子、磁性、光学、化学、机械等）的陶瓷称为精细陶瓷。精细陶瓷的微观结构具有显著的特征,晶相、玻璃相、气孔三项共存,均匀分布。

1. 生物陶瓷

与生命科学、生物材料、生物工程学相关的陶瓷称为生物陶瓷。生物陶瓷是具有特殊生理行为的陶瓷材料,可以用来构成人体骨骼和牙齿等的某些部位,甚至可望部分或整体地修复或替换人体的某种组织和器官,或增进其功能。这类陶瓷的硬度和强度高,耐磨、耐疲劳,并且对生物组织有良好的适应性和稳定性。

所谓生物陶瓷的特殊生理行为,是指它必须能满足下述生物学要求,或者说生物陶瓷必须具备下列条件。

(1)生物相容性

即生物陶瓷必须既对生物体无毒、无害、无刺激、无过敏性反应,无致畸、致突变和致癌等作用,同时,它又不会被生化作用所破坏。

(2)力学相容性

生物陶瓷不仅应具有足够的强度,不发生灾难性的脆性破裂、疲劳、蠕变及腐蚀破裂,而且其弹性形变应当和被替换的组织相匹配。因为弹性失配将导致植入物丢失。植入物是否力学相容,取决于它所承受的应力的大小以及组织间形成的界面的性质和材料本身的弹性模量。

(3)与生物组织有优异的亲和性

生物陶瓷植入生物体后,能和生物组织很好地结合,这种结合可以是组织长入不平整的植入体表面而形成的机械嵌联,也可以是植入体和生理环境间发生生物化学反应而形成的化学键结合。

(4)抗血栓

生物陶瓷作为植入材料和人体血液相接触,要求植入物不会遭受血液细胞的破坏,且不会形成血栓。人工心脏移植者为防止血栓的形成要服用大量的解凝药物,而这却会削弱伤口的愈合。因此,生物陶瓷作为植入体必须有很好的抗血栓性能。

(5)灭菌性

即植入材料必须能以灭菌形态生存下来,不会因外部条件如干热、湿热、气体、辐射等的影响而改变其自身的功能,只有这样才能尽量减少手术后的感染。

此外,生物陶瓷还应满足很好的物理、化学稳定性。

由于人体的高度复杂性和每个人身体状况的差异性,生物功能陶瓷作为人体某些组织的替代物植入,在它们被正式使用前,必须先经过极严格的临床试验,因此,生物医学陶瓷的研究和开发就相对具有代价高、周期长的特点。尽管如此,随着科学技术的发展,以及材料科学与外科医学技术的进展,生物功能陶瓷的发展仍然相当迅速。目前,生物陶瓷 KT 已作为患者外科矫形手术的假体(例如各种人工关节)、眼睛角质假体、人体组织长入的涂层、人工心脏瓣膜、人工筋腱与韧带材料等,应用范围已相当广泛。20 世纪 80 年代,国际生物医学陶瓷市场每年的贸易额已达数亿美元。世界上许多国家已经十分重视生物医学陶瓷的开发和应用,并建立了相应的研究机构与学术团体。美国于 1955 年成立人工内脏器官学会,日本于 1982 年成立了人体器官及生物材料专业委员会。可以预期,为人类康复带来福音的生物医学陶瓷将会得到飞速发展。羟基磷灰石(HA)是人们熟悉的活性生物陶瓷,它是制造人造骨、人造齿的重要材料,是骨缺损良好的充填剂。烧结致密的 HA 是作为连续腹膜透析(CAPD)的经皮切口辅助装置。在全球范围内,有成千上万的肾透析病人得益于 CAPD,但 HA 由于强度不足,所以用作骨骼还有一定困难。目前,生物医学陶瓷一般可分三大类:

①惰性生物陶瓷,包括 Al_3O_4 陶瓷和各种碳制品。

②表面活性生物陶瓷,包括羟基磷灰石(HA)陶瓷、表面活性玻璃陶瓷。

③吸收性生物陶瓷,包括硫酸钙、磷酸三钠和钙磷酸盐陶瓷。

生物陶瓷的主要成分是 SiO_2、P_2O_5、CaO、C、Al_2O_3 等。总体上生物陶瓷主要是应用于人体中和生物工程中。凡是以置于人体内,代替因疾病、事故失去的组织器官,以图恢复肌体的功能为目的而应用的陶瓷,都称为人体相关陶瓷。在 19 世纪后期,法国人 Boutin 以 Al_2O_3 制作的人造骨、人造关节开创了用陶瓷制作人造关节的先例。从此,各种陶瓷应在人体组织中得到了广泛的应用,并且其性能越来越完善。

应用于生物化学领域的陶瓷称为生物化学相关陶瓷,主要应用方向有:利用多孔玻璃分离与提纯微生物体与生物物质、微生物向多孔体上的固化、血液分析和固定化酶的载体等。

2. 超导陶瓷

超导陶瓷是一类在临界温度时电阻为零的陶瓷,它对今后信息革命、能源利用以及交通起重要作用。1986 年 IBM 公司报道发现了 Ba－La－Cu－O 钙钛矿结构的复合氧化物具有高温超导性后,超导材料的研究就成为材料和化学界研究的重点之一,并且发现制备出一系列的高温超导陶瓷材料。研究发现在陶瓷超导体中存在着非计量配比氧、调制结构、阳离子的无序分布、孪晶或其他短程序结构,这些结构缺陷都会影响电子输运特性,即直接影响高温超导体的性能。因此了解氧化物超导体所共有的结构特征,无疑对晶体结构的理解和推演出晶体结构与超导电性的关系都是十分必要的。

3. 纳米陶瓷

纳米陶瓷是近 20 年发展起来的新型超结构陶瓷材料。它由纳米级水平(1～100nm)显微结构组成。其中包括晶粒尺寸、晶界宽度、第二相分布、气孔尺寸、缺陷尺寸等都只限于纳米量级的水平。纳米陶瓷的研究是当前先进陶瓷发展的三大课题之一。陶瓷是一种多晶体材料,它是由晶粒和晶界所组成的烧结体,由于工艺上的原因,很难避免材料中存在气孔和微小裂纹。决定陶瓷性能的主要因素是组成和显微结构,即晶粒、晶界、气孔和裂纹的组合性状,其中最主要的是晶粒尺寸问题。晶粒尺寸的减小将对材料的力学性能产生很大的影响,使材料力学性能产生数量级的提高。晶粒的细化使材料不易造成穿晶断裂,有利于提高材料的断裂韧性。其次晶粒的细化将有助于晶粒间的滑移,使材料具有塑性行为。因此,纳米陶瓷的问世,将使材料的强度、韧性和超塑性大大提高。长期以来人们追求的陶瓷韧性和强化问题在纳米陶瓷中可望得到解决。此外,纳米陶瓷的高磁化率、高矫顽力、低饱和磁矩、低磁耗以及特别的光吸收效应,都将为材料的应用开拓一个新的应用领域。广义地讲,纳米陶瓷材料包括纳米陶瓷粉体、单相和复相的纳米陶瓷、纳米－微米复相陶瓷和纳米陶瓷薄膜。纳米陶瓷的出现,必将引起陶瓷工艺学、陶瓷科学、陶瓷材料的性能和应用的变革和发展,也将促使与之相关联的其他功能陶瓷材料的研究提高到一个崭新的阶段。

纳米陶瓷是将纳米级陶瓷颗粒、晶须、纤维等引入陶瓷母体,以改善陶瓷的性能而制造的复合型材料,其提高了母体材料的室温力学性能,改善了高温性能,并且此材料具有可切削加工和超塑性。

根据分散相和母相尺寸可以将纳米陶瓷复合材料分为晶内型、晶间型、晶内/晶间混合型。目前研究最多的是 Al_2O_3－SiC,Al_2O_3－Si_3N_4,MgO－SiC,Si_3N_4－SiC,SiC－超细 SiC 等陶瓷系列。纳米陶瓷复合材料的制备加工工艺较复杂。一般采用化学气相沉积法制备出 Si_3N_4－TiN 复合材料,TiN 是以大约为 5nm 分散在 Si_3N_4 母体晶粒中,但是此法成本高,不适合大型复杂构件的生产,所以烧结法的应用是主要方向。

11.3 精细化工新技术

11.3.1 生物催化技术

近年来,生物催化剂在精细化学品生产中的应用增长很快,精细化工和制药工业消费的生物催化剂在 1 亿～1.3 亿美元/年,预计年增长率达 8%～9%。生物催化技术不仅可解决化学法进行不对称合成与拆分所需的手性源以及产生无效对映体引起的环保问题,还可直接用于不对称合成、生产手性化合物以及结构复杂、具有生物活性的大分子和高分子化合物。具有反应条件温和、能源节省、转化率和选择性高、环境友好和投资少等优点的生物催化技术已成为国外著名化学公司投资的重点。

生物催化技术是利用酶或微生物细胞作为生物催化剂进行催化反应的技术。酶作为生物催化剂比化学催化剂有许多优点:①酶催化反应一般在常温、常压和近于中性条件下进行,所以投资少、能耗少且操作安全性高;②生物催化剂具有极高的催化效率和反应速度,比化学催化反应的催化效率可高 10^7～10^{13} 倍;③生物催化具有高度专一性,包括底物专一性和立体专一性,生物催化只对特定底物引起特定反应,对产物立体构型、结构及催化反应的类型均有严格的选择性,能有效催化一般化学反应较难进行的手性化技术;④生物催化剂本身是可生物降解的蛋白质,是理想的绿色催化剂。以生物催化法生产 D—泛酸内酯为例,D,L—泛酸内酯在 D,D-泛酸内酯水解酶存在下,发生不对称水解反应制备 D—泛酸内酯,所得产品为立体定向性 D 型,光学纯度达 97.1%(ee)。经固定化的生物催化剂使用 200 次后,所得产品光学纯度仍大于 90%(ee)。D—立体有择的内酯水解反应过程如图 11-2 所示。

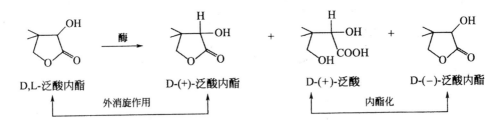

D,L-泛酸内酯　　　外消旋作用　　D-(+)-泛酸内酯　　　　D-(+)-泛酸　　内酯化　　D-(−)-泛酸内酯

图 11-2　D—立体有择的内酯水解反应过程

利用生物催化剂进行拆分的还有叠氮基类外消旋混合物、氨基醇外消旋混合物和胺类外消旋混合物等。许多用传统化学催化剂难以生产的手性化合物,目前已不断采用生物催化剂进行研发,生物催化技术不仅可解决化学法进行不对称合成与拆分所需的手性源以及产生无效对映体引起的环保问题,还可直接用于不对称合成、生产手性化合物以及结构复杂、具有生物活性的大分子和高分子化合物。

利用生物催化剂通过不对称合成生产的氨基酸有 L—天冬氨酸、L—丙氨酸、L—色氨酸、L—酪氨酸、L—多巴、L—半胱氨酸、L—丝氨酸、L—赖氨酸、D—半胱氨酸等。

手性化合物在精细化工产品中占有重要地位,是医药、农药、香料、功能性化学品的前体、中间体或产品。利用生物催化剂进行不对称合成、对映体拆分制备手性化合物具有广阔的应用前景。在手性化合物和药物的合成方面,工业上应用的生物催化剂主要有裂解酶、水解酶和醇脱氢酶等。

11.3.2　新型催化剂在精细化工产品合成中的应用

目前精细化工中,新型催化剂的研制和清洁催化技术的开发与应用研究进展十分迅速,成为精细化工推行绿色化清洁生产的重要手段,如固体超强酸催化剂、杂多酸催化剂、相转移催化剂等。

1. 固体超强酸催化剂

超强酸是指酸性超过 100% 硫酸的酸,如用 Hammett 酸度函数 H_0 表示酸强度,100% 硫酸的 H_0 值为 -11.93,$H_0 < -11.93$ 的酸就是超强酸。固体超强酸分为两类:一类含卤素、氟磺酸树脂或氟化物固载化物;另一类不含卤素,为 $\frac{SO_4^{2-}}{M_xO_y}$ 型,它由吸附在金属氧化物或氢氧化物表面的硫酸根,经高温燃烧制备,如 $\frac{SO_4^{2-}}{ZrO}$、$\frac{SO_4^{2-}}{Fe_2O_3}$、$\frac{SO_4^{2-}}{Al_2O_3}$、$\frac{SO_4^{2-}}{TiO_2}$ 等单组分型,$NiO-ZrO_2-SO_4^{2-}$、$WO_3-ZrO_2-SO_4^{2-}$ 等复合型。后一类因无卤素,在制备和处理过程中不会产生三废,而受到人们的重视。

固体超强酸的主要优点是无腐蚀性,易与产物分离,常使反应在较温和的条件下进行。已用于酯化、酰化、烷基化、烯烃多聚、烯烃与醇加成等。目前,固体超强酸已发展到杂多酸固体超强酸,负载金属氧化物的固体超强酸,复合稀土元素型固体超强酸,磁性复合固体超强酸和分子筛超强酸。在保证超强酸酸性前提下,综合其他成分的优点,如沸石催化剂,在工业上应用已很成熟,在此基础上引入超强酸的高催化活性,可以创造出新一代的工业催化剂,如具有规整介孔结构的 MCM-41 等分子筛,其比表面积大,热稳定性好,且孔径在一定范围内可调,以其作为载体可以为超强酸提供更多的比表面积。

2. 杂多酸催化剂

杂多酸(HPA)是由杂原子和多原子按一定结构通过氧原子配位桥联的含氧多酸,是一种酸碱性和氧化还原性兼具的双功能绿色催化剂。固态杂多酸化合物由杂多阴离子、阳离子(质子、金属阳离子、有机阳离子)及水或有机分子组成。目前用于催化的主要是分子式为 $H_nAM_{12}O_{40} \cdot xH_2O$ 具有 Keggin 结构的杂多酸,如 $H_4SiW_{12}O_{40} \cdot xH_2O$、$H_3PMO_{12}O_{40} \cdot xH_2O$ 等,它们是由中心配位杂原子形成的四面体和多酸配位基团所形成的八面体通过氧桥连接形成的笼状大分子,其具有类沸石的笼状结构。这类杂多酸易溶于水、乙醇、丙酮等极性较强的溶剂,因杂多酸的比表面积较小,在应用中,将杂多酸固载在合适的载体上,以提高比表面积,载体主要有活性炭、SiO_2、TiO_2、分子筛、硅藻土、离子交换树脂、聚合物等大孔材料。大多采用浸渍法固载,改变杂多酸溶液浓度及浸渍时间是调节浸渍量的主要手段。由于 HPA 阴离子体积大,对称性好,电荷密度低的缘故,使其表现出比传统的无机含氧酸更强的酸性。用 HPA 作酸催化剂具有以下优点:活性比传统的硫酸高;不腐蚀设备;不污染环境;可进行均相反应,也可进行非均相反应。在精细化学品的合成中应用于:烷基化和脱烷基反应;酯化反应;醇脱水反应和烯烃水合反应;环醚开环反应;醇醛缩合反应;烯烃加成酯化和醚化反应。HPA 不仅具有超然的强酸性,还兼具氧化还原性。HPA 用做氧化还原催化剂具有以下特点:比较稳定,在较强氧化条件下也不易分解;即可进行均相反应又可进行非均相反应;在反应过程中主要是那些阴离子起催化作用,因而活性和选择性较高,还能进行相转移催化氧化,应用于烷烃、烯烃、炔烃、醇、酚、醚、胺、醛和酮的氧化及还原反应。

3. 相转移催化剂

从 20 世纪 70 年代初起,相转移催化技术成为有机合成中的非常重要的新方法,成为精细化工和药物合成的强有力工具。相转移催化这个名词是 C. M. Starks 于 1966 年首次提出的,并在 1971 年正式使用这个名词。所谓相转移催化是指:一种催化剂能加速或者能使分别处于互不相溶的两种溶剂(液—液两相体系或固—液两相体系)中的物质发生反应。反应时,催化剂把一种实际参加反应的实体从一相转移到另一相中,以便使它与底物相遇而发生反应,催化机理符合萃取机理。相转移催化剂在这个过程中没有损耗,只是穿梭于两相间重复地起"转运"负离子的作用。

常用的相转移催化剂有下列几种。

①铵盐,这是一类使用范围广、价格也便宜的催化剂,其中最常用的是四级铵盐,溴化十六烷基三甲基铵,氯化四正丁基铵,溴化四正丁基铵,氯化三正辛基甲基铵,氯化苄基三甲基铵,氯化苄基三乙基铵,氯化四正丁基磷,溴化十六烷基三正丁基磷等。

②阴离子表面活性剂,如十二烷基磺酸钠,四苯基硼钠。

③冠醚,冠醚有络合金属离子的能力。在相转移反应中,冠醚与碱金属络合形成伪有机正离子,它与四级铵盐的正离子很相像,因此也能使有机的和无机的碱金属盐溶于非极性有机溶剂中,大多用于固—液相催化。但由于它价格昂贵且毒性较大,故未能得到广泛应用,在工业上就更不宜使用。冠醚在强碱性溶液中极为稳定,因此是在强碱性溶液中进行相转移催化反应的重要催化剂。

④开链多聚醚,如聚乙二醇或聚乙二醇醚与冠醚相似,它们与碱金属、碱土金属离子以及有机正离子络合,只不过没有冠醚的效果强。

11.4 精细化工绿色化

11.4.1 精细化学品生产绿色化

20 世纪 90 年代以来,一场"绿色化学"革命席卷全球,短短 10 多年,化学品生产绿色化已经取得很多可喜成果:生物降解塑料的研究与商品化;化学品合成采用无毒性原料和溶剂,同时还开发了一些原子经济性反应;高选择性催化剂等绿色化工技术生产精细化学品原药等。化学品生产绿色化在很大程度上减少了化学工业所带来的污染,在降低了化学工业对自然环境造成灾难性破坏风险的同时,化工企业在经济效益、环境效益和社会效益三方面也找到了平衡点。

世界各国致力于化学化工绿色化的重要原因之一是石油等矿物质资源日益枯竭,越来越昂贵的石油化工原料成本使很多国家、尤其是发展中国家无法承受。埃塞俄比亚为了不花更多资金进口石油来生产塑料,他们的化学家研究出用甘蔗衍生品生产塑料袋,这种塑料袋用完后还可以成为牛饲料,这项研发不但节约生产成本,还能为牛解决饲料问题。由此可见,绿色化学不仅可使生产成本降低、原材料得到充分利用并节省开支,而且还可以节约处理有毒废弃物的巨额开销,从而大大提高企业的经济效益和市场竞争力。

　　避免环境污染则是致力于发展绿色化学的另一重要原因。19 世纪以来,人类为了生存和改善生活,向大自然索取的同时,还发展了传统工业体系,其中特别是化学、化工体系。当今生产的化学产品达 10 万种以上,它既为社会进步和提高人类生活水平作出了巨大的贡献,但也在过去先发展后治理的思想指导下,造成了环境的严重污染,消耗了巨额治理费用。当今全球气候变暖,臭氧层破坏,光化学烟雾和大气污染,酸雨,生物多样性锐减,森林破坏,荒漠化和核冬天等环境问题的威胁,已经严重影响人类的生存和社会持续发展。能源和资源危机也向人类敲响了安全警钟。人类如何生存下去,如何保证经济持续发展、生态和社会持续性进步,已是各国政府、研发机构、学校和有关团体特别关注的问题。1992 年联合国环境与发展大会发表了《里约热内卢宣言》,提出可持续发展战略;1996 年又召开了以环境无害有机合成为主题的会议,较完整地提出了"绿色化学"的概念。

　　为了较全面地理解绿色化学,可将其概括为:利用化学的技术和方法去减少或消灭那些对人体健康、社区安全、生态环境有害的原料、催化剂、溶剂和试剂、产物及副产物等的使用和产生;理想的绿色化学在于不再使用有毒、有害的物质,不再产生废物,不再处理废物;争取从源头上防止污染,最大限度地合理利用资源,保护环境和生态平衡,满足经济、生态和人类社会持续发展;绿色化学的主要特点是原子经济性,即在获取新物质的转化过程中充分利用每个原料原子,实现"零排放",因此可以充分利用资源,又不产生环境污染。传统化学工艺向绿色化学的转变可以看作是化学从粗放型向集约型的转变。绿色化学既可以变废为宝,使经济效益大幅度提高,又是环境友好技术或清洁技术的基础。

　　为了使化学化工产业实现绿色化学目标,当今国内外研究开发工作主要包括图 11-3 中所涉及的内容,即化合物合成尽可能采用原子经济性或绿色化学反应;研究使用无毒、无害或再生资源原料,化工过程中采用无溶剂或绿色化溶剂(如 H_2O 等)以及催化技术、生化技术和超临界流体等绿色化工技术,最终制备出符合绿色化要求的产品。

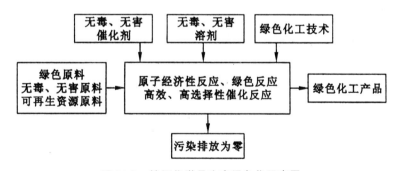

图 11-3　精细化学品生产绿色化示意图

11.4.2　精细化学品生产绿色化设计

　　精细化学品及其工业涉及原药(广义的原药除医药外,还包括农药、兽药、各类助剂、染料、香料、聚合物和试剂等具有一定分子结构的化学品)的合成,复配物(涂料、黏合剂、化妆品、医药或农药制剂等)的制备和商品化(在市场上柜台的商品)三部分组成。设计绿色的精细化学品时,上述三个组成部分都应考虑。原药合成是精细化学品的基础,它是精细化学品绿色化的关键。原药绿色化不仅决定于其化学结构是否无毒或无害分子,还决定于合成选用原料和生产化工过程是否绿色化,产品使用后是否可代谢为无毒、无害物质或再生重复利用。复配物和商品化则主要决定于所有复配原材料的选用、制备工艺过程和包装材料等是否符合绿色化原则。

精细化工产品设计既包括新的化学品制造,还涉及现已广泛使用的精细化学品绿色化改造。因此这一场化学化工的绿色革命,既是精细化工发展的机遇,也是对精细化学品研究者和企业家的挑战。

绿色化学要求精细化学品生产过程不产生废弃物,对人类和环境更安全,不再走先生产后治理的旧模式。更安全的概念不仅是对人类健康的影响,还包括化学品整个周期中对生态的影响,即对动物、水生物和植物不产生直接和间接影响。

基于上述思考,精细化学品及其生产设计应遵循全世界公认和接受的绿色化学十二原则,这些原则是 P. T. Anastas 和 J. C. Warner 所倡导的,现归纳成如下八项:

①精细化学产品的设计既要保证产品功能有效,又要尽量减少毒性;当产品功能终结后,在环境中容易分解为无害的降解产品(如 H_2O,CO_2 等)或回收能再利用。

②在设计合成路线时,尽量考虑不产生废物,最大限度地使原料的所有原子进入最终产品中,化学反应尽最大可能地提高原子经济性。

③设计的合成反应尽量采用催化反应,使用选择性好、高效率和长寿命的绿色催化剂。

④精细化学品制备时选用无毒、无害的原料,最好选用再生资源或使副产物在生产中循环利用。

⑤精细化学品制备时,尽量不使用辅助物质(如溶剂、保护剂以及物理化学过程的瞬时改良剂等),当不得不使用时,也应选用无毒、无害物质。

⑥化学过程应尽量注意节约能源或使用绿色能源,最好是在室温或常温、常压下能进行生产。

⑦化学过程或贮运过程中,所涉及的物质应是安全的,尽量做到不具最小事故(爆炸、着火、泄漏等)的潜在危险。

⑧化学过程中的分析采用在线和适时的方法,在有害物质生成或可能发生最小事故之前,就能够进行有效的控制。

11.4.3　精细化工绿色技术

1. 催化技术

催化剂在化学反应中已广为应用,大约 90% 的化学过程是借助催化剂实现。化学工作者都知道在热力学允许条件下,催化剂催化的各种化学反应,可以大大增加反应原料的利用率;在催化剂用于反应可以降低活化能降低反应温度,加速反应速度,从而使很多反应能连续进行,降低原料成本,节约能源,减少生产运行成本。催化剂的选择性增加可有效实现反应程度反应经量和产物立体结构的有效控制,如此副反应减少,甚至没有副产物,既降低了三废排放量(甚至零排放),还简化了化工过程中分离和纯化工序。总之,催化反应较之传统的化学计量应具有突出的优点,其中特别是高选择性的催化反应,可以认为是实现原子经济性反应最有效的办法。

催化反应涉及多相催化、均相催化和酶催化三个不同催化体系,本节只对催化反应在精细化工原料、中间体及其产品中应用举例简介。

(1)催化技术用于精细化学品中间体的合成

精细化工产品往往要经过多步才能合成,涉及很多中间体。有些中间体既是产品又是制备另一种精细化工产品原料,包括如上节所述环氧化合物及其取代物,如环氧乙烷、环氧丙烷、环氧氯丙烷等均可催化不饱和化合物氧化合成。利用催化技术合成碳酸二甲酯,成功取代剧毒的光气,已广泛用于精细化学产品制造中,脂肪类碳中间体、二元醇及其衍生物、芳香族中间体、手性 C_3、C_4 合中子、手性醇、多性胺、氨基酸等。这些中间体很多都可以利用催化技术和酶催化等生物技术来制备。

①邻氨基甲酚合成。用邻硝基对甲酚为原料,可采用 Na_2S 还原、铁粉还原和催化加氢还原,它们的反应式如下:

非催化过程:

①

$$4\ \underset{CH_3}{\overset{OH}{\underset{}{\bigcirc}}}NO_2 +6Na_2S+3H_2O \xrightarrow{120\sim130℃} 4\ \underset{CH_3}{\overset{ONa}{\underset{}{\bigcirc}}}NH_2 +3Na_2S_2O_4+2NaOH$$

$$2\ \underset{CH_3}{\overset{ONa}{\underset{}{\bigcirc}}}NH_2 +H_2SO_4 \longrightarrow 2\ \underset{CH_3}{\overset{OH}{\underset{}{\bigcirc}}}NH_2 +Na_2SO_4 \quad Au=23.5\%$$

②

$$4\ \underset{CH_3}{\overset{OH}{\underset{}{\bigcirc}}}NO_2 +3Fe+4H_2O \xrightarrow{HCl} 4\ \underset{CH_3}{\overset{OH}{\underset{}{\bigcirc}}}NH_2 +3Fe_2O_3 \quad Au=13.9\%$$

催化过程:

$$\underset{CH_3}{\overset{OH}{\underset{}{\bigcirc}}}NO_2 \xrightarrow{3H_2} \underset{CH_3}{\overset{OH}{\underset{}{\bigcirc}}}NH_2 +2H_2O \quad Au=77\%$$

②苯甲酸的合成。甲苯为原料化学计量氢化,$AU=26\%$,有废物废水,采用液相 Co$(Ac)_2$ 催化氢化,$AU=87\%$,副产物是没有污染的水。

非催化过程:

$$2\ \underset{}{\overset{CH_3}{\bigcirc}} +4KMnO_4 \xrightarrow[100℃]{OH^-} 2\ \underset{}{\overset{COOK}{\bigcirc}} +2KOH+2H_2O+4MnO_2$$

$$\xrightarrow{H_2SO_4} 2\ \underset{}{\overset{COOH}{\bigcirc}} +K_2SO_4$$

催化过程：

$$\text{CH}_3\text{-C}_6\text{H}_5 + 3/2\text{O}_2 \xrightarrow[160℃/1\text{MPa}]{\text{cat}} \text{COOK-C}_6\text{H}_5 + \text{H}_2\text{O}$$

③儿萘粉的合成。儿萘粉在制药、香料、农用化学品、高分子材料抗氧剂，还是显影剂的组分。过去是采用苯酚、钾氯苯粉等为原料，通过多步合成，现在采用固气化多酚氧化酶（PPO）催化氢化一步合成。

$$\text{C}_6\text{H}_5\text{OH} \xrightarrow[\text{PPO（固定化）}]{\text{O}_2} \text{C}_6\text{H}_4(\text{OH})_2$$

（2）催化技术用于精细化学品的合成

间－（3,3,3-三氟丙基）－苯磺酸钠是磺酰脲类除草剂 Prosulfuron 的关键中间体，它的合成往往要经过重氮化、Matsuda 芳基化和氢化等三个步骤。现在开发了以间一氨基苯磺酸为起始原料和钯配位催化反应的合成路线，不必将重氮化和含三氟甲基丙烯基的中间体分离，三步反应在同一反应器中依次合成，总产率为93％。所用配位催化剂可由 PdCl$_2$ 制备，在 C＝C 键加氢反应过程加入活性炭，一方面使 C＝C 键催化加氢，另一方面通过简单的过滤即可将 Pd 催化剂有效地分离。上述合成路线，通过均相催化剂与非均相催化反应的结合，合成方法经济可行，有利环保。

2. 生物技术

生物技术（biotechnology）也称生物工程（bioengineering）。广义的生物技术包括任何一种以活的生物机体（或有机体的一部分）制备或改进产品、改良植物或动物、培育微生物的技术。传统的生物技术应该从史前就开始为人们所利用，例如用谷物等农产品酿酒、制酱、醋和面包等。20世纪20年代以生物质为原料利用发酵技术生产丙酮、丁醇等化工原料；50年代开始通过发酵法生产青霉素等抗生素药物；60年代酶技术广泛用于医药、食品、化工、制革和农产品加工等。现代生物技术是从20世纪70年代 DNA 重组技术建立为标志。Berg 于1972年首先实现了 DNA 体外重组，这是生物技术的核心——基因工程技术的开始，它向人们提供了一种全新的技术手段，使人们可以按照意愿切割 DNA，分离基因，经重组后导入其他生物体，借以改造农作物或牲畜品种，也可导入细菌和细胞，通过发酵工程、细胞工程生产多种多样精细的、功能的有机物质，如药物、疫苗、农用化学品、食品、饲料、日用化工和功能助剂等。通过基因工程技术对酶进行改造，以增加酶的产量、酶的稳定性和酶的催化效率，从而大大促进了医药、化学等工业绿色化。图11-4是现代生物技术所涉及的基因工程、发酵工程、酶工程、细胞工程和蛋白质工程及其用于生产医药和多种多样的精细化学品关系图。

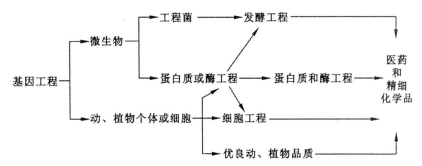

图 11-4　基因工程、发酵工程、酶工程、细胞工程和蛋白质工程之间的相互关系

从图 11-4 可见,基因工程和细胞工程是发酵工程和酶工程的基础,而发酵工程和酶工程又常常是基因工程和细胞工程科研成果的实际应用。以基因工程为核心的技术革命带动了现代发酵工程、酶工程、细胞工程和蛋白质工程的发展,形成了具有划时代意义和战略价值的现代生物技术。

(1)生物技术生产医药

当今生物技术制药几乎成了生物技术的代名词,可见应用之广。生物技术制药可能是利用生物体或生物过程生产药物,即生物体在代谢过程中所产生的代谢产物或腺体细胞的分泌物,也可能是致弱或灭能的病原体。这些医药主要包括菌苗、疫苗、抗生素、生物活性物质、抗体等五大类。它们在预防和治疗疾病中起着互相协同的作用。抗体主要用于疾病的诊断、检疫以及被动免疫;菌苗、疫苗主要用于预防传染性疾病;抗生素药物主要用于治疗细菌性疾病;生物活性物质主要用于治疗免疫性、代谢性以及某些遗传性疾病等。

现代生物技术制药主要包括基因工程、细胞工程、发酵工程和酶工程制药。其药物种类涉及氨基酸、有机酸、醇和酮、纤维素、酶和辅酶、酯、多肽和蛋白质、核酸及其衍生物和多糖类等类型。此外,在利用化学合成新药时,先导物的寻找、筛选与获得也往往依赖于生物及其技术。

1)基因工程技术

基因工程技术又称为 DNA 重组技术,其主要原理是应用人工方法把生物的遗传物质,通常是脱氧核糖核酸(DNA)分离出来,并在体外进行切割、连接和重组,然后导入某种主细胞或个体,从而改变它们的遗传特性,有时还使新的遗传信息在单个的宿主细胞或个体中大量表达,以获得新的基因物质——多肽或蛋白质药物。这些药物常常是一些人体内的活性因子,如人胰岛素、干扰素、人生长激素、白细胞介素、促红细胞生成素、重组乙肝疫苗等。当今研究开发者运用基因重组技术创造自然界没有的新化合物,扩展药物的筛选范围和创造新药的筛选模型。利用基因工程技术制取难以获得的生物活性物质和制备灵敏、高效的诊断药物等。

2)细胞工程

是指以细胞为基本单位,在体外条件下进行培养、繁殖或人为地使某些生物学特性按人们的设计发生改变,从而达到改良品种和创造新品种,加速繁育动、植物个体,以获得某种有用的物质(如药物)过程。

细胞工程在制备疫苗中的作用在于通过细胞大规模培养方式制备疫苗,代替用动物组织制备疫苗的传统方法,或通过病毒在细胞上传代或在培养基中加入病毒原来不需要的物质减低病毒的致病能力(毒力),为研制弱毒苗提供种毒。细胞工程制备菌苗主要有三个方面:研制菌苗的有效成分,了解有无交叉,能否一苗多用;通过培养、诱变等方式降低细菌的毒力,培育弱毒菌苗;通过融合、杂交等途径制备多介苗。

细胞工程在制备胰岛素、甲状腺素、生长激素、淋巴因子等生物活性物质方面,也起到了重要作用。这些物质在机体内具有用量少、效率高、功能专一的特点,所以数量上的微量变化,就能引起生理功能的异常,可以仿照微生物育种的类似原理,培养出能在体外生长、增殖、分泌生物活性物质的人体细胞,以制备多种生物药品,这些药品在医疗工作中具有重要意义。

生物转化生产甾体药物也是细胞工程制药的重要组成部分;除甾体化合物外,一些重要药物如维生素、二羟丙酮、某些氨基酸和生物碱的合成也离不开生物转化。生物转化具有专一性、产量高、反应条件温和进行化学法难以发生的反应。

微生物甾体每一位置(包括甾体母核和侧链)上的原子或基团都有可能进行生物转化。这些反应包括氧化、还原、水解、酯化、酰化、异构化、卤化和 A 环开环反应等。氧化包括甾体骨架上的羟基化和脱氧(生成双键),甾醇氧化成甾酮,支链降解作用以及 D 环的切断和 D 环开裂形成内酯等。有时一种微生物还可对某种甾体化合物同时产生数种不同的转化反应。目前在甾体激素药物的生产中,比较重要的微生物转化反应主要有表 11-2 所示的几种。

表 11-2　工业上重要的甾体药物微生物转化反应

反应类型	反　　　应	微生物
11α－羟基化反应	黄体酮→11α－羟基黄体酮	黑菌霉
11β－羟基化反应	化合物 S→氢化可的松	蓝色犁头霉
16α－羟基化反应	9α－氟氢可的松→9α－需 16α－羟基氢化可的松	玫瑰色链球菌
19－羟基化反应	化合物 S→19－羟甲基化合物 S	芝麻丝核菌
C1,2 脱氢反应	氢化可的松一氢化泼尼松	简单节杆菌
A 环芳构化反应	19－去甲基睾丸素→雌二醇	睾丸素假单胞菌
水解反应	21-醋酸妊娠醇酮→去氧皮质醇	中毛棒杆菌
侧链降解	胆甾醇→ADD	诺卡氏菌

甾体生物转化使用的微生物主要有细菌、放线菌和霉菌,其菌种依据转化反应的类型和所用底物的结构而定。

3)酶工程制药

酶工程制药涉及药用酶的生产和酶法制药两方面技术。药用酶是指可用预防和治疗疾病的酶,例如,治疗消化不良的蛋白酶,治疗白血病的 L—天冬酰胺酶,防护辐射损伤的超氧化物歧化酶,抗菌消炎的溶菌酶,治疗心肌梗塞的尿激酶等。药用酶的生产方法多种多样,主要包括药用酶的发酵生产、药用酶的分离纯化、药用酶的分子修饰等技术。

酶法制药则是利用酶的催化作用生产具有药用功效的物质的技术过程,例如青霉素酰化酶生产半合成抗生素,β—酪氨酸酶生产多巴,核苷磷酸化酶催化阿糖尿苷生成阿糖腺苷等。酶法制药技术主要包括酶的催化反应、酶的固定化、酶的非水相催化等。

药用酶的生产除化学合成法外,利用生物有关技术还有提取法、生物合成法两种。

提取法运用各种生化分离技术,从动物、植物、微生物等的含酶细胞、组织或器官中提取、分离和纯化各种药用酶的方法称为提取法。提取法是最早采用的药用酶生产方法,在生物资源丰富的地区和部门,采用提取法生产药用酶仍有其使用价值。例如,从动物胃中提取分离胃蛋白酶;从动物胰脏中提取胰蛋白酶、胰淀粉酶、胰脂肪酶;从动物血液中提取超氧化物歧化酶(SOD);从木瓜中提取木瓜蛋白酶;从菠萝中提取菠萝蛋白酶;从大肠杆菌中提取谷氨酰胺酶等。

生物合成法则是利用微生物细胞进行生产,例如,用枯草芽孢杆菌生产淀粉酶,用大肠杆菌生产青霉素酰化酶,用大蒜细胞生产超氧化物歧化酶(SOD)等。

4)发酵工程制药

发酵工程制药是利用微生物及其代谢过程生产药物的技术

微生物药物可分为四类:①微生物菌体作为药品;②微生物酶作为药品;③菌体的代谢产物或代谢产物的衍生物作为药品;④利用微生物酶特异催化作用的微生物转化获得药物等。发酵工程制备的药物包括微生物菌体、蛋白质、多肽、氨基酸、抗生素、维生素、酶与辅酶、激素及生物制品。

微生物菌体发酵获得具有药用菌体为目的的方法,如帮助消化的酵母菌片和具有整肠作用的乳酸菌制剂等。近年来研究日益高涨的药用真菌,如香菇类、灵芝、金针菇、依赖虫蛹而生存的冬虫夏草菌以及与天麻共生的密环菌等药用真菌。这些微生物都可以通过发酵培养的手段生产与天然物品具有同等疗效的产物。另外一些具有致病能力的微生物菌体,经发酵培养,再减毒或灭活后,可以制成用于自动免疫的生物制品。

微生物酶发酵:通过微生物发酵制备药用酶制剂的方法。如用于抗癌的天冬酰胺酶和用于治疗血栓的纳豆激酶和链激酶等。许多在动、植物中含量极低的药用酶通过基因重组的方式,可以在原核微生物或真核微生物的基因中通过发酵得以表达,这样大大降低了生产成本。

微生物代谢产物发酵:微生物在其生产和代谢的过程中产生的具有药用价值的初级代谢产物和次级代谢产物,如初级代谢产物中的氨基酸、蛋白质、核苷酸、类脂、糖类以及微生物等,次级代谢产物中的抗生素、生物碱、细菌素等。

微生物转化发酵:利用微生物细胞中的一种酶或多种酶将一种化合物转变成结构相关的另一种产物的生化反应。包括脱氢反应、氧化反应、(羟基化反应)、脱水反应、缩合反应、脱羧反应、氨化反应、脱氨反应和异构化反应等,这些转化反应特异性强,反应温度温和,对环境无污染。微生物转化制药最突出的例子则是甾族化合物的转化和抗生素的生物转化等。

随着基因工程和细胞工程技术的发展,发酵工程制药所用的微生物菌种不再仅仅局限于天然微生物的范围,已建立起新型的工程菌株,用来生产天然菌株所不能产生或产量很低的生理活性物质。

(2)生物技术用于生产其他精细化学品

生物技术不仅在医药领域成为不可替代的技术,而且也成为通用化学品和精细化学品生产绿色化最重要的技术之一。人类以生物质为原料利用微生物发酵技术生产食品已有悠久历史,20世纪初直到现在将其扩展到生产化工溶剂和原料,如甲醇、乙醇、异丙醇、丁醇、丙酮、丁酮、甘油、醋酸等化工产品。现代已可以用酶催化乙烯、丙烯氧化生产重要精细化学品原料——环氧乙烷、环氧丙烷;木糖可以连续发酵可制备丁二醇;合成纤维原料——聚羟基丁醇、酯可以通过基因重组的细菌制备;通过生物技术生产生物农药取代合成农药(见本书第十章农药)和生物化肥等也已成为农用化学品的重要方法;生物技术用于食品、饲料、日用精细化学品和轻化工生产也是当代这些领域研发热点,下面主要仅对其中产品予以简介。

1)酶制剂

酶在合成医药和众多精细化学品时作为催化剂,它也可作为一种添加剂或助剂加入精细化学品中发挥它特有的功能。因此,有关酶制剂研究与生产在世界各国都十分重视。酶制剂工业除为食品色、香、味增色,还提供了很多富有营养的新产品。酶制剂在使食品达到最佳质量,原料得到最大限度利用的同时,还使食品加工的厂房设备投资少、工艺简单、降低能耗、产品收率高、生产效率高、经济效益大。

淀粉的酶加工技术第一步是将淀粉用 α-淀粉酶液化,再通过各种不同酶的作用制成各种各样的淀粉糖浆,如葡萄糖浆、麦芽糖浆、果脯糖浆、麦芽糊精、高麦芽糖等传统产品,此外,还有各种各样功能性低聚糖。

蛋白质是各种氨基酸通过肽键连接而成的高分子化合物,在蛋白酶的作用下,可水解成蛋白胨、多肽、氨基酸等产物,而这些产物用于食品具有医疗保健作用。

蛋白酶能将蛋白质水解为肽和氨基酸,提高和改善蛋白质的溶解性,乳化性,起泡性,黏度,风味等。利用蛋白酶制剂可以避免酸水解、碱水解对氨基酸的破坏作用,保证蛋白质营养价值不受影响。豆乳中的蛋白质在加工过程中使用酶制剂脱腥、脱苦,改善品质。

肉的人工嫩化也是通过各种蛋白酶进行的,木瓜蛋白酶、菠萝蛋白酶等多种蛋白酶均可使用,但以木瓜蛋白酶效果最好。

乳品工业中已广泛使用的酶有凝乳酶用于制造干酪;过氧化氢酶用于牛奶消毒;溶菌酶添加在婴儿奶粉中;乳糖酶分解乳糖;脂肪酶使黄油增香等。

水果蔬菜加工常用果胶酶、纤维素酶、光纤维素酶、淀粉酶、阿拉伯糖酶等。其中果胶酶已成为许多国家果汁、蔬菜汁加工的常用酶之一。果胶酶与纤维素酶共用可以起到协同增效作用,可以用来分解水果和蔬菜中的纤维组织,使其完全液化。

葡萄糖氧化酶用于果汁脱氧化,蛋品加工,啤酒、食品罐头的除氧等方面;面粉中添加 α-淀粉酶,可调节麦芽糖生成量;蛋白酶可促进面筋软化,增加延伸性;β-淀粉酶强化面粉可防止糕点老化;添加卢一淀粉酶可改善馅心风味;糕点制造用转化酶,使蔗糖水解为转化糖,防止糖浆中蔗糖析晶等。脂肪氧化酶添加于面粉中,可以使面粉中的不饱和脂肪酸氧化,同胡萝卜素发生共轭氧化作用而将面粉漂白,同时由于生成了一些芳香族的羰基化合物而增加面包的风味。酶在酿酒、饮料等食品工艺中也得到广泛应用。

饲料用酶制剂的应用在国外约有 20 多年历史,在我国也有 10 多年历史。很多酶制剂是高效、无毒副作用的"绿色"饲料添加剂,有广阔的应用前景。它既能提高饲料的利用率,改善家畜和鱼、禽的生产,还能减少氮、磷的排泄量,保护生态环境。常用酶制剂有纤维素酶、半纤维素酶、蛋白酶、淀粉酶、脂肪酶、果胶酶、β-葡聚糖酶、植酸酶、糖化酶等。饲料有酶制剂大部分是复合酶,一般由内源消化酶和非内源消化酶两大类组成。内源消化酶包括蛋白酶、脂肪酶、淀粉酶等,非内源消化酶包括纤维素酶、果胶酶、木聚糖酶、甘露聚糖酶、β-葡聚糖酶等。各种饲用复合酶中使用的酶及酶比随饲料中所含的抗营养因子的种类而变,不仅与禽畜的种类、生长阶段有关,还与其生理特点有关。

酶制剂在轻纺和日用品生产中发挥重要作用,洗涤剂制造中已广泛应用酶制剂。现在欧洲的洗衣粉中,50％添加蛋白酶,德国生产的洗衣粉中,90％加有碱性蛋白酶。除蛋白酶外,淀粉酶常用于餐具洗涤;果胶酶、花青素酶则用于洗去果汁果胶与色素。碱性纤维素酶是一种新型的洗涤剂用酶,洗涤剂中加碱性纤维素酶比加蛋白酶或脂肪酶的洗涤效果更好。

造纸工业利用木聚糖酶作为纸浆漂白剂,脂肪酶处理针叶树磨木浆,有效控制了树脂障碍问题,内一葡聚糖酶可改变谷草表面,提高谷草纸浆强度。

制革原料皮中少量非纤维蛋白则存在于纤维间隙表皮和毛囊周围,利用蛋白酶消化间隙蛋白,使皮纤维松散,提高裘皮质量;使用蛋白酶脱毛,并使脱毛与软化工序合而为一,还可使污染减轻。用于制革的酶主要是细菌,霉菌,放线菌中性、碱性蛋白酶。

化妆品可使用溶菌酶防腐。将蛋白酶、胶原酶或霉菌脂肪酶加入冷霜、洗发香波中可溶解皮屑角质,消除皮脂,使皮肤柔嫩促进皮肤新陈代谢,增加皮肤对药物的吸收,使皮肤角质层中致病菌的耐药性降低。蛋白酶或右旋糖酐酶加入牙膏、牙粉或漱口水中,有助于除牙垢,尤其是枯草杆菌中性蛋白酶的效果最好。

生产香料所用的酶有水合酶、异构酶、氧化酶、羟基化酶、脱氨基酶、脱羧酶等。

明胶生产中用蛋白酶净化胶原可代替浸灰工序,使明胶纯度高,质量好,分子排列整齐,明胶收率几乎达100％。

毛纺工业,用蛋白酶水解羊毛表面蛋白质,对织物有防缩作用,降低染色温度,增强染料的吸附率。生丝织物必须脱胶,去除外层丝胶才能有柔软的手感与特有的丝鸣丝光现象。碱性纤维素酶可用于印染,以提高棉布同染料的结合力,并可改善棉布手感。耐热性良好的细菌淀粉酶代替碱法退浆可降低加热温度、缩短时间、染色匀且不伤织物,退浆率也提高。酶法退浆尤其适合不耐热的色织衬绸与化纤混纺物。

微生物细胞或生物酶催化合成甜味、水果型香料很成功。γ-癸内酯是手性分子,从水果中提取的γ-癸内酯具有特定的立体结构,而化学法生产的却是消旋体。使用β-糖苷、酶和苯乙醇腈酶可作催化剂生产苯甲醛。

2)蛋白质和氨基酸生产

蛋白质是人类和动物不可缺少的食物构成之一,仅靠农业和畜牧业来提供人类食物和动物饲料所需蛋白质当今已不能满足需要。然而利用微生物来生产动、植物蛋白质是一种很好的方法。一头重500kg的奶牛,一昼夜可生产0.4～0.5kg蛋白质;用同等重量的酵母,一昼夜即可合成50～80t蛋白质。因此,利用生物技术生产蛋白质已得到世界各国重视,用酵母菌来生产单细胞蛋白(SCP)在很多国家已有很大规模。食品用SCP,可以补充人体少量蛋白质、维生素和矿物质。由于酵母生产SCP还具有抗氧化性能,食物不易变质,常被添加在婴儿粉、加工的麦类食品和各种汤料、佐料之中。酵母含热量低,也常作为减肥食品的添加剂。美国用微生物蛋白质生产的植物"肉"食品已有60多种。这种"肉"含有30％蛋白质,而且脂肪含量低,不含胆固醇,是受欢迎的佳原料。酵母菌生产SCP的碳源可利用石油、甲醇、其他生物质及其废物等。

氨基酸是构成蛋白质的基本单位,它既是人类和动物的重要营养物质,也是人工合成生物高分子材料的原料,氨基酸产品在医药、食品、饲料、化工等领域已有广泛应用。过去,氨基酸主要是用酸催化水解蛋白质来获得,现在氨基酸生产方法有发酵法、提取法、酶法和合成法等,其中20多种氨基酸是用发酵法生产的。

谷氨酸是味精谷氨酸单钠的原料,它可以合成对皮肤无刺激性的十二烷氧基谷氨酸钠肥皂和能保持皮肤湿润的润肤剂——焦谷氨酸钠;还可以制备接近天然皮革的聚谷氨酸人造革等。L—赖氨酸的生产过去用猪血蛋白水解制得,现在应用细胞融合和基因工程手段改造生产菌,使赖氨酸生产发生了根本变化。赖氨酸主要用于饲料添加剂。L—谷氨酰胺是有机体最丰富的氨基酸,储存于脑、骨骼肌和血液中。它是机体组织间氮的运载体,是核苷酸和其他氨基酸合成的前体物质。但它不能在人体内合成和储存,必须依靠外部提供。它的主要用途之一是作为抗消化道溃疡药及其原料。其生产方法是利用L—谷氨酰胺合成酶反应,由L—谷氨酸合成氨酰胺时所需的 ATP,利用酵母发酵产生的能量将 ADP 转变为 ATP。

L—苯丙氨酸除直接作为食品添加剂外,它还是人工甜味剂——甜味二肽和抗癌药物制剂的原料,主要由发酵法和酶法生产。

L—色氨酸在医药、食品和饲料添加剂中得到广泛应用,其生产采用发酵和色氨酸合成酶催化合成。酶法生产有明显优点:反应周期短,分离纯化容易,生产成本低。

L—天门冬氨酸主要用于医药、食品、饮料和化妆品,采用发酵法、酶法和固定化细胞连续生产,主要是酶法。

3)脂肪酸

脂肪酸是重要精细化学品原料,广泛应用于制作化妆品、润滑剂、橡胶配料、乳化剂、悬浮剂、家用清洁剂和食品添加剂、酸味剂、抗氧化剂、调味剂等功能助剂。有些还是可生物降解塑料用高分子化合物合成原料。应用较多的脂肪酸主要包括柠檬酸(2—羟基丙烷—1,2,3—三羟酸),乳酸(α—羟基丙酸),苹果酸(羟基琥珀酸、羟基丁二酸),反丁烯二酸(富马酸、延胡索酸),衣康酸(甲基丁二酸),酒石酸,D—葡萄糖酸和 D—异抗坏血酸等。上述功能脂肪酸可以通过发酵法生产,以前主要靠从有关生物质中提取。

4)用于其他保健精细化学品生产

随着社会进步、人类生活的改善,保健食品生产越来越受到重视。保健食品的功能通常可分为 30 类:免疫调节、延缓衰老、抗疲劳、改善学习记忆、减肥、调节血脂、促进生长发育、耐缺氧、抗辐射、抗突变、抑制肿瘤、改善性功能、调节血糖、改善胃肠道功能、改善睡眠、改善营养性贫血、对化学性肝损伤有保护作用、促进泌乳、美容、改善视力、促进排铅、清咽润喉、调节血压、改善骨质疏松等。通过酶法或发酵法生产的保健食品有低聚糖、多元不饱和酸、抗自由基添加剂等。功能性低聚糖包括低聚果糖、乳酮糖、异麦芽酮糖、大豆低聚糖、低聚半乳糖、低聚木糖、低聚乳果糖、低聚异麦芽糖、低聚异麦芽酮糖和低聚龙胆糖等。人体胃肠道内没有水解这些低聚糖(异麦芽酮糖除外)的酶系统,因此它们不被消化吸收而直接进入大肠内优先为双歧杆菌所利用,是双歧杆菌的增殖因子。

多元不饱和脂肪酸主要是亚油酸、α—亚麻酸、γ—亚麻酸、花生四烯酸、甘碳五烯酸(EPA)和廿二碳六烯酸,这些不饱和酸人体不能合成,但又是人体所必需的脂肪酸,它们具有降低中性脂、胆固醇、血压、血小板凝聚力和血黏等作用。它们除从相关生物质中提取,再通过酶催化水解、酯化或酯交换等方式制取。

人体中的自由基(主要是活性氧自由基)是生命活动中各种生化反应的中间代谢产物,也是机体有效的防御系统。在正常情况下,自由基会处在不断产生和消除的动态平衡中,但人体中的自由基过多后就会攻击各细胞组织而造成损伤,诱发各种疾病,并加速衰老进程。因此,要减少疾病,维持健康和延长寿命,应使用适当的还原性物质(或抗氧化剂)来捕捉体内过多的游离氧,使之失去活性而成为非自由基。目前已知在体内能捕捉活性氧自由基的主要物质有两大类:一类是抗氧化酶类清除剂(即抗氧化酶类),另一类是非酶类清除剂(即化学抗氧化剂)。

①酶类自由基清除剂有超氧化物歧化酶(SOD)、还原型辅酶 Q、过氧化氢酶(CAT)、谷胱甘肽过氧化物酶。

②非酶类自由基清除剂(抗氧化剂)有生育酚、β－胡萝卜素、谷胱甘肽、尿酸、精胺、L－肌肽、胆红素、L－抗坏血酸、硒等。发酵法生产谷胱甘肽已成为目前生产谷胱甘肽最通用的方法。发酵法生产谷胱甘肽包括有酵母菌诱变处理法、绿藻培养提取法及固定化啤酒酵母连续生产法等,其中以诱变处理获得高谷胱甘肽含量的酵母变异菌株来生产谷胱甘肽最为常见。

谷胱甘肽对增强食品风味有效,将谷胱甘肽用于鱼糕,可抑制核酸分解,增强风味;在肉制品、干酪等食品中添加它也同样具有强化风味的作用。

3. 超临界流体技术

超临界流体技术应用领域很多,本节只涉及精细化学品生产中应用的有关技术。

(1)超临界流体萃取技术

超临界流体萃取(Supercritical Fluid Extraction,SFE)是应用最广的一种超临界流体技术,适用于非极性、热敏性天然物质的分离提取。国内外已广泛应用于天然植物、中草药、食品中有用成分进行低温高压下的提取。还可在高分子加工领域中应用,如高聚物渗透技术、溶胀聚合技术。在医药工业中还用于药物干燥和造粒、蛋白质细胞破壁、药物除杂等。SEF 技术特点:

①萃取与分离一体化,不仅可以清洁提取,还可同时"清洁"分离,能够通过合适的工艺将极性不同于目标的成分"去头去尾",因此可以有选择性地提取所需成分,相对于传统的蒸馏法和溶剂萃取法具有独特的优势,而被精细化工领域广泛采用。

②超临界流体在萃取中具有较高的溶解能力,同时还具有较快的传质速率,较好的流动性能和平衡能力。

③由于温度和压力在临界点附近的微小变化能够引起其溶解能力的显著变化,这使超临界流体具有良好的可调性和易控性能。

④SEF 通常采用 CO_2 作为超临界流体增加 $SFE-CO_2$ 的极性,使其能够提取较大分子量的极性物质,常常加入乙醇、甲醇等携带剂,使超临界流体极性加大,因而有更大的溶解力和分离效果。

⑤SFE 技术不仅局限于萃取过程,而且已迅速扩展以分离、分析领域,尤其是 SFE 可替代传统广泛使用的索氏溶剂萃取方法,可与气相、液相色谱联机进行在线分析。

(2)超临界流体反应技术

超临界流体反应(Supercritical Fluid Chemical Reaction,SFCR)可用于溶胀聚合反应制备共混改性材料;酶催化反应制备精细化学品及其中间体,以及非均相催化反应合成精细化学品中间体和催化剂的再生;SFCR 还可将废弃的纤维和聚合物分解转化成可重新利用的原料;纤维素等天然再生资源采用 SFCR 可方便水解成低聚糖等。采用超临界水氧化技术可以在高温、高压、富氧条件下,使废弃有机物、污染物转化为 CO_2、H_2O 和 N_2 等,现已用于治理高毒性废水废物。

SFCR 中既可作为反应介质,也可直接参与反应。利用超临界流体的特性,通过调节流体的压力和温度,以控制 SCF 的密度、黏度扩散系数、介电常数以及化学平衡和反应速率等性质,使传统的气相或液相反应转变成一种全新的化学过程。$SC-CO_2$ 是应用最多的超临界流体,它具有和液体一样的密度和溶解度等有关的重要溶剂特性;它的密度和溶解度易通过压力调节控制;还具有气体的优点,如黏度较小,扩散系数大,与其他气体的互溶性强,有良好的传热传质特性等。更可贵的是 CO_2 易于工艺反应过程分离,不会给体系造成任何污染,从而大大简化了反应的后处理过程。应用 $SC-CO_2$ 的反应研究较多,如含氟丙烯酸酯在 $SC-CO_2$ 中的均相溶液聚合反应,MMA 在超临界 CO_2 中的分散聚合反应,丙烯酸和含氟丙烯酸的共聚反应,乙烯在超临界 CO_2 和离子液体双相体系中的氧化反应等。目前,在超临界 CO_2 中的溶液聚合、乳液聚合、分散聚合、沉淀聚合反应研究都有报道。此外,蛋白质在超临界 CO_2 流体介质中具有稳定性,如在 50MPa 压力和 50℃ 温度下能处理 1～24h。脂肪酶、枯草杆菌蛋白质酶、嗜热菌蛋白酶、碱性蛋白酶、胆固醇氧化酶稳定。已应用超临界流体反应技术研究的反应还有异构化反应、氢化反应、氧化反应、脱水反应、水热反应、水解和裂解、烃化反应、加氢液化反应等。除 CO_2 外,超临界流体反应研究应用较多的流体还有超临界水。

(3)超临界流体结晶技术

超临界流体结晶技术是一种超细粉体材料制备技术,该技术是利用 SCF 特性,SCF 特有的高膨胀能力、萃取能力以及反萃取能力,通过 SCF 温度和压力的调节,制备超细微粒的方法。超临界流体结晶技术可分为快速膨胀过程(RESS 工艺)、气体抗溶剂再结晶过程(PGSS 工艺)、超临界结晶干燥过程(SCFD 工艺)等。

①RESS 工艺与研磨、气相沉积、液相沉积、喷雾造粒传统工艺相比,所制备的颗粒粒径小且均匀,产品纯度高,成分不易破坏等优点。这种技术已用于制备精密陶瓷前驱体、催化剂造粒、磁性材料、感光材料、聚合物微球、涂料粉末和药物微粒等精细化学品。

②GAS 工艺与 RESS 相比,它不需要高温下快速膨胀,在常温下利用 SCF 在溶剂中的溶解和抗溶解作用,实现溶液由不饱和变为过饱和而沉析结晶为目的。它适用于热敏性、不耐氧化物质的超颗粒制备。

③SCFD 工艺原理是利用 SCF 特性,在不破坏凝胶网络框架结构的情况下,将凝胶中的分散相抽提出来制备气凝胶。该方法多用于金属氢化物、催化剂及其载体、绝缘材料等。它是一种制备纳米材料的新技术。

参考文献

[1]录华,李璟.精细化工概论[M].第二版.北京:化学工业出版社,2006.

[2]吴雨龙,洪亮.精细化工概论[M].北京:科学出版社,2009.

[3]周家华等.食品添加剂[M].第二版.北京:化学工业出版社,2008.

[4]吴海霞.精细化学品化学[M].北京:化学工业出版社,2008.

[5]丁志平.精细化工概论[M].第二版.北京:化学工业出版社,2010.

[6]黄肖容,徐卡秋.精细化工概论[M].北京:化学工业出版社,2008.

[7]丁志平,孙淑香.精细化工工艺[M].北京:化学工业出版社,2013.

[8]焦明哲,王娟娟.精细化工工艺[M].北京:化学工业出版社,2013.

[9]韩长日,刘红,方正东.精细化工工艺学[M].北京:中国石化出版社,2011.

[10]马榴强.精细化工工艺学[M].北京:化学工业出版社,2008.

[11]刘德峥.精细化工生产工艺[M].第二版.北京:化学工业出版社,2008.

[12]闫鹏飞.高婷,精细化学品化学[M].第二版.北京:化学工业出版社,2014.

[13]李和平.精细化工工艺学[M].第二版.北京:科学出版社,2007.

[14]王明慧.精细化学品化学[M].北京:化学工业出版社,2009.

[15]张洁等.精细化工工艺教程[M].北京:石油工业出版社,2004.

[16]强亮生.精细化工综合实验[M].第五版.哈尔滨:哈尔滨工业大学出版社,2009.

[17]唐林生,冯柏成.绿色精细化工概论[M].北京:化学工业出版社,2008.

[18]朱正斌.精细化工工艺[M].修订版.北京:化学工业出版社,2008.

[19]乔庆东,李琪等.精细化工工艺学[M].北京:中国石化出版社,2008.

[20]尹卫平,吕本莲.精细化工产品及工艺[M].上海:华东理工大学出版社,2009.

[21]陶春元,占昌朝.精细化工实验技术[M].北京:化学工业出版社,2009.

[22]刘宏,刘雁.无机精细化学品生产技术[M].北京:化学工业出版社,2008.

[23]张小华,杨晓东.精细化学品配方制剂技术[M].北京:化学工业出版社,2014.

[24]周立国,段洪东,刘伟.精细化学品化学[M].北京:化学工业出版社,2014.

[25]李祥高,冯亚青.精细化学品化学[M].上海:华南理工大学出版社,2014.